高等学校电子信息类专业系列教材

天线原理与技术

主编　傅　光　雷　娟

参编　张志亚　陈　曦　刘能武

陈　瑾　杨　林　栗　曦

西安电子科技大学出版社

内容简介

本书系统地介绍了天线的基本概念、电参数和天线特性的分析方法，以及工程应用中典型天线的基本分析和设计方法。全书共8章，内容包括天线的理论基础、天线的电参数、天线阵的分析与综合、对称振子阵的阻抗、谐振天线、宽带天线、口径天线理论与典型口径天线、反射面天线。书中列举了大量工程应用实例，突出了理论与工程应用的结合，注重内容的理论性和实践性。

本书可作为高等院校电子信息类、通信类本科生的教材，也可供有关工程技术人员参考。

图书在版编目(CIP)数据

天线原理与技术/傅光，雷娟主编. --西安：西安电子科技大学出版社，2023.7
ISBN 978-7-5606-6821-5

Ⅰ. ① 天… Ⅱ. ①傅… ② 雷… Ⅲ. ①天线—高等学校—教材 Ⅳ. ①TN82

中国国家版本馆CIP数据核字(2023)第052077号

策　　划　毛红兵
责任编辑　武翠琴
出版发行　西安电子科技大学出版社(西安市太白南路2号)
电　　话　(029)88202421　88201467　　邮　　编　710071
网　　址　www.xduph.com　　电子邮箱　xdupfxb001@163.com
经　　销　新华书店
印刷单位　咸阳华盛印务有限责任公司
版　　次　2023年7月第1版　2023年7月第1次印刷
开　　本　787毫米×1092毫米　1/16　印　张　16
字　　数　376千字
印　　数　1～2000
定　　价　49.00元
ISBN　978-7-5606-6821-5/TN
XDUP　7123001-1
* * * 如有印装问题可调换 * * *

前 言
Preface

“天线原理”课程是高等院校电子工程、通信工程和电子信息专业本科生重要的专业基础课。作为该课程的本科生教材，本书从天线的基本概念、电参数和天线特性的基本分析方法出发，详尽而系统地对天线原理与技术的相关知识进行了介绍，力求理论联系实际。

本书是按照西安电子科技大学教学大纲对本课程的教学内容要求，并吸收国内外同类教材的优点编写而成的。本书融入了编者长期的教学经验和体会，注重知识的系统性、逻辑性和全面性，可使学生具有坚实的天线理论基础知识；注重清晰的物理概念，可使学生较好地掌握天线的基本概念、基本参数及各种类型的天线性能；注重从认知规律出发，对常用天线都尽可能给出了应用实例，可使学生理论联系实际，便于初学者对天线基本原理与技术有一个全面而深入的了解。本书参考学时为 48～64 学时，可根据不同专业与研究方向有所调整。

全书内容共分为 8 章，其中，第 1 章讲述天线的理论基础知识，第 2 章讲述天线的电参数，第 3 章和第 4 章分别讲述阵列天线的方向图和对称振子阵列的阻抗和互阻抗，第 5 章和第 6 章分别讲述典型的谐振天线和宽带天线，第 7 章和第 8 章分别讲述口径天线的基本理论、喇叭天线和反射面天线等典型的口径天线。

本书由西安电子科技大学电子工程学院讲授“天线原理”课程的教师共同编写。其中，傅光教授负责编写绪论、第 1 章、第 2 章、第 5 章、第 6 章，雷娟副教授负责编写第 3 章、第 4 章、第 7 章，张志亚教授负责编写第 8 章，刘能武副教授、陈曦副教授和陈瑾副教授参与编写了第 5 章和第 6 章，杨林教授、栗曦副教授参与编写了第 7 章，全书的统稿工作由雷娟副教授完成。在本书编写过程中，多名研究生为本书录入手稿，演算习题，在此对他们的辛勤劳动表示衷心的感谢。全书完稿后，由西安电子科技大学天线与电磁散射研究所傅德民教授审阅，傅教授提出了很多宝贵的建议，进一步提高了本书的质量。

鉴于编者水平有限，书中难免存在不妥之处，敬请广大读者批评指正。编者联系方式为：jlei@mail. xidian. edu. cn。

编　者

2022 年 12 月

目　录
Contents

绪　论

在无线电系统中，天线是用来辐射或接收电磁波的装置，是导行电磁波与自由空间电磁波的转换器或换能器，是通信、雷达、导航、广播、电视等无线系统中不可或缺的重要组成部分。天线的主要功能可归纳为以下两点：一是进行能量转换；二是实现能量的定向辐射和定向接收。根据无线电系统的用途和任务，有时要求天线不是向所有方向均匀地辐射，而是要求天线具有方向性，即增强某一方向的辐射并抑制其他方向的辐射。例如，广播电视台要覆盖一定的服务区，就要求天线的辐射在方位面是全向的，而在俯仰面则集中在靠近地面几度的空域内；某些雷达的任务是迅速而准确地测定目标的位置，这就要求天线的辐射能量集中在很小的立体角内，形成笔形波束；对于警戒雷达，为了使接收功率在覆盖范围内均匀，辐射需形成余割赋形波束。也就是说，天线不但起着能量转换的作用，而且还起着定向辐射的作用，具有方向性。

图 0.1 为无线电系统中从发射到接收的示意图。在发射端，发射机产生的已调制的高频振荡电流经馈电设备传输到发射天线，馈电设备可随天线的频率和形式而不同，直接传输电流或导行电磁波，发射天线将高频电流或导行波转换成空间电磁波，向周围空间辐射；在接收端，电波能量通过接收天线转变成高频电流或导行波能量，经馈电设备传送到接收机。

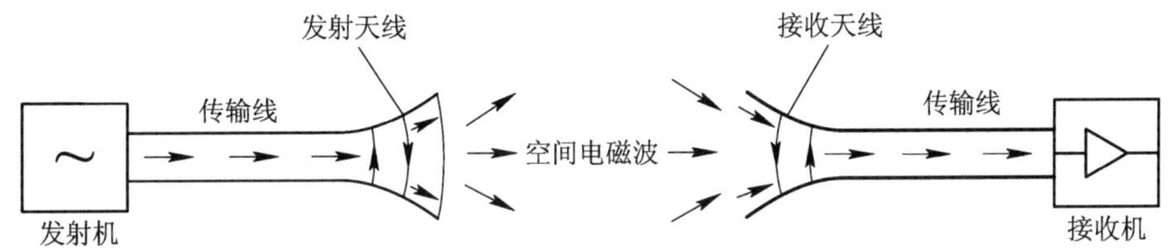

图 0.1　天线的收发示意图

天线的发展历史可以追溯到 19 世纪末。英国物理学家、数学家麦克斯韦(J. C. Maxwell，1831—1879)系统地总结了库仑、安培与法拉第等人的电磁学说成果，并在此基础上提出了统一的电磁场方程组，即麦克斯韦方程组，该方程组描述的是宏观电磁现象的基本规律。麦克斯韦推断，电流可以在介质和自由空间中以位移电流的形式出现，位移电流即变化的电场，与传导电流一样可激发涡旋磁场，而根据法拉第电磁感应定律，变化磁场会激发涡旋电场，此过程无限地持续，从而预示了电磁波的存在。1886 年，德国卡尔斯鲁厄理工学院的赫兹 (H. R. Hertz，1857—1894)建立了第一个天线系统，用实验证实了电磁波的存在。赫兹采用终端加载的半波偶极子作为发射天线，采用半波谐振方形环作为接收天线。1901 年，意大利的马可尼(G. Marconi，1874—1937)成功实现了横穿大西洋(英国—加拿大)的无线电通信。位于英国 Poldhu 的发射天线由 50 根斜拉导线组成，用悬于 60 m 高处的木塔间的钢索支撑；位于加拿大 New Foundland 的接收天线是 200 m 长的导线，由风筝牵引。从马可尼时代直到 20 世纪 40 年代，天线主要以导线为辐射单元，工作频率为超短波(UHF)以下的频段。在二战期间，雷达的出现使无线电频谱得到了更为充分的利用，战时雷达催生了大批现代天线，如巨大的反射面天线、透镜天线及波导缝隙天线阵。随着 1 GHz 以上微波源(如调速管、磁控管)的发明，天线开始了一个新的纪元。随后的几十年中，天线理论与技术取得了日新月异的发展，广泛应用于移动通信、广播、电视、雷达、卫星、导航、遥感、遥测等领域。

近几十年来，通信、雷达、导航、探测等领域技术迅速发展，对天线的要求也越来越高，这些要求包括高增益、宽频带、低旁瓣、快速精确扫描等。天线朝多频段、超宽带、智能化和更高频率等方向发展，各种新型天线理论与技术应运而生。其中，微带天线(Microstrip Antenna)具有体积小、剖面低、易于实现多频多极化等特点，适应了小型化和集成化的发展；缝隙天线(Slot Antenna)通过在波导壁或介质基片上开不同位置、不同形式的槽缝获得辐射性能，具有结构简单、高增益与高效率等优点。在阵列天线(Array Antenna)的发展过程中，相控阵技术及其有源波束形成网络成为重要趋势。相控阵天线可以通过控制辐射单元的相位分布来控制阵列的波束指向，有源相控阵天线可通过应用数字波束形成(Digital Beam Forming，DBF)技术灵活、高速地控制天线的波束指向以及波束形状。在传输结构的发展过程中，基片集成波导 (Substrate Integrated Waveguide，SIW) 技术是近年来兴起的一种可以集成在介质基片中的新型导波结构，通过在介质基片中制作两排金属化通孔从而与上下表面金属围成一个准封闭的导波结构，可在介质基片结构中实现传统金属波导的功能，该结构具有低插损、低漏射等特性。此外，人工电磁材料的快速发展，也为天线设计提供了新的方向，例如电磁带隙结构可以抑制贴片天线的表面波，进而提高天线的辐射效率，拓宽带宽，减小阵元间的互耦等。可重构天线(Reconfigurable Antenna)也是现阶段研究的热点方向之一，它具有传统意义上天线的基本结构，通过加载电子器件或使用机械方法等来改变天线辐射体的结构，从而扩展天线的谐振特性和辐射特性，形成多个天线功能上的叠加。可重构天线类型包括频率可重构、极化可重构、方向图可重构及混合重构。可重构天线由于功能上的多样性，它不仅能满足当代通信信道多变、高速率的要求，而且能极大地降低通信平台上天线的数量，简化电磁环境。另外，现阶段天线领域的发展还包括大型阵列天线、反射面天线、频率选择表面、超宽带阵列天线等方面的发展，以及涡旋电磁波天线等新型天线的研究。

为了满足不同的用途和要求，目前出现了种类繁多、形式多样、性能各异的天线。天线按用途可分为发射天线、接收天线、收发共用天线；按应用可分为通信天线、雷达天线、导航天线、测向天线、广播天线、电视天线、天文天线、深空探测天线等；按波长(或频段)可分为长波天线、中波天线、短波天线、超短波天线及微波天线(电磁波波段的划分如图 0.2、表 0.1 所示)；按方向图特性可分为定向天线和全向天线；按波束形状可分为针形波束天线、扇形波束天线；按极化形式可分为线极化天线、圆极化天线；按带宽可分为谐振天线、宽带天线及超宽带天线；按天线上的电流分布可分为驻波天线和行波天线；按天线形状可分为 T 形天线、Γ 形天线、V 形天线、菱形天线、鱼骨形天线、环形天线、螺旋形天线、喇叭天线、反射面天线等。上述天线又可以归类为线天线、口径天线及阵列天线等几大类。

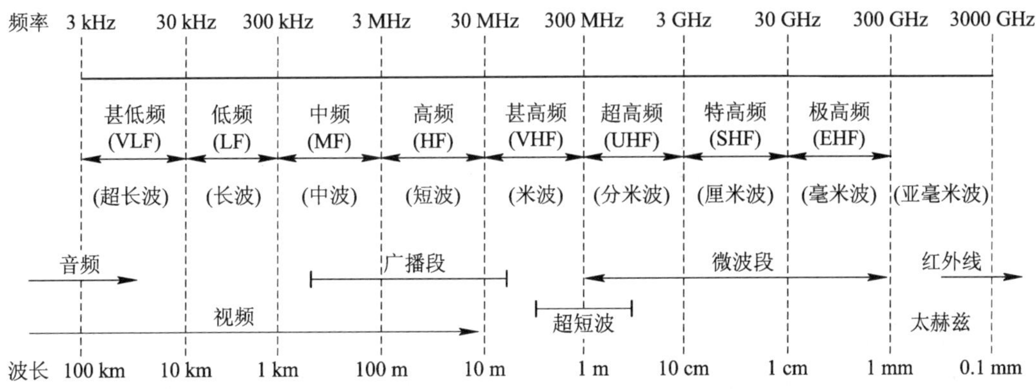

图 0.2　电磁波波段的划分

表 0.1　常用微波波段

波段	频率/GHz	波长/mm	波段	频率/GHz	波长/mm
P	0.23～1	1300～300	Ka	27～40	11.1～7.5
L	1～2	300～150	U	40～60	7.5～5
S	2～4	150～75	E	60～90	5～3.33
C	4～8	75～37.5	F	90～140	3.33～2.14
X	8～12	37.5～25	G	140～220	2.14～1.36
Ku	12～18	25～16.7	R	220～325	1.36～0.92
K	18～27	16.7～11.1			

注：这种划分方式是雷达业内的通俗做法，没有一个严格、统一的标准。

第 1 章　天线的理论基础

天线的理论基础是电磁场理论。天线问题研究的是天线所产生的空间电磁场分布以及由空间电磁场分布所决定的天线电参数，因此求解天线问题实质上是求解满足特定边界条件的电磁场方程。本章首先简要叙述一下电磁场理论的一些主要结论，然后加以扩展，讨论天线的一些基本问题，如电流元、磁流元和对称振子的电磁场等。

1.1　电磁场方程及其解

电磁场方程是电磁场理论的核心，它描述了空间中场与场之间以及场与源之间相互关系的普遍规律。电磁场基本方程包括麦克斯韦方程、边界条件方程、电流连续性方程、媒质特性方程以及由它们推导出来的电磁场的矢量波动方程。

1.1.1　麦克斯韦方程

麦克斯韦方程的数学表达形式包括微分形式和积分形式两种。

麦克斯韦方程的微分形式如下：

$$\begin{cases} \nabla\times \boldsymbol{E} = -\dfrac{\partial \boldsymbol{B}}{\partial t} \\ \nabla\times \boldsymbol{H} = \boldsymbol{J} + \dfrac{\partial \boldsymbol{D}}{\partial t} \\ \nabla\cdot \boldsymbol{D} = \rho \\ \nabla\cdot \boldsymbol{B} = 0 \end{cases} \tag{1.1.1}$$

麦克斯韦方程的积分形式如下：

$$\begin{cases} \oint_l \boldsymbol{E}\cdot \mathrm{d}\boldsymbol{l} = -\int_S \dfrac{\partial \boldsymbol{B}}{\partial t}\cdot \mathrm{d}\boldsymbol{S} \\ \oint_l \boldsymbol{H}\cdot \mathrm{d}\boldsymbol{l} = \int_S \left(\boldsymbol{J} + \dfrac{\partial \boldsymbol{D}}{\partial t}\right)\cdot \mathrm{d}\boldsymbol{S} \\ \oint_S \boldsymbol{D}\cdot \mathrm{d}\boldsymbol{S} = Q \\ \oint_S \boldsymbol{B}\cdot \mathrm{d}\boldsymbol{S} = 0 \end{cases} \tag{1.1.2}$$

式中，$\boldsymbol{E}$ 为电场强度矢量(单位为 V/m)，$\boldsymbol{H}$ 为磁场强度矢量(单位为 A/m)，$\boldsymbol{D}$ 为电感应强度

矢量(单位为 C/m^2)，$\boldsymbol{B}$ 为磁感应强度矢量(单位为 T)，$\boldsymbol{J}$ 为体电流密度矢量(单位为 A/m^3)，ρ 为体电荷密度(单位为 C/m^3)，Q 为电荷量(单位为 C)。

麦克斯韦方程表明，不仅电荷能产生电场，电流能产生磁场，而且变化的电场也能产生磁场，变化的磁场又能产生电场，从而揭示了电磁波的存在。

电场强度与磁场强度是时间 t 和空间坐标 $\boldsymbol{r}$ 的函数，若场源 $\rho(t)$、$\boldsymbol{J}(t)$ 随时间按正弦以角频率 ω 变化，则电场强度 $\boldsymbol{E}(\boldsymbol{r},t)$ 和磁场强度 $\boldsymbol{H}(\boldsymbol{r},t)$ 也随时间按正弦变化，这样的电磁场称为时谐场，可表示如下：

$$\boldsymbol{E}(\boldsymbol{r},t)=\mathrm{Re}[\boldsymbol{E}(\boldsymbol{r})\mathrm{e}^{\mathrm{j}\omega t}] \tag{1.1.3}$$

$$\boldsymbol{H}(\boldsymbol{r},t)=\mathrm{Re}[\boldsymbol{H}(\boldsymbol{r})\mathrm{e}^{\mathrm{j}\omega t}] \tag{1.1.4}$$

式中，矢量 $\boldsymbol{E}(\boldsymbol{r})$、$\boldsymbol{H}(\boldsymbol{r})$ 仅是空间坐标的复量函数，称为复矢量。麦克斯韦方程中，将对时间的微分因子用 $\mathrm{j}\omega$ 因子代替，并消去两边出现的时间因子($\mathrm{e}^{\mathrm{j}\omega t}$)，各时变量都由相应的复矢量代替，可得到麦克斯韦方程的时谐形式：

$$\begin{cases}\nabla\times\boldsymbol{E}=-\mathrm{j}\omega\boldsymbol{B}\\ \nabla\times\boldsymbol{H}=\boldsymbol{J}+\mathrm{j}\omega\boldsymbol{D}\\ \nabla\cdot\boldsymbol{D}=\rho\\ \nabla\cdot\boldsymbol{B}=0\end{cases} \tag{1.1.5}$$

其中，电流密度 $\boldsymbol{J}$ 由外加电流(源电流)$\boldsymbol{J}_0$ 和传导电流 $\sigma\boldsymbol{E}$ 组成，即

$$\boldsymbol{J}=\boldsymbol{J}_0+\sigma\boldsymbol{E} \tag{1.1.6}$$

对于均匀、线性、各向同性的媒质，复场量之间有以下本构关系：

$$\boldsymbol{D}=\varepsilon\boldsymbol{E} \tag{1.1.7}$$

$$\boldsymbol{B}=\mu\boldsymbol{H} \tag{1.1.8}$$

其中，ε 和 μ 分别为介电常数和磁导率，真空中 $\varepsilon=\varepsilon_0=\dfrac{1}{36\pi}\times10^{-9}$ F/m，$\mu=\mu_0=4\pi\times10^{-7}$ H/m，电导率 $\sigma=0$。

将式(1.1.6)和式(1.1.7)代入式(1.1.5)中的第二式，可得

$$\nabla\times\boldsymbol{H}=\boldsymbol{J}_0+\mathrm{j}\omega\left(\varepsilon+\frac{\sigma}{\mathrm{j}\omega}\right)\boldsymbol{E}=\boldsymbol{J}_0+\mathrm{j}\omega\varepsilon'\boldsymbol{E} \tag{1.1.9}$$

其中，$\varepsilon'=\varepsilon-\mathrm{j}(\sigma/\omega)$。对于天线问题，通常求解的是天线周围自由空间中的电场和磁场，即 $\sigma=0$，$\varepsilon'=\varepsilon$。

因此，给定媒质时麦克斯韦方程及电流连续性方程如下：

$$\begin{cases}\nabla\times\boldsymbol{E}=-\mathrm{j}\omega\mu\boldsymbol{H}\\ \nabla\times\boldsymbol{H}=\boldsymbol{J}+\mathrm{j}\omega\varepsilon\boldsymbol{E}\\ \nabla\cdot\boldsymbol{E}=\dfrac{\rho}{\varepsilon}\\ \nabla\cdot\boldsymbol{H}=0\end{cases} \tag{1.1.10}$$

$$\nabla\cdot\boldsymbol{J}=-\mathrm{j}\omega\rho \tag{1.1.11}$$

1.1.2 边界条件方程

媒质特性参数在经过两种媒质(媒质 1 和媒质 2)的分界面时会发生突变，因此会引起某些场分量的不连续，如图 1.1.1(a)所示。媒质分界面上的边界条件可由麦克斯韦方程的积分形式导出，表示如下：

$$\begin{cases}\hat{\boldsymbol{n}}\times(\boldsymbol{E}_2-\boldsymbol{E}_1)=0\\ \hat{\boldsymbol{n}}\times(\boldsymbol{H}_2-\boldsymbol{H}_1)=\boldsymbol{J}_s\\ \hat{\boldsymbol{n}}\cdot(\boldsymbol{D}_2-\boldsymbol{D}_1)=\rho_s\\ \hat{\boldsymbol{n}}\cdot(\boldsymbol{B}_2-\boldsymbol{B}_1)=0\end{cases}\tag{1.1.12}$$

式中，$\hat{\boldsymbol{n}}$ 为分界面的法向单位矢量(其方向由媒质 1 指向媒质 2)，$\boldsymbol{J}_s$ 为沿分界面流动的面电流密度，ρ_s 为面电荷密度。

对于时谐场，一组充分的边界条件为

$$\begin{cases}\hat{\boldsymbol{n}}\times(\boldsymbol{E}_2-\boldsymbol{E}_1)=0\\ \hat{\boldsymbol{n}}\times(\boldsymbol{H}_2-\boldsymbol{H}_1)=\boldsymbol{J}_s\end{cases}\tag{1.1.13}$$

或

$$\begin{cases}E_{t2}=E_{t1}\\ H_{t2}=H_{t1}+J_s\end{cases}\tag{1.1.14}$$

式中，下标 t 表示切向分量，E_t 和 H_t 分别为电场强度和磁场强度的切向分量。

若媒质 1 为理想导体，如图 1.1.1(b)所示，在理想导体表面，电导率 $\sigma=\infty$，则边界条件为

$$\begin{cases}E_t=0\\ H_t=J_s\end{cases}\tag{1.1.15}$$

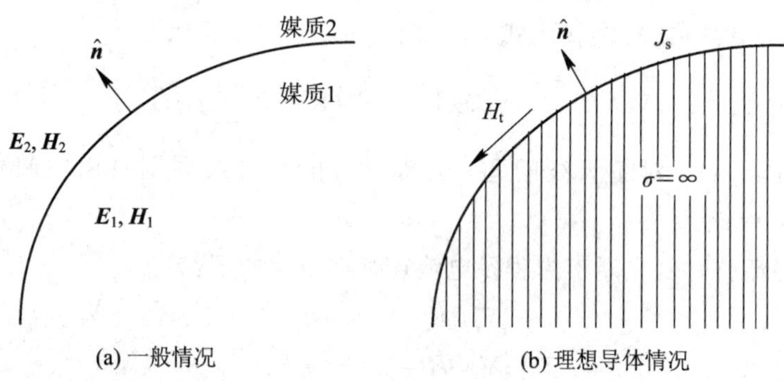

图 1.1.1 边界条件

需要指出的是，边界条件方程中的所有场量均指的是其在边界(分界面)上的值，即方程仅适用于边界上各点。根据时谐场唯一性定理，应用上述切向场边界条件求出的解为唯一解。

1.1.3　能量守恒方程——坡印廷定理

空间电磁场的能量关系满足能量守恒定律。坡印廷定理解释了电磁场的能量守恒定律。坡印廷定理考虑到了电磁场的时间关系和能量的空间流动，反应了电磁场的功率关系。

设空间有任一封闭面 S，其所包围的体积为 V，从麦克斯韦旋度方程出发，利用矢量公式

$$\nabla\cdot(\boldsymbol{E}\times\boldsymbol{H})=\boldsymbol{H}\cdot(\nabla\times\boldsymbol{E})-\boldsymbol{E}\cdot(\nabla\times\boldsymbol{H})$$

和散度定理

$$\int_V \nabla\cdot(\boldsymbol{E}\times\boldsymbol{H})\mathrm{d}V=\oint_S(\boldsymbol{E}\times\boldsymbol{H})\cdot\mathrm{d}\boldsymbol{S}$$

可以导出：

$$-\frac{\partial}{\partial t}\int_V\left(\frac{1}{2}\mu\,|\boldsymbol{H}|^2+\frac{1}{2}\varepsilon\,|\boldsymbol{E}|^2\right)\mathrm{d}V=\oint_S(\boldsymbol{E}\times\boldsymbol{H})\cdot\mathrm{d}\boldsymbol{S}+\int_V\boldsymbol{E}\cdot\boldsymbol{J}\,\mathrm{d}V \tag{1.1.16}$$

式(1.1.16)表示体积 V 内能量的减少等于从 V 内流出的功率与 V 内功率“损耗”之和。$\boldsymbol{E}\times\boldsymbol{H}$ 是单位时间内通过单位面积的能量，称为电磁场功率通量密度或坡印廷矢量，记为

$$\boldsymbol{S}=\boldsymbol{E}\times\boldsymbol{H} \tag{1.1.17}$$

对于时谐电磁场，复数形式的坡印廷矢量为

$$\boldsymbol{S}=\frac{1}{2}\boldsymbol{E}\times\boldsymbol{H}^* \tag{1.1.18}$$

坡印廷矢量的实部表示一个周期内的平均功率通量密度。

对于时谐场，由麦克斯韦方程有

$$\begin{cases}\nabla\times\boldsymbol{E}=-\mathrm{j}\omega\mu\boldsymbol{H}\\ \nabla\times\boldsymbol{H}^*=\boldsymbol{J}^*-\mathrm{j}\omega\varepsilon\boldsymbol{E}^*\end{cases} \tag{1.1.19}$$

重复前面的推导，并考虑到 $\boldsymbol{J}^*=\boldsymbol{J}_0^*+\sigma\boldsymbol{E}^*$，可以得到

$$P_{\mathrm{s}}=P_{\mathrm{f}}+P_{\mathrm{d}}+\mathrm{j}2\omega(W_{\mathrm{m}}-W_{\mathrm{e}}) \tag{1.1.20}$$

式中，P_{s} 为外部供给体积 V 内的平均功率，且

$$P_{\mathrm{s}}=-\frac{1}{2}\int_V\boldsymbol{E}\cdot\boldsymbol{J}_0^*\,\mathrm{d}V \tag{1.1.20a}$$

P_{f} 为通过封闭面 S 从体积 V 内流出的平均功率，且

$$P_{\mathrm{f}}=\frac{1}{2}\oint_S(\boldsymbol{E}\times\boldsymbol{H}^*)\cdot\mathrm{d}\boldsymbol{S} \tag{1.1.20b}$$

P_{d} 为体积 V 内平均热损耗功率，且

$$P_{\mathrm{d}}=\frac{1}{2}\int_V\sigma\,|\boldsymbol{E}|^2\,\mathrm{d}V \tag{1.1.20c}$$

W_{m} 为体积 V 内平均储存的磁能，且

$$W_{\mathrm{m}}=\frac{1}{2}\int_V\mu\,|\boldsymbol{H}|^2\,\mathrm{d}V \tag{1.1.20d}$$

W_e 为体积 V 内平均储存的电能，且

$$W_e = \frac{1}{2}\int_V \varepsilon \left| \boldsymbol{E} \right|^2 \mathrm{d}V \tag{1.1.20e}$$

1.1.4 波动方程

为了求解麦克斯韦方程，对式(1.1.10)的第一式和第二式取旋度，考虑到该式的第三式和第四式，利用矢量公式 $\nabla\times(\nabla\times\boldsymbol{A})=\nabla(\nabla\cdot\boldsymbol{A})-\nabla^2\boldsymbol{A}$ 和 $\boldsymbol{J}=\boldsymbol{J}_0+\sigma\boldsymbol{E}$，可以得到电磁场的矢量波动方程：

$$\begin{cases}\nabla^2\boldsymbol{E}-\mu\varepsilon\dfrac{\partial^2\boldsymbol{E}}{\partial t^2}-\mu\sigma\dfrac{\partial\boldsymbol{E}}{\partial t}=\mu\dfrac{\partial\boldsymbol{J}_0}{\partial t}+\dfrac{1}{\varepsilon}\nabla\rho\\[2ex]\nabla^2\boldsymbol{H}-\mu\varepsilon\dfrac{\partial^2\boldsymbol{H}}{\partial t^2}-\mu\sigma\dfrac{\partial\boldsymbol{H}}{\partial t}=-\nabla\times\boldsymbol{J}_0\end{cases} \tag{1.1.21}$$

给定电流密度 $\boldsymbol{J}_0$ 和电荷密度 ρ，求解矢量波动方程便可得到麦克斯韦方程的解。

对于时谐场源，用 $\mathrm{j}\omega$ 代替 $\partial/\partial t$，式(1.1.21)变为

$$\begin{cases}\nabla^2\boldsymbol{E}+k^2\boldsymbol{E}=\mathrm{j}\omega\mu\boldsymbol{J}_0+\dfrac{1}{\varepsilon}\nabla\rho\\[2ex]\nabla^2\boldsymbol{H}+k^2\boldsymbol{H}=-\nabla\times\boldsymbol{J}_0\end{cases} \tag{1.1.22}$$

式中，

$$k^2=\omega^2\mu\varepsilon-\mathrm{j}\mu\varepsilon\sigma \tag{1.1.23}$$

在非导电媒质中，$\sigma=0$，因而有

$$k^2=\omega^2\mu\varepsilon$$

这里的 k 称为波数。

式(1.1.22)称为矢量形式的非齐次亥姆霍兹(Helmholtz)方程。在无源区域，$J_0=0$，$\rho=0$，式(1.1.22)可化为齐次亥姆霍兹方程：

$$\begin{cases}\nabla^2\boldsymbol{E}+k^2\boldsymbol{E}=0\\\nabla^2\boldsymbol{H}+k^2\boldsymbol{H}=0\end{cases} \tag{1.1.24}$$

1.1.5 麦克斯韦方程的解

1. 直接法

直接求解矢量波动方程可得到电磁场的解，这就是所谓的直接法。但要指出，满足麦克斯韦方程的场量必然满足矢量波动方程，反之则并不成立。因此，通常是先求解一个场量的矢量波动方程，再利用麦克斯韦方程求解第二个场量，这样得到的结果既满足波动方程，又满足麦克斯韦方程。

满足矢量波动方程或麦克斯韦方程的场量解可有无穷多个，其中满足具体问题的电磁场边界条件的解，才是所需要的唯一解。但仅对少数几何形状简单的天线可求出精确解析解。

2. 间接法

所谓间接法，就是指不直接求解麦克斯韦方程或场量的矢量波动方程，而是通过求解辅助函数以得到电磁场的解，因此也称为辅助函数法。通过引入磁矢位(矢量磁位)$\boldsymbol{A}$ 和电标位(标量电位)φ 作为辅助函数，求解麦克斯韦方程的方法称为矢位法，它通过应用矢量恒等式引入辅助函数，从而简化求解。

根据矢量恒等式$\nabla\cdot(\nabla\times\boldsymbol{A})\equiv0$ 及$\nabla\cdot\boldsymbol{B}=0$，引入磁矢位 $\boldsymbol{A}$：

$$\boldsymbol{B}=\nabla\times\boldsymbol{A} \tag{1.1.25}$$

将式(1.1.25)代入$\nabla\times\boldsymbol{E}=-\mathrm{j}\omega\boldsymbol{B}$，可得

$$\nabla\times(\boldsymbol{E}+\mathrm{j}\omega\boldsymbol{A})=0$$

根据矢量恒等式$\nabla\times(\nabla\varphi)\equiv0$，引入电标位 φ：

$$\boldsymbol{E}+\mathrm{j}\omega\boldsymbol{A}=-\nabla\varphi \tag{1.1.26}$$

即

$$\boldsymbol{E}=-\mathrm{j}\omega\boldsymbol{A}-\nabla\varphi \tag{1.1.27}$$

将式(1.1.25)和式(1.1.27)代入式(1.1.5)第二式可得 $\boldsymbol{A}$ 的方程：

$$\nabla\times(\nabla\times\boldsymbol{A})=\mu\boldsymbol{J}+\mathrm{j}\omega\mu\varepsilon(-\mathrm{j}\omega\boldsymbol{A}-\nabla\varphi) \tag{1.1.28}$$

应用矢量恒等式展开后得

$$\nabla(\nabla\cdot\boldsymbol{A})-\nabla^2\boldsymbol{A}=\mu\boldsymbol{J}+\omega^2\mu\varepsilon\boldsymbol{A}-\mathrm{j}\omega\mu\varepsilon\nabla\varphi$$

即

$$\nabla^2\boldsymbol{A}+\omega^2\mu\varepsilon\boldsymbol{A}=-\mu\boldsymbol{J}+\nabla(\nabla\cdot\boldsymbol{A}+\mathrm{j}\omega\mu\varepsilon\varphi) \tag{1.1.29}$$

对于时谐场，如果观察点 $\sigma=0$，则洛伦兹条件变为

$$\nabla\cdot\boldsymbol{A}+\mathrm{j}\omega\mu\varepsilon\varphi=0 \tag{1.1.30}$$

则式(1.1.29)简化为

$$\nabla^2\boldsymbol{A}+\omega^2\mu\varepsilon\boldsymbol{A}=-\mu\boldsymbol{J} \tag{1.1.31}$$

该式为磁矢位 $\boldsymbol{A}$ 的非齐次矢量波动方程。求解此波动方程，利用式(1.1.25)和式(1.1.27)可以求得电磁场的解。

设某个正则曲面 S 所包围的体积为 V，$\hat{\boldsymbol{n}}$ 为 S 面的外法线方向单位矢量，则波动方程(1.1.31)的解为

$$\boldsymbol{A}=\frac{\mu}{4\pi}\int_V\boldsymbol{J}\,\frac{\mathrm{e}^{-\mathrm{j}kR}}{R}\mathrm{d}V+\frac{1}{4\pi}\oint_S\left[\frac{\mathrm{e}^{-\mathrm{j}kR}}{R}\,\frac{\partial\boldsymbol{A}}{\partial n}-\boldsymbol{A}\,\frac{\partial}{\partial n}\left(\frac{\mathrm{e}^{-\mathrm{j}kR}}{R}\right)\right]\mathrm{d}S \tag{1.1.32}$$

式(1.1.32)称为亥姆霍兹积分。如果电流源仅仅存在于封闭面 S 所包围的体积 V 之外，即 V 内无电流源，则式(1.1.32)变为

$$\boldsymbol{A}=\frac{1}{4\pi}\oint_S\left[\frac{\mathrm{e}^{-\mathrm{j}kR}}{R}\,\frac{\partial\boldsymbol{A}}{\partial n}-\boldsymbol{A}\,\frac{\partial}{\partial n}\left(\frac{\mathrm{e}^{-\mathrm{j}kR}}{R}\right)\right]\mathrm{d}S \tag{1.1.33}$$

式(1.1.33)就是通常的克希霍夫(Kirchhoff)公式，它是惠更斯(Huygens)原理的数学表达式。

若场源 $\boldsymbol{J}$ 仅存在于有限区域 V 内，其上任一点 P' 为源点，如图 1.1.2 所示，则式(1.1.32)变为

$$\boldsymbol{A}(P)=\int_V \frac{\mu \boldsymbol{J}(\boldsymbol{r}')\mathrm{e}^{-\mathrm{j}kR}}{4\pi R}\mathrm{d}V \tag{1.1.34}$$

其中，$\boldsymbol{r}'$是源点 P'的矢径，$\boldsymbol{r}$ 为场点 P 的矢径，R 为源点到场点的距离($R=|\boldsymbol{r}-\boldsymbol{r}'|$)。

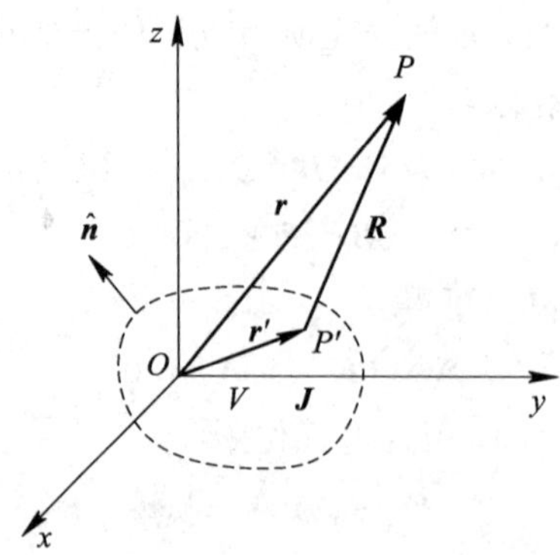

图 1.1.2　场源 J 分布于有限区域 V 内

求得磁矢位 $\boldsymbol{A}$ 后，磁场强度 $\boldsymbol{H}$ 可由式(1.1.25)求出，电场强度 $\boldsymbol{E}$ 也可通过 $\boldsymbol{A}$ 求出，即

$$\boldsymbol{E}=-\mathrm{j}\omega\boldsymbol{A}-\mathrm{j}\frac{1}{\omega\mu\varepsilon}\nabla(\nabla\cdot\boldsymbol{A}) \tag{1.1.35}$$

电场强度 $\boldsymbol{E}$ 也可应用麦克斯韦方程$\nabla\times\boldsymbol{H}=\boldsymbol{J}+\mathrm{j}\omega\varepsilon\boldsymbol{E}$ 通过磁场强度 $\boldsymbol{H}$ 求出。若天线的场点处为自由空间(无源区)，即 $\boldsymbol{J}=0$，则可更简便地求出电场强度 $\boldsymbol{E}$：

$$\boldsymbol{E}=\frac{1}{\mathrm{j}\omega\varepsilon}\nabla\times\boldsymbol{H} \tag{1.1.36}$$

1.2　电流元的场及其分析

这一节，我们应用矢位法求解电流元的电磁场。所谓电流元(也称电基本振子或电偶极子)，是指一段载有高频电流的两端带有等值异号电荷的短导线，导线直径 $d\ll l$(l 为导线长度)，$l\ll\lambda$(λ 为电流元工作频率所对应的波长)，线上电流沿轴线流动，沿线等幅同相，电荷与电流的关系满足连续性方程。电流元是组成线天线的基本单元，因此，线天线可看成是由许多首尾相接的电流元组成的，求得电流元的电磁场，利用电磁场的叠加定理可求得整个线天线的电磁场。电流元是天线的基本辐射单元之一。

1.2.1　电流元的场

设电流元位于坐标原点，轴线沿 z 轴，长为 l，如图 1.2.1 所示。作封闭面 S 包围电流元，由于 S 外无场源，因此亥姆霍兹积分的面积分项等于零。场点 $P(r,\theta,\varphi)$的矢位 $\boldsymbol{A}(P)$由式(1.1.34)计算。由于电流元为线电流，因此积分中 $\boldsymbol{J}(\boldsymbol{r}')\mathrm{d}V$ 可用 $\boldsymbol{I}(z)\mathrm{d}z=\hat{\boldsymbol{z}}I\mathrm{d}z$ 代替。

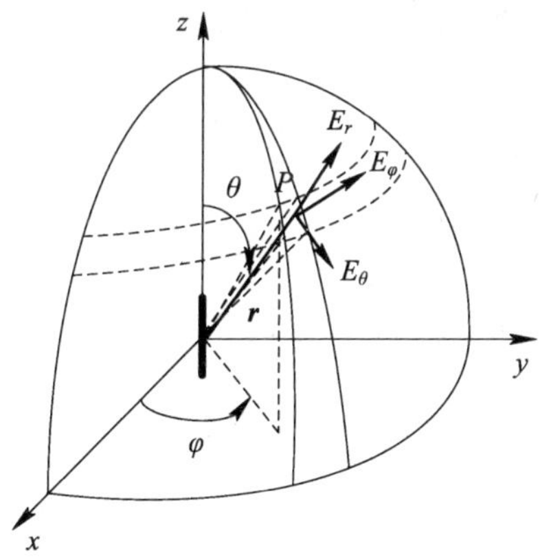

图 1.2.1　电流元

电流元在空间任意一点 P 处产生的磁矢位为

$$\boldsymbol{A}=\hat{\boldsymbol{z}}\frac{\mu I}{4\pi}\int_{-\frac{l}{2}}^{\frac{l}{2}}\frac{\mathrm{e}^{-\mathrm{j}kR}}{R}\mathrm{d}z \tag{1.2.1}$$

由于电流元长度远小于波长，因此可将 R 近似为 r，则式(1.2.1)化简为

$$A_z=\frac{\mu Il}{4\pi r}\mathrm{e}^{-\mathrm{j}kr} \tag{1.2.2}$$

将 A_z 分量转换为球坐标分量，应用 $\hat{\boldsymbol{z}}=\hat{\boldsymbol{r}}\cos\theta-\hat{\boldsymbol{\theta}}\sin\theta$，得

$$\begin{cases}A_r=A_z\cos\theta=\dfrac{\mu Il}{4\pi r}\mathrm{e}^{-\mathrm{j}kr}\cos\theta\\[2ex] A_\theta=-A_z\sin\theta=-\dfrac{\mu Il}{4\pi r}\mathrm{e}^{-\mathrm{j}kr}\sin\theta\\[2ex] A_\varphi=0\end{cases} \tag{1.2.3}$$

又根据 $\boldsymbol{H}=\dfrac{1}{\mu}\nabla\times\boldsymbol{A}$，$\boldsymbol{E}=\dfrac{1}{\mathrm{j}\omega\varepsilon}\nabla\times\boldsymbol{H}$，得电流元的电场强度及磁场强度分量为

$$\begin{cases}E_r=\dfrac{\eta Il}{2\pi r^2}\cos\theta\left(1+\dfrac{1}{\mathrm{j}kr}\right)\mathrm{e}^{-\mathrm{j}kr}\\[2ex] E_\theta=\dfrac{\mathrm{j}\eta kIl}{4\pi r}\sin\theta\left(1+\dfrac{1}{\mathrm{j}kr}-\dfrac{1}{k^2r^2}\right)\mathrm{e}^{-\mathrm{j}kr}\\[2ex] E_\varphi=0\\ H_r=H_\theta=0\\ H_\varphi=\mathrm{j}\dfrac{kIl}{4\pi r}\sin\theta\left(1+\dfrac{1}{\mathrm{j}kr}\right)\mathrm{e}^{-\mathrm{j}kr}\end{cases} \tag{1.2.4}$$

其中，k 为相移常数(波数)，且 $k=\dfrac{2\pi}{\lambda}=\omega\sqrt{\mu\varepsilon}$；$\eta$ 为波阻抗。在自由空间中，$\varepsilon=\varepsilon_0=\dfrac{1}{36\pi}\times 10^{-9}\ \mathrm{F/m}$，$\mu=\mu_0=4\pi\times10^{-7}\ \mathrm{H/m}$，$\eta=\eta_0=\sqrt{\mu_0/\varepsilon_0}=120\pi\approx377\ \Omega$。

电流元的复坡印廷矢量为

$$S = \frac{1}{2}E \times H^* = \frac{1}{2}(\hat{r} E_r + \hat{\theta} E_\theta) \times \hat{\varphi} H_\varphi^*$$

$$= \hat{r} \frac{1}{2} E_\theta H_\varphi^* - \hat{\theta} \frac{1}{2} E_r H_\varphi^* = \hat{r} S_r - \hat{\theta} S_\theta \tag{1.2.5}$$

$$S_r = \frac{1}{2} E_\theta H_\varphi^* = \frac{1}{2}\eta \left(\frac{kIl}{4\pi r}\sin\theta\right)^2 \left(1 - \mathrm{j}\,\frac{1}{k^3 r^3}\right) \tag{1.2.6}$$

$$S_\theta = -\frac{1}{2} E_r H_\varphi^* = \frac{1}{2}\mathrm{j}\eta\,\frac{kI^2 l^2}{8\pi^2 r^3}\sin\theta\cos\theta\left(1 + \frac{1}{k^2 r^2}\right) \tag{1.2.7}$$

可见，电流元所辐射的实功率只有 $\boldsymbol{r}$ 方向，虚功率有 $\boldsymbol{r}$ 方向和 $\boldsymbol{\theta}$ 方向。

1.2.2 场的分析

根据式(1.2.4)，电流元所产生的电场与磁场具有以下特性：

(1) 电场包括 E_r 和 E_θ 两个分量，磁场仅有 H_φ 分量，三个场分量相互垂直。

(2) 电力线在含 z 轴的平面内，磁力线在垂直于 z 轴的平面内。

(3) 电磁场的各分量均随 r 的增大而减小，而且不同的分量随 r 的增大而减小的速率不同。

根据距离 r 的大小，可将电基本振子的场所在的空间分为近区、远区和中间区三个主要区域来进行场的分析。

1. 近区

$kr \ll 1$ 的空间场区域称为近区。在近区内，由于 $(kr)^{-3} \gg (kr)^{-2} \gg (kr)^{-1}$，因此可忽略小项。又因为 $kr \ll 1$，所以 $e^{-jkr} \approx 1$。将以上近似应用于式(1.2.4)，得到近区场如下：

$$\begin{cases} E_r = -\mathrm{j}\,\dfrac{\eta Il}{2\pi k r^3}\cos\theta \\ E_\theta = -\mathrm{j}\,\dfrac{\eta Il}{4\pi k r^3}\sin\theta \\ E_\varphi = 0 \\ H_r = H_\theta = 0 \\ H_\varphi = \dfrac{Il}{4\pi r^2}\sin\theta \end{cases} \tag{1.2.8}$$

由式(1.2.8)可知电流元的近区场有如下特点：

(1) E_r 和 E_θ 与静电场问题中电偶极子的电场相似，而 H_φ 与恒定电流元的磁场相似，近区场又称为似稳场。

(2) 电场相位滞后于磁场相位 90°，因而坡印廷矢量是纯虚数，表示没有能量向外辐射。该区内能量的振荡占了绝对优势，这种似稳场又称感应场。

(3) 近区场与 r^2、r^3 呈反比，因而随距离 r 的增大而迅速减小，在距天线较远的地方，近区场衰减很快。

2. 远区

$kr \gg 1$ 的空间场区域称为远区。此区域内，$(kr)^{-3} \ll (kr)^{-2} \ll (kr)^{-1}$，电磁场主要由

$(kr)^{-1}$ 项决定，$(kr)^{-2}$ 和 $(kr)^{-3}$ 项可忽略。由此可将式(1.2.4)化简为

$$\begin{cases} E_\theta = \mathrm{j}\,\dfrac{\eta k I l}{4\pi r}\sin\theta\mathrm{e}^{-\mathrm{j}kr} = \mathrm{j}\,\dfrac{\eta I l}{2\lambda r}\sin\theta\mathrm{e}^{-\mathrm{j}kr} \\ H_\varphi = \mathrm{j}\,\dfrac{k I l}{4\pi r}\sin\theta\mathrm{e}^{-\mathrm{j}kr} = \mathrm{j}\,\dfrac{I l}{2\lambda r}\sin\theta\mathrm{e}^{-\mathrm{j}kr} \\ \eta = \dfrac{E_\theta}{H_\varphi} \end{cases} \tag{1.2.9}$$

其复坡印廷矢量为

$$\boldsymbol{S} = \frac{1}{2}E_\theta H_\varphi^* \hat{\boldsymbol{r}} = 15\pi\left(\frac{Il}{\lambda r}\sin\theta\right)^2 \hat{\boldsymbol{r}} \tag{1.2.10}$$

由式(1.2.9)可知电流元的远区场有如下特点：

(1) 远区场仅有 E_θ 和 H_φ 两个分量，两者在空间上互相垂直，在时间上同相，且与矢径 $\boldsymbol{r}$ 垂直。

(2) E_θ 和 H_φ 两个分量均与 $1/r$ 呈正比，随距离增加场强衰减较缓慢。

(3) 坡印廷矢量为实数，沿矢径方向，即远区场是一沿着径向向外传播的横电磁波。

(4) 辐射场与 $\sin\theta$ 呈正比，在 θ 等于 0° 和 180° 方向(即振子轴线的方向)上，辐射场为零；而在垂直于振子轴线的任意方向($\theta=90°$ 的平面内)上，辐射场最大。

(5) 远区电场与磁场的大小之比称为波阻抗，即 $E_\theta/H_\varphi=\sqrt{\mu/\varepsilon}=\eta(\Omega)$。

3. 中间区

在近区和远区之间的区域称为中间区。在该区内感应场和辐射场的大小量级相当，都不占绝对优势，场的结构相对复杂，见式(1.2.4)。

1.3　对称振子的辐射场

对称振子可以看成是将终端开路的平行双导线(其间距为 s)自终端长度 l 处弯折 90° 而成，假设弯折部分电流分布不变，如图 1.3.1 所示，则振子上的电流分布为正弦分布。振子与原传输线垂直，对称振子也称为双极天线或偶极天线，是经常使用的一种线天线类型。

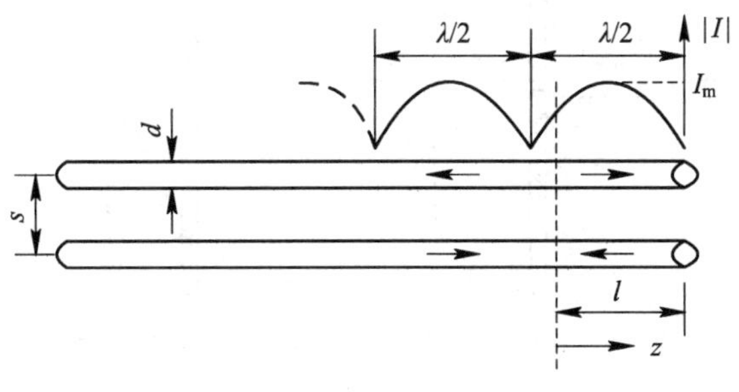

(a) 平行双导线

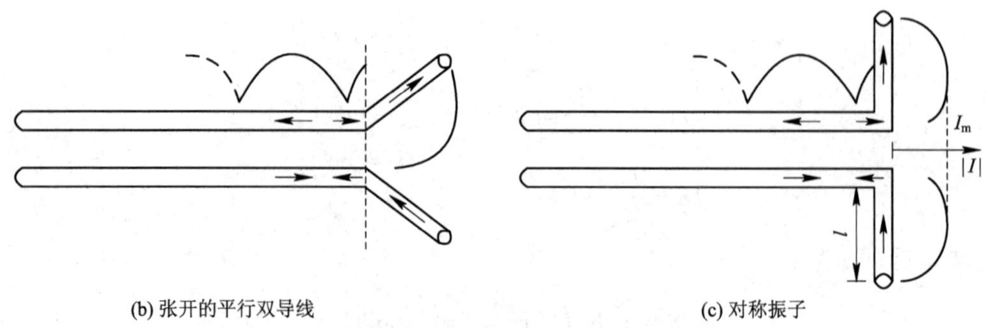

(b) 张开的平行双导线　　(c) 对称振子

图 1.3.1　平行双导线和对称振子上的电流分布

自由空间中对称振子由两根相同直径、相同长度的直导线构成，在其中间的两个端点馈电。每根导线的长度为 l，称为对称振子的臂长，对称振子全长 $L=2l$。对天线特性的研究要从其在空间的辐射场出发。天线在空间的辐射场可以由天线上的电流分布求得，因此下面首先来确定振子上的电流分布。

1.3.1　电流分布

假设对称振子天线两臂的电流分布为正弦分布：

$$I_z = I_m \sin[\beta(l-|z|)] \tag{1.3.1}$$

其中，I_m 为振子上波腹点的电流幅度；β 为振子上电流的相移常数，如不计入衰减，则 $\beta \approx k = 2\pi/\lambda$。

根据式(1.3.1)，不同臂长对称振子上的电流分布如图 1.3.2 所示。由图可见：当 $l/\lambda=0.25$ 时，振子上电流的波腹点位于中间馈电点处；当 $l/\lambda=0.5$ 和 $l/\lambda=1$ 时，振子电流的波节点位于中间馈电点处，输入端的电流为零，这与实际情况不符，此时电流分布在对称振子输入端的误差较大；当 $l/\lambda>0.5$ 时，振子上出现了反向电流；当 $l/\lambda=1$ 时，反向电流和正向电流大小相等。对称振子天线上的反向电流一般是不希望有的，它会削减垂直于振子轴线方向的场强，降低天线的方向性；对于 $l/\lambda=1$，由于反向电流和正向电流大小相等，因此垂直于振子轴线方向上的场强应该为零。

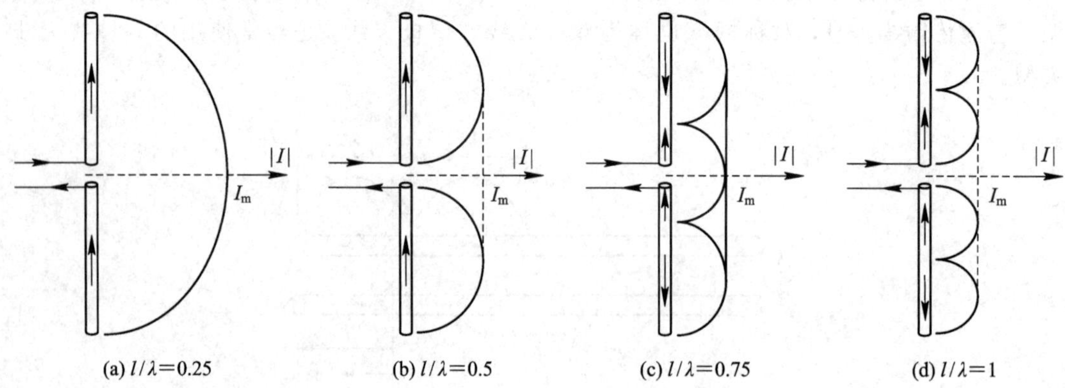

(a) $l/\lambda=0.25$　　(b) $l/\lambda=0.5$　　(c) $l/\lambda=0.75$　　(d) $l/\lambda=1$

图 1.3.2　不同臂长对称振子的电流分布

当振子直径远小于其长度时，天线上的电流分布可以用正弦曲线良好近似。然而，在全波振子的电流分布中，电流的波节点在天线的输入端，天线输入电流的误差很大，因而计算的天线输入阻抗的误差很大，必须对正弦近似做适当修正。引起误差的原因在于：传输线是能量的传输系统，而天线是辐射系统。图 1.3.3 所示为传输线和对称振子的等效电路，在传输线上沿线的分布参数是均匀的，而对称振子上对应小单元之间的分布参数是不均匀的。

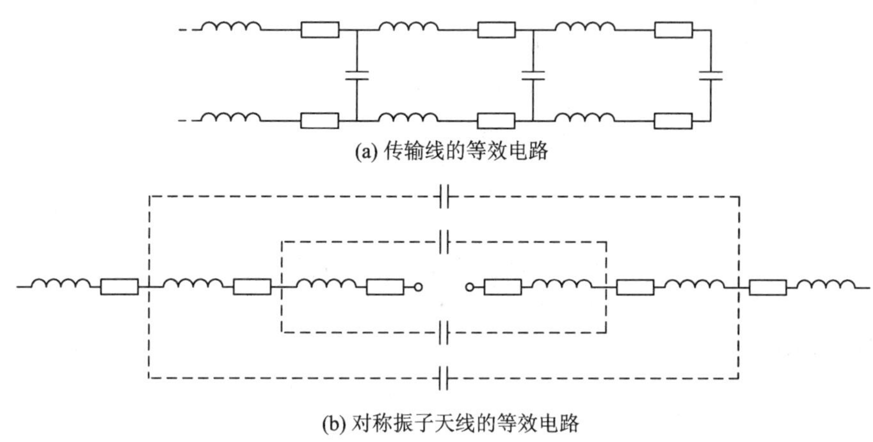

(a) 传输线的等效电路

(b) 对称振子天线的等效电路

图 1.3.3　传输线和对称振子的等效电路

1.3.2　辐射场

如图 1.3.4 所示，将臂长为 l 的对称振子沿 z 轴放置。将整个对称振子看成是由无穷多个首尾相接的电流元组成的，则空间中任一点的场为这些基本振子辐射场的叠加。通过对电基本振子所产生的场在对称振子长度上进行积分，可得到对称振子在空间的辐射场。

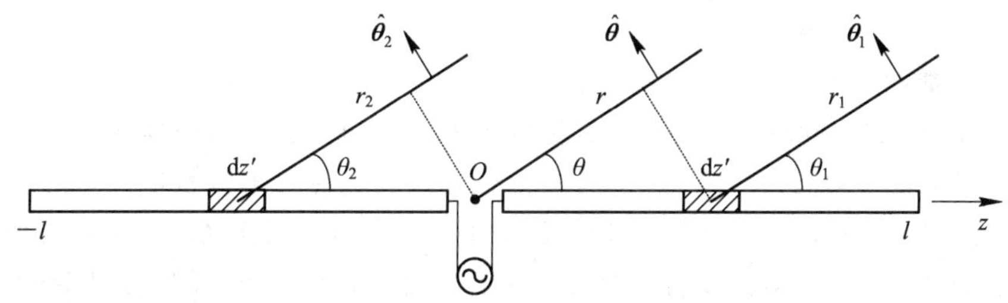

图 1.3.4　沿 z 轴放置的对称振子

在振子上关于原点对称、位于 $|z'|$ 的位置处分别取两个长度相同的线元 $\mathrm{d}z'$，在该点处，线元上的电流为 $I(z')$，它们在远区的辐射电场强度 $\mathrm{d}\boldsymbol{E}_1$、$\mathrm{d}\boldsymbol{E}_2$ 分别为

$$\mathrm{d}\boldsymbol{E}_1=\mathrm{j}\,\frac{\eta I(z')\mathrm{d}z'}{2\lambda r_1}\sin\theta_1\,\mathrm{e}^{-\mathrm{j}kr_1}\,\hat{\boldsymbol{\theta}}_1 \tag{1.3.2}$$

$$\mathrm{d}\boldsymbol{E}_2=\mathrm{j}\,\frac{\eta I(z')\mathrm{d}z'}{2\lambda r_2}\sin\theta_2\,\mathrm{e}^{-\mathrm{j}kr_2}\,\hat{\boldsymbol{\theta}}_2 \tag{1.3.3}$$

式中，r_1、r_2 分别为对称振子上位于 $|z'|$ 的两个线元至远区场点 P 的距离；θ_1、θ_2 分别为 r_1、r_2 与振子轴线的夹角。

考虑到要研究的观察点 P 足够远，各单元电基本振子到观察点的射线可看成是相互平行的，于是有 $\hat{\boldsymbol{\theta}}_1 \approx \hat{\boldsymbol{\theta}}_2 \approx \hat{\boldsymbol{\theta}}$，幅度项中 $r_1 \approx r_2 \approx r$，相位项中 $r_1 \approx r - z'\cos\theta$，$r_2 \approx r + z'\cos\theta$。其中，$r$ 为坐标原点至远区场点 P 的距离，θ 为 r 与振子轴线的夹角。由于 $r \gg l$，故在计算各单元基本振子辐射场的振幅时，可认为 $r_1 \approx r_2 \approx r$。但是，$r_1$ 和 r_2 之差并不远小于波长，因此各单元基本振子辐射场由其到场点的路径差引起的相位差不能忽略。

综上，振子的辐射电场强度为

$$
\begin{aligned}
\boldsymbol{E}(\boldsymbol{r}) &= \int_0^l (\mathrm{d}\boldsymbol{E}_1 + \mathrm{d}\boldsymbol{E}_2) \\
&= \hat{\boldsymbol{\theta}} \int_0^l \left[\mathrm{j}\, \frac{\eta I(z')}{2\lambda r} \sin\theta\, \mathrm{e}^{-\mathrm{j}kr} (\mathrm{e}^{-\mathrm{j}kz'\cos\theta} + \mathrm{e}^{\mathrm{j}kz'\cos\theta}) \right] \mathrm{d}z' \\
&= \hat{\boldsymbol{\theta}}\, \mathrm{j}\, \frac{\eta I_{\mathrm{m}}}{2\lambda r} \sin\theta\, \mathrm{e}^{-\mathrm{j}kr} \int_0^l \sin[k(l - z')] (\mathrm{e}^{-\mathrm{j}kz'\cos\theta} + \mathrm{e}^{\mathrm{j}kz'\cos\theta}) \mathrm{d}z' \\
&= \hat{\boldsymbol{\theta}}\, \mathrm{j}\, \frac{60 I_{\mathrm{m}}}{r} \frac{\cos(kl\cos\theta) - \cos(kl)}{\sin\theta} \mathrm{e}^{-\mathrm{j}kr}
\end{aligned}
\tag{1.3.4}
$$

辐射磁场强度为

$$
\boldsymbol{H}(\boldsymbol{r}) = \hat{\boldsymbol{\varphi}}\, \mathrm{j}\, \frac{I_{\mathrm{m}}}{2\pi r} \frac{\cos(kl\cos\theta) - \cos(kl)}{\sin\theta} \mathrm{e}^{-\mathrm{j}kr} \tag{1.3.5}
$$

式(1.3.4)和式(1.3.5)为对称振子的辐射电磁场，其电场仅有 E_θ 分量，磁场仅有 H_φ 分量，它们均是空间方向 θ 的函数，与方位 φ 无关。

对称振子辐射场的等相位面是以振子中心为球心的球面，即 $r=$ 常数。对称振子辐射的是球面波，相位中心在坐标原点(即对称振子的几何中心)。

1.4 电磁场的对偶原理

对于某些类型的天线问题，采用同电流、电荷对比的方法求解电磁场比直接求解要方便得多。因此，为这类问题引入磁流、磁荷的概念，可以得出电磁场的对偶原理。

我们知道，在各向同性的线性媒质中，电磁场遵循麦克斯韦方程所描述的规律。一方面，由于自然界不存在磁荷，没有传导磁流，因此磁力线是处处连续的。另一方面，自然界有电荷和传导电流，因此电力线可以有源头而不闭合。由于上述缘故，麦克斯韦方程的第一式和第二式、第三式和第四式不对称，电磁场的本性就是如此。然而，如果把某部分电流和电荷化为等效的磁流和磁荷，将麦克斯韦方程写成对称形式，将使某些天线的计算问题大为简化，可以直接从一类问题的已知解得到另一类问题的待求解。

1.4.1 磁流与磁荷

要利用电流、电荷及其场和磁流、磁荷及其场的对比关系求解电磁场，首先要解决场源的对比关系问题。

如图 1.4.1(a)所示，电基本振子的表面电流密度可以根据边界条件求得，设振子电流为 I，振子的截面周长为 L。若振子为理想导体，则其表面电场的切向分量为零，表面磁场的切向分量等于表面电流密度，即 $J_s = H_t = I/L$，方向如图中所示。这样，电基本振子可以等效为一个基本表面 F，F 上存在切向磁场 H_t，H_t 由 F 内的电流 I 产生。基本表面 F 的外部电磁场既可以由 I 求得，也可以由 F 上的 H_t 求得。

与之对应，我们来研究载电流螺线管附近的场分布，如图 1.4.1(b)所示。如果螺距充分小，螺线管上每一匝线圈都可用具有同样强度的电流代替。也就是说，螺线管也可以等效为一个基本表面 F，在 F 上存在着电场的切向分量 E_t，方向如图中所示，F 上磁场的切向分量为零。

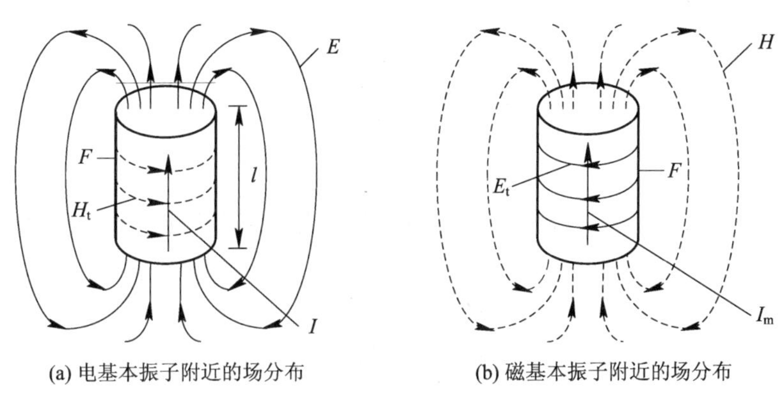

(a) 电基本振子附近的场分布　　(b) 磁基本振子附近的场分布

图 1.4.1　电基本振子与磁基本振子的对比

对比上述两种情况，载电流细螺线管的电场对应于电基本振子的磁场，螺线管的磁场对应于电基本振子的电场，前两者方向相反，后两者方向相同。对于电基本振子来说，内部有传导电流 I，两端有自由电荷 $+q$ 和 $-q$，电流、电荷交变时产生交变电磁场，相应地产生位移电流，位移电流密度 $\boldsymbol{J}_{em} = \partial \boldsymbol{D}/\partial t$。对于载交变电流的细螺线管来说，在其外部产生电磁场，磁场的交变产生位移磁流，位移磁流密度 $\boldsymbol{J}_{mem} = \partial \boldsymbol{B}/\partial t$。

仿照电荷与电流，假想一个磁荷与磁流，即假想在载电流螺线管的内部存在传导磁流 I_m，在它的两端存在自由磁荷 $+q_m$ 和 $-q_m$，磁流磁荷交变时产生交变电磁场，相应地产生位移磁流，位移磁流密度为 $\boldsymbol{J}_{mem} = \partial \boldsymbol{B}/\partial t$。这样，求载电流螺线管外部的电磁场便可用求磁流、磁荷的电磁场来代替。类比电流、电荷形成的电基本振子，磁流、磁荷形成磁基本振子(振子长为 $l \ll \lambda$，振子上磁流为 I_m，振子两端的磁荷为 $+q_m$ 和 $-q_m$)。于是，利用电场和磁场的对偶关系，可以容易地从电基本振子的电磁场得到磁基本振子的电磁场。

1.4.2　对偶关系

自然界并不存在任何单独的磁流及磁荷，因此麦克斯韦方程在形式上是不对称的。但人们在研究某些电磁场问题的过程中，引入假想的磁流及磁荷作为等效源，得到对称的麦克斯韦方程组，可使问题便于处理。引入假想的磁流 $\boldsymbol{J}_m$ 和磁荷 ρ_m 后所得的对称形式的麦克斯韦方程如下：

$$\begin{cases}\nabla\times \boldsymbol{H} = \boldsymbol{J} + \mathrm{j}\omega\varepsilon \boldsymbol{E} \\ \nabla\times \boldsymbol{E} = -\boldsymbol{J}_m - \mathrm{j}\omega\mu \boldsymbol{H} \\ \nabla\cdot \boldsymbol{B} = \rho_m \\ \nabla\cdot \boldsymbol{D} = \rho \end{cases} \tag{1.4.1}$$

式中，$\boldsymbol{J}$、$\boldsymbol{J}_m$ 分别为外加电流密度和磁流密度。对于有耗媒质，$\sigma\neq0$，ε 应为 $\varepsilon_0+\sigma/(j\omega)$。

根据线性媒质中的电磁场叠加定理，电流、电荷和磁流、磁荷共同产生的场 $\boldsymbol{E}$ 和 $\boldsymbol{H}$ 可以分解为当电流、电荷单独存在时产生的场 $\boldsymbol{E}^e$、$\boldsymbol{H}^e$ 和当磁流、磁荷单独存在时产生的场 $\boldsymbol{E}^m$、$\boldsymbol{H}^m$ 之和，即总场为

$$\begin{cases}\boldsymbol{E}=\boldsymbol{E}^e+\boldsymbol{E}^m\\ \boldsymbol{H}=\boldsymbol{H}^e+\boldsymbol{H}^m\end{cases}\tag{1.4.2}$$

当 $q_m=0$，$\boldsymbol{J}_m=0$ 且 $q\neq0$，$\boldsymbol{J}\neq0$ 时，空间场只有电流和电荷产生的场 $\boldsymbol{E}^e$、$\boldsymbol{H}^e$，其满足的麦克斯韦方程式(1.4.1)变为

$$\begin{cases}\nabla\times\boldsymbol{H}^e=\boldsymbol{J}+j\omega\varepsilon\boldsymbol{E}^e\\ \nabla\times\boldsymbol{E}^e=-j\omega\mu\boldsymbol{H}^e\\ \nabla\cdot\boldsymbol{B}^e=0\\ \nabla\cdot\boldsymbol{D}^e=\rho\end{cases}\tag{1.4.3}$$

当 $q=0$，$\boldsymbol{J}=0$ 且 $q_m\neq0$，$\boldsymbol{J}_m\neq0$ 时，空间场只有磁流和磁荷产生的场 $\boldsymbol{E}^m$、$\boldsymbol{H}^m$，其满足的麦克斯韦方程式(1.4.1)变为

$$\begin{cases}\nabla\times\boldsymbol{H}^m=j\omega\varepsilon\boldsymbol{E}^m\\ \nabla\times\boldsymbol{E}^m=-\boldsymbol{J}_m-j\omega\mu\boldsymbol{H}^m\\ \nabla\cdot\boldsymbol{B}^m=\rho_m\\ \nabla\cdot\boldsymbol{D}^m=0\end{cases}\tag{1.4.4}$$

比较式(1.4.3)和式(1.4.4)所示的两组方程组，可以看出，二者在数学形式上完全相同，因此它们的解也具有相同的数学形式。所以，可由一种场源(电流源)下电磁问题的解导出另一种场源(磁流源)下对应电磁问题的解，这就是对偶原理。在对偶方程中占据同样位置的量为对偶量。表 1.4.1 列出了电流源和磁流源的一组对偶量，按对偶量互换，可将一种场源的方程换为另一种场源的方程。

表 1.4.1　电流源和磁流源的对偶量

对偶量	电流源 ($\boldsymbol{J}\neq0$，$\boldsymbol{J}_m=0$)	磁流源 ($\boldsymbol{J}_m\neq0$，$\boldsymbol{J}=0$)
场	$\boldsymbol{E}^e$ $\boldsymbol{H}^e$	$\boldsymbol{H}^m$ $-\boldsymbol{E}^m$
源	$\boldsymbol{J}$ ρ	$\boldsymbol{J}_m$ ρ_m
位	$\boldsymbol{A}$ φ	$\boldsymbol{F}$ φ_m
媒质参数	ε μ η $1/\eta$	μ ε $1/\eta$ η
波数	k	k

根据对偶原理，由电流、电荷产生的场的边界条件可得到由磁流、磁荷产生的场的边界条件。电流、电荷产生的场的边界条件为

$$\begin{cases}\hat{\boldsymbol{n}}\times(\boldsymbol{E}_2^{\mathrm{e}}-\boldsymbol{E}_1^{\mathrm{e}})=0\\ \hat{\boldsymbol{n}}\times(\boldsymbol{H}_2^{\mathrm{e}}-\boldsymbol{H}_1^{\mathrm{e}})=\boldsymbol{J}_{\mathrm{s}}\\ \hat{\boldsymbol{n}}\cdot(\boldsymbol{D}_2^{\mathrm{e}}-\boldsymbol{D}_1^{\mathrm{e}})=\rho_{\mathrm{s}}\\ \hat{\boldsymbol{n}}\cdot(\boldsymbol{B}_2^{\mathrm{e}}-\boldsymbol{B}_1^{\mathrm{e}})=0\end{cases} \tag{1.4.5}$$

对偶量进行替换后，可得磁流、磁荷产生的场满足的边界条件为

$$\begin{cases}\hat{\boldsymbol{n}}\times(\boldsymbol{H}_2^{\mathrm{m}}-\boldsymbol{H}_1^{\mathrm{m}})=0\\ \hat{\boldsymbol{n}}\times(\boldsymbol{E}_2^{\mathrm{m}}-\boldsymbol{E}_1^{\mathrm{m}})=-\boldsymbol{J}_{\mathrm{ms}}\\ \hat{\boldsymbol{n}}\cdot(\boldsymbol{B}_2^{\mathrm{m}}-\boldsymbol{B}_1^{\mathrm{m}})=\rho_{\mathrm{ms}}\\ \hat{\boldsymbol{n}}\cdot(\boldsymbol{D}_2^{\mathrm{m}}-\boldsymbol{D}_1^{\mathrm{m}})=0\end{cases} \tag{1.4.6}$$

若空间总场为电流、电荷和磁流、磁荷共同产生的，则空间的总场为

$$\begin{cases}\boldsymbol{E}=\boldsymbol{E}^{\mathrm{e}}+\boldsymbol{E}^{\mathrm{m}}\\ \boldsymbol{H}=\boldsymbol{H}^{\mathrm{e}}+\boldsymbol{H}^{\mathrm{m}}\end{cases} \tag{1.4.7}$$

由式(1.4.5)和式(1.4.6)可得总场满足的边界条件为

$$\begin{cases}\hat{\boldsymbol{n}}\times(\boldsymbol{H}_2-\boldsymbol{H}_1)=\boldsymbol{J}_{\mathrm{s}}\\ \hat{\boldsymbol{n}}\times(\boldsymbol{E}_2-\boldsymbol{E}_1)=-\boldsymbol{J}_{\mathrm{ms}}\\ \hat{\boldsymbol{n}}\cdot(\boldsymbol{B}_2^{\mathrm{m}}-\boldsymbol{B}_1^{\mathrm{m}})=\rho_{\mathrm{ms}}\\ \hat{\boldsymbol{n}}\cdot(\boldsymbol{D}_2^{\mathrm{e}}-\boldsymbol{D}_1^{\mathrm{e}})=\rho_{\mathrm{s}}\end{cases} \tag{1.4.8}$$

这些式中，$\boldsymbol{J}_{\mathrm{s}}$ 为面电流密度，$\boldsymbol{J}_{\mathrm{ms}}$ 为面磁流密度，ρ_{s} 为面电荷密度，ρ_{ms} 为面磁荷密度。

类比矢量磁位 $\boldsymbol{A}$ 和标量电位 φ，由对偶关系可引入矢量电位 $\boldsymbol{F}$ 和标量磁位 φ_{m}，由电流源求远区矢量磁位和空间场的计算公式如下：

$$\boldsymbol{A}=\frac{\mu}{4\pi}\int_V \boldsymbol{J}(\boldsymbol{r}')\frac{\mathrm{e}^{-jkR}}{R}\mathrm{d}V \tag{1.4.9}$$

$$\boldsymbol{H}^{\mathrm{e}}=\frac{1}{\mu}\nabla\times\boldsymbol{A} \tag{1.4.10}$$

$$\boldsymbol{E}^{\mathrm{e}}=-\mathrm{j}\omega\boldsymbol{A}+\frac{1}{\mathrm{j}\omega\mu\varepsilon}\nabla(\nabla\cdot\boldsymbol{A}) \tag{1.4.11}$$

应用对偶原理，可得由磁流源求远区电矢位和空间场的计算公式如下：

$$\boldsymbol{F}=\frac{\varepsilon}{4\pi}\int_V \boldsymbol{J}_{\mathrm{m}}(\boldsymbol{r}')\frac{\mathrm{e}^{-\mathrm{j}kR}}{R}\mathrm{d}V \tag{1.4.12}$$

$$\boldsymbol{E}^{\mathrm{m}}=-\frac{1}{\varepsilon}\nabla\times\boldsymbol{F} \tag{1.4.13}$$

$$\boldsymbol{H}^{\mathrm{m}}=-\mathrm{j}\omega\boldsymbol{F}+\frac{1}{\mathrm{j}\omega\mu\varepsilon}\nabla(\nabla\cdot\boldsymbol{F}) \tag{1.4.14}$$

由对偶原理可以得到对偶场方程。表 1.4.2 所示为电流源和磁流源的对偶方程。

表 1.4.2 电流源和磁流源的对偶方程

对偶方程名称	电流源($\boldsymbol{J}\neq 0$, $\boldsymbol{J}_m=0$)	磁流源($\boldsymbol{J}_m\neq 0$, $\boldsymbol{J}=0$)
场方程	$\nabla\times\boldsymbol{H}^e=\boldsymbol{J}+j\omega\varepsilon\boldsymbol{E}^e$ $\nabla\times\boldsymbol{E}^e=-j\omega\mu\boldsymbol{H}^e$ $\nabla\cdot\boldsymbol{B}^e=0$ $\nabla\cdot\boldsymbol{D}^e=\rho$	$\nabla\times\boldsymbol{E}^m=-\boldsymbol{J}_m-j\omega\mu\boldsymbol{H}^m$ $\nabla\times\boldsymbol{H}^m=j\omega\varepsilon\boldsymbol{E}^m$ $\nabla\cdot\boldsymbol{B}^m=\rho_m$ $\nabla\cdot\boldsymbol{D}^m=0$
边界条件	$\hat{\boldsymbol{n}}\times(\boldsymbol{H}_2^e-\boldsymbol{H}_1^e)=\boldsymbol{J}_s$ $\hat{\boldsymbol{n}}\cdot(\boldsymbol{D}_2^e-\boldsymbol{D}_1^e)=\rho_s$	$\hat{\boldsymbol{n}}\times(\boldsymbol{E}_2^m-\boldsymbol{E}_1^m)=-J_{ms}$ $\hat{\boldsymbol{n}}\cdot(\boldsymbol{B}_2^m-\boldsymbol{B}_1^m)=\rho_{ms}$
连续性方程	$\nabla\cdot\boldsymbol{J}+j\omega\rho=0$	$\nabla\cdot\boldsymbol{J}_m+j\omega\rho_m=0$
洛伦兹条件	$\nabla\cdot\boldsymbol{A}+j\omega\mu\varepsilon\varphi=0$	$\nabla\cdot\boldsymbol{F}+j\omega\mu\varepsilon\varphi_m=0$
位函数波动方程	$\nabla^2\boldsymbol{A}+k^2\boldsymbol{A}=-\mu\boldsymbol{J}$ $\nabla^2\varphi+k^2\varphi=-\dfrac{\rho}{\varepsilon}$	$\nabla^2\boldsymbol{F}+k^2\boldsymbol{F}=-\varepsilon\boldsymbol{J}_m$ $\nabla^2\varphi_m+k^2\varphi_m=-\dfrac{\rho_m}{\varepsilon}$
亥姆霍兹积分	$\boldsymbol{A}=\dfrac{\mu}{4\pi}\int_V\boldsymbol{J}\dfrac{e^{-jkR}}{R}dV+$ $\dfrac{1}{4\pi}\oint_S\left[\dfrac{e^{-jkR}}{R}\dfrac{\partial\boldsymbol{A}}{\partial n}-\boldsymbol{A}\dfrac{\partial}{\partial n}\left(\dfrac{e^{-jkR}}{R}\right)\right]dS$	$\boldsymbol{F}=\dfrac{\varepsilon}{4\pi}\int_V\boldsymbol{J}_m\dfrac{e^{-jkR}}{R}dV+$ $\dfrac{1}{4\pi}\oint_S\left[\dfrac{e^{-jkR}}{R}\dfrac{\partial\boldsymbol{F}}{\partial n}-\boldsymbol{F}\dfrac{\partial}{\partial n}\left(\dfrac{e^{-jkR}}{R}\right)\right]dS$
矢位解	$\boldsymbol{H}^e=\dfrac{1}{\mu}\nabla\times\boldsymbol{A}$ $\boldsymbol{E}^e=-j\omega\boldsymbol{A}+\dfrac{1}{j\omega\mu\varepsilon}\nabla(\nabla\cdot\boldsymbol{A})$	$\boldsymbol{E}^m=-\dfrac{1}{\varepsilon}\nabla\times\boldsymbol{F}$ $\boldsymbol{H}^m=-j\omega\boldsymbol{F}+\dfrac{1}{j\omega\mu\varepsilon}\nabla(\nabla\cdot\boldsymbol{F})$

当电流源和磁流源共存时，空间总场的计算公式为

$$\boldsymbol{E}=-j\omega\boldsymbol{A}+\frac{1}{j\omega\mu\varepsilon}\nabla(\nabla\cdot\boldsymbol{A})-\frac{1}{\varepsilon}\nabla\times\boldsymbol{F} \tag{1.4.15}$$

$$\boldsymbol{H}=-j\omega\boldsymbol{F}+\frac{1}{j\omega\mu\varepsilon}\nabla(\nabla\cdot\boldsymbol{F})+\frac{1}{\mu}\nabla\times\boldsymbol{A} \tag{1.4.16}$$

1.5 磁流元和小电流环的场

1.5.1 磁流元的场

磁流元是一段长度为 l(远小于波长)、沿线磁流强度为 I_m 的直线磁流，沿 z 轴放置于坐标原点，如图 1.5.1 所示。

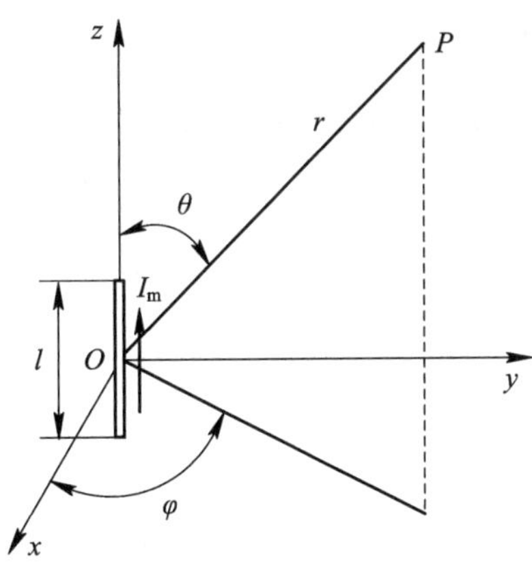

图 1.5.1　磁流元

根据对偶原理，由长度为 l、沿线电流强度为 I 的直线电流元在空间产生的电磁场(如式(1.2.4)所示)，对偶得到该磁流元的空间电磁场为

$$\begin{cases} E_\varphi = -\mathrm{j}\dfrac{kI_\mathrm{m}l}{4\pi r}\left(1+\dfrac{1}{\mathrm{j}kr}\right)\sin\theta \mathrm{e}^{-\mathrm{j}kr} \\ H_r = \dfrac{I_\mathrm{m}l}{2\pi r^2\eta}\left(1+\dfrac{1}{\mathrm{j}kr}\right)\cos\theta \mathrm{e}^{-\mathrm{j}kr} \\ H_\theta = \mathrm{j}\dfrac{kI_\mathrm{m}l}{4\pi r\eta}\left(1+\dfrac{1}{\mathrm{j}kr}-\dfrac{1}{k^2r^2}\right)\sin\theta \mathrm{e}^{-\mathrm{j}kr} \end{cases} \tag{1.5.1}$$

该磁流元的远区辐射场为

$$\begin{cases} E_\varphi = -\mathrm{j}\dfrac{kI_\mathrm{m}l}{4\pi r}\sin\theta \mathrm{e}^{-\mathrm{j}kr} = -\mathrm{j}\dfrac{I_\mathrm{m}l}{2\lambda r}\sin\theta \mathrm{e}^{-\mathrm{j}kr} \\ H_\theta = \mathrm{j}\dfrac{kI_\mathrm{m}l}{4\pi r\eta}\sin\theta \mathrm{e}^{-\mathrm{j}kr} = \mathrm{j}\dfrac{I_\mathrm{m}l}{2\lambda r\eta}\sin\theta \mathrm{e}^{-\mathrm{j}kr} \end{cases} \tag{1.5.2}$$

此结果与电流元的远区辐射场结果形成对偶。

磁流元的复坡印廷矢量为

$$\begin{aligned} \boldsymbol{S} &= \frac{1}{2}\boldsymbol{E}\times\boldsymbol{H}^* = \frac{1}{2}\hat{\boldsymbol{\varphi}} E_\varphi \times(\hat{\boldsymbol{r}} H_r + \hat{\boldsymbol{\theta}} H_\theta)^* \\ &= -\hat{\boldsymbol{r}}\frac{1}{2}E_\varphi H_\theta^* + \hat{\boldsymbol{\theta}}\frac{1}{2}E_\varphi H_r^* = \hat{\boldsymbol{r}} S_r + \hat{\boldsymbol{\theta}} S_\theta \end{aligned} \tag{1.5.3}$$

$$S_r = -\frac{1}{2}E_\varphi H_\theta^* = \frac{1}{2\eta}\left(\frac{kI_\mathrm{m}l}{4\pi r}\sin\theta\right)^2\left(1+\mathrm{j}\frac{1}{k^3r^3}\right) \tag{1.5.4}$$

$$S_\theta = \frac{1}{2}E_\varphi H_r^* = -\mathrm{j}\frac{k(I_\mathrm{m}l)^2}{16\pi^2r^3\eta}\sin2\theta\left(1+\frac{1}{k^2r^2}\right) \tag{1.5.5}$$

可见磁流元有沿 $\boldsymbol{r}$ 方向辐射的实功率，以及沿 $\boldsymbol{r}$ 方向和 $\boldsymbol{\theta}$ 方向的虚功率。在远区，其在 $\boldsymbol{r}$ 方向的实功率通量密度为

$$S_r = \mathrm{Re}(S_r) = \frac{1}{2\eta}\left(\frac{kI_\mathrm{m}l}{4\pi r}\sin\theta\right)^2 \tag{1.5.6}$$

1.5.2 小电流环的场

小环天线是环半径为 a(远小于波长)且周长为 l 的载有高频电流的小环，如图 1.5.2 所示，圆环中心为坐标原点，环面位于 xOy 面上，环的轴线与 z 轴重合。由于 $l \ll \lambda$，因此可认为环上各点电流 I 等幅同相。

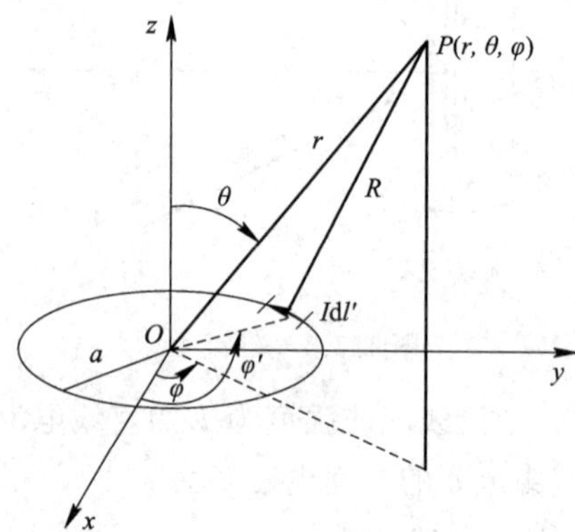

图 1.5.2 小电流环

电流环在场点 $P(r, \theta, \varphi)$处产生的磁矢位 $\boldsymbol{A}$ 为

$$\boldsymbol{A}=\hat{\boldsymbol{\varphi}}\frac{Ia}{4\pi}\int_{0}^{2\pi}\frac{\mathrm{e}^{-\mathrm{j}kR}}{R}\mathrm{d}\varphi' \tag{1.5.7}$$

应用直角坐标与球坐标之间的变换关系，可对 $\boldsymbol{\varphi}'$做如下变换：

$$\begin{aligned}\boldsymbol{\varphi}' &= -\hat{\boldsymbol{x}}\sin\varphi' + \hat{\boldsymbol{y}}\cos\varphi' \\ &= -(\hat{\boldsymbol{r}}\sin\theta\cos\varphi + \hat{\boldsymbol{\theta}}\cos\theta\cos\varphi - \hat{\boldsymbol{\varphi}}\sin\varphi)\sin\varphi' + \\ &\quad (\hat{\boldsymbol{r}}\sin\theta\sin\varphi + \hat{\boldsymbol{\theta}}\cos\theta\sin\varphi + \hat{\boldsymbol{\varphi}}\cos\varphi)\cos\varphi' \\ &= \hat{\boldsymbol{r}}\sin\theta\sin(\varphi-\varphi') + \hat{\boldsymbol{\theta}}\cos\theta\sin(\varphi-\varphi') + \hat{\boldsymbol{\varphi}}\cos(\varphi-\varphi')\end{aligned} \tag{1.5.8}$$

又有

$$\begin{aligned}R &= |\boldsymbol{r}-\boldsymbol{r}'| = \sqrt{(x-x')^2+(y-y')^2+(z-z')^2} \\ &= \sqrt{(r\sin\theta\cos\varphi - a\cos\varphi')^2 + (r\sin\theta\sin\varphi - a\sin\varphi')^2 + (r\cos\theta)^2} \\ &= \sqrt{r^2+a^2-2ra\sin\theta\cos(\varphi-\varphi')} \\ &= r\left[1+\left(\frac{a}{r}\right)^2 - 2\frac{a}{r}\sin\theta\cos(\varphi-\varphi')\right]^{1/2}\end{aligned} \tag{1.5.9}$$

由于 $a \ll r$，因此式(1.5.9)可近似为

$$\begin{cases} R \approx r - a\sin\theta\cos(\varphi-\varphi') \\ \dfrac{1}{R} \approx \dfrac{1}{r} + \dfrac{a\sin\theta\cos(\varphi-\varphi')}{r^2} \\ \mathrm{e}^{\mathrm{j}kR} \approx \mathrm{e}^{\mathrm{j}kr}[1+\mathrm{j}ka\sin\theta\cos(\varphi-\varphi')] \end{cases} \tag{1.5.10}$$

将以上近似代入式(1.5.7)，舍去高阶项积分得

$$A_{\varphi} = \mathrm{j}\frac{Ika^2}{4r}\left(1+\frac{1}{\mathrm{j}kr}\right)\sin\theta\,\mathrm{e}^{-\mathrm{j}kr} \tag{1.5.11}$$

由式(1.5.1)和式(1.5.11)可求得小电流环的场为

$$\begin{cases} E_\varphi = \dfrac{\eta k^2 a^2 I}{4r}\sin\theta\left(1+\dfrac{1}{\mathrm{j}kr}\right)\mathrm{e}^{-\mathrm{j}kr} \\ H_r = \mathrm{j}\,\dfrac{ka^2 I}{2r^2}\cos\theta\left(1+\dfrac{1}{\mathrm{j}kr}\right)\mathrm{e}^{-\mathrm{j}kr} \\ H_\theta = -\dfrac{k^2a^2I}{4r}\sin\theta\left[1+\dfrac{1}{\mathrm{j}kr}+\dfrac{1}{(\mathrm{j}kr)^2}\right]\mathrm{e}^{-\mathrm{j}kr} \end{cases} \tag{1.5.12}$$

由式(1.5.12)可见：小电流环的电磁场中，磁场仅有 H_r 和 H_θ 两个分量，电场仅有 E_φ 分量，三个分量互相垂直。

电流环的面积 $S_m=\pi a^2$，其上电流为 I，磁矩为 μIS_m。长度为 l 的磁流元，磁荷磁流为 $I_m=\partial\rho_m/\partial t=\mathrm{j}\omega\rho_m$，磁矩为 $\rho_m l$。若让小电流环与磁流元的磁矩相等，磁矩方向与环电流方向满足右手定则，则

$$P_m=\mu IS_m=\rho_m l \tag{1.5.13}$$

$$I_m l=\mathrm{j}ka^2I\pi\eta \tag{1.5.14}$$

将式(1.5.14)代入式(1.5.12)得

$$\begin{cases} H_r = \dfrac{I_m l}{2\pi r^2\eta}\cos\theta\left(1+\dfrac{1}{\mathrm{j}kr}\right)\mathrm{e}^{-\mathrm{j}kr} \\ H_\theta = \mathrm{j}\,\dfrac{kI_m l}{4\pi r\eta}\sin\theta\left(1+\dfrac{1}{\mathrm{j}kr}-\dfrac{1}{k^2r^2}\right)\mathrm{e}^{-\mathrm{j}kr} \\ E_\varphi = -\mathrm{j}\,\dfrac{kI_m l}{4\pi r}\sin\theta\left(1+\dfrac{1}{\mathrm{j}kr}\right)\mathrm{e}^{-\mathrm{j}kr} \end{cases} \tag{1.5.15}$$

式(1.5.15)与磁流元的场(式(1.5.1)所示)相同，故小电流环与磁流元等效。

在远区，小电流环的辐射场近似为

$$\begin{cases} E_\varphi = \dfrac{\eta k^2a^2I}{4r}\sin\theta\,\mathrm{e}^{-\mathrm{j}kr} = -\mathrm{j}\,\dfrac{I_m l}{2\lambda r}\sin\theta\,\mathrm{e}^{-\mathrm{j}kr} \\ H_\theta = -\dfrac{k^2a^2I}{4r}\sin\theta\,\mathrm{e}^{-\mathrm{j}kr} = \mathrm{j}\,\dfrac{I_m l}{2\lambda r\eta}\sin\theta\,\mathrm{e}^{-\mathrm{j}kr} \end{cases} \tag{1.5.16}$$

电流元和磁流元(小电流环)的辐射电场与磁场比较图如图 1.5.3 所示，其中电流元包括 E_θ 和 H_φ 分量，而磁流元(小电流环)包括 E_φ 和 H_θ 分量。

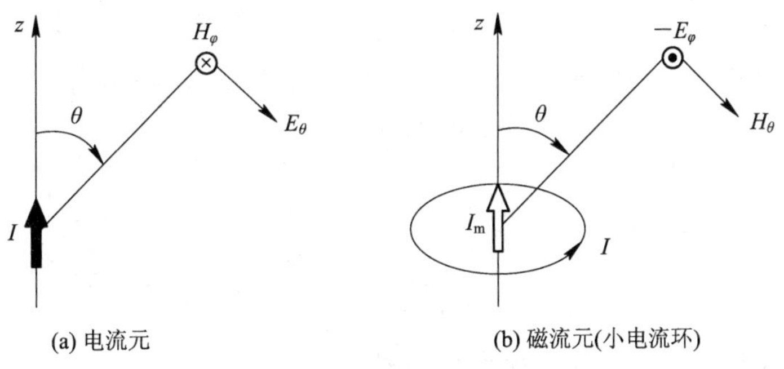

图 1.5.3 电流元与磁流元(小电流环)的辐射电场与磁场比较

第 2 章 天线的电参数

天线是无线电设备的重要组成部分，其性能的好坏直接影响着无线电设备的性能。为了描述天线的性能，人们定义了各种天线电参数。

天线在三个方面的电性能是我们比较关注的，即对能量的转换能力、方向性以及阻抗特性。描述天线特性的电参数包括天线的方向图、方向系数、效率、增益以及天线的极化、阻抗、带宽等。天线的电参数取决于天线的形式和工作频率。在特定工作频率条件下，对天线电参数的计算，称为天线分析。根据用途和工作频率对天线电参数提出要求，设计天线形式，称为天线设计或天线综合。本章主要讨论天线分析。

2.1 方　向　图

天线所辐射的电磁波能量在空间各个方向上的分布是不均匀的，即天线具有方向性。即使是最简单的天线，如电或磁基本振子，也都有方向性。为了分析、对比方便，假设理想点源是一种无方向性天线，它所辐射的电磁波能量在空间各个方向上的分布是均匀的。天线在空间各个方向上的远区辐射特性可用方向图来描述。

2.1.1 方向图的定义和表示方法

1. 定义

天线的辐射方向图，即天线辐射参量的大小随空间坐标变化的图形表示。

辐射参量包括场强幅度和相位、功率通量密度及极化等，相应的方向图有场强幅度和相位方向图、功率及极化方向图等。通常情况下，方向图在远区测定，并表示为空间方向坐标的函数，称为方向函数。相应的方向函数有场强、相位、功率及极化方向函数等。下面介绍场强和功率的方向函数。

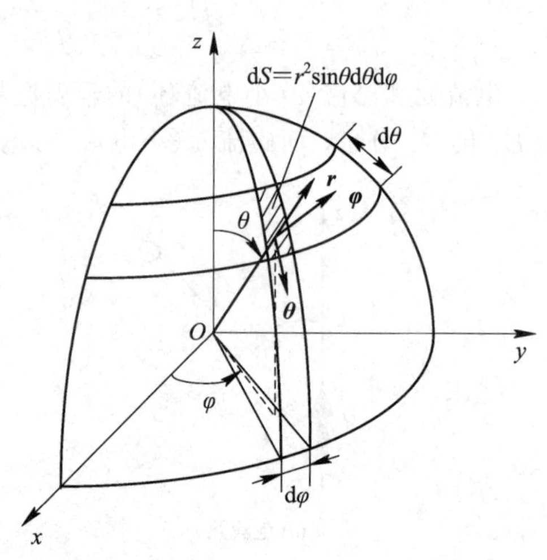

图 2.1.1　球坐标系

取如图 2.1.1 所示的球坐标系，天线位于坐标原点 O，在远区的球面上(r 为常数)，天线的功率通量密度或场强幅度大小(电场或磁场)

随空间方向(θ, φ)变化的图形表示称为功率方向图或场强方向图，其数学表示式为功率方向函数或场强方向函数。在远区观察点$P(r, \theta, \varphi)$处，天线电场强度幅度$|\boldsymbol{E}(\theta, \varphi)|$可表示为

$$|\boldsymbol{E}(\theta, \varphi)| = A_0 f(\theta, \varphi) \tag{2.1.1}$$

式中，A_0为与方向无关的常数，$f(\theta, \varphi)$称为场强方向函数，且有

$$f(\theta, \varphi) = \frac{|\boldsymbol{E}(\theta, \varphi)|}{A_0} \tag{2.1.2}$$

归一化场强方向函数用$F(\theta, \varphi)$表示为

$$F(\theta, \varphi) = \frac{f(\theta, \varphi)}{f_{\mathrm{m}}} = \frac{|\boldsymbol{E}(\theta, \varphi)|}{|\boldsymbol{E}_{\mathrm{m}}|} \tag{2.1.3}$$

式中，$\boldsymbol{E}(\theta, \varphi)$为天线在任意方向$(\theta, \varphi)$上的辐射场强，$\boldsymbol{E}_{\mathrm{m}}$为天线在最大辐射方向$(\theta_{\mathrm{m}}, \varphi_{\mathrm{m}})$上的辐射场强。

天线的方向性也可以用归一化功率方向函数$P(\theta, \varphi)$表示，即

$$P(\theta, \varphi) = \frac{|\boldsymbol{S}(\theta, \varphi)|}{|\boldsymbol{S}_{\mathrm{m}}|} = \frac{|\boldsymbol{E}(\theta, \varphi)|^2}{|\boldsymbol{E}_{\mathrm{m}}|^2} = F^2(\theta, \varphi) \tag{2.1.4}$$

式中，$\boldsymbol{S}(\theta, \varphi)$、$\boldsymbol{S}_{\mathrm{m}}$分别为天线在任意辐射方向$(\theta, \varphi)$及最大辐射方向$(\theta_{\mathrm{m}}, \varphi_{\mathrm{m}})$上的功率通量密度，且有

$$\boldsymbol{S}(\theta, \varphi) = \frac{1}{2}\boldsymbol{E}(\theta, \varphi) \times \boldsymbol{H}^*(\theta, \varphi) = \frac{1}{2\eta}|\boldsymbol{E}(\theta, \varphi)|^2 \hat{\boldsymbol{r}}$$

2. 表示方法

1）分贝表示

方向函数的值通常用分贝表示，场强方向图和功率方向图用分贝表示后，便成为分贝方向图。场强方向函数和功率方向函数的分贝值相同。用分贝表示的场强方向函数为

$$F(\theta, \varphi)|_{\mathrm{dB}} = 20\lg F(\theta, \varphi) \tag{2.1.5}$$

用分贝表示的功率方向函数为

$$P(\theta, \varphi)|_{\mathrm{dB}} = 10\lg P(\theta, \varphi) = 10\lg F^2(\theta, \varphi) \tag{2.1.6}$$

因而

$$F(\theta, \varphi)|_{\mathrm{dB}} = P(\theta, \varphi)|_{\mathrm{dB}} \tag{2.1.7}$$

2）波瓣

在三维坐标中，天线向整个空间辐射，其方向图是一个三维(3D)图形，如图 2.1.2 所示。方向图包含多个波瓣，分别称为主瓣(Main Lobe)、副瓣(Side Lobe)和后瓣(Back Lobe)。主瓣是包含最大辐射方向的波瓣，除主瓣外所有其他的波瓣都称为副瓣，主瓣正后方的波瓣称为后瓣。

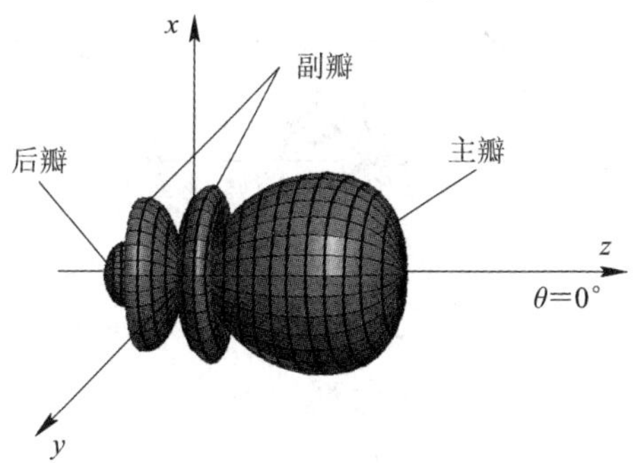

图 2.1.2　3D 方向图

3）主平面

立体方向图可以形象直观地表示天线在空

间的能量分布，但绘制复杂，且很难精确地从图中读出某点的数值。天线方向图通常使用两个互相垂直的主平面内的方向图表示，称为主平面方向图。主平面的取法因问题的不同而异，架设在地面上的天线，通常采用方位面和俯仰面作主平面。所谓方位面，是指仰角 Δ 为常数且与地面平行的平面，在此平面内，功率通量密度或场强随方位角 φ 变化。所谓俯仰面，是指方位角 φ 为常数且与地面垂直的平面，在此平面内，功率通量密度或场强随仰角 Δ 变化。对于线极化天线，我们通常也用两个相互垂直的平面内的方向图表示天线的主平面方向图。包含电场矢量和最大辐射方向的平面定义为 E 面，包含磁场矢量和最大辐射方向的平面定义为 H 面。

绘制方向图可采用极坐标系，也可采用直角坐标系。极坐标方向图形象直观，但不容易精确地表示某方向上的值；而在直角坐标方向图中，人们可精确地读出某方向上函数的值。方向图若用分贝表示，则称为分贝方向图。

4）主瓣宽度

方向图的主瓣集中了天线辐射功率的主要部分，主瓣宽度用来描述天线的方向性。通常用两个主平面内的主瓣宽度来表示，主瓣宽度一般用半功率波瓣宽度（Half Power Band Width，HPBW）来表征。其定义为：从主瓣最大值下降到一半时主瓣两边所对应的夹角，亦即对应的场强下降到最大值的 $1/\sqrt{2}$ 时主瓣两边方向间的夹角，通常用 $2\theta_{0.5}$ 表示。主瓣最大方向两侧，第一个零辐射方向间的夹角称为零功率波瓣宽度，用 $2\theta_0$ 表示。通常还在下标中加 E 或 H 来表示 E 面或 H 面的波瓣宽度，如 $2\theta_{0.5E}$ 为 E 面主瓣的半功率波瓣宽度。图 2.1.3(a)、(b)分别为在极坐标系和直角坐标系中的场强方向图，图中标出了它们的半功率波瓣宽度和零功率波瓣宽度。有时也采用 10 dB 波瓣宽度来表征方向图宽度，即主瓣 10 dB 范围对应的角度范围。未说明时，波瓣宽度指半功率波瓣宽度，习惯称为 3 dB 波瓣宽度。以电基本振子为例，其归一化方向函数为 $|\sin\theta|$，故其半功率波瓣宽度为 90°，零功率波瓣宽度为 180°。

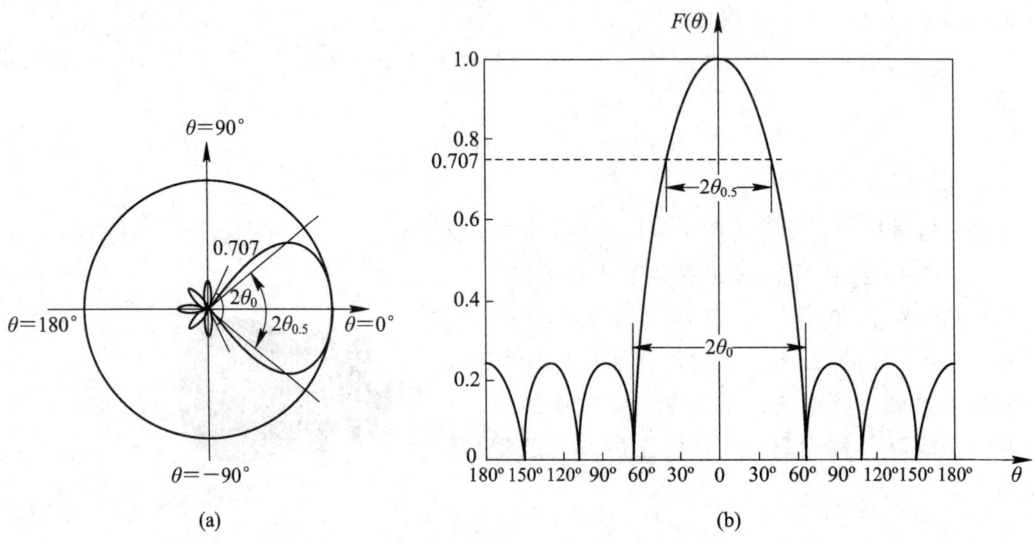

图 2.1.3　天线半功率波瓣宽度和零功率波瓣宽度

5）副瓣电平

副瓣电平(Side Lobe Level，SLL)是天线方向图的另一个重要参数。用副瓣电平可以描述副瓣相对于主瓣的强弱，其定义为副瓣最大辐射方向上的功率密度与主瓣最大辐射方向上的功率密度之比(或相应的场强平方之比)，单位为分贝时，表示为如下形式：

$$\mathrm{SLL_{dB}}=10\lg\frac{S(\theta_s,\varphi_s)}{S_m(\theta_m,\varphi_m)}=20\lg\frac{E(\theta_s,\varphi_s)}{E_m(\theta_m,\varphi_m)}=20\lg F(\theta_s,\varphi_s) \tag{2.1.8}$$

式中，$S(\theta_s, \varphi_s)$和$E(\theta_s, \varphi_s)$分别为副瓣最大辐射方向上的功率密度和场强幅度，$S_m(\theta_m, \varphi_m)$和$E_m(\theta_m, \varphi_m)$分别为主瓣最大辐射方向上的功率密度和场强幅度。正常情况下，副瓣的功率密度和场强幅度总是小于主瓣，即副瓣电平的分贝值总是负值。

2.1.2　基本振子的方向图

位于自由空间中的电流元(或磁流元)的归一化场强方向函数为

$$F(\theta, \varphi)=|\sin\theta| \tag{2.1.9}$$

归一化功率方向函数为

$$P(\theta, \varphi)=\sin^2\theta \tag{2.1.10}$$

电流元的 3D 方向图和主平面方向图如图 2.1.4(a)所示，其 E 面是包含振子轴的平面(即 φ 为常数的平面)，H 面是垂直于振子轴的平面(即 $\theta=90°$的平面)。图 2.1.4(b)、(c)给出的是在直角坐标下电基本振子的 E 面和 H 面方向图，其 E 面方向图呈“∞ ”字形，H 面方向图呈圆形。在 θ 等于 0° 和 180° 方向(即振子轴线的方向)上辐射为零，而在垂直于振子轴线的平面(即 $\theta=90°$ 的平面)上辐射为最大值。

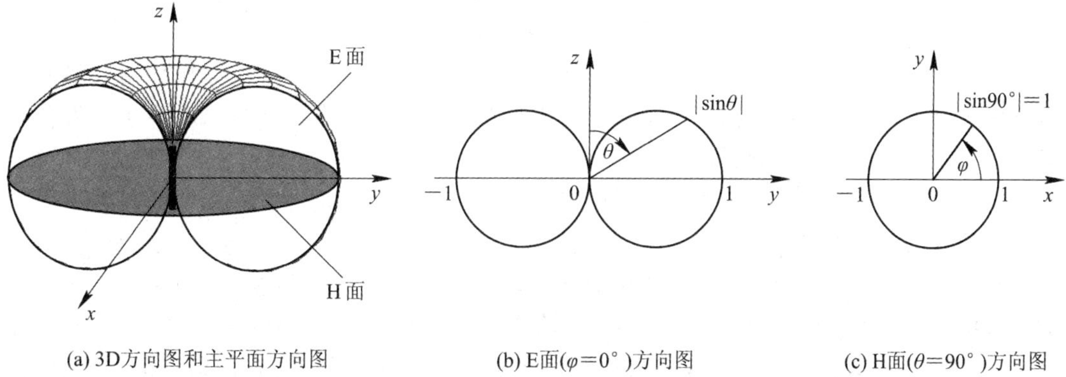

(a) 3D方向图和主平面方向图　(b) E面(φ=0°)方向图　(c) H面(θ=90°)方向图

图 2.1.4　电流元的方向图

磁基本振子即磁流元(或小电流环)的远区辐射场与电流元的远区辐射场形成对偶，其 3D 方向图和主平面方向图如图 2.1.5(a)所示。可见，磁流元的 3D 方向图与电流元的 3D 方向图形状相同，但二者的主平面方向图不同。如图 2.1.5(b)、(c)所示，垂直于 z 轴的平面方向图是磁流元的 E 面方向图，通过 z 轴的平面方向图是磁流元的 H 面方向图。

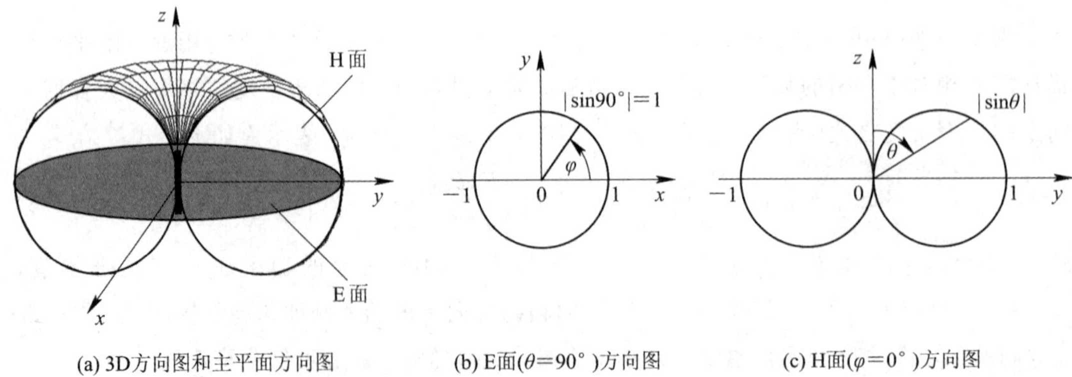

(a) 3D方向图和主平面方向图　　(b) E面($\theta=90°$)方向图　　(c) H面($\varphi=0°$)方向图

图 2.1.5　磁流元的方向图

2.1.3　对称振子的方向图

臂长为 l 的对称振子的场强方向函数 $f(\theta)$ 为

$$f(\theta)=\left|\frac{\cos(kl\cos\theta)-\cos(kl)}{\sin\theta}\right| \tag{2.1.11}$$

归一化场强方向函数 $F(\theta)$ 为

$$F(\theta)=\frac{f(\theta)}{f_{\mathrm{m}}}=\frac{1}{f_{\mathrm{m}}}\left|\frac{\cos(kl\cos\theta)-\cos(kl)}{\sin\theta}\right| \tag{2.1.12}$$

式中，f_{m} 为 $f(\theta)$ 的最大值。当对称振子的电长度 $l/\lambda<0.7$ 时，最大值方向为 $\theta=90°$ 的方向，$f_{\mathrm{m}}=1-\cos(kl)$。

归一化功率方向函数 $P(\theta)$ 为

$$P(\theta)=F^2(\theta)=\left[\frac{\cos(kl\cos\theta)-\cos(kl)}{f_{\mathrm{m}}\sin\theta}\right]^2 \tag{2.1.13}$$

由式(2.1.11)所示的对称振子的场强方向函数表达式可以看出，对称振子的场强方向函数只与角 θ 有关，与 φ 无关，因此其方向图以振子轴旋转对称。在 H 面($\theta=90°$)为全向辐射，H 面方向图为一个圆(极坐标系下)或一条直线(直角坐标系下)。在 E 面，φ 为常数，其方向函数随 θ 变化，而且与对称振子的臂长 l 有关。图 2.1.6 给出了几种不同电长度的对称振子的 E 面方向图。

通过分析图 2.1.6 可见：无论 l/λ 为何值，在 $\theta=0°$ 方向上辐射场总是为零，这是由于组成对称振子的电流元在轴向辐射为零；当 $l/\lambda<0.5$ 时，振子上的电流同相，在 $\theta=90°$ 方向上各基本元到达观察点的射线行程相等，总场为各基本元在此方向辐射场的同相叠加，此方向为最大辐射方向，而且随着 l/λ 增大，振子方向图变窄；当 $l/\lambda>0.5$ 时，对称振子上出现了反向电流，方向图继续变窄，且出现了副瓣；当 $l/\lambda>0.7$ 时，最大辐射方向偏离 90°；当 $l/\lambda=1$ 时，辐射方向图具有四个大小相等的波瓣。

将 $2l=\lambda/2$ 代入式(2.1.12)，可得半波对称振子的归一化场强方向函数为

$$F(\theta)=\left|\frac{\cos\left(\dfrac{\pi}{2}\cos\theta\right)}{\sin\theta}\right| \tag{2.1.14}$$

其 E 面方向图如图 2.1.6(a)所示，它在 $\theta=90°$方向上有最大辐射，在 $\theta=0°$方向上辐射为零；半功率波瓣宽度 $2\theta_{0.5}\approx78°$，比电基本振子的($2\theta_{0.5}\approx90°$)窄一些。

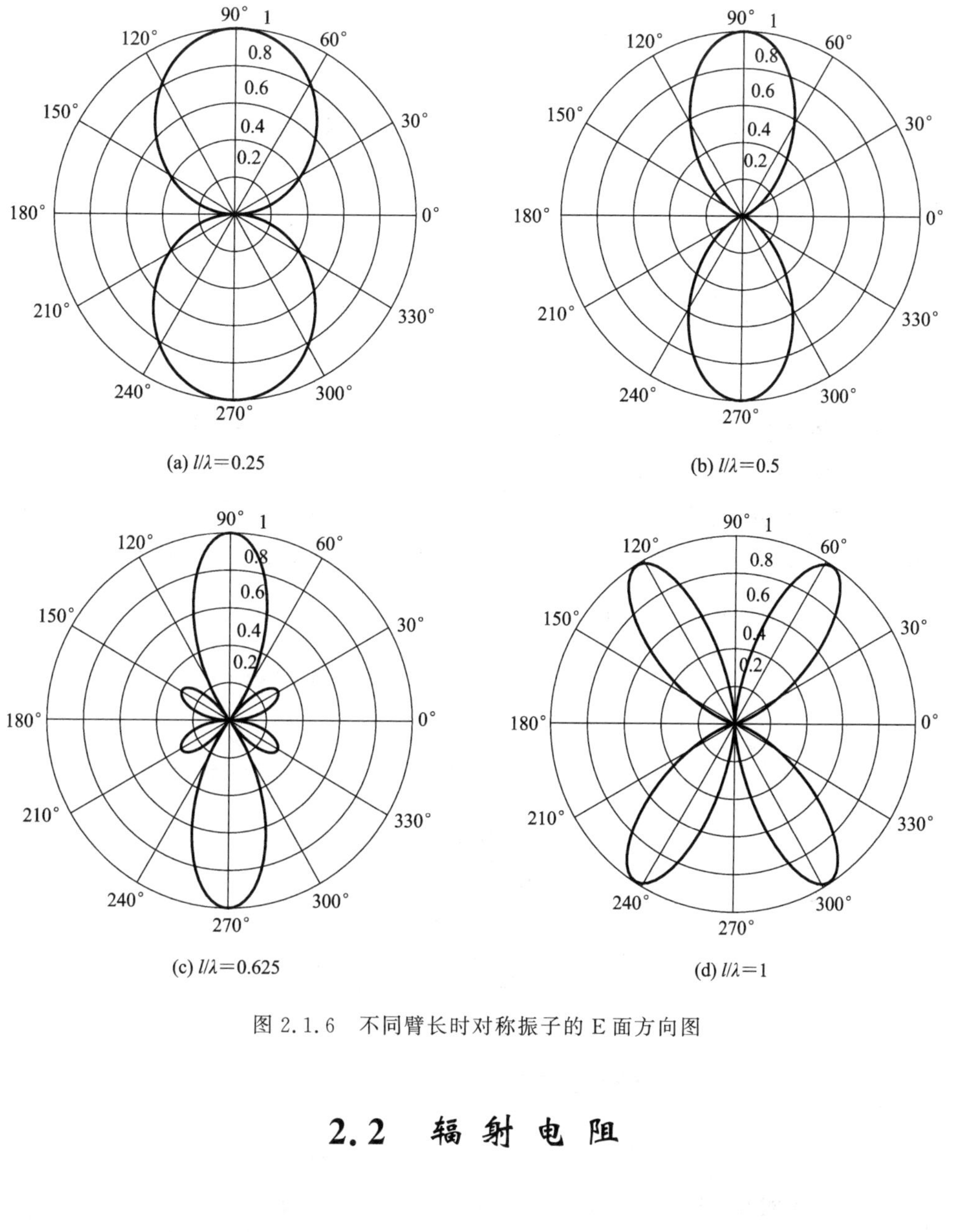

(a) $l/\lambda=0.25$

(b) $l/\lambda=0.5$

(c) $l/\lambda=0.625$

(d) $l/\lambda=1$

图 2.1.6　不同臂长时对称振子的 E 面方向图

2.2　辐射电阻

2.2.1　辐射功率和辐射电阻

1. 辐射功率

在天线问题中，对所激发的电磁场来讲，天线是场源，外部供给场源的功率即为天线的输入功率。输入功率是复功率。根据坡印廷定理，取天线所在体积 V 内的任意封闭面 S，由能量守恒定律，得天线的输入功率 $\dot{P}_s$ 为

$$\dot{P}_s = P_d + \dot{P}_f \tag{2.2.1}$$

式中，P_d 为 V 内的损耗功率，它包含导体损耗和介质损耗的实功率。如果天线位于无耗媒质(例如自由空间)中，则 P_d 仅仅是天线的导体热损耗功率。$\dot{P}_f$ 称为天线的全辐射功率，且

$$\dot{P}_f = P_r + \mathrm{j}Q_r \tag{2.2.2}$$

式中，P_r 为天线的辐射功率，是经过封闭面 S 流出的功率；Q_r 为天线辐射的无功功率，是经 S 面流出的虚功率与 V 内电磁场平均储存功率之和。即：

$$P_r = \mathrm{Re}\left[\oint_S \boldsymbol{S}(\theta, \varphi) \cdot \mathrm{d}\boldsymbol{S}\right] = \mathrm{Re}\left[\oint_S \frac{1}{2}(\boldsymbol{E}(\theta, \varphi) \times \boldsymbol{H}^*(\theta, \varphi)) \cdot \mathrm{d}\boldsymbol{S}\right] \tag{2.2.3}$$

$$Q_r = \frac{1}{2}\mathrm{Im}\left[\oint_S (\boldsymbol{E}(\theta, \varphi) \times \boldsymbol{H}^*(\theta, \varphi)) \cdot \mathrm{d}\boldsymbol{S}\right] + \mathrm{j}2\omega(W_m - W_e) \tag{2.2.4}$$

式中，$\boldsymbol{S}$ 为坡印廷矢量，$\boldsymbol{E}$、$\boldsymbol{H}$ 为封闭面 S 上天线的电场强度和磁场强度。若将包围天线的封闭面取在天线导体表面附近，则坡印廷矢量为复数，$\dot{P}_f$ 为复功率，既有辐射到远区的功率，又有在天线周围振荡的功率。

计算实辐射功率可以采用坡印廷矢量法，如图 2.2.1 所示。若以天线为中心，取封闭面 S 为半径是 r 的球面，当半径 r 足够大时，封闭面 S 处于天线远区。此时流出封闭面 S 的功率为实辐射功率($\dot{P}_f = P_r$)，即

$$P_r = \oint_S \boldsymbol{S}(\theta, \varphi) \cdot \mathrm{d}\boldsymbol{S} = \frac{1}{2\eta}\int_0^{2\pi}\int_0^{\pi} |\boldsymbol{E}(\theta, \varphi)|^2 r^2 \sin\theta \mathrm{d}\theta \mathrm{d}\varphi \tag{2.2.5}$$

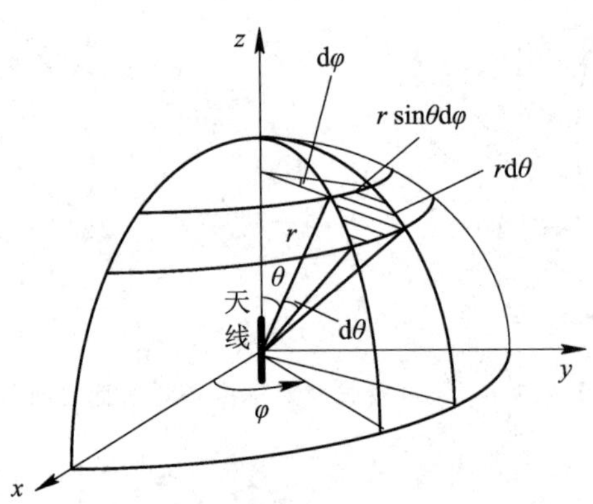

图 2.2.1 用坡印廷矢量法求天线辐射功率

此时 P_r 也为实数。其中利用了远区场特性 $|\boldsymbol{E}(\theta, \varphi)| / |\boldsymbol{H}(\theta, \varphi)| = \eta$。

若将电场矢量的幅度表示为

$$|\boldsymbol{E}(\theta, \varphi)| = \frac{60 I_m}{r} f(\theta, \varphi)$$

得到天线的辐射功率为

$$P_r = \frac{15}{\pi} |I_m|^2 \int_0^{2\pi}\int_0^{\pi} f^2(\theta, \varphi) \sin\theta \mathrm{d}\theta \mathrm{d}\varphi \tag{2.2.6}$$

2. 辐射电阻

辐射功率与线天线上电流的大小有关，不便于直接比较天线的性能。由此引入了天线辐射阻抗的概念。假设天线的全辐射功率被一个等效阻抗所“吸收”，此等效阻抗称为天线的辐射阻抗。定义为

$$Z_r=\frac{P_f}{\frac{1}{2}|I|^2}=R_r+jX_r \tag{2.2.7}$$

其中：

$$R_r=\frac{P_r}{\frac{1}{2}|I|^2} \tag{2.2.8}$$

$$X_r=\frac{Q_r}{\frac{1}{2}|I|^2} \tag{2.2.9}$$

式中，R_r 为辐射电阻，X_r 为辐射电抗。I 是流过辐射阻抗上的电流，可以取天线上某处的电流，比如天线的输入电流 I_{in} 或驻波天线的波腹电流 I_m，称其为归算电流，此时辐射阻抗称为“归算于输入电流的辐射阻抗”（Z_{ri}）或“归算于波腹电流的辐射阻抗”（Z_{rm}）。

由式(2.2.7)可以看出，辐射阻抗与所取的归算电流（参考电流）有关。同一辐射功率，归算电流不同，所定义的辐射阻抗的值也不同。但天线的辐射功率不依赖于所取的归算电流，应有

$$P_f=\frac{1}{2}|I_{in}|^2Z_{ri}=\frac{1}{2}|I_m|^2Z_{rm}$$

即

$$Z_{ri}=\frac{|I_m|^2}{|I_{in}|^2}Z_{rm} \tag{2.2.10}$$

辐射阻抗与 I 无关，其大小反映了天线辐射能力的大小。同样的激励电流，天线的辐射电阻越大，辐射功率就越大，表明辐射能力越强。

2.2.2 基本振子的辐射电阻

1. 电流元的辐射电阻

电流元的辐射电场强度为

$$|\boldsymbol{E}|=\frac{60I}{r}\frac{\pi l}{\lambda}\sin\theta$$

由式(2.2.5)得辐射功率为

$$P_r=30\pi^2I^2\left(\frac{l}{\lambda}\right)^2\int_0^{\pi}\sin^3\theta\,d\theta=40\left(\frac{\pi Il}{\lambda}\right)^2$$

其辐射电阻为

$$R_r=80\pi^2\left(\frac{l}{\lambda}\right)^2 \tag{2.2.11}$$

由式(2.2.11)可见，电流元的辐射电阻与电尺寸(l/λ)有关，电尺寸越大，辐射电阻越大，辐射能力越强。

2. 小电流环的辐射电阻

小电流环的辐射电场强度为

$$|\boldsymbol{E}|=\frac{\eta_0\pi IS_{\mathrm{m}}}{r\lambda^2}\sin\theta$$

辐射功率为

$$P_{\mathrm{r}}=\frac{1}{2\eta_0}\int_0^{2\pi}\int_0^{\pi}\left(\frac{\eta_0\pi IS_{\mathrm{m}}}{r\lambda^2}\sin\theta\right)^2 r^2\sin\theta\mathrm{d}\theta\mathrm{d}\varphi=160\pi^4\left(\frac{IS_{\mathrm{m}}}{\lambda^2}\right)^2$$

辐射电阻为

$$R_{\mathrm{r}}=320\pi^4\left(\frac{S_{\mathrm{m}}}{\lambda^2}\right)^2 \tag{2.2.12}$$

式中，S_{m} 为小电流环的面积。

由式(2.2.12)可见，小电流环的辐射电阻与电尺寸(S_{m}/λ^2)有关，电尺寸越大，辐射电阻越大，辐射能力越强。

2.2.3 对称振子的辐射电阻

对称振子的辐射电场强度为

$$|\boldsymbol{E}|=\frac{60I_{\mathrm{m}}}{r}\frac{\cos(kl\cos\theta)-\cos(kl)}{\sin\theta}$$

辐射功率为

$$P_{\mathrm{r}}=30|I_{\mathrm{m}}|^2\int_0^{\pi}\frac{[\cos(kl\cos\theta)-\cos(kl)]^2}{\sin\theta}\mathrm{d}\theta \tag{2.2.13}$$

仿照电路理论可定义辐射电阻为

$$R_{\mathrm{rm}}=\frac{P_{\mathrm{r}}}{\frac{1}{2}|I_{\mathrm{m}}|^2} \tag{2.2.14}$$

$$R_{\mathrm{ri}}=\frac{P_{\mathrm{r}}}{\frac{1}{2}|I_{\mathrm{in}}|^2} \tag{2.2.15}$$

式中，R_{rm} 为归算于波腹电流的辐射电阻，R_{ri} 为归算于输入电流的辐射电阻。则

$$\begin{aligned}R_{\mathrm{rm}}&=\frac{2P_{\mathrm{r}}}{|I_{\mathrm{m}}|^2}=60\int_0^{\pi}\frac{[\cos(kl\cos\theta)-\cos(kl)]^2}{\sin\theta}\mathrm{d}\theta\\&=60\Big\{C+\ln(2kl)-\mathrm{Ci}(2kl)+\frac{1}{2}\sin(2kl)[\mathrm{Si}(4kl)-2\mathrm{Si}(2kl)]+\\&\quad\frac{1}{2}\cos(2kl)[C+\ln(kl)+\mathrm{Ci}(4kl)-2\mathrm{Ci}(2kl)]\Big\}\end{aligned} \tag{2.2.16}$$

式中，$C=0.5772$ 为欧拉常数；$\mathrm{Si}(x)$和 $\mathrm{Ci}(x)$分别是 x 的正弦积分和余弦积分，其表达式分别为

$$\mathrm{Si}(x)=\int_0^x \frac{\sin t}{t}\mathrm{d}t$$

$$\mathrm{Ci}(x)=-\int_x^{\infty} \frac{\cos t}{t}\mathrm{d}t$$

由式(2.2.16)可得到对称振子的辐射电阻 R_{rm} 随 l/λ 的变化曲线，如图 2.2.2 所示。

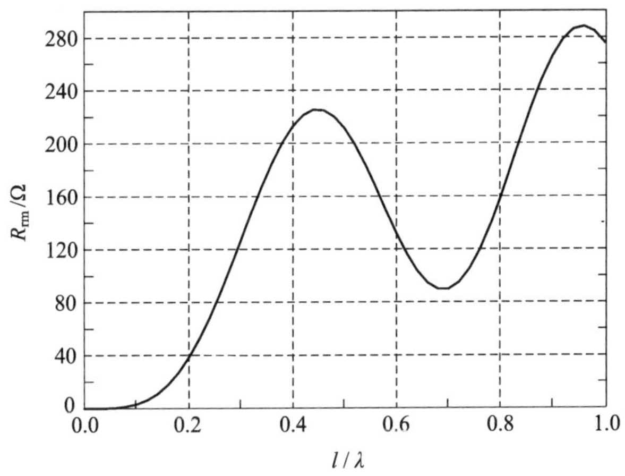

图 2.2.2　对称振子 $R_{\mathrm{rm}}-l/\lambda$ 曲线

由图 2.2.2 可查，半波对称振子的 $R_{\mathrm{rm}}\approx 73.1\ \Omega$，全波对称振子的 $R_{\mathrm{rm}}\approx 200\ \Omega$。

由 $P_{\mathrm{r}}=\frac{1}{2}|I_{\mathrm{in}}|^2 R_{\mathrm{ri}}=\frac{1}{2}|I_{\mathrm{m}}|^2 R_{\mathrm{rm}}$，可得归算于输入电流 I_{in} 与归算于波腹电流 I_{m} 的对称振子辐射电阻的关系式为

$$R_{\mathrm{ri}}=\frac{I_{\mathrm{m}}^2}{I_{\mathrm{in}}^2}R_{\mathrm{rm}} \tag{2.2.17}$$

在对称振子输入端 $z'=0$，因而对称振子的输入电流为

$$I_{\mathrm{in}}=I_{\mathrm{m}}\sin[k(l-|z'|)]=I_{\mathrm{m}}\sin(kl) \tag{2.2.18}$$

将式(2.2.18)代入式(2.2.17)，可得归算于输入电流的辐射电阻为

$$R_{\mathrm{ri}}=\frac{R_{\mathrm{rm}}}{\sin^2(kl)} \tag{2.2.19}$$

对于半波对称振子，$l=\lambda/4$，$R_{\mathrm{ri}}=R_{\mathrm{rm}}$。对于全波对称振子，$l=\lambda/2$，$\sin^2(kl)=0$，$R_{\mathrm{ri}}=\infty$，说明对于全波对称振子将电流近似为正弦分布的误差较大。但计算远区场时，由于总场是振子各电流元的辐射场的叠加，输入端电流又很小，对总场的贡献不大，因此，假设振子电流按正弦分布进行计算，所得结果误差不大。

严格计算对称振子的电流分布通常采用两种方法。一种是场的方法，即直接求解麦克斯韦方程，代入振子表面的边界条件，这就是斯特拉顿(Stratton)和朱兰成的长椭球理论及谢昆诺夫(Schelkunoff)的双锥理论。另一种是路的方法，称为广义电路理论。这种方法是先由场的理论建立起关于电流密度的积分方程，最常用的积分方程是波克林顿(Pocklington)方程和海仑(Hallen)方程，从求解积分方程过程中导出广义电压、电流和阻抗的概念。求解积分方程也不太容易，目前已广泛采用数值计算方法来解算积分方程(比如矩量法)，它不仅适用于计算对称振子的电流分布，也适用于计算其他天线的电流分布。

2.3 有效长度

线天线上各点电流的振幅分布不均匀，它的辐射场可以看成是组成天线的所有电流元所辐射的场的叠加。为了衡量线天线的辐射能力，人们常采用有效长度(或称等效长度)来表征，对于地面上的直立天线，也称有效高度。

实际线天线在某方向会产生一定的远区辐射电场。设想有一线天线处于实际天线的位置，即垂直于该辐射方向，并平行于电场极化方向，其上电流等于实际天线上某参考点电流，但沿线均匀分布。如果两天线在同方向、等距离处产生的远区场相等，那么，该假想的电流均匀分布的线天线的长度称为实际天线在该方向归算于参考电流的有效长度。据此，天线在(θ,φ)方向的有效长度$l_e(\theta,\varphi)$可以按如下方式计算。

设直的线天线的均匀分布电流为I，它平行于实际天线的电场极化方向，在(θ,φ)方向的辐射电场强度为

$$|\boldsymbol{E}(\theta,\varphi)|=\frac{30kIl_e(\theta,\varphi)}{r} \tag{2.3.1}$$

场的极化方向与实际天线的极化方向相同，由$f(\theta,\varphi)=\dfrac{|\boldsymbol{E}(\theta,\varphi)|}{A_0}$，考虑到线天线，取$A_0=\dfrac{60I_m}{r}$，则实际天线在$(\theta,\varphi)$方向的辐射电场强度为

$$|\boldsymbol{E}(\theta,\varphi)|=\frac{60I_m}{r}f(\theta,\varphi) \tag{2.3.2}$$

比较式(2.3.1)和式(2.3.2)，可得实际天线在(θ,φ)方向的有效长度$l_e(\theta,\varphi)$为

$$l_e(\theta,\varphi)=\frac{2}{k}\frac{I_m}{I}f(\theta,\varphi)=\frac{2}{k}\frac{I_m}{I}f_mF(\theta,\varphi) \tag{2.3.3}$$

式中，f_m为方向函数的最大值，$F(\theta,\varphi)$为实际天线的归一化场强方向函数。

有效长度通常均指最大辐射方向的有效长度。最大辐射方向的有效长度l_e为

$$l_e=\frac{2}{k}\frac{I_m}{I}f_m \tag{2.3.4}$$

(θ,φ)方向的有效长度$l_e(\theta,\varphi)$为

$$l_e(\theta,\varphi)=l_eF(\theta,\varphi) \tag{2.3.5}$$

在垂直于线天线轴的方向上，由于各辐射单元间不存在波程差，故实际天线的辐射电场强度可以表示为

$$|\boldsymbol{E}_m|=\frac{30k}{r}\int_l I(z)\mathrm{d}z \tag{2.3.6}$$

其中，$|\boldsymbol{E}_m|$或为最大值，或为非最大值，它取决于l/λ和电流分布形式。等效天线在该方向的辐射电场强度为

$$|\boldsymbol{E}_m|=\frac{30kIl_e}{r} \tag{2.3.7}$$

比较式(2.3.6)和式(2.3.7)得

$$Il_e=\int_l I(z)\mathrm{d}z \tag{2.3.8}$$

式(2.3.8)表明，在垂直于线天线轴的方向上，等效天线的电流与有效长度的乘积(面积)等于实际天线电流所围的面积，如图 2.3.1 所示。

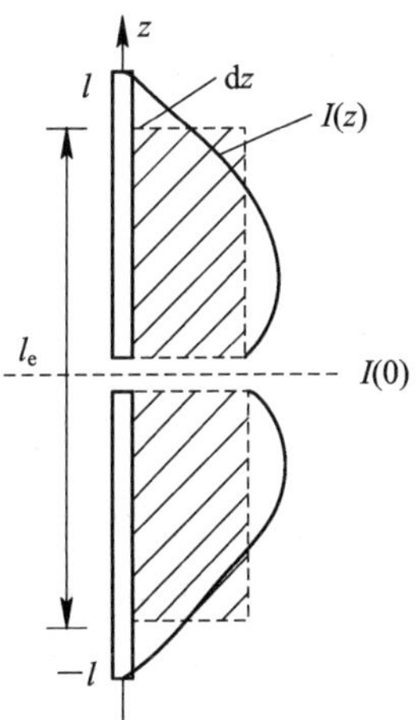

图 2.3.1　对称振子的有效长度

等效天线上的电流 I 称为归算电流。有效长度与归算电流有关。若实际天线电流是按正弦分布的，则归算于波腹电流的有效长度为

$$l_{em}=\frac{2}{k}f_m \tag{2.3.9}$$

归算于输入电流的有效长度为

$$l_{ei}=\frac{l_{em}}{\sin(kl)} \tag{2.3.10}$$

对于对称振子，当 $l/\lambda<0.7$ 时，$f_m=1-\cos(kl)$，其有效长度为

$$l_{em}=\frac{2}{k}[1-\cos(kl)] \tag{2.3.11}$$

$$l_{ei}=\frac{2}{k}\tan\frac{kl}{2} \tag{2.3.12}$$

半波振子($2l/\lambda=0.5$)的有效长度为

$$l_{em}=l_{ei}=\frac{\lambda}{\pi}\approx 0.318\lambda \tag{2.3.13}$$

$l\ll\lambda$ 的短对称振子的有效长度为

$$l_{ei}\approx l \tag{2.3.14}$$

即，短对称振子归算于输入电流的有效长度等于对称振子的一臂长(对称振子总长度的一半)。

最后需要指出的是，当 $2l$ 接近于 λ 时，对称振子输入电流的实际值与按正弦分布的计算值相差很大，因此，全波振子的有效长度应当用波腹电流归算。

2.4 方向系数

天线的方向系数是用数字来定量地表示天线方向性的一个参数，它描述了天线对辐射电磁能量的集束程度，又称为方向性系数或方向性增益。在定义方向系数之前，我们先讨论天线的辐射强度。

2.4.1 辐射强度

天线在某方向的辐射强度定义为

$$U(\theta,\varphi)=\frac{\mathrm{d}P_{\mathrm{r}}(\theta,\varphi)}{\mathrm{d}\Omega}\ (\mathrm{W/sr}) \tag{2.4.1}$$

即，天线在某方向辐射强度的大小等于该方向单位立体角里的辐射功率，式中 $\mathrm{d}\Omega$ 为立体角元。立体角的单位是球面度(sr)。1 sr 的立体角，其顶点位于球心，而它在球面上所截取的面积等于以球半径为边长的正方形面积(如图 2.2.1 中所示)。因为球的表面积是 $4\pi r^2$，所以封闭球面所对应的立体角是 4π(sr)。球面的面积元为 $\mathrm{d}S=r^2\sin\theta\mathrm{d}\theta\mathrm{d}\varphi$，对应的立体角元为

$$\mathrm{d}\Omega=\frac{\mathrm{d}S}{r^2}=\sin\theta\mathrm{d}\theta\mathrm{d}\varphi \tag{2.4.2}$$

将式(2.4.2)代入式(2.4.1)，得

$$\mathrm{d}P_{\mathrm{r}}(\theta,\varphi)=U(\theta,\varphi)\frac{\mathrm{d}S}{r^2} \tag{2.4.3}$$

另一方面，设(θ,φ)方向的功率通量密度为 $S(\theta,\varphi)$，那么通过面积元 $\mathrm{d}S$ 的辐射功率为

$$\mathrm{d}P_{\mathrm{r}}(\theta,\varphi)=S(\theta,\varphi)\mathrm{d}S \tag{2.4.4}$$

比较式(2.4.3)和式(2.4.4)，得

$$U(\theta,\varphi)=S(\theta,\varphi)r^2 \tag{2.4.5}$$

式(2.4.5)表明，辐射强度与空间方向的关系即是辐射功率通量密度与空间方向的关系，二者不同的是，功率通量密度与 r^2 呈反比，辐射强度与 r 无关。所以辐射强度的大小仅与天线的辐射方向有关。

由天线辐射方向函数的定义，得辐射强度为

$$U(\theta,\varphi)=U_{\mathrm{m}}F^2(\theta,\varphi) \tag{2.4.6}$$

式中，U_{m} 为天线在最大方向的辐射强度，$F(\theta,\varphi)$为天线的归一化场强方向函数。

天线的总辐射功率为

$$P_{\mathrm{r}}=\int_0^{2\pi}\int_0^{\pi}U(\theta,\varphi)\mathrm{d}\Omega=U_{\mathrm{m}}\int_0^{2\pi}\int_0^{\pi}F^2(\theta,\varphi)\sin\theta\mathrm{d}\theta\mathrm{d}\varphi \tag{2.4.7}$$

2.4.2 方向系数的定义

天线在某一方向的方向系数 $D(\theta,\varphi)$定义为该方向辐射强度 $U(\theta,\varphi)$与平均辐射强度

U_{av} 之比，而平均辐射强度为 $P_r/(4\pi)$，则

$$D(\theta,\varphi)=\frac{U(\theta,\varphi)}{U_{av}}=\frac{U(\theta,\varphi)}{P_r/(4\pi)} \tag{2.4.8}$$

将式(2.4.6)和式(2.4.7)代入式(2.4.8)，得

$$D(\theta,\varphi)=\frac{4\pi U(\theta,\varphi)}{U_m\int_0^{2\pi}\int_0^{\pi}F^2(\theta,\varphi)\sin\theta\mathrm{d}\theta\mathrm{d}\varphi}=\frac{4\pi F^2(\theta,\varphi)}{\int_0^{2\pi}\int_0^{\pi}F^2(\theta,\varphi)\sin\theta\mathrm{d}\theta\mathrm{d}\varphi} \tag{2.4.9}$$

式(2.4.9)是计算天线方向系数的一般公式。不特别说明时，天线的方向系数是指天线在最大方向的方向系数。在最大辐射方向(θ_0,φ_0)上，$F(\theta_0,\varphi_0)=1$，天线方向系数为

$$D=\frac{4\pi}{\int_0^{2\pi}\int_0^{\pi}F^2(\theta,\varphi)\sin\theta\mathrm{d}\theta\mathrm{d}\varphi} \tag{2.4.10}$$

则天线在任意(θ,φ)方向的方向系数为

$$D(\theta,\varphi)=DF^2(\theta,\varphi) \tag{2.4.11}$$

将式(2.4.8)稍加变换，得

$$D(\theta,\varphi)=\frac{U(\theta,\varphi)}{U_{av}}=\frac{S(\theta,\varphi)}{S_{av}} \tag{2.4.12}$$

$$S_{av}=\frac{P_r}{4\pi r^2} \tag{2.4.13}$$

式中，S_{av} 为天线所辐射的平均功率通量密度。由此可见，天线在(θ,φ)方向的方向系数也可以定义为该方向功率通量密度与平均功率通量密度之比。

假设理想点源在各方向均匀辐射，则 S_{av} 可看成理想点源所辐射的平均功率通量密度。对理想点源来说：

$$S(\theta,\varphi)=S_{av} \tag{2.4.14}$$

$$U(\theta,\varphi)=U_{av} \tag{2.4.15}$$

$$D(\theta,\varphi)=D=1 \tag{2.4.16}$$

当辐射功率相同时，有方向性的实际天线在最大辐射方向的辐射强度和功率通量密度是理想点源辐射强度和功率通量密度的 D 倍。$D>1$ 说明有方向性的实际天线相对于理想点源来说对辐射功率具有集束能力，可用方向系数来定量地表示这种对能量的集束程度。

式(2.4.8)可变换为

$$4\pi U(\theta,\varphi)=P_rD(\theta,\varphi) \tag{2.4.17}$$

式中，等号左边给出的是实际天线以辐射强度 $U(\theta,\varphi)$向所有方向均匀辐射时的辐射功率。式(2.4.17)表明，要在(θ,φ)方向得到相等的辐射强度，可采用无方向性天线，其辐射功率是实际有方向性天线辐射功率 P_r 的 $D(\theta,\varphi)$倍，或者说，实际有方向性天线的辐射功率仅为无方向性天线的 $1/D(\theta,\varphi)$。

2.4.3　方向系数的计算

方向系数一般可以按式(2.4.9)或式(2.4.10)进行计算。许多实际天线的空间方向图具有某种对称性，例如沿 z 轴放置的对称振子的方向函数 $F(\theta,\varphi)$与 φ 无关，仅是 θ 的函数。这时，式(2.4.10)可以简化为

$$D=\frac{2}{\int_0^{\pi} F^2(\theta)\sin\theta\mathrm{d}\theta} \tag{2.4.18}$$

如果已知天线的辐射电阻，那么方向系数可以通过辐射电阻来计算。线天线的辐射电阻可表示为

$$R_{\mathrm{r}}=\frac{30}{\pi}\int_0^{2\pi}\int_0^{\pi} f^2(\theta,\varphi)\sin\theta\mathrm{d}\theta\mathrm{d}\varphi \tag{2.4.19}$$

将式(2.4.19)代入式(2.4.10)，考虑到 $f(\theta,\varphi)=f_{\mathrm{m}}F(\theta,\varphi)$，有

$$D=\frac{120f_{\mathrm{m}}^2}{R_{\mathrm{rm}}} \tag{2.4.20}$$

式中，R_{rm} 为归算于波腹电流的辐射电阻。

方向系数还可通过辐射电阻和有效长度来计算。将 $l_{\mathrm{em}}=\frac{2}{k}f_{\mathrm{m}}$ 代入式(2.4.20)，有

$$D=\frac{30k^2l_{\mathrm{em}}^2}{R_{\mathrm{rm}}} \tag{2.4.21}$$

式中，l_{em} 为归算于波腹电流的有效长度。如果方向系数用归算于输入电流的辐射电阻 R_{ri} 和有效长度 l_{ei} 来计算，则

$$D=\frac{30k^2l_{\mathrm{ei}}^2}{R_{\mathrm{ri}}} \tag{2.4.22}$$

如能将天线的全部辐射功率 P_{r} 集束在立体角 Ω_{A} 内，而且在 Ω_{A} 内辐射强度以最大值 U_{m} 均匀分布，如图 2.4.1 所示，则有

$$P_{\mathrm{r}}=U_{\mathrm{m}}\Omega_{\mathrm{A}} \tag{2.4.23}$$

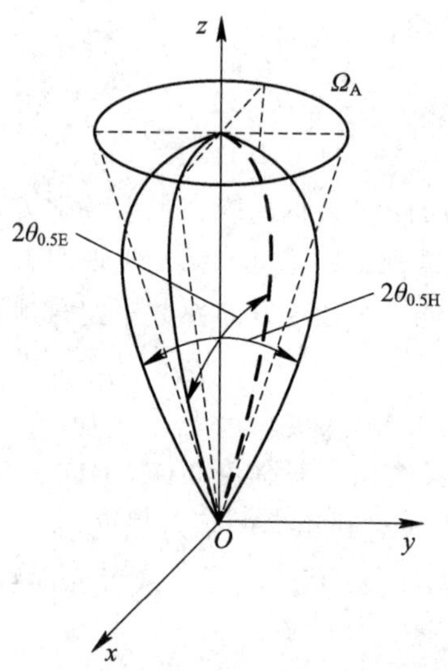

图 2.4.1　波束立体角

比较式(2.4.7)和式(2.4.23)，得

$$\Omega_{\mathrm{A}}=\int_0^{2\pi}\int_0^{\pi} F^2(\theta,\varphi)\mathrm{d}\Omega \tag{2.4.24}$$

式中，Ω_A称为天线的波束立体角。于是式(2.4.10)可以写成

$$D=\frac{4\pi}{\Omega_A} \tag{2.4.25}$$

将天线的波束立体角用两个互相垂直的平面内的半功率波瓣宽度表示，有

$$\Omega_A \approx (2\theta_{0.5E})(2\theta_{0.5H}) \tag{2.4.26}$$

式中，$2\theta_{0.5E}$ 和 $2\theta_{0.5H}$ 分别为天线 E 面和 H 面方向图的半功率波瓣宽度。方向系数可以近似表示为

$$D \approx \begin{cases} \dfrac{4\pi}{(2\theta_{0.5E})(2\theta_{0.5H})} & (\text{用弧度“rad”表示角度}) \\ \dfrac{41\ 253}{(2\theta_{0.5E})(2\theta_{0.5H})} & (\text{用度“°”表示角度}) \end{cases} \tag{2.4.27}$$

如果 E 面和 H 面方向图对称，则 $2\theta_{0.5E}=2\theta_{0.5H}$。使用式(2.4.27)计算方向系数，要求天线方向图只有一个主瓣，所有副瓣都相当低。方向图的主波束越窄，副瓣越低，式(2.4.27)的精确度就越高。

方向系数还可用两个主平面方向系数的倒数的算术平均值来近似计算，即

$$\frac{1}{D} \approx \frac{1}{2}\left(\frac{1}{D_E}+\frac{1}{D_H}\right) \tag{2.4.28}$$

式中，D_E 和 D_H 分别为两个主平面(E 面和 H 面)的方向系数，即假定分别以 E 面方向图 $F_E(\theta)$和 H 面方向图 $F_H(\theta)$绕最大辐射方向的轴线旋转 360°而形成的空间方向图的方向系数，可表示为

$$\begin{cases} D_E=\dfrac{2}{\displaystyle\int_0^{\pi} F_E^2(\theta)\sin\theta \mathrm{d}\theta} \\ D_H=\dfrac{2}{\displaystyle\int_0^{\pi} F_H^2(\theta)\sin\theta \mathrm{d}\theta} \end{cases} \tag{2.4.29}$$

当主波束很窄、副瓣很低时，它们可以近似地用下式计算：

$$\begin{cases} D_E \approx \dfrac{1}{\dfrac{1}{2\ln 2}\displaystyle\int_0^{\theta_{0.5E}} \sin\theta \mathrm{d}\theta} \approx \dfrac{16\ln 2}{(2\theta_{0.5E})^2} \\ D_H \approx \dfrac{1}{\dfrac{1}{2\ln 2}\displaystyle\int_0^{\theta_{0.5H}} \sin\theta \mathrm{d}\theta} \approx \dfrac{16\ln 2}{(2\theta_{0.5H})^2} \end{cases} \tag{2.4.30}$$

将式(2.4.30)代入式(2.4.28)，得

$$\begin{aligned} D &\approx \frac{32\ln 2}{(2\theta_{0.5E})^2+(2\theta_{0.5H})^2} \\ &\approx \begin{cases} \dfrac{22.181}{(2\theta_{0.5E})^2+(2\theta_{0.5H})^2} & (\text{用弧度“rad”表示角度}) \\ \dfrac{72.815}{(2\theta_{0.5E})^2+(2\theta_{0.5H})^2} & (\text{用度“°”表示角度}) \end{cases} \end{aligned} \tag{2.4.31}$$

对称振子的方向函数、辐射电阻和有效长度均已求出后，它的方向系数可以利用式

(2.4.10)、式(2.4.20)、式(2.4.22)来计算。当 $l/\lambda<0.7$ 时，最大辐射方向在 $\theta=90°$ 的方向，方向函数的最大值 $f_m=1-\cos(kl)$，由式(2.4.20)可得

$$D=\frac{120[1-\cos(kl)]^2}{R_{rm}} \tag{2.4.32}$$

式中，R_{rm} 为归算于波腹电流的辐射电阻，其计算式为

$$R_{rm}=60\left\{C+\ln(2kl)-\mathrm{Ci}(2kl)+\frac{1}{2}\sin(2kl)[\mathrm{Si}(4kl)-2\mathrm{Si}(2kl)]+\frac{1}{2}\cos(2kl)[C+\ln(kl)+\mathrm{Ci}(4kl)-2\mathrm{Ci}(2kl)]\right\} \tag{2.4.33}$$

由图 2.4.2 可以看出，方向系数的最大值出现在 $l/\lambda=0.635$ 处，此时，$D\approx3.28$。虽然 $l/\lambda=0.635$ 时方向图出现了副瓣，但主瓣窄，副瓣和主瓣折中的结果使方向系数达到最大。$l/\lambda<0.635$ 时主瓣宽，$l/\lambda>0.635$ 时副瓣高，都使方向系数下降。

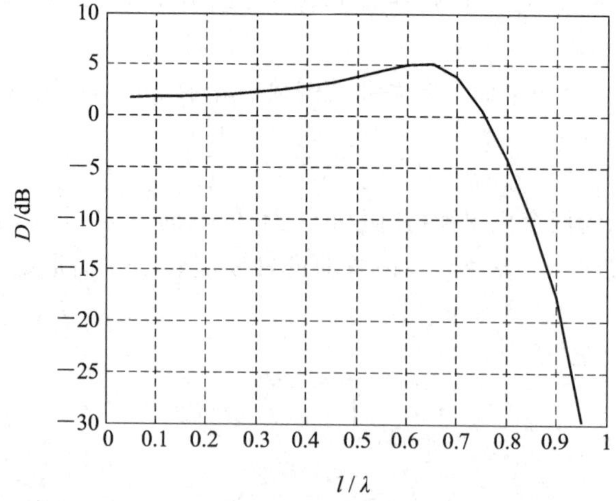

图 2.4.2　对称振子的方向系数随电长度的变化曲线

例如，常用的半波对称振子，其 $f_m=1$，$R_r=73.1\ \Omega$，方向系数为

$$D=\frac{120f_m^2}{R_r}=\frac{120}{73.1}\approx1.64 \tag{2.4.34}$$

用分贝表示，即

$$D=10\lg1.64=2.15\ (\mathrm{dB}) \tag{2.4.35}$$

基本振子的 $F(\theta)=\sin\theta$，将其代入式(2.4.10)，得 $D=1.5$，用分贝表示为

$$D=10\lg1.5=1.76\ (\mathrm{dB}) \tag{2.4.36}$$

2.5　效率和增益

天线的效率，用来衡量天线对能量的转换能力，即将高频电流、导波能量转换为无线电波能量或将无线电波能量转换为高频电流、导波能量的有效程度。上节讲到，方向系数

是用来表征天线对电磁能量的集束程度，将方向系数和辐射效率这二者结合起来，用一个参数来表征天线对能量集束和能量转换的总效益，即称为天线增益。

2.5.1　天线效率

天线效率(η_r)定义为天线辐射功率(P_r)与天线从馈线得到的净功率(P_{in})之比，即

$$\eta_r = \frac{P_r}{P_{in}} \tag{2.5.1}$$

天线的净输入功率等于辐射功率与损耗功率(P_d)之和，即

$$P_{in} = P_r + P_d \tag{2.5.2}$$

若用 R_{in}、R_r 和 R_d 分别表示归算于输入电流 I_{in} 的输入电阻、辐射电阻和损耗电阻，则天线辐射效率也可表示为

$$\eta_r = \frac{R_r}{R_{in}} = \frac{R_r}{R_r + R_d} = \frac{1}{1 + \dfrac{R_d}{R_r}} \tag{2.5.3}$$

显然，要提高天线效率，应尽可能提高辐射电阻，同时降低损耗电阻。天线的损耗包括天线的热损耗、介质损耗和感应损耗。其中，感应损耗是指在悬挂天线的装置中以及在大地中，因感应电流而引起的损耗。对于超短波天线，其辐射电阻大，损耗小，辐射效率接近 100%。对于长波、中波天线，由于波长长，l/λ 小，故其辐射电阻小，效率会很低。短波天线的辐射效率可以做到比长波、中波天线高。长波、中波天线或其他电小天线(电尺寸 $l/\lambda<0.1$ 的天线)应采取措施提高辐射电阻，降低损耗，以提高天线的辐射效率。在天线上加顶(如图 2.5.1 所示)，使天线辐射部分的电流分布均匀些，可提高辐射电阻；在天线底部地面上加金属网，可以降低地面感应损耗。

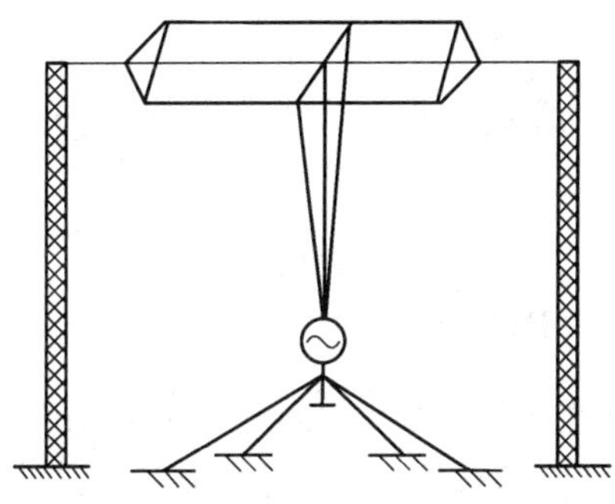

图 2.5.1　T 形天线

一般而言，天线作为馈线的终端负载，阻抗是不匹配的。天线从馈线得到的净功率(即净输入功率)等于馈线的输入功率与反射功率之差。天线和馈线设备统称为天馈系统。天馈系统的效率(η)可定义为天线辐射功率(P_r)与馈线输入功率(P_φ)之比，即

$$\eta = \frac{P_r}{P_\varphi} \tag{2.5.4}$$

也可表示为

$$\eta = \frac{P_r}{P_{in}} \cdot \frac{P_{in}}{P_\varphi} = \eta_r \eta_\varphi \tag{2.5.5}$$

其中，η_{φ} 称为馈电效率，是天线的输入净功率(P_{in})与馈线输入功率(P_{φ})之比。天馈系统的效率取决于馈电效率与天线效率两个因数。

2.5.2 增益

天线在某方向的增益$G(\theta,\varphi)$定义为天线在该方向的辐射强度$U(\theta,\varphi)$与天线以输入功率 P_{in} 向空间均匀辐射时的辐射强度之比，即

$$G(\theta,\varphi)=\frac{U(\theta,\varphi)}{P_{in}/(4\pi)} \tag{2.5.6}$$

进一步可表示为

$$G(\theta,\varphi)=\frac{U(\theta,\varphi)}{P_r/(4\pi)}\cdot\frac{P_r}{P_{in}}=D(\theta,\varphi)\eta_r \tag{2.5.7}$$

一般天线的增益是指其在最大辐射方向的增益，即

$$G=D\eta_r \tag{2.5.8}$$

工程上，方向系数与增益通常用分贝(dB)值来表示，即

$$D_{dB}=10\lg D \tag{2.5.9a}$$

$$G_{dB}=10\lg G \tag{2.5.9b}$$

无方向性理想点源的方向系数为 0 dB，基本振子的方向系数为 1.76 dB，半波对称振子的方向系数为 2.15 dB。用于表示增益的其他单位还有 dBi，它表示相对于各向同性点源的天线增益，通常 dBi 的值等于 dB 的值。

2.5.3 等效全向辐射功率(EIRP)

由天线方向系数的定义以及辐射强度、功率通量密度、辐射场强之间的关系可得天线在某方向的辐射电场强度为

$$|\boldsymbol{E}(\theta,\varphi)|=\frac{\sqrt{60P_rD}}{r}F(\theta,\varphi) \tag{2.5.10}$$

电场强度亦可表示为

$$|\boldsymbol{E}(\theta,\varphi)|=\frac{\sqrt{60P_{in}G}}{r}F(\theta,\varphi) \tag{2.5.11}$$

式中，P_rD(或 $P_{in}G$)称为等效全向辐射功率(Equivalent Isotropic Radiated Power，EIRP)。

EIRP 定义为天线辐射功率与天线方向系数的乘积，或者天线的输入功率与天线增益的乘积。

由式(2.4.8)可得

$$4\pi U_m=P_rD=\text{EIRP} \tag{2.5.12}$$

式(2.5.12)说明，若天线以 U_m 为辐射强度向空间均匀辐射，则其辐射功率为 P_rD。换句话说，辐射功率为 P_r、方向系数为 D 的天线，其最大辐射方向的 EIRP$=P_rD$，若理想点源要得到同样的 EIRP 值，其辐射功率就必须增大 D 倍。要想达到同样的辐射强度 U_m，全向天线的辐射功率必须达到 P_rD。故 EIRP 称为等效全向辐射功率。由式(2.5.12)可以看出，EIRP 与功率通量密度呈正比，要提高天线的功率通量密度，就要提高 EIRP 值。EIRP 值的大小取决于天线增益和天线输入功率两个因素。

2.6 输入阻抗

2.6.1 输入阻抗的概念

天线的输入阻抗定义为天线在其输入端所呈现的阻抗，可以看成是天线的输入功率被输入阻抗所吸收。仿照电路理论，天线的输入阻抗可定义为天线的输入端电压 U_{in} 与输入端电流 I_{in} 之比，如图 2.6.1 所示。输入阻抗也可用输入功率 P_{in} 与输入电流 I_{in} 来计算，输入电阻 R_{in} 和输入电抗 X_{in} 分别对应于输入功率的实部和虚部，即

$$Z_{in}=\frac{U_{in}}{I_{in}}=\frac{\frac{1}{2}U_{in}I_{in}^{*}}{\frac{1}{2}I_{in}I_{in}^{*}}=\frac{P_{in}}{\frac{1}{2}|I_{in}|^{2}}=R_{in}+\mathrm{j}X_{in} \tag{2.6.1}$$

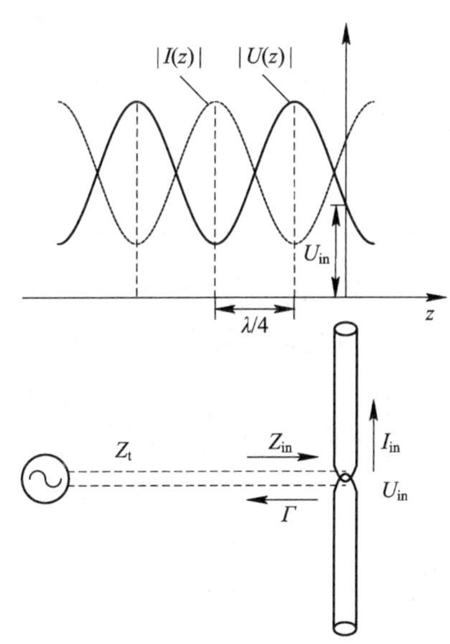

图 2.6.1　天线的输入阻抗

天线的输入阻抗是其馈线的负载阻抗，它决定了馈线的驻波状态。设天线输入端（即馈线终端）的电压反射系数为 Γ，它是该处馈线上反射波电压 U_{ro} 与输入波电压 U_{io} 之比，由传输线理论可得天线输入阻抗为

$$Z_{in}=\frac{U_{io}+\Gamma U_{io}}{I_{io}-\Gamma I_{io}}=Z_{0}\frac{1+\Gamma}{1-\Gamma} \tag{2.6.2}$$

式中，$Z_0=U_{io}/I_{io}$ 是馈线特性阻抗，I_{io} 是入射波电流。

电压驻波比（Voltage Standing Wave Ratio，VSWR）是传输线上相邻的波腹电压振幅与波节电压振幅之比，可用来表示馈电的匹配状态，即

$$\mathrm{VSWR}=\frac{|U|_{max}}{|U|_{min}}=\frac{1+|\Gamma|}{1-|\Gamma|} \tag{2.6.3}$$

反射损耗(Return Loss)L_{rl} 反映了天线输入阻抗与馈线不匹配引起的功率损失，通常以分贝表示为

$$L_{rl}=20\lg|\Gamma| \tag{2.6.4}$$

当 VSWR=1 时，$|\Gamma|=0$，此时全部馈电功率都传输给了天线，天线与馈线为无反射的匹配状态。当馈线终端不匹配时，馈线工作于行驻波状态，其电压波腹点的电压振幅为入射波电压 U_{io} 的$(1+|\Gamma|)$倍，可见最大电压将增大，从而使馈线容易发生击穿，即功率容量下降。在实际应用中，一般要求天线 VSWR≤1.5，甚至 VSWR≤1.2。

天线的阻抗匹配因子 η_z 可由其端口反射系数得到，即

$$\eta_z=1-|\Gamma|^2 \tag{2.6.5}$$

在典型的不同驻波比情况下，所对应的$|\Gamma|^2$(功率反射系数)及阻抗匹配因子 η_z(即功率传输系数)列在表 2.6.1 中。

表 2.6.1　电压驻波比、反射损耗与阻抗匹配因子

VSWR	$\|\Gamma\|^2$	L_{rl}/dB	η_z/%
1	0	$-\infty$	100
1.2	0.008	−20.8	99.2
1.5	0.04	−14.0	96.0
2	0.111	−9.5	88.9

损耗电阻 R_d 可用来表示天线损耗的大小。假设天线的损耗功率被一等效电阻所"吸收"，则此等效电阻定义为天线的损耗电阻。若选取天线上某处的电流 I 作为归算电流，仿照电路理论，则损耗功率为

$$P_d=\frac{1}{2}|I|^2R_d \tag{2.6.6}$$

损耗电阻为

$$R_d=\frac{P_d}{\frac{1}{2}|I|^2} \tag{2.6.7}$$

式中，I 一般选为天线的输入电流或波腹电流。若 R_{di}、R_{dm} 分别为归算于输入电流和波腹电流的损耗电阻，则

$$Z_{in}=R_{in}+jX_{in}=R_{ri}+R_{di}+jX_{ri} \tag{2.6.8}$$

即

$$R_{in}=R_{ri}+R_{di},\ X_{in}=X_{ri} \tag{2.6.9}$$

对于理想无耗天线，$P_d=0$，$R_{di}=0$，则

$$Z_{in}=Z_{ri} \tag{2.6.10}$$

此时归算于天线输入端电流的输入阻抗等于天线的辐射阻抗。

天线的输入阻抗取决于天线本身的结构和工作频率，甚至还受周围环境的影响，仅在极少数情况下能够得到天线输入阻抗的解析解，大多数情况下可采用近似计算、数值计算或实验测量的方法得出。

2.6.2　对称振子的辐射阻抗

在前面曾用坡印廷矢量法计算自由空间天线的辐射电阻，那时取坡印廷矢量积分闭合面为位于天线远区的球面，求得了天线的实辐射功率和相应的辐射电阻。如果取极限情况，即取积分闭合面为天线导体表面，则根据坡印廷定理能够得到天线的全部复辐射功率，从其实部计算辐射电阻，从其虚部计算辐射电抗。然而由于导体表面上切向电场为零，因此在导体表面上应用坡印廷矢量法时要涉及天线辐射功率的过程，特别地将此方法称为感应电动势法，显然它的基础仍旧是坡印廷定理。

将积分的封闭面缩小到与天线的表面重合，则通过此封闭面的总功率为

$$\begin{aligned}\dot{P}_{\mathrm{r}} &= \oint_S \boldsymbol{S}(\theta,\varphi)\cdot \mathrm{d}\boldsymbol{S}\\ &= \frac{1}{2}\oint_S \boldsymbol{E}(\theta,\varphi)\times \boldsymbol{H}^*(\theta,\varphi)\cdot \mathrm{d}\boldsymbol{S}\end{aligned}\tag{2.6.11}$$

设对称振子的电流 $I(z')$ 集中于振子的轴线上，如图 2.6.2 所示。$I(z')$ 在振子导体表面产生的切向电场为 E_z，为了满足导体表面切向电场为零的边界条件，对称振子表面感应电流在振子表面产生的切向电场为 E_z'，有 $E_z'=-E_z$，此 E_z' 在线元 $\mathrm{d}z'$ 上感应的电动势为 $E_z'\mathrm{d}z'=-E_z\mathrm{d}z'$，为维持此电动势，电流 $I(z')$ 所消耗的功率为

图 2.6.2　辐射阻抗的计算图

$$P_{\mathrm{rF}} = \frac{1}{2}\int_{-l}^{l} I(z')(-E_z)\mathrm{d}z' \tag{2.6.12}$$

设振子电流为正弦分布，则归算于波腹电流的辐射阻抗为

$$Z_{\mathrm{rm}} = \frac{P_{\mathrm{rF}}}{\dfrac{1}{2}|I_{\mathrm{m}}|^2} = \frac{1}{|I_{\mathrm{m}}|^2}\int_{-l}^{l} I(z')(-E_z)\mathrm{d}z' = R_{\mathrm{rm}} + \mathrm{j}X_{\mathrm{rm}} \tag{2.6.13}$$

辐射电阻和辐射电抗的积分结果如下：

$$\begin{aligned}R_{\mathrm{rm}} = 30\{&2[e+\ln(2kl)-\mathrm{Ci}(2kl)]+\sin(2kl)[\mathrm{Si}(4kl)-2\mathrm{Si}(2kl)]+\\ &\cos(2kl)[E+\ln(kl)+\mathrm{Ci}(4kl)-2\mathrm{Ci}(2kl)]\}\end{aligned}\tag{2.6.14}$$

$$\begin{aligned}X_{\mathrm{rm}} = 30\Big\{&2\mathrm{Si}(2kl)+\sin(2kl)\left[e+\ln(kl)+\mathrm{Ci}(4kl)-2\mathrm{Ci}(2kl)-2\ln\frac{2l}{a}\right]+\\ &\cos(2kl)[-\mathrm{Si}(4kl)+2\mathrm{Si}(2kl)]\Big\}\end{aligned}\tag{2.6.15}$$

式中，欧拉常数 $e=0.577\ 21$；$\mathrm{Si}(x)$ 是 x 的正弦积分，即

$$\mathrm{Si}(x) = \int_0^x \frac{\sin u}{u}\mathrm{d}u \tag{2.6.16}$$

$\mathrm{Ci}(x)$ 是 x 的余弦积分，即

$$\mathrm{Ci}(x) = -\int_x^{\infty} \frac{\cos u}{u}\mathrm{d}u \tag{2.6.17}$$

由此计算出的辐射阻抗随 l/λ 的变化曲线示于图 2.6.3 中，由图可知：辐射电阻 R_{rm} 与振子半径 a 无关；随着振子半径 a 的增大，辐射电抗 X_{rm} 减小，且随 l/λ 变化较平缓，因此可通过增加振子半径的方法来提高天线的阻抗带宽；当 l/λ 很小且接近于 0.1 时，振子可近似为短偶极子天线，也称为电小天线，其辐射电阻 R_{rm} 较小，辐射电抗 X_{rm} 较高，天线的 Q 值较高，辐射能力较低，此时，天线辐射能量较少，而在天线周围振荡的能量较大；当 $l/\lambda=0.25$ 时，振子为半波振子天线，其辐射阻抗为 R_{rm}。

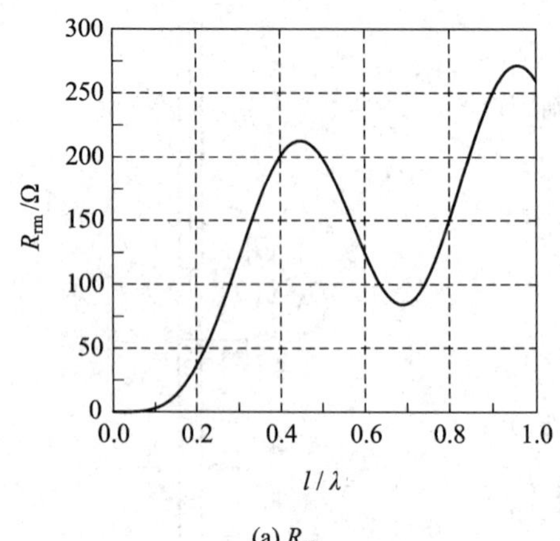

(a) R_{rm}

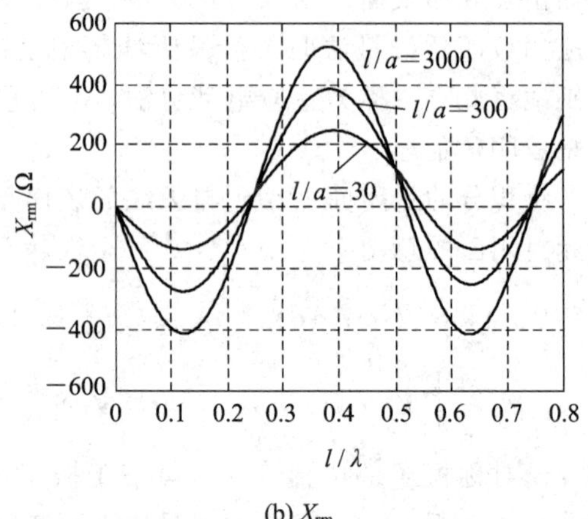

(b) X_{rm}

图 2.6.3 对称振子的辐射阻抗

2.7 天线的极化

极化是天线的一项重要特性，实际使用天线时往往要对极化提出要求。这也关系到无线电系统的收发性能。

天线在某方向的极化是天线在该方向所辐射电磁波的极化(对发射天线)，或天线在该方向获得最大接收功率(极化匹配)时入射平面波的极化(对接收天线)。天线的极化与所论空间方向有关，通常所说的天线极化是指最大辐射方向或最大接收方向的极化。天线的极化以其辐射或接收的电磁波的极化来定义。下面回顾一下电磁波的极化特性。

电磁波的极化特性是专门描述场矢量随时间变化的特征。在空间固定点，电场矢量的矢量端点随时间变化时有一个运动轨迹，可用其形状和场矢量的旋向来描述电磁波的极化特性。“在空间固定点”去除了场矢量随空间坐标的变化，极化描述的是时变场矢量端点随时间变化的运动状态。场矢量端点的轨迹是圆，称为圆极化；场矢量端点的轨迹是线，称为线极化。极化用电场矢量和磁场矢量定义都一样。

设有一沿 $-\hat{z}$ 方向传播的无衰减均匀平面波，其瞬时电场强度可表示为

$$\boldsymbol{E}(z,t)=\mathrm{Re}(\boldsymbol{E}\mathrm{e}^{\mathrm{j}\omega t}) \tag{2.7.1}$$

式中，$\mathrm{e}^{\mathrm{j}\omega t}$ 为时间因子，$\boldsymbol{E}$ 为复矢量，且

$$\boldsymbol{E}=(\hat{\boldsymbol{x}}E_{xm}+\hat{\boldsymbol{y}}E_{ym})\mathrm{e}^{\mathrm{j}kz} \tag{2.7.2}$$

在垂直于传播方向的平面(称为极化平面)内，可以将 $\boldsymbol{E}(z,t)$ 分解为两个互相垂直的

分量，即

$$\boldsymbol{E}(z,t)=\hat{\boldsymbol{x}}E_x(z,t)+\hat{\boldsymbol{y}}E_y(z,t) \tag{2.7.3}$$

比较式(2.7.2)和式(2.7.3)，可得

$$\begin{cases}E_x(z,t)=|E_{xm}\cos(\omega t+kz+\varphi_x)|\\E_y(z,t)=|E_{ym}\cos(\omega t+kz+\varphi_y)|\end{cases} \tag{2.7.4}$$

式中，E_{xm} 和 E_{ym} 分别为电场的 x 分量和 y 分量的复振幅，φ_x 和 φ_y 分别为其初始相位。根据互相垂直的两场分量的振幅和相位间的关系，极化可以分为三类，即线极化、圆极化和椭圆极化，如图 2.7.1 所示。

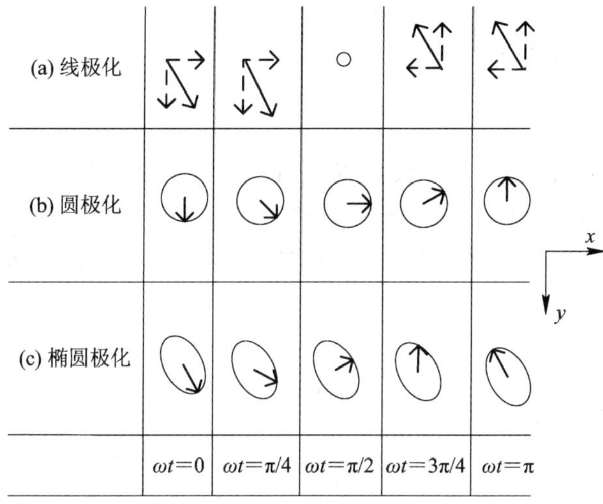

图 2.7.1　极化平面内电场矢量随时间的变化

应用三角函数公式，由式(2.7.4)可推导出：

$$\frac{E_x^2(z,t)}{|E_{xm}|^2}-2\frac{\cos\Delta\varphi}{|E_{xm}||E_{ym}|}E_x(z,t)E_y(z,t)+\frac{E_y^2(z,t)}{|E_{ym}|^2}=\sin^2\Delta\varphi \tag{2.7.5}$$

其中，$\Delta\varphi=\varphi_y-\varphi_x$。式(2.7.5)说明，电场矢量随时间变化时，其矢量端点的轨迹是椭圆，即平面电磁波一般情况下是椭圆极化波，只有在特殊情况下才是线极化波或圆极化波。

1. 线极化

当 $\Delta\varphi=\varphi_y-\varphi_x=n\pi(n=0, 1, 2, \cdots)$时，椭圆方程变为直线方程，此时有

$$\frac{E_x(z,t)}{|E_{xm}|}=\pm\frac{E_y(z,t)}{|E_{ym}|} \tag{2.7.6}$$

$$\boldsymbol{E}(z,t)=\hat{\boldsymbol{x}}|E_{xm}|\cos(\omega t+kz+\varphi_x)+\hat{\boldsymbol{y}}|E_{ym}|\cos(\omega t+kz+\varphi_y) \tag{2.7.7}$$

合成场的振幅为

$$|\boldsymbol{E}(z,t)|=\sqrt{|E_{xm}|^2+|E_{ym}|^2}\cos(\omega t+kz+\varphi_x) \tag{2.7.8}$$

合成场矢量的方向与 x 轴的夹角 α 是一个常数，即

$$\alpha=\pm\arctan\frac{|E_{ym}|}{|E_{xm}|} \tag{2.7.9}$$

电场矢量端点的轨迹是一条直线，该直线与 x 轴的夹角 α 不随时间变化，这种极化波

为线极化波。

2. 圆极化

当 $|E_{xm}|=|E_{ym}|=E_0$，且

$$\Delta\varphi=\varphi_y-\varphi_x=\pm\left(\frac{1}{2}+2n\right)\pi \qquad (n=0,1,2,\cdots) \tag{2.7.10}$$

时，椭圆方程变为圆方程，此时有

$$E_x^2(z,t)+E_y^2(z,t)=|E_{xm}|^2 \tag{2.7.11}$$

合成场振幅为

$$|\boldsymbol{E}(z,t)|=E_0 \tag{2.7.12}$$

合成场矢量的方向与 x 轴的夹角为

$$\alpha=\arctan\frac{E_y}{E_x}=\mp(\omega t+kz+\varphi_x) \tag{2.7.13}$$

合成电场矢量端点的轨迹是在极化平面内的圆，这种极化称为圆极化。沿传播方向（$-z$ 方向）观察，电场矢量顺时针方向旋转，符合右手关系，称为右旋圆极化波（式(2.7.13)中的正号）；电场矢量逆时针方向旋转，称为左旋圆极化波（式(2.7.13)中的负号）。

3. 椭圆极化

除了上述两种情况以外，电磁波都是椭圆极化波。

如果 $|E_{xm}|\neq|E_{ym}|$ 且

$$\Delta\varphi=\varphi_y-\varphi_x=\begin{cases}+\left(\frac{1}{2}+2n\right)\pi & (\text{右旋})\\ -\left(\frac{1}{2}+2n\right)\pi & (\text{左旋})\end{cases} \qquad (n=0,1,2,\cdots) \tag{2.7.14}$$

或者

$$\Delta\varphi\neq\frac{n}{2}\pi \text{ 且 } \Delta\varphi=\varphi_y-\varphi_x\begin{cases}>0 & (\text{右旋})\\ <0 & (\text{左旋})\end{cases} \qquad (n=0,1,2,\cdots) \tag{2.7.15}$$

无论 $|E_{xm}|$ 是否等于 $|E_{ym}|$，合成场矢量端点的轨迹都是一个倾斜的椭圆，如图 2.7.2 所示。

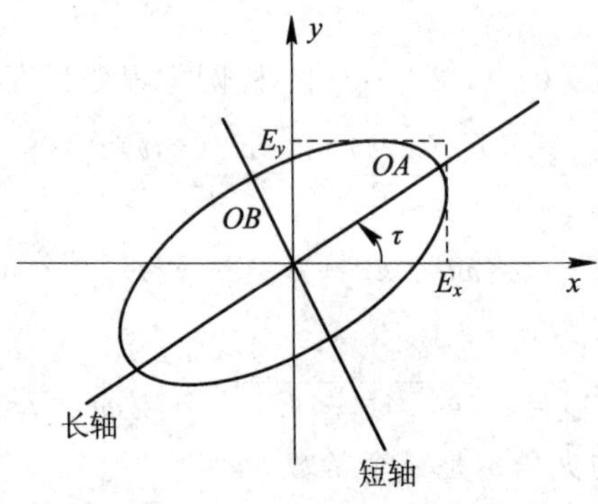

图 2.7.2　电场矢量的极化椭圆

椭圆特性通常用轴比 AR（椭圆长轴与短轴之比）和倾角 τ 来表示。轴比 AR 为

$$\mathrm{AR}=\frac{\overline{OA}}{\overline{OB}} \tag{2.7.16}$$

式中：

$$\overline{OA}=\frac{1}{\sqrt{2}}\{|E_{x\mathrm{m}}|^2+|E_{y\mathrm{m}}|^2+[|E_{x\mathrm{m}}|^4+|E_{y\mathrm{m}}|^4+2|E_{x\mathrm{m}}|^2|E_{y\mathrm{m}}|^2\cos(2\Delta\varphi)]^{1/2}\}^{1/2} \tag{2.7.17a}$$

$$\overline{OB}=\frac{1}{\sqrt{2}}\{|E_{x\mathrm{m}}|^2+|E_{y\mathrm{m}}|^2-[|E_{x\mathrm{m}}|^4+|E_{y\mathrm{m}}|^4+2|E_{x\mathrm{m}}|^2|E_{y\mathrm{m}}|^2\cos(2\Delta\varphi)]^{1/2}\}^{1/2} \tag{2.7.17b}$$

倾角 τ（长轴与 x 轴的夹角）为

$$\tau=\frac{1}{2}\arctan\left[\frac{2|E_{x\mathrm{m}}||E_{y\mathrm{m}}|}{|E_{x\mathrm{m}}|^2-|E_{y\mathrm{m}}|^2}\cos(\Delta\varphi)\right] \tag{2.7.18}$$

当 $\Delta\varphi=\pm n\pi(n=0, 1, 2, \cdots)$时，长轴 $\overline{OA}=\sqrt{|E_{x\mathrm{m}}|^2+|E_{y\mathrm{m}}|^2}$，短轴 $\overline{OB}=0$，轴比 $\mathrm{AR}=\infty$，椭圆极化退化为线极化，极化方向与 x 轴的夹角 $\tau=\alpha$。

当 $|E_{x\mathrm{m}}|=|E_{y\mathrm{m}}|$，$\Delta\varphi=\pm\left(\frac{1}{2}+2n\right)\pi$ 时，$\overline{OA}=\overline{OB}$，轴比 $\mathrm{AR}=1$，椭圆极化退化为圆极化。

线极化和圆极化是椭圆极化的特例。椭圆极化波旋向与圆极化波旋向的规定相同。

不难证明，线极化的电场可以分解为两个振幅相等、旋向相反的圆极化电场的叠加；一个圆极化（左旋或右旋）电场可以分解为两个振幅相等、相位相差 $\pi/2$ 的线极化电场的叠加。

辐射线极化波的天线为线极化天线，电基本振子、对称振子等直线天线都是线极化天线。根据线极化电场与反射面（或地面）的关系或者线极化电场与入射面（入射线与反射面法线构成的平面）的关系，线极化波又可分为水平极化波（电场矢量平行于地面）和垂直极化波（电场矢量垂直于地面）。辐射圆极化波的天线为圆极化天线，辐射椭圆极化波的天线为椭圆极化天线。

天线可能辐射非预定极化的电磁波，预定极化称为主极化，非预定极化称为交叉极化或寄生极化。交叉线极化的方向与主线极化的方向垂直，交叉圆极化的旋向与主圆极化的旋向相反。由于交叉极化波要携带一部分能量，对主极化波而言是一种损失，因此通常要设法加以消除。但另一方面，例如收发共用天线或双频共用天线则可以利用主极化和交叉极化的不同特性，达到收发隔离或双频隔离的目的。

2.8　天线的相位中心

对大多数天线而言，主要关心它们在远场的幅度方向图、增益、副瓣电平和极化等天线参数。但在有些场合，例如在应用天线相位中心或关注远场相位分布时，其相位特性就是必须要加以研究和分析的重要特性。

2.8.1 相位中心与视在相心

理论上，如果天线辐射的电磁波为球面波，那么球面的球心被称为相位中心(Phase Center，PC)。

在IEEE标准中，相位中心被定义为：存在这样一个点，如果将该点作为辐射远场的参考点，则在以该点为球心的球面上场矢量的相位应“基本”是一个常数，或至少在关心的辐射区域满足这一特性。

从数学上定义相位中心，其可被描述为：天线远区辐射场的等相位面的曲率中心，如果是理想球面的球心，则存在唯一的曲率中心(球心)；反之，不同区域的等相位面对应不同的曲率中心。

实际上，除了点源外，任何天线都不可能使远场相位值是一个常数，这是因为任何天线都是无数点源的集合，虽然从远场观察可以近似等效为一个点源，而实际上在有限距离下，它是像散的，并且与场点到源点的距离、天线的口径场分布有很大关系；另一方面，实际天线一定存在各种误差，如加工误差、装配误差、测量误差等，这是不可避免的，工程应用上也无需完全避免。因此，通过测量或计算得到的远场相位值不会是常数。但在满足工程应用的条件下，可以给出一个可等效获得的等相位面的相位中心。对于许多天线，可以找到一个在主瓣的某一范围内使辐射场的相位分布最平坦的参考点，这个参考点是一个等效的近似相位中心，定义为“视在相位中心”(Apparent Phase Center，APC)，简称视在相心。在这个定义中有两个方面需要说明：

第一，“主瓣的某一范围”，它已经从辐射远场全空间弱化为主瓣内某一范围，在实践中这是可应用的，例如天线大都使用能量最为集中的主瓣，在不同的应用中，只需关注相应主瓣宽度内的相位变化情况，全空间的相位分布可以不考虑。

第二，“相位分布最平坦”，相位的约束从常数弱化为最平坦，最平坦一般可用数学方法定义，比如要求相位的变化量不超过限值，一般定义为在某一范围内相位变化量最小。现在最常用的定义是在最小二乘意义下的视在相心，这种定义可以比较全面地衡量相位在关注域内的分布。

2.8.2 相位中心的确定方法

无论是相位中心还是视在相心，只要存在，我们就关心如何找到它。目前，主要有三种方法可以确定相位中心的位置，即移动参考点法、三点计算法和拟合法。

1. 移动参考点法

移动参考点法是一种通过实验寻找相位中心的方法。实验中，调整参考点的位置，观察主瓣内相位的变化，使相位变化小于某个限值时的角度范围最大，或者在指定范围内相位变化最小。图2.8.1是移动参考点法的示意图。

移动参考点法要通过反复测量才能得到最佳值。该法的好处是几乎适用于所有天线，但相位中心要在天线中轴上。实际上相位中心偏离中轴时，也可以通过移动参考点法找到相位中心，只是移动参考点要加入横向分量。

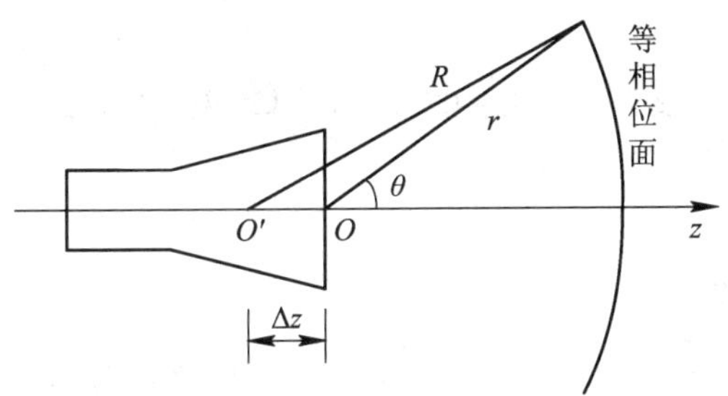

图 2.8.1　移动参考点法示意图

2. 三点计算法

一个理想的球面波源，其远场相位方向函数可以写成：

$$\Phi(\theta,\varphi) \approx k_0(\Delta_x \sin\theta\sin\varphi + \Delta_y \sin\theta\cos\varphi + \Delta_z \cos\theta) + C \tag{2.8.1}$$

该方程有四个未知数 Δ_x、Δ_y、Δ_z 和 C，根据四个方向的相位值就可求解，其中 Δ_x、Δ_y、Δ_z 是相位中心距参考点的坐标，C 是相位常数。

在此，假定相位方向图的测量是在 $\varphi=0°$ 和 $\varphi=90°$ 两个主平面内进行的，此时，式(2.8.1)可简化为

$$\Phi(\theta,\varphi) \approx k_0(\Delta_t \sin\theta + \Delta_z \cos\theta) + C \tag{2.8.2}$$

其中，$\varphi=0°$ 或 $\varphi=90°$ 时，Δ_t 相应地取 Δ_y 或 Δ_x。此时方程只有三个未知数，知道任意三个角度上对应的相位就可解出未知数。一般三个位置会取最大波束指向，以及关注角域的上下限。

三点计算法的优点是方法简便，通过一次测量和一次计算就可快速得到相位中心。实际上，该法是移动参考点法的一种发展，用计算代替了重复测量，但其相位偏差仍然只考虑少数几个点。

3. 拟合法

在关心的角度范围，我们希望在整个区域内相位起伏都不大，而不仅仅是几个特定点，这可以采用曲线拟合的方法。我们可以求出使角域内相位起伏距一个等相位面(常数)平均最小的相位中心。最常用的拟合方法是最小二乘法，可以拟合近似为线性的曲线。

如果一组离散点可以用下式近似：

$$y = p_1 x + p_2 \tag{2.8.3}$$

对于给出的表达式(2.8.3)，定义

$$\delta = \sum_{i=1}^{n} [y_i - (p_1 x_i + p_2)]^2 \tag{2.8.4}$$

求出使式(2.8.4)中 δ 最小的 p_1 和 p_2，即得到用最小二乘法拟合的近似为线性的曲线。根据这一方法，我们可以建立起包含相位中心参量的相位方向函数表达式，并求解最小二乘法意义下的相位中心。

采用最小二乘法计算天线相位中心是对三点计算法的进一步发展，它同样采用计算方法简化了测量，并且考虑了整个角域内的相位分布，计算结果更具实际意义。

2.9 接收天线的电参数

2.9.1 互易定理及应用

首先推导洛伦兹互易定理，如图 2.9.1 所示，假设在线性且各向同性媒质中有两组电磁流源，$\boldsymbol{J}_1$、$\boldsymbol{M}_1$ 和 $\boldsymbol{J}_2$、$\boldsymbol{M}_2$，它们产生的场分别为 $\boldsymbol{E}_1$、$\boldsymbol{H}_1$ 和 $\boldsymbol{E}_2$、$\boldsymbol{H}_2$。

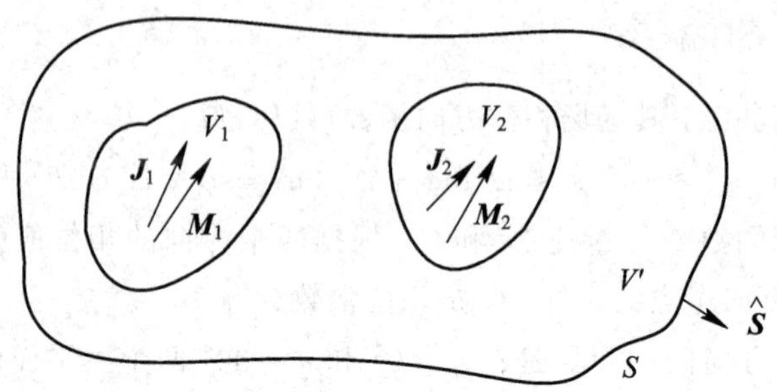

图 2.9.1　用于洛伦兹互易定理的形式

两组源和场分别满足麦克斯韦方程

$$\begin{cases}\nabla\times\boldsymbol{E}_1=-\mathrm{j}\omega\mu\boldsymbol{H}_1-\boldsymbol{M}_1\\ \nabla\times\boldsymbol{H}_1=\mathrm{j}\omega\varepsilon\boldsymbol{E}_1+\boldsymbol{J}_1\end{cases}\tag{2.9.1}$$

和

$$\begin{cases}\nabla\times\boldsymbol{E}_2=-\mathrm{j}\omega\mu\boldsymbol{H}_2-\boldsymbol{M}_2\\ \nabla\times\boldsymbol{H}_2=\mathrm{j}\omega\varepsilon\boldsymbol{E}_2+\boldsymbol{J}_2\end{cases}\tag{2.9.2}$$

$\boldsymbol{H}_2$ 点乘式(2.9.1)的第一式加 $\boldsymbol{E}_2$ 点乘式(2.9.1)的第二式，$\boldsymbol{H}_1$ 点乘式(2.9.2)的第一式加 $\boldsymbol{E}_1$ 点乘式(2.9.2)的第二式，而后两式相减，得

$$\begin{aligned}&(\boldsymbol{H}_2\cdot\nabla\times\boldsymbol{E}_1-\boldsymbol{E}_1\cdot\nabla\times\boldsymbol{H}_2)-(\boldsymbol{H}_1\cdot\nabla\times\boldsymbol{E}_2-\boldsymbol{E}_2\cdot\nabla\times\boldsymbol{H}_1)\\ &=(\boldsymbol{E}_2\cdot\boldsymbol{J}_1-\boldsymbol{H}_2\cdot\boldsymbol{M}_1)-(\boldsymbol{E}_1\cdot\boldsymbol{J}_2-\boldsymbol{H}_1\cdot\boldsymbol{M}_2)\end{aligned}\tag{2.9.3}$$

式(2.9.3)可化简为

$$\nabla\cdot(\boldsymbol{E}_1\times\boldsymbol{H}_2-\boldsymbol{E}_2\times\boldsymbol{H}_1)=(\boldsymbol{E}_2\cdot\boldsymbol{J}_1-\boldsymbol{H}_2\cdot\boldsymbol{M}_1)-(\boldsymbol{E}_1\cdot\boldsymbol{J}_2-\boldsymbol{H}_1\cdot\boldsymbol{M}_2)\tag{2.9.4}$$

两边对包含源的体积 V' 积分，并利用散度定理得

$$\oint_S(\boldsymbol{E}_1\times\boldsymbol{H}_2-\boldsymbol{E}_2\times\boldsymbol{H}_1)\cdot\mathrm{d}\boldsymbol{S}=\int_{V'}[(\boldsymbol{E}_2\cdot\boldsymbol{J}_1-\boldsymbol{H}_2\cdot\boldsymbol{M}_1)-(\boldsymbol{E}_1\cdot\boldsymbol{J}_2-\boldsymbol{H}_1\cdot\boldsymbol{M}_2)]\mathrm{d}V'\tag{2.9.5}$$

式中，S 为包围体积 V' 的封闭面。极限情况下，V' 可扩展为整个空间。若源分布在有限区域，远场为横电磁波，满足

$$E_\theta=\eta H_\varphi,\ E_\varphi=\eta H_\theta\tag{2.9.6}$$

将式(2.9.6)代入式(2.9.5)的左边，可得

$$
\begin{aligned}
&\oint_S (E_{1\theta}H_{2\varphi}+E_{1\varphi}H_{2\theta}-E_{2\theta}H_{1\varphi}-E_{2\varphi}H_{1\theta})\mathrm{d}S \\
&=\oint_S (\eta H_{1\varphi}H_{2\varphi}+\eta H_{1\theta}H_{2\theta}-\eta H_{2\varphi}H_{1\varphi}-\eta H_{2\theta}H_{1\theta})\mathrm{d}S \\
&=0
\end{aligned}
\tag{2.9.7}
$$

式(2.9.5)变成

$$
\int_{V_1}(\boldsymbol{E}_2\cdot\boldsymbol{J}_1-\boldsymbol{H}_2\cdot\boldsymbol{M}_1)\mathrm{d}V'=\int_{V_2}(\boldsymbol{E}_1\cdot\boldsymbol{J}_2-\boldsymbol{H}_1\cdot\boldsymbol{M}_2)\mathrm{d}V' \tag{2.9.8}
$$

式(2.9.8)即为洛伦兹互易定理的表达式。等号左边是源 2 的场对源 1 的反应，等号右边是源 1 的场对源 2 的反应。

若令源 2 是位于点(x_p, y_p, z_p)、矢量长度为 $\boldsymbol{P}$ 的理想电振子，由于 $\boldsymbol{M}_2$ 为零，故式(2.9.8)变为

$$
\boldsymbol{E}_1(x_p, y_p, z_p)\cdot\boldsymbol{P}=\int_{V_1}(\boldsymbol{E}_2\cdot\boldsymbol{J}_1-\boldsymbol{H}_2\cdot\boldsymbol{M}_1)\mathrm{d}V' \tag{2.9.9}
$$

由式(2.9.9)可以看出，通过已知源 $\boldsymbol{J}_1$、$\boldsymbol{M}_1$ 以及已知理想电振子在源 1 处产生的场 $\boldsymbol{E}_2$、$\boldsymbol{H}_2$ 可求得源 1 产生的电场，该式对理想电振子的各种取向 $\boldsymbol{P}$ 均适用。

由洛伦兹互易定理还可导出用端电压和端电流表示的互易定理。假设源 1 和源 2 是用理想电流源(内阻无限大)$\boldsymbol{I}_1$ 和 $\boldsymbol{I}_2$ 激励的天线，则式(2.9.8)简化为

$$
\int_{V_1}\boldsymbol{E}_2\cdot\boldsymbol{J}_1\mathrm{d}V'=\int_{V_2}\boldsymbol{E}_1\cdot\boldsymbol{J}_2\mathrm{d}V' \tag{2.9.10}
$$

假设天线为理想导体，其上表面电场等于零，但是在输入端将产生电压。假设在输入端区域电流是均匀的，并利用 $\int\boldsymbol{E}\cdot\boldsymbol{dl}=-U$ 的概念，则式(2.9.10)变为

$$
U_{\mathrm{oc1}}I_1=U_{\mathrm{oc2}}I_2 \tag{2.9.11}
$$

式中，U_{oc1} 是天线 2 的场在天线 1 输出端产生的开路电压，U_{oc2} 是天线 1 的场在天线 2 输出端产生的开路电压。由式(2.9.11)可导出电路形式的互易定理为

$$
\frac{U_{\mathrm{oc1}}}{I_2}=\frac{U_{\mathrm{oc2}}}{I_1} \tag{2.9.12}
$$

激励天线在另一天线上产生的开路电压与天线形式、天线相对取向、两天线之间的媒质以及是否有其他物体存在等因素有关。可将一般情况用电路参数表示如下：

$$
U_1=I_1Z_{11}+I_2Z_{12} \tag{2.9.13}
$$

$$
U_2=I_1Z_{21}+I_2Z_{22} \tag{2.9.14}
$$

式中，U_1、U_2、I_1、I_2 是天线 1 和天线 2 的端电压和端电流；Z_{11} 和 Z_{22} 分别是天线 1 和天线 2 的自阻抗，Z_{12} 和 Z_{21} 为天线 1 和天线 2 之间的互阻抗。

若天线 1 由电流源 I_1 激励，在天线 2 输出端产生的开路电压为 $U_2\big|_{I_2=0}$，由式(2.9.14)和 $I_2=0$，可得互阻抗 Z_{21} 为

$$
Z_{21}=\frac{U_2}{I_1}\bigg|_{I_2=0} \tag{2.9.15}
$$

若天线 2 由电流源 I_2 激励，在天线 1 的输出端产生的开路电压为 $U_1\big|_{I_1=0}$，由式

(2.9.13)和 $I_1=0$，可得互阻抗 Z_{12} 为

$$Z_{12}=\left.\frac{U_1}{I_2}\right|_{I_1=0} \tag{2.9.16}$$

由式(2.9.12)可得

$$Z_{12}=Z_{21} \tag{2.9.17}$$

由式(2.9.13)和式(2.9.14)，可得天线的自阻抗为

$$Z_{11}=\left.\frac{U_1}{I_1}\right|_{I_2=0} \tag{2.9.18}$$

$$Z_{22}=\left.\frac{U_2}{I_2}\right|_{I_1=0} \tag{2.9.19}$$

若天线是孤立的，即所有物体(包括另一个天线)均远离此天线，则该天线的自阻抗等于其输入阻抗。

参考图 2.9.2(a)，若天线 1 作发射，天线 2 作接收，彼此处于远区，天线 2 围绕天线 1 在距离等于常数的球面上移动，在移动过程中，天线 2 相对于天线 1 的取向和极化均保持不变，则由天线 2 的输出端电压随方向角(θ,φ)的变化即得天线 1 的发射方向图。由于 I_1 是常数，由式(2.9.15)可知，作为角函数的 Z_{21} 实际上就是天线 1 的发射方向图函数。

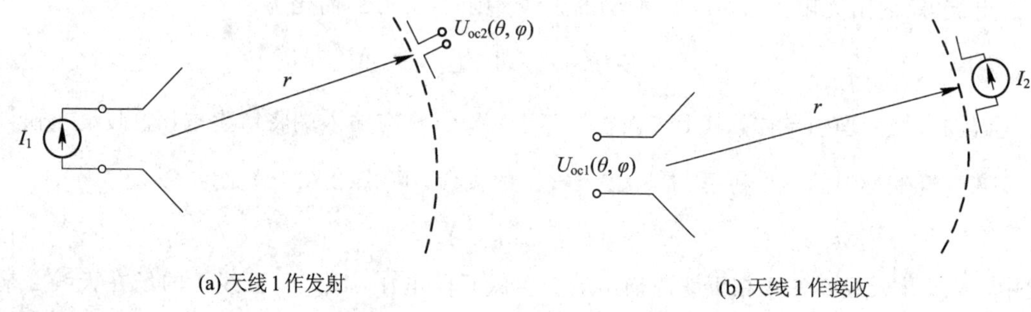

图 2.9.2　天线方向图的互易性

参考图 2.9.2(b)，若天线 2 作发射，天线 1 作接收，天线 2 再次围绕天线 1 移动，则天线 1 的输出端电压即是天线 1 的接收方向图，因此作为角函数的 Z_{12} 是天线 1 的接收方向图函数。由式(2.9.17)知互阻抗相等，因此可断定同一副天线用作发射或接收时方向图相同，这是互易定理的一个重要推论。

如上所述，同一副天线用作发射或接收时方向图和阻抗相同。显然，同一副天线用作发射或接收时其他参数也相同。

2.9.2　接收功率

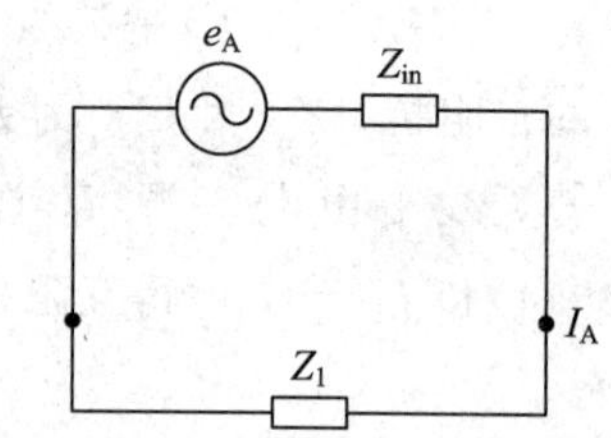

图 2.9.3　接收天线的等效电路

接收天线的等效电路如图 2.9.3 所示，将接收天线等效成理想电压源(电压为 e_A)，天线的输入阻抗 Z_{in} 为电压源的内阻($Z_{in}=R_{in}+jX_{in}$)，Z_l 是接收负载(通常是接收机或馈线的输入阻抗)。当源与负载阻抗共轭匹配

($Z_1 = Z_{in}^*$)时，天线输出功率为最大，此时有

$$P_{max} = \frac{1}{2} I_A^2 R_{in} = \frac{1}{2} \left(\frac{e_A}{2R_{in}} \right)^2 R_{in} = \frac{e_A^2}{8R_{in}} \tag{2.9.20}$$

和发射天线一样，接收天线的输入电阻分为两部分，即 $R_{in} = R_r + R_d$，其中 R_d 为归算于电流 I_A 的损耗电阻。若天线是无耗的，有 $R_{in} = R_r$，则接收天线的最佳接收功率 P_{opt} 为

$$P_{opt} = \frac{e_A^2}{8R_r} = \frac{e_A^2}{8R_{in} \cdot \dfrac{R_r}{R_{in}}} = \frac{e_A^2}{8R_{in}} \cdot \frac{1}{\eta_r} = P_{max} \frac{1}{\eta_r} \tag{2.9.21}$$

式中，η_r 为接收天线效率，定义为接收天线的最大接收功率与最佳接收功率之比，即

$$\eta_r = \frac{P_{max}}{P_{opt}} \tag{2.9.22}$$

而且有

$$\eta_r = \frac{R_r}{R_{in}} \tag{2.9.23}$$

这和发射天线定义的效率是等同的。

当天线以最大接收方向对准来波方向且天线的极化与来波极化一致时，$e_A = El_e$，接收天线的最佳接收功率为

$$P_{opt} = \frac{E^2 l_e^2}{8R_r} \tag{2.9.24}$$

2.9.3　最大有效口径

当天线的极化与来波的极化完全匹配，且负载与天线阻抗共轭匹配时，天线在(θ,φ)方向上所接收的功率 $P_R(\theta,\varphi)$与入射波功率密度 S 之比称为此天线在(θ,φ)方向上的有效口径(也称等效口径)，即

$$A_{em}(\theta,\varphi) = \frac{P_R(\theta,\varphi)}{S} = \frac{P_R(\theta,\varphi)}{|E|^2/(240\pi)} \tag{2.9.25}$$

天线在最大接收方向上的有效口径，称为最大有效口径，用 A_{em} 表示。

由于 $P_R = S \cdot A_{em}$，因此接收功率为功率密度与有效口径的乘积，即垂直进入有效口径的电磁波功率。

线天线方向函数为

$$|f_{max}| = \frac{|E_{max}|}{\dfrac{60I}{r}} = \frac{\pi l_e}{\lambda} \tag{2.9.26}$$

方向系数为

$$D = \frac{120\pi^2 l_e^2}{\lambda^2 R_r} = \frac{120\pi^2 l_e^2}{\lambda^2 \eta_r R_{in}} \tag{2.9.27}$$

共轭匹配时，接收功率为

$$P_R(\theta,\varphi) = \frac{e_A^2}{8R_{in}} = \frac{|E|^2 l_e^2 F^2(\theta,\varphi)}{8R_{in}} \tag{2.9.28}$$

则

$$A_{em}(\theta,\varphi)=\frac{30\pi l_e^2 F^2(\theta,\varphi)}{R_{in}} \tag{2.9.29}$$

将式(2.9.28)应用于式(2.9.29)，可得有效口径公式为

$$A_{em}(\theta,\varphi)=\frac{\lambda^2 D\eta_r}{4\pi}F^2(\theta,\varphi)=\frac{\lambda^2 G}{4\pi}F^2(\theta,\varphi) \tag{2.9.30}$$

当 $F^2(\theta,\varphi)=1$，$\eta_r=1$ 时，可得最大有效口径为

$$A_{em}=\frac{\lambda^2 D}{4\pi} \tag{2.9.31}$$

例如，电基本振子的方向系数 $D=1.5$，则最大有效口径 $A_{em}\approx 0.119\lambda^2$。

2.9.4 匹配效率

当来波极化与天线极化不匹配，或负载与天线的输入阻抗不匹配时，实际的接收功率将减小，相应的有效口径将下降。常用极化匹配因子 η_p 和阻抗匹配因子 η_z 来对这两种失配进行度量。

1. 极化匹配因子

如图 2.9.4 所示，来波为一线极化波，其电场的取向为沿虚线所示的方向；接收天线为一线天线，其振子的取向为图中的实线所示，此方向也为线天线的极化方向。由感应电动势法对天线接收的电动势进行分析可知，当接收天线的极化方向与来波的极化方向相同时，接收天线上可感应出最大的感应电动势，因而可从来波中吸取最大能量，如图 2.9.4(a)所示。当接收天线的极化方向与来波的极化方向正交时，不能接收到能量，如图 2.9.4(c)所示。

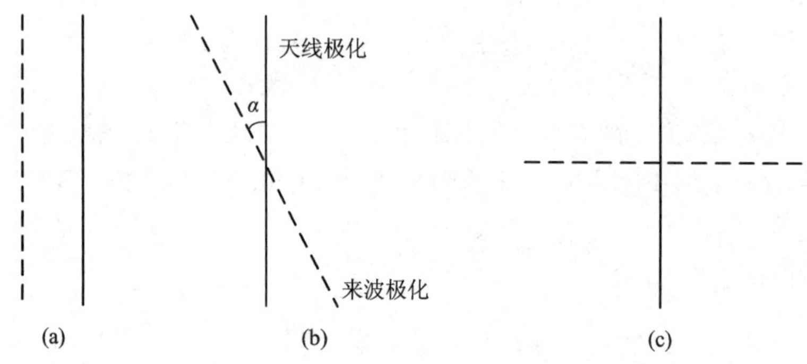

图 2.9.4　线极化天线与来波的极化关系

如图 2.9.4(b)所示，若来波极化方向与线天线极化方向的夹角为 α，则来波电场在天线振子轴线方向上的分量为 $E_p=E\cos\alpha$，极化匹配因子等于天线在极化不匹配情况下接收到的功率与天线极化匹配时收到的功率的比值，在此情况下 $\eta_p=\cos^2\alpha$。

对于圆极化天线，同样有极化匹配的问题，圆极化天线只能接收与其本身旋向一致的圆极化波，对于相反旋向的圆极化波，其极化匹配因子为 0。线极化天线可以接收圆极化

波，但只能接收其中与天线极化方向平行的极化分量，其极化匹配因子为 1/2；圆极化天线可接收线极化波，其极化匹配因子为 1/2。同样，线极化天线接收椭圆极化波时，可接收与其极化方向一致的分量。椭圆极化波可分解为两旋向相反的圆极化分量的叠加，圆极化天线可接收与其旋向一致的圆极化分量。

2. 阻抗匹配因子

阻抗匹配因子用 e_z 表示，定义为天线输入(输出)端阻抗失配时传输的能量与阻抗匹配时传输的能量的比值。可见，天线的阻抗匹配因子即为其阻抗匹配效率(用于描述天线的阻抗匹配情况)，也表示天线的功率传输系数大小。根据传输线理论，阻抗匹配因子 η_z 的计算公式为

$$\eta_z = 1 - |\Gamma|^2 = 1 - \left|\frac{Z_{in} - Z_0}{Z_{in} + Z_0}\right|^2 = 1 - \frac{\text{VSWR} - 1}{\text{VSWR} + 1} \tag{2.9.32}$$

式中，Γ 为电压反射系数，Z_{in} 为天线的输入阻抗，Z_0 为传输线的特性阻抗。当 Z_{in} 与 Z_0 完全匹配时，有 $\eta_z = 1$。

在失配条件下，接收天线的有效口径为

$$A_e = \eta_p \eta_z A_{em} \tag{2.9.33}$$

2.10　功率传输方程

如图 2.10.1 所示，下面来研究收发链路的功率关系。图中发射天线和接收天线相距为 r，发射天线输入功率为 P_t，辐射功率为 P_r，方向系数为 D_r，最大辐射方向指向接收天线；接收天线方向系数为 D_R，最大有效口径为 A_{emR}。发射天线在接收天线处产生的功率密度为

$$S_i = \frac{P_r D_r}{4\pi r^2} \tag{2.10.1}$$

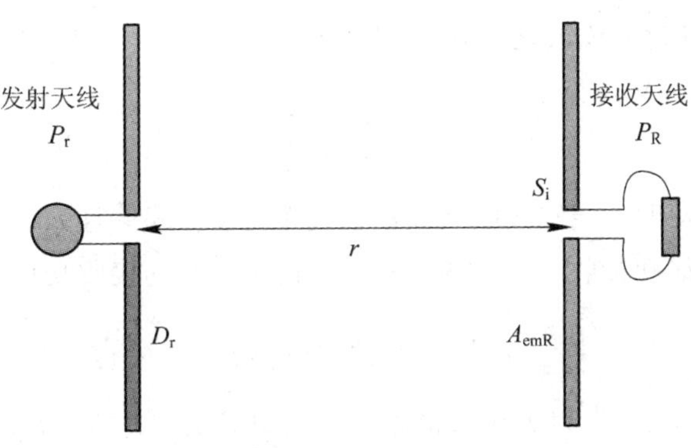

图 2.10.1　收发链路

接收天线最大接收功率为

$$P_{Rm} = A_{emR} S_i = \frac{\lambda^2 D_R}{4\pi} \frac{P_r D_r}{4\pi r^2} = \left(\frac{\lambda}{4\pi r}\right)^2 P_r D_r D_R \tag{2.10.2}$$

计入天线损耗，接收功率为

$$P_R=\left(\frac{\lambda}{4\pi r}\right)^2 P_t G_R G_r \tag{2.10.3}$$

式(2.10.3)称为弗里斯(Friis)传输方程。式(2.10.3)成立的条件为：① 收、发天线最大辐射方向对准；② 收、发天线极化匹配；③ 收、发天线与传输线阻抗匹配。如上述任一条件不满足，则需要考虑由极化失配、阻抗失配或天线未对准引起的损失。

下面分三种情况进行讨论，如图 2.10.2 所示。

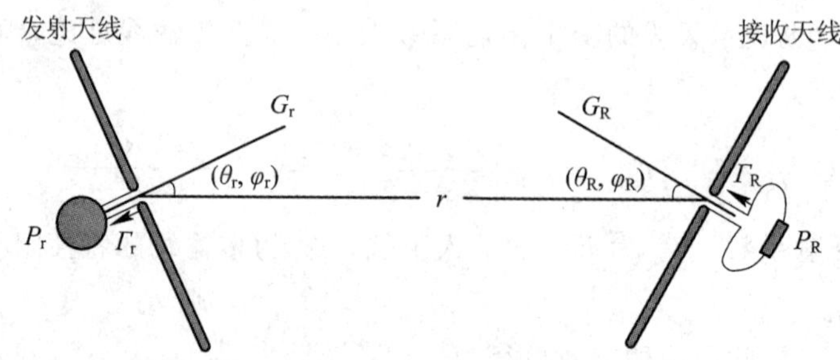

图 2.10.2　一般的传输线路

情况 1　当收、发天线最大方向没有对准时：

若(θ_r,φ_r)、(θ_R,φ_R)分别为发射、接收天线的最大接收方向与收、发天线连线的夹角，则在连线方向，发射天线和接收天线的增益分别为

$$G_r(\theta_r,\varphi_r)=G_r F_r^2(\theta_r,\varphi_r) \tag{2.10.4a}$$

$$G_R(\theta_R,\varphi_R)=G_R F_R^2(\theta_R,\varphi_R) \tag{2.10.4b}$$

则传输方程为

$$P_R=\left(\frac{\lambda}{4\pi r}\right)^2 P_t G_R G_r F_R^2(\theta_R,\varphi_R) F_r^2(\theta_r,\varphi_r) \tag{2.10.5}$$

情况 2　当极化不匹配时：

当入射波极化(发射天线极化)和接收天线极化从完全失配变为完全匹配时，极化匹配因子 η_p 从 0 变到 1，定义式如下：

$$\eta_p=|\hat{\boldsymbol{e}}_r \cdot \hat{\boldsymbol{e}}_R^*|^2 \tag{2.10.6}$$

其中，$\hat{\boldsymbol{e}}_r$、$\hat{\boldsymbol{e}}_R$ 分别为发射天线和接收天线的极化单位复矢量，且 $\hat{\boldsymbol{e}}_r$、$\hat{\boldsymbol{e}}_R$ 极化参考方向取同一方向。考虑发射天线和接收天线的极化失配，接收天线的接收功率为

$$P_R=\left(\frac{\lambda}{4\pi r}\right)^2 P_t G_R G_r F_R^2(\theta_R,\varphi_R) F_r^2(\theta_r,\varphi_r)\eta_p \tag{2.10.7}$$

例如：参考方向为 $\hat{z}$，发射天线与接收天线的电场矢量位于 xOy 面内，即 $\hat{\boldsymbol{e}}_r$ 与 $\hat{\boldsymbol{e}}_R$ 均在 xOy 面上，极化可表示为

$$\hat{\boldsymbol{e}}_r=\hat{\boldsymbol{x}}\cos\gamma+\hat{\boldsymbol{y}}\sin\gamma e^{j\delta} \tag{2.10.8a}$$

$$\hat{\boldsymbol{e}}_R=\hat{\boldsymbol{x}}\cos\gamma_R+\hat{\boldsymbol{y}}\sin\gamma_R e^{j\delta_R} \tag{2.10.8b}$$

假如，接收天线为 $\hat{\boldsymbol{x}}$ 方向的线极化，极化的单位复矢量

$$\hat{\boldsymbol{e}}_R=\hat{\boldsymbol{x}}\qquad(\gamma_R=0)\tag{2.10.9}$$

(1) 若入射波(发射天线)为线极化波，即

$$\hat{\boldsymbol{e}}_r=\hat{\boldsymbol{x}}\cos\gamma+\hat{\boldsymbol{y}}\sin\gamma\tag{2.10.10}$$

则极化匹配因子为

$$\eta_p=|(\hat{\boldsymbol{x}}\cos\gamma+\hat{\boldsymbol{y}}\sin\gamma)\cdot\hat{\boldsymbol{x}}^*|^2=\cos^2\gamma\tag{2.10.11}$$

当 $\gamma=0°$时，$\hat{\boldsymbol{e}}_r=\hat{\boldsymbol{x}}$，$\eta_p=1$，极化匹配；当 $\gamma=90°$时，$\hat{\boldsymbol{e}}_r=\hat{\boldsymbol{y}}$，$\eta_p=0$，极化正交。

(2) 若入射波为左旋圆极化波，即

$$\hat{\boldsymbol{e}}_r=\frac{\hat{\boldsymbol{x}}+\mathrm{j}\hat{\boldsymbol{y}}}{\sqrt{2}}\tag{2.10.12}$$

则极化匹配因子为

$$\eta_p=\left|\frac{1}{\sqrt{2}}(\hat{\boldsymbol{x}}+\mathrm{j}\hat{\boldsymbol{y}})\cdot\hat{\boldsymbol{x}}^*\right|^2=\frac{1}{2}\tag{2.10.13}$$

用线极化天线接收圆极化波时，极化不匹配，会使接收功率损失一半。同样，用圆极化天线接收线极化波时，极化不匹配，也会使接收功率损失一半。除此之外，当发射天线和接收天线均为相同旋向的圆极化天线时，极化匹配；当发射天线和接收天线为相反旋向的圆极化天线时，极化失配。

情况 3　当阻抗不匹配时：

当接收天线和馈线的阻抗失配时，也会引起功率损失。天线的阻抗匹配因子 η_z 表示为

$$\eta_z=1-|\Gamma|^2\tag{2.10.14}$$

其中，电压反射系数 Γ 可由电压驻波比计算得出，即

$$|\Gamma|=\frac{\mathrm{VSWR}-1}{\mathrm{VSWR}+1}\tag{2.10.15}$$

将阻抗匹配因子取分贝，也称反射损耗。再考虑阻抗失配，接收天线的接收功率为

$$P_R=\left(\frac{\lambda}{4\pi r}\right)^2P_tG_RG_rF_R^2(\theta_R,\varphi_R)F_r^2(\theta_r,\varphi_r)\eta_p\eta_z\tag{2.10.16}$$

第3章 天线阵的分析与综合

单个天线的辐射方向图较宽，方向性弱，增益低。为了增强方向性，可对单个天线按照一定的规则进行排阵，称为天线阵。组成天线阵的天线称为阵列单元，相邻阵元间的距离称为阵列间距。按照阵列单元的排列方式，天线阵可分为线阵、面阵和立体阵，其中线阵是最基本的形式。大多数情况下，天线阵采用相同形式的辐射单元，辐射单元可以是任何形式的天线，例如对称振子、缝隙、微带、螺旋和喇叭天线等。

天线阵的辐射场等于各单元辐射场的矢量叠加，为了得到强方向性，必须使各单元的辐射场在期望的方向上同相叠加。天线阵的方向图取决于组成阵列的阵列单元类型、指向、空间位置以及幅相分布。本章讨论阵列单元为相同单元(或称相似元)时天线阵的方向性理论。相似元指单元的天线形式、尺寸和放置姿态均相同。相似元阵列中，阵元的方向函数相同，阵因子取决于阵列单元的空间相对位置和激励幅相分布。天线阵的方向性理论包含两个方面：一是已知阵元的排列方式、阵元数量、间距和阵元电流(幅度和相位)分布，分析天线阵的方向性，称为天线阵的方向性分析；二是根据预定的天线阵方向图，寻求能形成该方向图的天线阵参数，如单元数目、间距和单元电流分布等，称为天线阵的方向性综合。

本章首先讲述相似元阵列的方向图乘积定理，通过二元阵说明阵元位置、阵元激励幅度和相位的变化对方向图的影响，继而讲述均匀直线阵和两种低副瓣窄波束的方向图综合方法，最后讲述矩形平面阵、圆阵和线源的辐射特性，并对理想无限大导电地面上天线的辐射特性与阻抗特性进行分析。

3.1 阵列天线的方向图

辐射场的叠加原理是阵列天线方向图分析的基础，即天线阵在场点处的辐射场为组成阵列的阵列单元在该场点处的辐射场矢量的叠加。本节将基于场的叠加原理分析相似元阵列的方向图，推导出方向图乘积定理，并以典型的二元阵为例，说明阵元位置、阵元激励幅度和相位变化对阵列方向图的影响。

3.1.1 方向图乘积定理

考虑图3.1.1所示的由 N 个相似元组成的天线阵，第 n 个单元的相位中心的位置矢量为 $\boldsymbol{r}_n'(x_n', y_n', z_n')$，激励电流为 $\boldsymbol{I}_n$，且 $\boldsymbol{I}_n=|\boldsymbol{I}_n|\mathrm{e}^{\mathrm{j}\varphi_n}\hat{\boldsymbol{I}}_n$(即包括激励电流的幅度 $|\boldsymbol{I}_n|$ 和相位 φ_n)。由于辐射场强与激励电流呈正比，因此在场点 $P(r,\theta,\varphi)$处，第 n 个单元的辐射

场强幅度为

$$E_n = CI_n \frac{e^{-jkR_n}}{4\pi R_n} f_e(\theta,\varphi) \tag{3.1.1}$$

式中，C 为与单元形式有关的比例系数，R_n 为第 n 个单元到场点 $P(r,\theta,\varphi)$ 的距离，$f_e(\theta,\varphi)$ 为阵列单元的方向函数。对远场距离 R_n 的近似，包括对分母幅度项和分子相位项的近似，在幅度项中有

$$\frac{1}{R_n} \approx \frac{1}{r} \tag{3.1.2a}$$

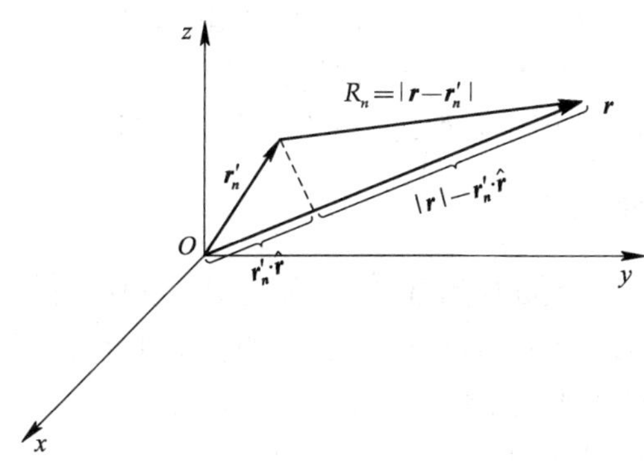

图 3.1.1　N 元天线阵

在相位项中有

$$\begin{aligned} R_n &= |\boldsymbol{r} - \boldsymbol{r}_n'| \approx r - \boldsymbol{r}_n' \cdot \hat{\boldsymbol{r}} \\ &= r - (\hat{\boldsymbol{x}}\, x_n' + \hat{\boldsymbol{y}}\, y_n' + \hat{\boldsymbol{z}}\, z_n') \cdot (\hat{\boldsymbol{x}} \sin\theta\cos\varphi + \hat{\boldsymbol{y}} \sin\theta\sin\varphi + \hat{\boldsymbol{z}} \cos\theta) \\ &= r - (x_n'\sin\theta\cos\varphi + y_n'\sin\theta\sin\varphi + z_n'\cos\theta) \end{aligned} \tag{3.1.2b}$$

将式(3.1.2a)和式(3.1.2b)代入式(3.1.1)得

$$E_n = C\frac{e^{-jkr}}{4\pi r} f_e(\theta,\varphi) I_n \exp\left[jk(x_n'\sin\theta\cos\varphi + y_n'\sin\theta\sin\varphi + z_n'\cos\theta)\right] \tag{3.1.3}$$

式(3.1.3)中的最后一个因子表示由于单元的空间位置和观察点位置而产生的相对相位。由叠加原理，天线阵在观察点产生的总场等于各单元在观察点辐射场的矢量和。若阵列单元产生的辐射场方向相同，则天线阵总场为

$$E = \sum_{n=0}^{N-1} E_n = C\frac{e^{-jkr}}{4\pi r} f_e(\theta,\varphi) \sum_{n=0}^{N-1} I_n \exp\left[jk(x_n'\sin\theta\cos\varphi + y_n'\sin\theta\sin\varphi + z_n'\cos\theta)\right] \tag{3.1.4}$$

去掉与方向无关的常数，则天线阵的方向函数为

$$f(\theta,\varphi) = f_e(\theta,\varphi)\left|\sum_{n=0}^{N-1} I_n \exp\left[jk(x_n'\sin\theta\cos\varphi + y_n'\sin\theta\sin\varphi + z_n'\cos\theta)\right]\right| \tag{3.1.5}$$

令

$$f_a(\theta,\varphi) = \sum_{n=0}^{N-1} I_n \exp\left[jk(x_n'\sin\theta\cos\varphi + y_n'\sin\theta\sin\varphi + z_n'\cos\theta)\right] \tag{3.1.6}$$

式中，$f_a(\theta,\varphi)$ 称为阵列天线的阵因子，阵因子取决于阵列排列方式与单元激励电流的相对幅度和相位分布。为了方便书写，式(3.1.6)等号右边略去了绝对值符号(下同)，则阵列

天线的场强幅度方向函数 $f(\theta,\varphi)$ 可写为

$$f(\theta,\varphi)=f_{e}(\theta,\varphi)\cdot f_{a}(\theta,\varphi) \tag{3.1.7}$$

阵列天线的方向图等于单元因子与阵因子的乘积，称为方向图乘积定理。其中，阵列单元因子 $f_{e}(\theta,\varphi)$ 仅取决于单元的形式和取向，它等于单元位于坐标原点时的归一化方向图。若阵元为理想点源，则

$$f_{e}(\theta,\varphi)=1 \tag{3.1.8}$$

这时式(3.1.7)变为

$$f(\theta,\varphi)=f_{a}(\theta,\varphi) \tag{3.1.9}$$

即当阵元为理想点源时，阵因子就是天线阵的方向函数，它等于与实际天线阵具有相同排列、相同激励电流(包括幅度和相位)的各向同性点源阵的方向图。在大多数应用中，单元的方向图较宽，天线阵的方向图主要取决于阵因子。下面讨论典型常用天线阵的阵因子。

3.1.2 二元阵的方向图

二元阵结构简单，又具有实际应用意义，例如无限大导体平面对天线的影响可用二元阵进行分析。下面以最简单的二元阵为例说明阵列间距、阵列激励电流对方向图的影响。

(1) 图 3.1.2(a)所示为理想点源组成的二元阵，间距 $d=\lambda/2$ 的等幅同相二元阵沿 z 轴排列，坐标原点在阵列的几何中心，其方向函数为

$$f_{a}(\theta,\varphi)=1+\mathrm{e}^{\mathrm{j}kd\cos\theta}=\mathrm{e}^{\mathrm{j}\frac{kd}{2}\cos\theta}2\cos\left(\frac{kd}{2}\cos\theta\right) \tag{3.1.10}$$

由于 $d=\lambda/2$，因此归一化阵因子为

$$F_{a}(\theta)=\cos\left(\frac{\pi}{2}\cos\theta\right) \tag{3.1.11}$$

极坐标方向图如图 3.1.2(b)所示，当 $\theta=\pi/2$ 时，两点源辐射场无波程差，电流等幅同相，两点源辐射场等幅同相叠加(最大)；当 $\theta=0$ 时，波程差为 $\lambda/2$，波程差造成的场的相位差为 180°，两点源的辐射场等幅反相叠加，完全抵消，总场为零。

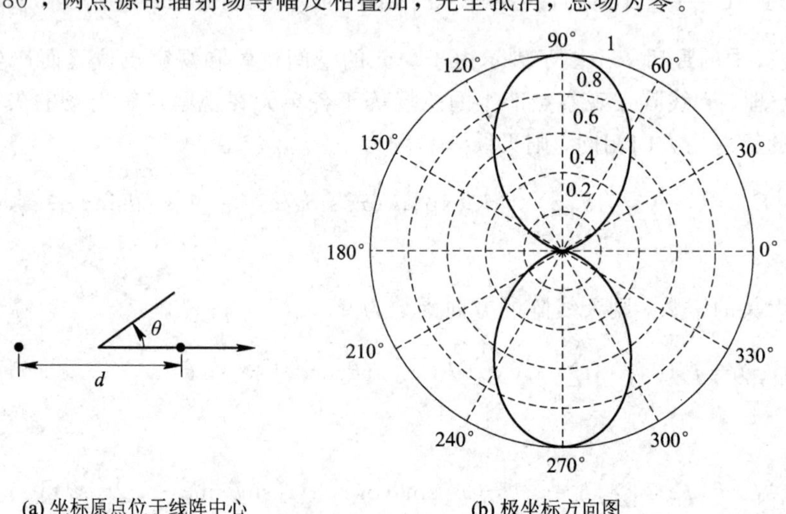

(a) 坐标原点位于线阵中心　　(b) 极坐标方向图

图 3.1.2　等幅同相二元阵($d=\lambda/2$)

(2) 若二元阵间距 $d=\lambda$，等幅同相激励，则归一化阵因子为

$$F_a(\theta)=\cos(\pi\cos\theta) \tag{3.1.12}$$

极坐标方向图如图 3.1.3 所示，当 $\theta=\pi/2$ 时，两点源无波程差，电流等幅同相，辐射场同相叠加；当 $\theta=0$ 时，由于间距为 λ，故辐射场仍然等幅同相叠加；任意方向时，两点源的波程差为 $\lambda\cos\theta$，当 $\theta=\pi/3$ 或 $2\pi/3$ 时，两点源波程差为 $\lambda/2$，辐射场等幅反相叠加。由图 3.1.3 可以看出，仅间距的变化就可以改变阵列方向图。同时还可以看出，当间距增加时，方向图波瓣增多。

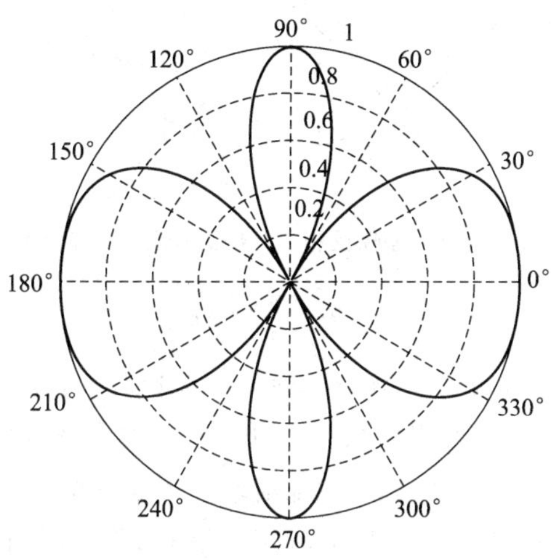

图 3.1.3　等幅同相二元阵方向图($d=\lambda$)

(3) 若间距 $d=\lambda/2$，等幅反相激励(右源相位滞后左源 π)，则阵因子为

$$f_a(\theta,\varphi)=-\mathrm{e}^{-\mathrm{j}\frac{kd}{2}\cos\theta}+\mathrm{e}^{\mathrm{j}\frac{kd}{2}\cos\theta}=2\mathrm{j}\sin\left(\frac{kd}{2}\cos\theta\right) \tag{3.1.13}$$

归一化阵因子为

$$F_a(\theta)=\sin\left(\frac{\pi}{2}\cos\theta\right) \tag{3.1.14}$$

极坐标方向图如图 3.1.4 所示，当 $\theta=\pi/2$ 时，两点源无波程差，但电流等幅反相，总辐射场为零；当 $\theta=0$ 时，左源相对于右源，波程滞后 $\lambda/2$(波程差引起的相位差为 $-\pi$)，电流相位超前 π，两点源的辐射场变成了等幅同相叠加；当 $\theta=\pi$ 时，左源相对于右源，波程超前 $\lambda/2$，但电流相位超前 π，两点源的辐射场同样变成了等幅同相叠加。与等幅同相二元阵相比，最大辐射方向与零辐射方向互换，同时说明了仅改变相位分布就可改变阵列方向图。

(4) 若等幅二元阵的间距 $d=\lambda/4$，相位差为 $\pi/2$(右源相位滞后左源 $\pi/2$)，则阵因子为

$$f_a(\theta)=\mathrm{e}^{-\mathrm{j}\frac{kd}{2}\cos\theta}+\mathrm{e}^{-\mathrm{j}\frac{\pi}{2}}\mathrm{e}^{\mathrm{j}\frac{kd}{2}\cos\theta}=\mathrm{e}^{-\mathrm{j}\frac{\pi}{4}}2\cos\left(\frac{kd}{2}\cos\theta-\frac{\pi}{4}\right) \tag{3.1.15}$$

归一化阵因子为

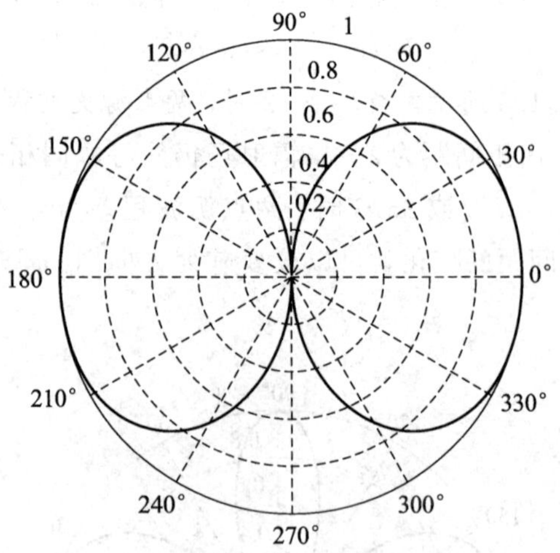

图 3.1.4　等幅反相二元阵方向图($d=\lambda/2$)

$$F_a(\theta)=\cos\left[\frac{\pi}{4}(\cos\theta-1)\right] \tag{3.1.16}$$

极坐标方向图如图 3.1.5 所示，当 $\theta=0$ 时，左源相对于右源，波程滞后 $\lambda/4$(相位差为 $-\pi/2$)，电流相位超前 $\pi/2$，远场相位相同，两点源的远场等幅同相叠加；当 $\theta=\pi/2$ 时，两点源无波程差，但电流相位相差 $\pi/2$，总辐射场的幅度是单个源辐射场的$\sqrt{2}$倍；当 $\theta=\pi$ 时，左源相对于右源，波程超前 $\lambda/2$，且电流相位超前 $\pi/2$，因而两点源的远场相互抵消。图 3.1.5 说明了间距和相位变化后阵列方向图的变化。

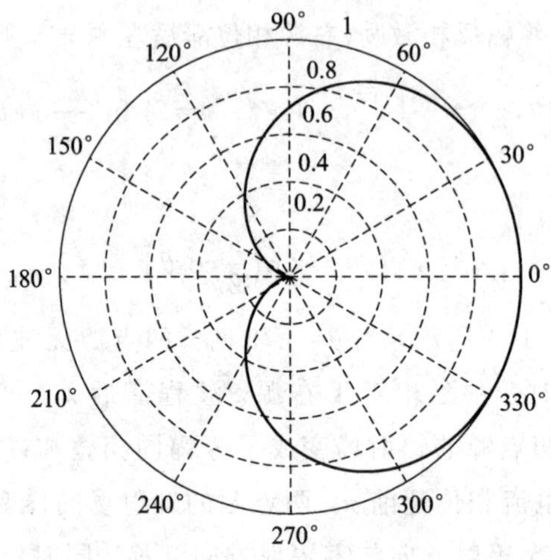

图 3.1.5　等幅二元阵极坐标方向图($d=\lambda/4$，相位差为 $\pi/2$)

(5) 若间距 $d=\lambda/2$，电流幅度比为 2∶1，则同相二元阵的阵因子为

$$f_a=1+\frac{1}{2}e^{jkd\cos\theta} \tag{3.1.17}$$

极坐标方向图如图 3.1.6 所示，当 $\theta=\pi/2$ 时，两点源无波程差，辐射场同相叠加，为二元阵最大辐射方向；当 $\theta=0$ 时，两点源波程相差 $\lambda/2$，辐射场反相叠加，但右源的电流

幅度仅是左源的一半，总辐射场幅度为单个源辐射场的一半，形成最小辐射方向。其他辐射方向场的叠加介于同相与反相之间。

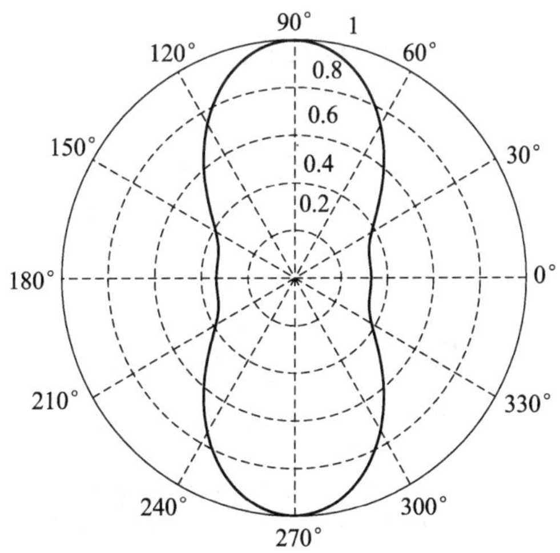

图 3.1.6　二元阵极坐标方向图($d=\lambda/2$，电流幅度比为 2∶1)

(6) 若单元间距为 d，电流比为 $1:m^{j\alpha}$，则

$$f_a=1+m\mathrm{e}^{j\alpha}\mathrm{e}^{jkd\cos\theta} \tag{3.1.18}$$

以上二元阵的单元形式均为点源，由不同的组阵情况，说明了天线阵的方向性(阵因子)与单元间距 d、馈电幅度和相位有关。下面分析单元因子为半波对称振子的情况。

(7) 间距 $d=\lambda/4$、相位差为 $\pi/2$(上面单元相位滞后)的等幅二元半波对称振子阵如图 3.1.7 所示，其中两半波对称振子沿 x 轴取向，沿 z 轴排阵。

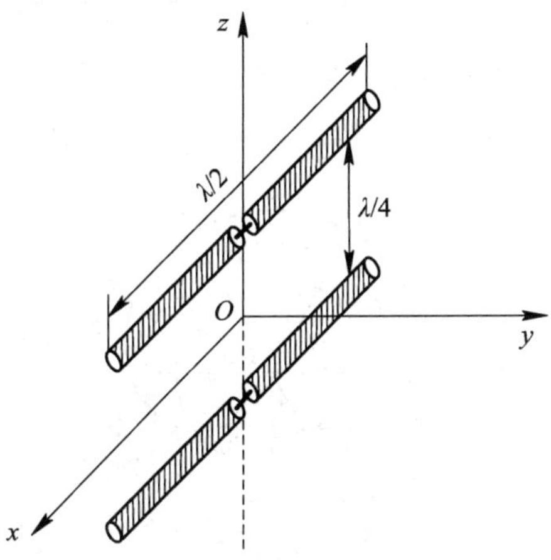

图 3.1.7　间距 $d=\lambda/4$、相位差为 $\pi/2$ 的等幅二元半波对称振子阵

两半波对称振子沿 x 轴取向，其单元因子为

$$F_e(\theta,\varphi)=\frac{\cos\left(\dfrac{\pi}{2}\cos\theta_x\right)}{\sin\theta_x} \tag{3.1.19}$$

其中，θ_x 为半波振子轴线与天线到场点的射线间的夹角，且

$$\cos\theta_x = \hat{\boldsymbol{r}} \cdot \hat{\boldsymbol{x}} = [(\sin\theta\cos\varphi)\hat{\boldsymbol{x}} + (\sin\theta\sin\varphi)\hat{\boldsymbol{y}} + (\cos\varphi)\hat{\boldsymbol{z}}] \cdot \hat{\boldsymbol{x}} = \sin\theta\cos\varphi \tag{3.1.20}$$

式中，$\hat{\boldsymbol{r}}$、$\hat{\boldsymbol{x}}$、$\hat{\boldsymbol{y}}$、$\hat{\boldsymbol{z}}$ 分别为 $\boldsymbol{r}$、$\boldsymbol{x}$、$\boldsymbol{y}$、$\boldsymbol{z}$ 的单位矢量。

将式(3.1.20)代入式(3.1.19)，可得

$$F_{\mathrm{e}}(\theta,\varphi) = \frac{\cos\left(\dfrac{\pi}{2}\cos\theta_x\right)}{\sin\theta_x} = \frac{\cos\left(\dfrac{\pi}{2}\sin\theta\cos\varphi\right)}{\sqrt{1-\sin^2\theta\cos^2\varphi}} \tag{3.1.21}$$

两振子单元沿 z 轴排阵，其归一化阵因子为

$$F_{\mathrm{a}}(\theta) = \cos\left(\frac{\pi}{4}\cos\theta - \frac{\pi}{4}\right) \tag{3.1.22}$$

应用方向图乘积定理，该二元阵的归一化方向函数为

$$F(\theta,\varphi) = F_{\mathrm{e}}(\theta,\varphi) \cdot F_{\mathrm{a}}(\theta) = \frac{\cos\left(\dfrac{\pi}{2}\sin\theta\cos\varphi\right)}{\sqrt{1-\sin^2\theta\cos^2\varphi}}\cos\left(\frac{\pi}{4}\cos\theta - \frac{\pi}{4}\right) \tag{3.1.23}$$

二元对称振子阵中，单元在 yOz 平面内为全向最大辐射，阵因子最大方向沿 z 轴方向，因此阵列最大值沿 z 轴方向。E 面为包含 z 轴和 x 轴的平面，即 xOz 平面；H 面为垂直于 E 面的平面，即 yOz 平面。E 面方向函数为

$$F_{\mathrm{E}}(\theta,\varphi) = F_{\mathrm{a}}(\theta,\varphi=0°) = \frac{\cos\left(\dfrac{\pi}{2}\sin\theta\right)}{\cos\theta}\cos\left(\frac{\pi}{4}\cos\theta - \frac{\pi}{4}\right) \tag{3.1.24}$$

H 面方向函数为

$$F_{\mathrm{H}}(\theta,\varphi) = F_{\mathrm{a}}(\theta,\varphi=90°) = \cos\left(\frac{\pi}{4}\cos\theta - \frac{\pi}{4}\right) \tag{3.1.25}$$

E 面与 H 面的方向图分别如图 3.1.8 和图 3.1.9 所示，其中 H 面方向图与阵因子方向图相同。

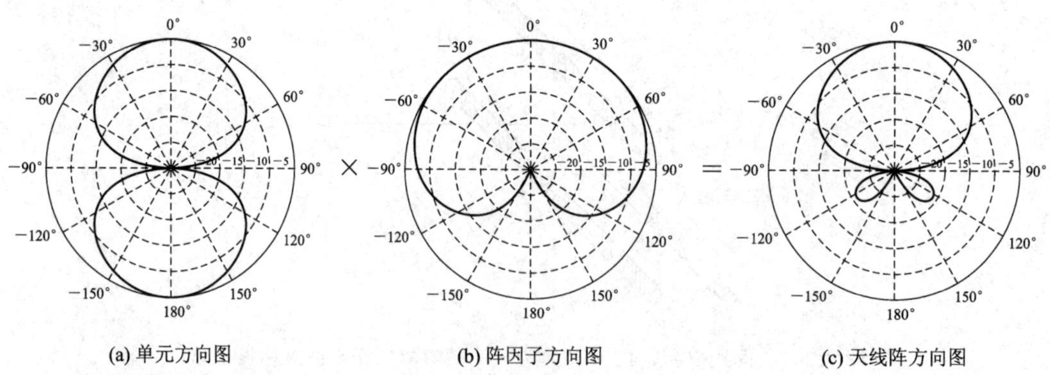

图 3.1.8　E 面方向图(xOz 平面)

本节通过二元阵说明在阵列天线中，单元形式、间距、激励电流的幅度和相位等组阵因素均对阵列方向图的形成产生影响。

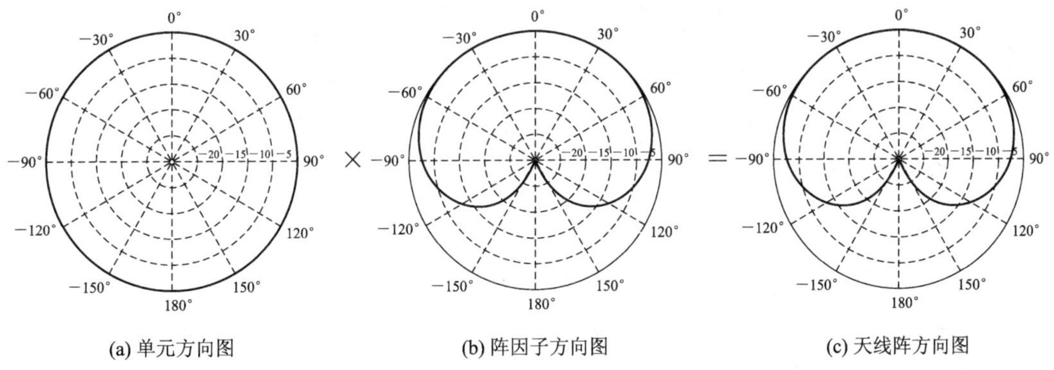

图 3.1.9　H 面方向图(yOz 平面)

3.2　均匀直线阵的阵因子和辐射特性

均匀直线阵是指单元间距相等、激励幅度相等以及相位线性分布的直线阵。图 3.2.1 中所示的 N 元点源直线阵沿 z 轴排列，单元间距为 d，单元激励幅度为 A_0，相邻单元间馈电相位差为 β(称为步进相位)，则第 n 个单元的激励电流可表示为 $I_n = A_0 \mathrm{e}^{\mathrm{j}(n-1)\beta}$。下面对均匀直线阵的阵因子和辐射特性进行分析。

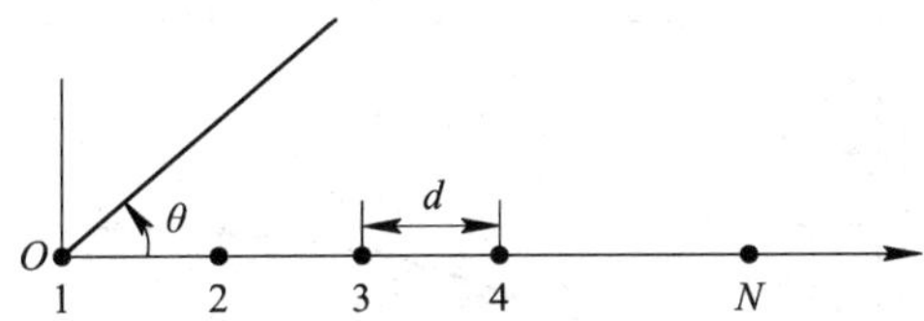

图 3.2.1　等间距点源直线阵

3.2.1　阵列阵因子

将 $z_n' = (n-1)d$ 及 $I_n = A_0 \mathrm{e}^{\mathrm{j}(n-1)\beta}$ 代入式(3.1.5)，得均匀直线阵的阵因子 $f_a(\theta)$ 为

$$f_a(\theta) = \sum_{n=1}^{N} I_n \mathrm{e}^{\mathrm{j}k(x_n'\sin\theta\cos\varphi + y_n'\sin\theta\sin\varphi + z_n'\cos\theta)} = \sum_{n=1}^{N} A_0 \mathrm{e}^{\mathrm{j}(n-1)(kd\cos\theta+\beta)} \tag{3.2.1}$$

引入变量 ψ，且 $\psi = kd\cos\theta + \beta$，表示相邻单元在场点处的相位差，则有

$$f_a(\psi) = \sum_{n=1}^{N} A_0 \mathrm{e}^{\mathrm{j}(n-1)\psi} \tag{3.2.2}$$

相邻单元在场点处的相位差 ψ 包括两项，分别为相邻单元的空间相位差 $kd\cos\theta$ 和馈电相位差 β。以 ψ 表示的阵因子 $f_a(\psi)$ 称为通用方向函数，它便于计算，且可方便地对阵列天线方向图进行分析。

应用等比数列求和公式 $S_N = \sum_{n=1}^{N} q^{n-1} = \dfrac{q^N - 1}{q - 1}$，可得

$$f_{\mathrm{a}}(\psi)=A_0\sum_{n=1}^{N}\mathrm{e}^{\mathrm{j}(n-1)\psi}=A_0\ \frac{1-\mathrm{e}^{\mathrm{j}N\psi}}{1-\mathrm{e}^{\mathrm{j}\psi}}=A_0\ \frac{\sin(N\psi/2)}{\sin(\psi/2)} \tag{3.2.3}$$

当 $\psi=2m\pi(m=0,\ \pm1,\ \pm2,\ \cdots)$时，应用罗必塔法则求得阵因子有最大值 f_{am}，即

$$f_{\mathrm{am}}=A_0N \tag{3.2.4}$$

则直线阵的归一化方向函数为

$$F_{\mathrm{a}}(\psi)=\frac{\sin(N\psi/2)}{N\sin(\psi/2)} \tag{3.2.5}$$

由式(3.2.5)可以看出，归一化阵因子 $F_{\mathrm{a}}(\psi)$是 ψ 的周期函数，其分子 $\sin(N\psi/2)$以 $4\pi/N$ 为周期，分母 $\sin(\psi/2)$以 4π 为周期，分子比分母变化快，分母变化一个周期则分子变化 N 个周期，故归一化方向函数 $F_{\mathrm{a}}(\psi)$以 2π 为周期，每个周期内有一个最大值为 1 的大瓣和 $N-2$ 个小瓣，大瓣包括主瓣和栅瓣，栅瓣为与主瓣大致相等的波瓣。大瓣的宽度是 $4\pi/N$，诸小瓣的宽度都是 $2\pi/N$。图 3.2.2 所示为八元均匀直线阵的阵因子，以下对 N 元均匀直线阵最大辐射方向、副瓣电平以及零功率波瓣宽度的分析也可以此为例进行说明。

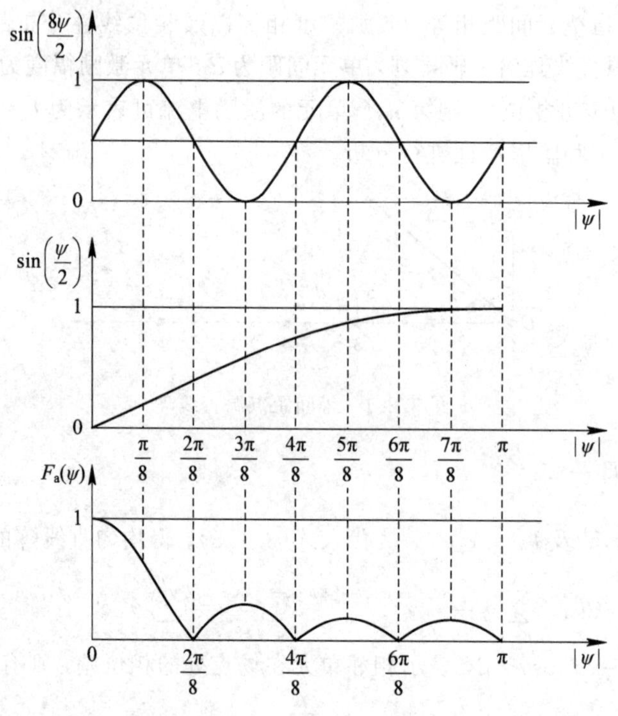

图 3.2.2 八元均匀直线阵的阵因子

在该八元点源阵列中，分子周期为 $\pi/2$，分母周期为 4π，则归一化方向函数 $F_{\mathrm{a}}(\psi)$以 2π 周期，主瓣宽度为 $\pi/2$，其余小瓣宽度为 $\pi/4$。

3.2.2 阵因子方向图的特性

均匀直线阵方向函数为 $\sin u/u$ 形式，图 3.2.3 绘出了 $N=4$，6，8，10 时均匀激励等

间距线阵阵因子的方向图，考察不同单元数目时阵列阵因子的变化，可以看出一些趋势：

(1) 当 N 增加时，主瓣变窄。

(2) 当 N 增加时，在 $F_a(\psi)$ 的一个周期中有更多的旁瓣。事实上，在一个周期中整个瓣数等于 $N-1$，包括 $N-2$ 个旁瓣和 1 个主瓣。

(3) 以 ψ 为变量的副瓣宽度为 $2\pi/N$，而大瓣(主瓣和栅瓣)宽度要加倍。

(4) 随着 N 增加，旁瓣峰值减小。当 $N=5$ 时，旁瓣电平为 -12 dB；当 $N=20$ 时，旁瓣电平为 -13 dB；当 N 继续增加时，旁瓣电平趋于 -13.5 dB。

(5) $F_a(\psi)$ 是关于 π 对称的。

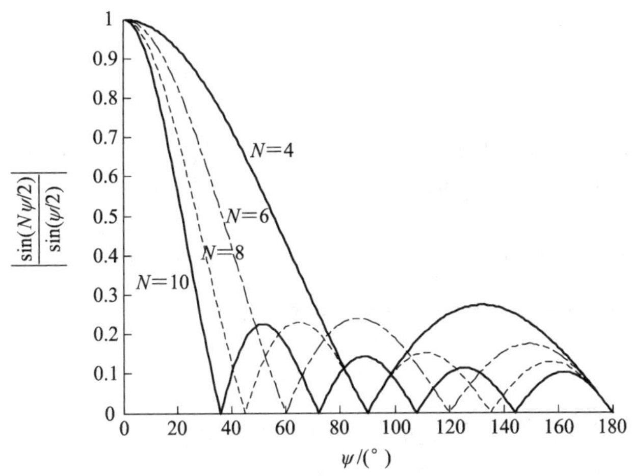

图 3.2.3　$N=4$，6，8，10 时均匀激励等间距线阵阵因子的方向图

3.2.3　阵因子分析

1. 最大辐射方向

在式(3.2.5)中，阵因子最大值发生在各单元同相叠加时，此时

$$\psi_m = kd\cos\theta_m + \beta = \pm m \cdot 2\pi \qquad m=0, 1, 2, \cdots \tag{3.2.6}$$

式(3.2.5)的分子分母均为零。因此，天线阵的最大辐射方向 θ_m 为

$$\theta_m = \arccos\left[\frac{1}{kd}(-\beta \pm 2m\pi)\right] \tag{3.2.7}$$

当 $m=0$ 时，$\psi=0$ 对应方向图主瓣；m 为其他值时对应方向图栅瓣。主瓣最大值方向 θ_0 为

$$\theta_0 = \arccos\left(-\frac{\beta}{kd}\right) \tag{3.2.8}$$

此时相邻单元在馈电电流上的相位差 $\beta=-kd\cos\theta_0$，这是为了在相对于阵元排列直线呈 θ_0 角的方向上，产生阵因子主瓣最大值所需的、相邻单元激励电流的相移。因此对一个均匀激励的等间距直线阵，如果要在 $\theta=\theta_0$ 方向有阵因子的最大值，则所需阵元电流为 $I_n = A_0 e^{-j(n-1)kd\cos\theta_0}$。对边射情况，$\theta_0=90°$，$\beta=0$。对端射情况，$\theta_0=0°$，$180°$；$\beta=-kd$，$kd$。

2. 半功率波瓣宽度

半功率波瓣宽度处的 ψ 值可由下式求出：

$$F_a(\psi)=\frac{\sin(N\psi/2)}{N\sin(\psi/2)}=\frac{1}{\sqrt{2}} \tag{3.2.9}$$

当线阵的单元数很多时，N 很大，天线阵的方向性很强，则在半功率波瓣宽度处的 ψ 值很小，因此 $\sin(\psi/2)\approx\psi/2$，将其代入式(3.2.9)中，可得

$$\frac{\sin(N\psi/2)}{N\sin(\psi/2)}\approx\frac{\sin(N\psi/2)}{N\psi/2}\approx\frac{1}{\sqrt{2}} \tag{3.2.10}$$

可计算上式的解为

$$\frac{N}{2}\psi=\frac{N}{2}(kd\cos\theta_{0.5}+\beta)\approx\pm 1.391 \tag{3.2.11}$$

可得半功率点 $\theta_{0.5}$ 的值为

$$\theta_{0.5}\approx\arccos\left[\frac{1}{kd}\left(-\beta\pm\frac{2.782}{N}\right)\right] \tag{3.2.12}$$

当 $F_a(\theta=0°)<0.707$ 且 $F_a(\theta=180°)<0.707$，即最大辐射方向不在 $\theta=0°$ 和 $\theta=180°$ 附近时，半功率波瓣宽度为

$$2\theta_{0.5}=\arccos\left(\cos\theta_0-0.443\frac{\lambda}{Nd}\right)-\arccos\left(\cos\theta_0+0.443\frac{\lambda}{Nd}\right) \tag{3.2.13}$$

当最大辐射方向在 $\theta=0°$ 附近时，半功率波瓣宽度为

$$2\theta_{0.5}=2\arccos\left(\cos\theta_0-0.443\frac{\lambda}{Nd}\right) \tag{3.2.14}$$

当最大辐射方向在 $\theta=180°$ 附近时，半功率波瓣宽度为

$$2\theta_{0.5}=2\left[\pi-\arccos\left(\cos\theta_0-0.443\frac{\lambda}{Nd}\right)\right] \tag{3.2.15}$$

可以看出，对于某个最大方向，阵列长度 Nd/λ 越大，其半功率波瓣宽度越小。

3. 零功率波瓣宽度

当式(3.2.5)中分子为零而分母不为零时，对应方向图的零点，分子为零时有

$$\frac{N\psi}{2}=\frac{N}{2}(kd\cos\theta_n+\beta)=\pm n\pi \qquad n=1,2,3,\cdots \tag{3.2.16}$$

若使分母不为零，则必须使 $n\neq N, 2N, 3N, \cdots$，由式(3.2.16)可得

$$\theta_n=\arccos\left[\frac{1}{kd}\left(-\beta\pm\frac{2n\pi}{N}\right)\right] \tag{3.2.17}$$

则零功率波瓣宽度为主瓣两侧的零点方向之间的夹角。主瓣的第一对零点发生在 $N\psi/2=\pm\pi$ 时，并有 $\psi_{NP}=\pm 2\pi/N$。

4. 副瓣电平

当天线阵的单元数目很多，N 很大时，$\sin(N\psi/2)$ 随 ψ 变化的速度远大于 $\sin(\psi/2)$ 随 ψ 变化的速度，副瓣最大值近似发生在方向图的分子为最大值时，即

$$\frac{N\psi}{2}=\frac{N}{2}(kd\cos\theta_s+\beta)=\pm(2s+1)\frac{\pi}{2} \qquad s=1,2,3,\cdots$$

可得

$$\theta_s=\arccos\left[\frac{1}{kd}\left(-\beta\pm\frac{2s+1}{N}\pi\right)\right] \qquad s=1,2,3,\cdots \tag{3.2.18}$$

式(3.2.18)的第一副瓣最大值发生在 $s=1$ 时，有

$$\frac{N\psi}{2}=\frac{N}{2}(kd\cos\theta_s+\beta)=\pm\frac{3\pi}{2} \tag{3.2.19}$$

当 N 很大时，$\sin(\psi/2)\approx(\psi/2)$，则第一副瓣电平为

$$\text{SLL}_1=\left|\frac{\sin\frac{3\pi}{2}}{N\sin\frac{3\pi}{2N}}\right|\approx\frac{1}{N\cdot\frac{3\pi}{2N}}\approx 0.212\approx -13.5\ \text{dB} \tag{3.2.20}$$

5. 方向系数

根据方向系数的计算公式，在球坐标系中，沿 z 轴排列的直线阵方向函数与 φ 无关，则方向系数可简化为

$$D=\frac{2}{\int_0^{\pi}|F_a(\theta)|^2\sin\theta\mathrm{d}\theta} \tag{3.2.21}$$

其中：

$$|F_a(\theta)|=\frac{1}{f_{am}}\left|\sum_{n=1}^{N}\mathrm{e}^{\mathrm{j}(n-1)\psi}\right|$$

$$|F_a(\theta)|^2=\frac{1}{f_{am}^2}\left[\sum_{n=1}^{N}\mathrm{e}^{\mathrm{j}(n-1)\psi}\right]\left[\sum_{n=1}^{N}\mathrm{e}^{\mathrm{j}(n-1)\psi}\right]=\frac{1}{f_{am}^2}\left[N+2\sum_{m=1}^{N-1}(N-m)\cos(m\psi)\right]$$

由 $\mathrm{d}\psi=-kd\sin\theta\mathrm{d}\theta$，可得式(3.2.21)分母中的积分为

$$\begin{aligned}A&=\frac{1}{f_{am}^2kd}\int_{-kd+\beta}^{kd+\beta}\left[N+2\sum_{m=1}^{N-1}(N-m)\cos(m\psi)\right]\mathrm{d}\psi\\&=\frac{1}{f_{am}^2}\left[2N+4\sum_{m=1}^{N-1}\left(\frac{N-m}{mkd}\cdot\sin(mkd)\cos(m\beta)\right)\right]\end{aligned}$$

将其代入式(3.2.21)，可得均匀直线阵的方向系数为

$$D=\frac{f_{am}^2}{N+2\sum_{m=1}^{N-1}\left(\frac{N-m}{mkd}\cdot\sin(mkd)\cos(m\beta)\right)} \tag{3.2.22}$$

3.3 典型的均匀直线阵

通过适当地选择步进相位 β 和单元间距 d，可构成边射阵、普通端射阵、汉森-伍德沃德端射阵(强端射阵)和主瓣最大方向扫描的阵列。这些阵列是按照最大辐射方向特性不同进行分类的。

3.3.1 边射阵

边射阵为最大辐射方向垂直于阵列轴线的直线阵，即最大辐射方向 $\theta_0=90°$。在最大辐射方向上，$\psi=0$，同相叠加，即

$$\psi=kd\cos\theta_0+\beta=0 \tag{3.3.1}$$

则有 $\beta=0$，即各单元激励电流的相位相同，为同相直线阵。在边射阵的最大辐射方向，各单元到观察点没有波程差，阵列单元无相位差。

1. 阵因子

由步进相位 $\beta=0$，可得 $\psi=kd\cos\theta$，则边射阵的归一化阵因子为

$$F_a(\psi)=\frac{\sin\frac{N\psi}{2}}{N\sin\frac{\psi}{2}}=\frac{\sin\left(\frac{N}{2}kd\cos\theta\right)}{N\sin\left(\frac{1}{2}kd\cos\theta\right)} \tag{3.3.2}$$

2. 半功率波瓣宽度

半功率点 θ_{HP} 满足的方程为

$$\frac{N\psi}{2}=\frac{N}{2}kd\cos\theta_{HP}\approx\pm1.391 \tag{3.3.3}$$

令 θ' 表示从坐标原点到观察点的射线与线阵法线之间的夹角，则有 $\theta+\theta'=90°$，则式(3.3.3)可写为

$$\frac{N\psi}{2}=\frac{N}{2}kd\sin\theta'_{HP}\approx\pm1.391 \tag{3.3.4}$$

由式(3.3.4)可得

$$\sin\theta'_{HP}\approx\pm0.443\frac{\lambda}{Nd} \tag{3.3.5}$$

对于长阵，$Nd\gg\lambda$，主瓣很窄，则 θ'_{HP} 很小，因此有 $\sin\theta'_{HP}\approx\theta'_{HP}$，代入式(3.3.5)可得

$$\theta'_{HP}\approx\pm0.443\frac{\lambda}{Nd}\ (\text{rad}) \tag{3.3.6}$$

则半功率波瓣宽度为

$$2\theta_{HP}\approx2\arcsin\left(0.443\frac{\lambda}{Nd}\right)\approx0.886\frac{\lambda}{Nd}(\text{rad})\approx51°\frac{\lambda}{Nd} \tag{3.3.7}$$

3. 零功率波瓣宽度

与上面类似，可求出零功率波瓣宽度的近似公式为

$$2\theta_{NP}\approx2\arcsin\frac{\lambda}{Nd}\approx2\frac{\lambda}{Nd}(\text{rad})\approx114.6°\frac{\lambda}{Nd} \tag{3.3.8}$$

可见边射阵的主瓣宽度与阵的电长度呈反比。

4. 副瓣电平

在副瓣位置 $\psi=\frac{3\pi}{N}$ 处，出现边射阵的第一副瓣，$\theta_{S1}=\arccos\left(\frac{3}{2}\cdot\frac{\lambda}{Nd}\right)$，阵越长(或单元越多)，副瓣越靠近主瓣，第一副瓣电平为

$$\text{SLL}_1=\frac{1}{N\sin\left(\frac{3\pi}{2N}\right)}\approx-13.5\ \text{dB}$$

5. 方向系数

边射阵的方向系数可由下式求出：

$$D = 2\frac{L}{\lambda} \tag{3.3.9}$$

6. 示例

以八元边射阵为例，阵列间距 $d=\lambda/2$，阵列的归一化方向函数 $F_a(\theta)$、半功率波瓣宽度 HPBW、零功率波瓣宽度 NPBW、副瓣电平 SLL、方向系数 D 的计算分别如下：

$$F_a(\theta) = \frac{\sin\left(\frac{N}{2}kd\cos\theta\right)}{N\sin\left(\frac{1}{2}kd\cos\theta\right)} = \frac{\sin(2\pi\cos\theta)}{8\sin\left(\frac{\pi}{4}\cos\theta\right)}$$

$$\text{HPBW} \approx 2\arcsin\left(0.443\frac{\lambda}{Nd}\right) \approx 25.59^\circ$$

$$\text{NPBW} \approx 2\arcsin\frac{\lambda}{Nd} \approx 60^\circ$$

$$\text{SLL} = 20\lg\frac{1}{8\sin\frac{3\pi}{16}} \approx -12.95\ \text{dB}$$

$$D = 2\frac{L}{\lambda} = 8$$

图 3.3.1 所示为八元边射阵的阵因子方向图，阵列最大辐射方向为 $\theta_0=90^\circ$。

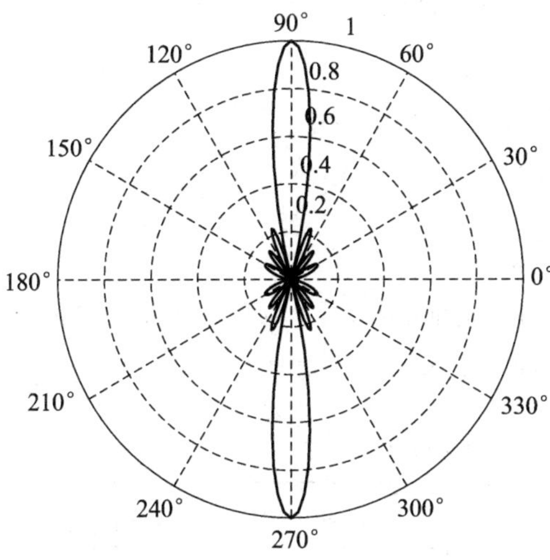

图 3.3.1　边射阵的阵因子方向图（$N=8$，$d=\lambda/2$）

3.3.2　普通端射阵

若阵列的最大辐射方向为沿线阵轴线方向，则这样的天线阵为普通端射阵。普通端射阵的最大辐射方向 $\theta_0=0^\circ$或 180°，则在最大辐射方向（同相叠加时）上有

$$\psi = kd\cos\theta_0 + \beta = \pm kd + \beta = 0 \tag{3.3.10}$$

普通端射阵中 $\beta=-kd\,(\theta_0=0^\circ)$或 $\beta=kd\,(\theta_0=180^\circ)$，阵列各单元激励电流的相位沿

最大辐射方向依次滞后 kd。

1. 阵因子

由于步进相位 $\beta=\mp kd$，故 $\psi=kd\cos\theta\mp kd$，可得端射阵的归一化方向函数为

$$F_a(\theta)=\frac{\sin\left[\frac{N}{2}kd(\cos\theta\mp 1)\right]}{N\sin\left[\frac{1}{2}kd(\cos\theta\mp 1)\right]} \tag{3.3.11}$$

2. 半功率波瓣宽度

普通端射阵的半功率波瓣宽度为

$$2\theta_{HP}\approx 4\arcsin\sqrt{0.222\frac{\lambda}{Nd}}\approx 4\sqrt{0.222\frac{\lambda}{Nd}}\approx 1.88\sqrt{\frac{\lambda}{L}}\quad (\text{rad})(\text{长阵}) \tag{3.3.12}$$

3. 零功率波瓣宽度

与上面类似，可求出普通端射阵的零功率波瓣宽度的近似公式为

$$2\theta_{NP}\approx 4\arcsin\sqrt{\frac{\lambda}{2Nd}}\approx 2\sqrt{\frac{2\lambda}{Nd}}\quad (\text{rad}) \tag{3.3.13}$$

4. 副瓣电平

对于长阵，普通端射阵的副瓣电平趋于−13.5 dB。

5. 方向系数

端射阵的方向系数可由下式近似求出：

$$D=4\frac{L}{\lambda}=4\frac{Nd}{\lambda} \tag{3.3.14}$$

6. 示例

以八元普通端射阵为例，阵列间距 $d=\lambda/4$，阵列的归一化方向函数 $F_a(\theta)$、半功率波瓣宽度 HPBW、零功率波瓣宽度 NPBW、副瓣电平 SLL、方向系数 D 的计算分别如下：

$$F_a(\theta)=\frac{\sin\left[\frac{N}{2}kd(\cos\theta-1)\right]}{N\sin\left[\frac{1}{2}kd(\cos\theta-1)\right]}=\frac{\sin[2\pi(\cos\theta-1)]}{8\sin\left[\frac{\pi}{4}(\cos\theta-1)\right]}$$

$$\text{HPBW}\approx 4\arcsin\sqrt{0.222\frac{\lambda}{Nd}}\approx 77.84^\circ$$

$$\text{NPBW}\approx 4\arcsin\sqrt{\frac{\lambda}{2Nd}}\approx 120^\circ$$

$$\text{SLL}\approx -12.95\ \text{dB}$$

$$D=4\frac{L}{\lambda}=8$$

图 3.3.2 所示为八元普通端射阵的阵因子方向图，阵列间距 $d=\lambda/4$，最大辐射方向分别位于 $\theta_0=0°$和 $\theta_0=180°$处。

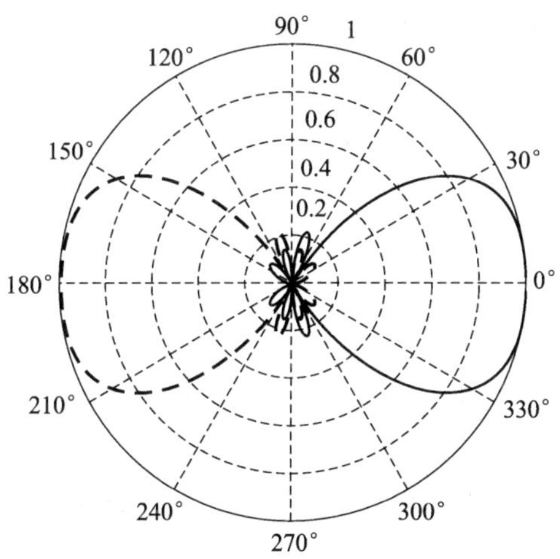

图 3.3.2　普通端射阵的阵因子方向图($N=8$，$d=\lambda/4$)

3.3.3　汉森-伍德沃德端射阵(强端射阵)

普通端射阵具有较宽的主瓣，它的方向系数不是最优的。强端射阵是一种适当压缩主瓣宽度，使方向系数最大的改进型端射直线阵，它通过改变间距和步进相位来增强天线阵的方向性。当步进相位增加到

$$\beta=\mp\left(kd+\frac{\pi}{N}\right) \tag{3.3.15}$$

时，可以使端射阵的方向系数最大。式(3.3.15)称为汉森-伍德沃德增强方向性条件。由该条件可得

$$\psi=kd\cos\theta+\beta=kd\cos\theta\mp\left(kd+\frac{\pi}{N}\right) \tag{3.3.16}$$

在最大辐射方向，$\theta_0=0°$或 180°，代入式(3.3.16)可得 $\psi=\pi/N$，因此各单元在最大辐射方向上产生的场不再同相，相邻单元相差 π/N。

1. 阵因子

强端射阵的阵因子为

$$f_a(\psi)=\frac{\sin(N\psi/2)}{N\sin(\psi/2)}=\frac{\sin\dfrac{N\left[kd\cos\theta\mp\left(kd+\dfrac{\pi}{N}\right)\right]}{2}}{N\sin\dfrac{kd\cos\theta\mp\left(kd+\dfrac{\pi}{N}\right)}{2}} \tag{3.3.17}$$

阵因子的最大值为

$$f_{a,\max}\left(\psi=\frac{\pi}{N}\right)=\frac{1}{N\sin\dfrac{\pi}{2N}} \tag{3.3.18}$$

由式(3.3.17)和式(3.3.18)可得归一化阵因子为

$$F_a(\theta)=\sin\frac{\pi}{2N}\frac{\sin\dfrac{N\left[kd\cos\theta\mp\left(kd+\dfrac{\pi}{N}\right)\right]}{2}}{\sin\dfrac{kd\cos\theta\mp\left(kd+\dfrac{\pi}{N}\right)}{2}} \tag{3.3.19}$$

2. 半功率波瓣宽度

对于长阵，汉森-伍德沃德阵的半功率波瓣宽度近似为

$$2\theta_{HP}\approx 4\arcsin\sqrt{\frac{0.07\lambda}{Nd}}\approx 2\sqrt{0.28\frac{\lambda}{Nd}}\quad(\text{rad}) \tag{3.3.20}$$

3. 零功率波瓣宽度

强端射阵的零功率波瓣宽度为

$$\text{NPBW}=2\theta_{NP}=4\arcsin\sqrt{\frac{\lambda}{4Nd}}\approx 2\sqrt{\frac{\lambda}{Nd}} \tag{3.3.21}$$

4. 副瓣电平

第一副瓣电平为

$$\text{SLL}_1=\sin\frac{\pi}{2N}\frac{\sin\left(\dfrac{N}{2}\dfrac{3\pi}{N}\right)}{\sin\left(\dfrac{1}{2}\dfrac{3\pi}{N}\right)}\approx\frac{1}{3}\approx-9.6\ \text{dB} \tag{3.3.22}$$

5. 方向系数

强端射阵的方向系数可由下式近似求出：

$$D\approx 7.28\frac{L}{\lambda}=7.28\frac{Nd}{\lambda} \tag{3.3.23}$$

6. 示例

以八元强端射阵为例，阵列间距 $d=\lambda/4$，阵列的归一化方向函数 $F_a(\theta)$、半功率波瓣宽度 HPBW、零功率波瓣宽度 NPBW、副瓣电平 SLL、方向系数 D 的计算分别如下：

$$F_a(\theta)=\sin\frac{\pi}{16}\frac{\sin\dfrac{N\left(kd\cos\theta-kd-\dfrac{\pi}{N}\right)}{2}}{\sin\dfrac{kd\cos\theta-kd-\dfrac{\pi}{N}}{2}}=\sin\frac{\pi}{16}\frac{\cos[2\pi(1-\cos\theta)]}{\sin\left[\dfrac{\pi}{4}(1-\cos\theta)+\dfrac{\pi}{16}\right]}$$

$$\text{HPBW}\approx 4\arcsin\sqrt{\frac{0.07\lambda}{Nd}}\approx 43.13^\circ$$

$$\text{NPBW} \approx 4\arcsin\sqrt{\frac{\lambda}{4Nd}} \approx 82.82^\circ$$

$$\text{SLL} = 20\lg\frac{\sin\dfrac{\pi}{16}}{\sin\dfrac{3\pi}{16}} \approx 20\lg 0.33 \approx -9.6\ \text{dB}$$

$$D \approx 7.28\frac{L}{\lambda} \approx 14.56$$

图 3.3.3 所示为八元强端射阵的阵因子方向图，阵列间距 $d=\lambda/4$，其最大辐射方向为 $\theta_0=0^\circ$，相较于普通端射阵，其阵列波瓣宽度变窄，方向性增强。

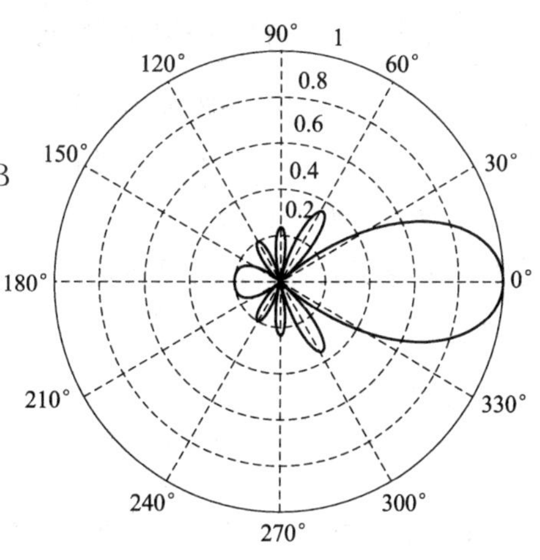

图 3.3.3　强端射阵的阵因子方向图（$N=8$，$d=\lambda/4$）

表 3.3.1 列出了 N 元等幅线阵的方向图参数比较，包括边射阵、普通端射阵和强端射阵的阵因子、半功率波瓣宽度、零功率波瓣宽度、副瓣电平及方向系数。

表 3.3.1　N 元等幅线阵的方向性参数比较

方向性参数	阵列形式		
	边射阵	普通端射阵	强端射阵
阵因子	$\dfrac{\sin\left(\dfrac{N}{2}kd\cos\theta\right)}{N\sin\left(\dfrac{1}{2}kd\cos\theta\right)}$	$\dfrac{\sin\left[\dfrac{N}{2}kd(\cos\theta\mp 1)\right]}{N\sin\left[\dfrac{1}{2}kd(\cos\theta\mp 1)\right]}$	$\sin\dfrac{\pi}{2N}\dfrac{\sin\dfrac{N\left[kd\cos\theta\mp\left(kd+\dfrac{\pi}{N}\right)\right]}{2}}{\sin\dfrac{kd\cos\theta\mp\left(kd+\dfrac{\pi}{N}\right)}{2}}$
半功率波瓣宽度	$2\arcsin\left(0.443\dfrac{\lambda}{Nd}\right)$ $\approx 0.886\dfrac{\lambda}{Nd}$	$4\arcsin\sqrt{0.222\dfrac{\lambda}{Nd}}$ $\approx 1.88\sqrt{\dfrac{\lambda}{L}}$	$4\arcsin\sqrt{\dfrac{0.07\lambda}{Nd}}$ $\approx 2\sqrt{0.28\dfrac{\lambda}{Nd}}$
零功率波瓣宽度	$2\arcsin\dfrac{\lambda}{Nd}$ $\approx 2\dfrac{\lambda}{Nd}$	$4\arcsin\sqrt{\dfrac{\lambda}{2Nd}}$ $\approx 2\sqrt{\dfrac{2\lambda}{Nd}}$	$4\arcsin\sqrt{\dfrac{\lambda}{4Nd}}$ $\approx 2\sqrt{\dfrac{\lambda}{Nd}}$
副瓣电平	$\dfrac{1}{N\sin\dfrac{3\pi}{2N}}$ $\approx -13.5\ \text{dB}$	$\dfrac{1}{N\sin\dfrac{3\pi}{2N}}$ $\approx -13.5\ \text{dB}$	$\dfrac{\sin\dfrac{\pi}{2N}}{\sin\dfrac{3\pi}{2N}} \approx -9.6\ \text{dB}$
方向系数	$2\dfrac{L}{\lambda}$	$4\dfrac{L}{\lambda}$	$7.28\dfrac{L}{\lambda}$

3.3.4 主瓣最大方向扫描的阵列

主瓣最大方向扫描的阵列中，主瓣最大值方向由单元激励电流的相位分布来控制，其主瓣最大值方向可在一定范围内进行扫描。主瓣最大值方向或形状主要由阵列单元的激励电流的相位分布来控制的天线阵称为相控阵，它广泛应用在雷达、通信等领域，因其灵活快速的波束控制能力而占有重要地位。

由 $\psi = kd\cos\theta_0 + \beta = 0$，得

$$\theta_0 = \arccos\left(-\frac{\beta}{kd}\right) \tag{3.3.24}$$

直线阵相邻单元相位差 β 的变化，会引起方向图最大辐射方向相应变化，从而实现方向图扫描，称为相位扫描。使阵列主瓣最大值指向 θ_0 时所需的阵列相邻单元的相位差为 $\beta = -kd\cos\theta_0$。相控阵阵因子为

$$F_a(\theta) = \frac{\sin\dfrac{Nkd(\cos\theta - \cos\theta_0)}{2}}{N\sin\dfrac{kd(\cos\theta - \cos\theta_0)}{2}} \tag{3.3.25}$$

一个八元等幅线阵，间距 $d = \dfrac{\lambda}{2}$，其方向图随相邻单元相位差 β 的不同，波束指向也不同，当主瓣指向 θ_0 分别为 75°及 60°时，方向图分别如图 3.3.4(a)、(b)所示。

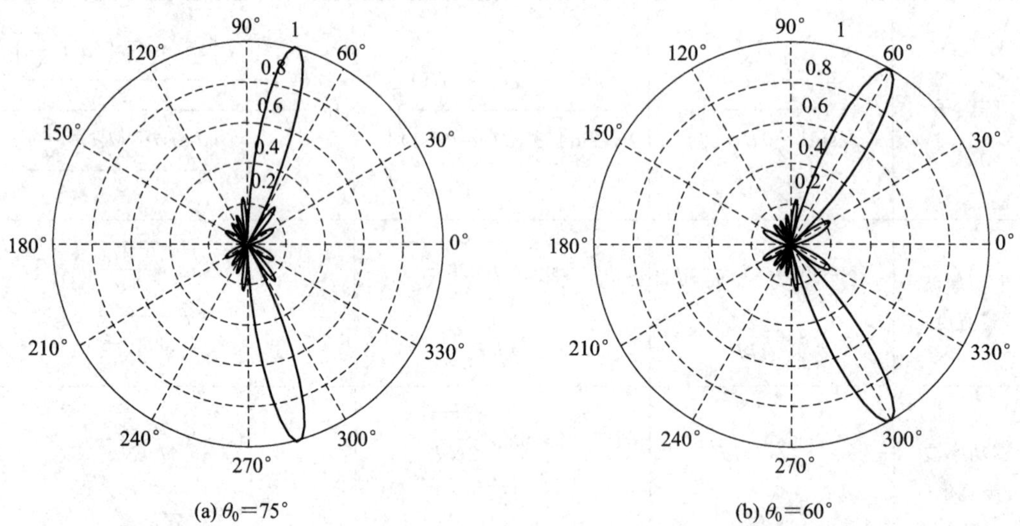

图 3.3.4 相位扫描的阵列方向图($N=8$，$d=\lambda/2$)

由式(3.3.24)可见，阵列主瓣的最大方向除了与阵列单元的相位分布有关，还与阵列的工作频率有关，工作频率变化也可使方向图的主瓣方向变化，称为频率扫描。

3.3.5 栅瓣和间距的选择

过大的栅瓣会使天线的方向性降低，因此阵列设计中需要对栅瓣进行抑制。ψ 可见区

的大小是由间距 d 决定的。当间距过大时，方向图有多个与主瓣最大值相同的大瓣。如前所述，它们的最大值发生在 $\psi=2m\pi$ 时；当 $\psi=0$ 时，对应方向图主瓣，其他对应方向图栅瓣。正确设计阵列间距可消除阵列天线方向图栅瓣。要使天线方向图不出现栅瓣，应使 ψ 可见区 $[-kd+\beta, kd+\beta]$ 不包括 $\psi=\pm 2\pi$（第一对栅瓣最大值位置），即

$$\begin{cases}-kd+\beta>-2\pi \\ kd+\beta<2\pi\end{cases} \tag{3.3.26}$$

得

$$\frac{d}{\lambda}<1-\frac{|\beta|}{2\pi} \tag{3.3.27}$$

这就是消除栅瓣最大值的间距条件。该条件不能消除栅瓣中的一些较大值，为了消除整个栅瓣，而不只限于消除它的最大值，应有

$$\begin{cases}-kd+\beta\geqslant-\left(2\pi-\dfrac{2\pi}{N}\right) \\ kd+\beta\leqslant 2\pi-\dfrac{2\pi}{N}\end{cases} \tag{3.3.28}$$

则有

$$\frac{d}{\lambda}\leqslant 1-\frac{1}{N}-\frac{|\beta|}{2\pi} \tag{3.3.29}$$

将前述四种均匀直线阵中相邻阵列单元的激励相位差 β 代入式(3.3.29)，可得到每种阵列类型中消除整个栅瓣的间距条件如下。

边射阵：

$$d\leqslant\frac{N-1}{N}\cdot\lambda \tag{3.3.30}$$

普通端射阵：

$$d\leqslant\frac{N-1}{N}\cdot\frac{\lambda}{2} \tag{3.3.31}$$

强端射阵：

$$d\leqslant\frac{2N-3}{N}\cdot\frac{\lambda}{4} \tag{3.3.32}$$

相控阵：

$$d\leqslant\frac{N-1}{N(1+|\cos\theta_m|)}\cdot\lambda \tag{3.3.33}$$

其中，θ_m 为扫描范围的边缘角。

3.4　不等幅的等间距边射直线阵

对于 3.3 节所介绍的均匀激励等间距直线阵，可通过改变阵列单元的步进相位和单元

间距来改变其方向图。在实际阵列中，阵列的方向图不仅与其电流相位有关，而且与其电流幅度分布有关，控制幅度分布可降低阵列的副瓣电平。本节针对不等幅、等间距的边射直线阵，讨论该类直线阵在激励幅度非均匀、相位相等时，阵列天线方向图主瓣宽度和副瓣电平的变化，而获得特定方向图的综合方法将在下一节中讨论。

3.4.1 方向函数

沿 z 轴排列的直线阵中，各单元的排列、电流幅度分布和坐标系如图 3.4.1 所示，非均匀激励等间距点源线阵的阵因子为

$$f_a(\theta)=\sum_{n=1}^{N} I_n e^{jk z'_n \cos\theta} \tag{3.4.1}$$

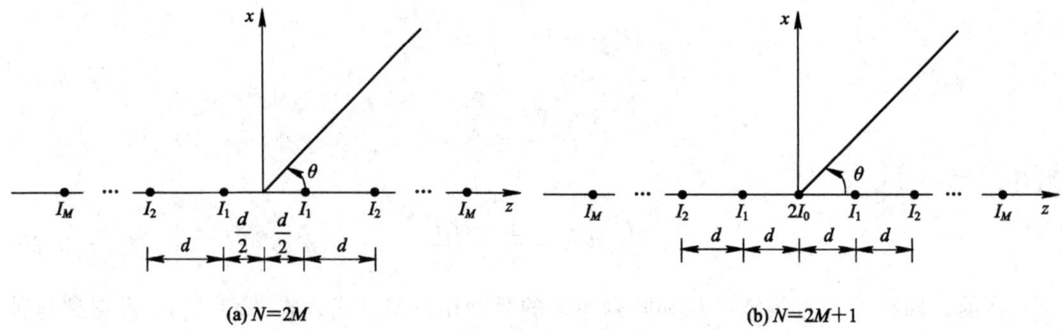

图 3.4.1 不等幅等间距边射阵

当阵列为图 3.4.1(a)所示的偶数元，即 $N=2M$ 时，有

$$\begin{aligned}f_a(\theta)&=A_1\left(e^{jk\frac{d}{2}\cos\theta}+e^{-jk\frac{d}{2}\cos\theta}\right)+A_2\left(e^{jk\frac{3d}{2}\cos\theta}+e^{-jk\frac{3d}{2}\cos\theta}\right)+\cdots+\\&\quad A_M\left(e^{jk\frac{(2M-1)d}{2}\cos\theta}+e^{-jk\frac{(2M-1)d}{2}\cos\theta}\right)\\&=2\sum_{n=1}^{M}A_n\cos\left[(2n-1)k\frac{d}{2}\cos\theta\right]\\&=2\sum_{n=1}^{M}A_n\cos\left[(2n-1)\cdot\frac{\psi}{2}\right]\end{aligned} \tag{3.4.2}$$

当阵列为图 3.4.1(b)所示的奇数元，即 $N=2M+1$ 时，有

$$f_a(\theta)=2\sum_{n=0}^{M}A_n\cos\left(2n\cdot\frac{\psi}{2}\right) \tag{3.4.3}$$

3.4.2 方向系数

设沿 z 轴排列的线阵的第 n 号单元位于 z_n，电流的幅度为 A_n，电流的相位为 $\alpha_n=-kz_n\cos\theta_0$，其中 θ_0 为主瓣最大值方向。由式(3.2.1)可知归一化阵因子为

$$F_a(\theta)=\frac{\sum_{n=0}^{N-1}A_n e^{j\alpha_n}e^{jkz_n\cos\theta}}{\sum_{n=0}^{N-1}A_n} \tag{3.4.4}$$

对应波束立体角为

$$\begin{aligned}\Omega_A&=2\pi\int_0^{\pi}|F_a(\theta)|^2\sin\theta\mathrm{d}\theta\\&=\frac{2\pi}{\left(\sum_{k=0}^{N-1}A_k\right)}\sum_{m=0}^{N-1}\sum_{p=0}^{N-1}A_mA_p e^{j(\alpha_m-\alpha_p)}\int_0^{\pi}e^{jk(z_m-z_p)\cos\theta}\sin\theta\mathrm{d}\theta\end{aligned} \tag{3.4.5}$$

计算上式中的积分，并将其结果代入 $D=4\pi/\Omega_A$，得

$$D=\frac{\left(\sum_{k=0}^{N-1}A_k\right)^2}{\sum_{m=0}^{N-1}\sum_{p=0}^{N-1}A_mA_p e^{j(\alpha_m-\alpha_p)}\dfrac{\sin[k(z_m-z_p)]}{k(z_m-z_p)}} \tag{3.4.6}$$

对于等间距边射阵，式(3.4.6)简化为

$$D=\frac{\left(\sum_{k=0}^{N-1}A_k\right)^2}{\sum_{m=0}^{N-1}\sum_{p=0}^{N-1}A_mA_p\dfrac{\sin[(m-p)kd]}{(m-p)kd}}\qquad \alpha_n=0,\ z_n=nd \tag{3.4.7}$$

对于间距等于半波长整数倍的特殊情况，式(3.4.6)简化为

$$D=\frac{\left(\sum_{k=0}^{N-1}A_k\right)^2}{\sum_{n=0}^{N-1}(A_n)^2}\qquad d=\frac{n\lambda}{2} \tag{3.4.8}$$

式(3.4.8)与扫描角 θ_0 无关。而且，若幅度均匀，则由式(3.4.8)可得出 $D=N$。

3.4.3　几种非均匀激励的等间距线阵

以间距 $d=\lambda/2$ 的五元阵为例，如表 3.4.1 和表 3.4.2 所示，列出了等幅分布、三角形分布、二项式分布、倒三角形分布、切比雪夫(Chebyshev)分布的电流幅度分布图、方向图及其性能比较。

三角形分布时，阵列单元的幅度分布为 1∶2∶3∶2∶1；二项式分布时，阵列单元 $(a+b)^{N-1}$ 的系数分布为 1∶4∶6∶4∶1；倒三角形分布时，阵列单元的幅度分布为 3∶2∶1∶2∶3；切比雪夫分布时，阵列单元的幅度分布满足切比雪夫分布时，此阵列为最优边射阵，具有等副瓣特性。

表 3.4.1　几种非均匀激励等间距线阵($N=5$, $d=\lambda/2$, $\psi=0$)

阵列形式	电流幅度分布	方向图
等幅分布		
三角形分布		
二项式分布		
倒三角形分布		
切比雪夫分布 (SLL=−20 dB)		

表 3.4.2　不同振幅分布的边射阵性能比较

阵列形式	半功率波瓣宽度	副瓣电平	方向系数	特　点
等幅分布	20.8°	−12 dB	5	方向系数最大，口径利用率最高
三角形分布	26.0°	−19 dB	4.26	副瓣电平降低，主瓣展宽，方向系数降低
二项式分布	30.3°	−∞ dB	3.66	无副瓣，主瓣最宽，方向系数最低
倒三角形分布	18.2°	−6.3 dB	4.48	副瓣电平增高，主瓣变窄，方向系数降低
切比雪夫分布	23.7°	−20 dB	4.69	等副瓣的特点可使 D 与 SLL 的处理最佳，即在相同的方向系数条件下，阵列可获得最低的副瓣电平；在相同的副瓣电平下，阵列可获得最高的方向系数

可见，通过调整单元电流的幅度可以改变副瓣电平，当阵列单元等幅分布时，口径利用率最高，方向系数最大。若电流幅度自中心向两端递减，则可使副瓣电平降低，其代价是主瓣展宽，从而使方向系数下降，并且递减幅度越大，副瓣电平越低，主瓣宽度越大。二项式分布具有最低的副瓣电平，同时其主瓣最宽，方向系数最低。反之，若电流幅度自中心向两端递增，则副瓣电平升高，方向系数降低。阵列设计中通常采用幅度递减分布来降低方向图副瓣电平，下面两节中所介绍的切比雪夫综合和泰勒综合是两种典型的低副瓣综合方法。

3.5　线阵的道尔夫-切比雪夫综合

天线的综合是首先给定期望的方向图，采用综合的方法得出天线的形式，然后确定给定形式的天线的激励，使之产生的方向图能够满意地逼近期望的方向图。通过改变天线各单元的电流幅度，使其从中间到边缘锥削，可降低阵列方向图副瓣电平，这属于天线综合方面的内容。本书对于天线综合问题的讨论只限于线源或线阵，主要讲述两种低副瓣窄主瓣的综合方法，即道尔夫-切比雪夫(Dolph - Chebyshev)综合方法和泰勒(Taylor)综合方法。

通过对 3.4 节中等间距线阵的不等幅激励分布的分析可知，如果阵列单元的电流幅度自中心到两边递减，则阵列方向图副瓣电平降低，而主瓣展宽，即低副瓣和窄主瓣往往是天线的两个相互矛盾的参量。在实际应用中，希望获得主瓣宽度与副瓣电平之间的最佳折中。本节介绍等于或大于半波长的边射阵获得最佳方向图的方法，即道尔夫-切比雪夫线阵法。

3.5.1　道尔夫-切比雪夫线阵法

主瓣宽度与副瓣电平之间的最佳折中发生在可见空间有尽可能多的副瓣且所有副瓣均相等时。若要求天线阵阵因子的曲线满足上面的要求，则首先需要找到这样一个曲线的表达式，然后通过改变各单元电流的激励幅度，使阵因子与这样的曲线的表达式相等。

1. 道尔夫-切比雪夫多项式

道尔夫-切比雪夫多项式(下文简称为切比雪夫多项式)的定义为

$$T_n(x)=\begin{cases}(-1)^n\mathrm{ch}(n\,\mathrm{arch}\,|x|) & x<-1\\ \cos(n\arccos x) & -1\leqslant x\leqslant 1\\ \mathrm{ch}(n\,\mathrm{arch}x) & x>1\end{cases}\tag{3.5.1}$$

下面证明式(3.5.1)所示的多项式为 n 次多项式。令 $x=\cos\delta$，则 $T_n(\cos\delta)=\cos(n\delta)$，再利用三角函数公式

$$\cos(n\delta)=\cos^n\delta-\frac{n(n-1)}{2!}\cos^{n-2}\delta\sin^2\delta+\cdots$$

可将 $\cos(n\delta)$ 展开成 $\cos\delta$ 的幂多项式，再将 $x=\cos\delta$ 代入，即可证明 $\cos(n\arccos x)$ 为 x 的幂多项式。

切比雪夫的递推公式为

$$T_{n+1}(x)=2xT_n(x)-T_{n-1}(x)\tag{3.5.2}$$

$n=0\sim5$ 的切比雪夫多项式曲线如图 3.5.1 所示。

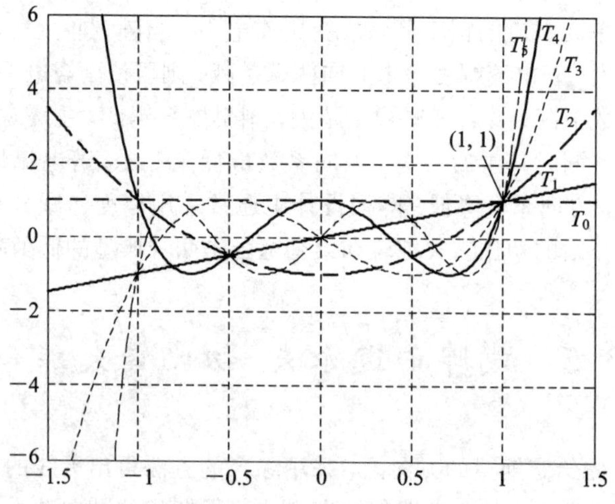

图 3.5.1 $n=0\sim5$ 的切比雪夫多项式曲线

从图 3.5.1 或式(3.5.1)中可以看出切比雪夫多项式具有如下特性：

(1) 偶阶多项式为偶函数，其曲线相对于纵轴对称，即 n 为偶数时，$T_n(-x)=T_n(x)$；奇阶多项式为奇函数，即 n 为奇数时，$T_n(-x)=-T_n(x)$。

(2) 所有多项式均通过(1, 1)点，当 $-1\leqslant x\leqslant 1$ 时，多项式的值在 -1 和 1 之间振荡，多项式模值的最大值总是 1。

(3) 多项式的所有零点均在 $-1\leqslant x\leqslant 1$ 内，在 $|x|\leqslant 1$ 外，多项式的值单调上升或下降。

切比雪夫多项式曲线的特性正是等副瓣方向图所需要的曲线特征，因此希望阵因子的表达式能为切比雪夫多项式的形式。

2. 阵因子的切比雪夫多项式

由于在切比雪夫多项式的[−1,1]区间内只有副瓣，主瓣在[−1,1]区间之外，因此必

须使阵因子的变化范围超出[−1,1]区间，可令

$$x = x_0 \cos\frac{\psi}{2} \tag{3.5.3}$$

式中 $x_0>1$。令 $f_a(\psi)=T_{n-1}\left(x_0\cos\frac{\psi}{2}\right)$，则在最大辐射方向 $\theta_0=90°$时，有

$$\psi = kd\cos 90° = 0,\ x = x_0\cos\frac{\psi}{2} = x_0 \tag{3.5.4}$$

$$f_a(\psi=0) = T_{n-1}(x_0) = R \tag{3.5.5}$$

对应于主瓣最大值。副瓣电平可由 R 计算出来，$\mathrm{SLL}=-20\lg R$；R 也可由副瓣电平计算出来，即

$$R = 10^{-\mathrm{SLL}/20} \tag{3.5.6}$$

则 x_0 可由 R 计算出来。可见只要已知副瓣电平，x_0 就可由副瓣电平计算出来。

下面分析切比雪夫多项式曲线与 θ 表示的阵因子的方向图之间的对应关系。当 θ 由 0°变到 180°时，阵因子(切比雪夫多项式曲线)的值及切比雪夫多项式曲线的自变量的变化过程如下：

θ，　　$0°\to 90°\to 180°$

$\psi=kd\cos\theta$，$kd\to 0\to -kd$

$x=x_0\cos\frac{\psi}{2}$，$x_0\cos\frac{kd}{2}\to x_0\to x_0\cos\frac{kd}{2}$

$f_a(\psi)=T_{N-1}\left(x_0\cos\frac{\psi}{2}\right)$，$T_{N-1}\left(x_0\cos\frac{kd}{2}\right)\to R\to T_{N-1}\left(x_0\cos\frac{kd}{2}\right)$

可见阵因子在切比雪夫多项式中的自变量的变化范围为 $x_0\to x_0\cos\frac{kd}{2}$，范围的大小取决于间距 d 和 x_0。

3.5.2　线阵的切比雪夫低副瓣综合

切比雪夫线阵法的设计一般是给定副瓣电平和单元数，求产生最佳方向图的各单元的电流值，其设计可分为以下两个步骤。

(1) 求 x_0。求出 R 为

$$R = 10^{-\mathrm{SLL}/20} \tag{3.5.7}$$

再由 $R=T_{N-1}(x_0)=\mathrm{ch}[(N-1)\mathrm{arch}x_0]$，可求出 x_0 为

$$x_0 = \mathrm{ch}\left(\frac{1}{N-1}\mathrm{arch}R\right) \tag{3.5.8}$$

为了计算的方便，可利用双曲函数的公式将式(3.5.8)化为

$$x_0 = \frac{1}{2}\left[\left(R+\sqrt{R^2-1}\right)^{\frac{1}{N-1}} + \left(R-\sqrt{R^2-1}\right)^{\frac{1}{N-1}}\right] \tag{3.5.9}$$

(2) 求各阵列单元电流分布。令阵因子等于 $N-1$ 阶切比雪夫多项式，即

$$f_a(\psi) = T_{N-1}\left(x_0\cos\frac{\psi}{2}\right) \tag{3.5.10}$$

令等式两边 $\cos(\psi/2)$同次幂的系数相等，求出各阵列单元的电流分布。

下面以副瓣电平为−20 dB、间距 $d=\lambda/2$ 的十元切比雪夫边射阵的综合为例，绘出其阵因子方向图，并与−30 dB、−40 dB的低副瓣切比雪夫综合方向图进行比较。

由 $R=10^{-\mathrm{SLL}/20}=10$，得

$$x_0=\mathrm{ch}\left(\frac{1}{N-1}\mathrm{arch}R\right)\approx 1.0558 \tag{3.5.11}$$

可得对称激励十元边射阵的阵因子为

$$f_a(\psi)=A_1\cos\frac{\psi}{2}+A_2\cos\frac{3\psi}{2}+A_3\cos\frac{5\psi}{2}+A_4\cos\frac{7\psi}{2}+A_5\cos\frac{9\psi}{2} \tag{3.5.12}$$

应用以下展开关系：

$$\begin{cases}\cos\dfrac{3\psi}{2}=4\cos^3\dfrac{\psi}{2}-3\cos\dfrac{\psi}{2}\\ \cos\dfrac{5\psi}{2}=16\cos^5\dfrac{\psi}{2}-20\cos^3\dfrac{\psi}{2}+5\cos\dfrac{\psi}{2}\\ \cos\dfrac{7\psi}{2}=64\cos^7\dfrac{\psi}{2}-112\cos^5\dfrac{\psi}{2}+56\cos^3\dfrac{\psi}{2}-7\cos\dfrac{\psi}{2}\\ \cos\dfrac{9\psi}{2}=256\cos^9\dfrac{\psi}{2}-576\cos^7\dfrac{\psi}{2}+432\cos^5\dfrac{\psi}{2}-120\cos^3\dfrac{\psi}{2}+9\cos\dfrac{\psi}{2}\end{cases} \tag{3.5.13}$$

得阵因子为

$$\begin{aligned}f_a(\psi)=&(A_1-3A_2+5A_3-7A_4+9A_5)\cos\frac{\psi}{2}+\\&(4A_2-20A_3+56A_4-120A_5)\cos^3\frac{\psi}{2}+\\&(16A_3-112A_4+432A_5)\cos^5\frac{\psi}{2}+\\&(64A_4-576A_5)\cos^7\frac{\psi}{2}+256A_5\cos^9\frac{\psi}{2}\end{aligned} \tag{3.5.14}$$

令阵因子等于 $N-1$ 阶切比雪夫多项式，即

$$\begin{aligned}f_a(\psi)&=T_9\left(x_0\cos\frac{\psi}{2}\right)\\&=9x_0\cos\frac{\psi}{2}-120\left(x_0\cos\frac{\psi}{2}\right)^3+432\left(x_0\cos\frac{\psi}{2}\right)^5-\\&\quad 576\left(x_0\cos\frac{\psi}{2}\right)^7+256\left(x_0\cos\frac{\psi}{2}\right)^9\end{aligned} \tag{3.5.15}$$

令 $\cos(\psi/2)$同次幂的系数相等，得

$$\begin{aligned}&A_5=x_0^9\\&64A_4-576A_5=-576x_0^7\\&16A_3-112A_4+432A_5=432x_0^5\\&4A_2-20A_3+56A_4-120A_5=-120x_0^3\\&A_1-3A_2+5A_3-7A_4+9A_5=9x_0\end{aligned}$$

得出对 A_1 归一化后的电流分布为1：0.9214：0.7780：0.5944：0.6416。将电流分布代入式(3.5.12)可得阵因子为

$$
\begin{aligned}
f_a(\theta) = {} & \cos(0.5kd\cos\theta) + 0.9214\cos(1.5kd\cos\theta) + 0.7780\cos(2.5kd\cos\theta) + \\
& 0.5944\cos(3.5kd\cos\theta) + 0.6416\cos(4.5kd\cos\theta)
\end{aligned} \tag{3.5.16}
$$

副瓣电平为−20 dB 的低副瓣阵列方向图如图 3.5.2(a)所示。更进一步，对副瓣电平分别为−30 dB、−40 dB 的低副瓣天线阵也进行切比雪夫综合，直角坐标方向图分别如图 3.5.2(b)、(c)所示。三种低副瓣阵列中电流幅度分布如图 3.5.2(d)所示，由图可见，电流分布从中心向两端呈锥削分布，所要实现的阵列副瓣电平越低，阵列单元电流幅度分布的锥削越大。

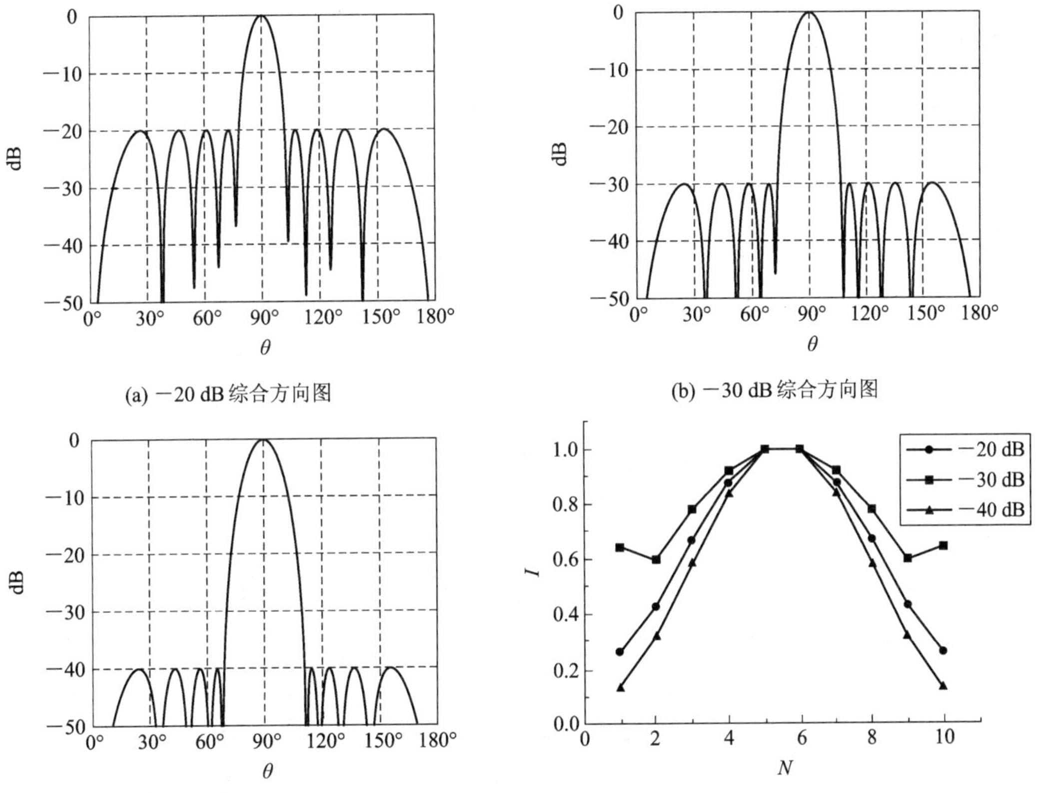

(a) −20 dB 综合方向图

(b) −30 dB 综合方向图

(c) −40 dB 综合方向图

(d) 阵列单元电流幅度分布

图 3.5.2　低副瓣阵列方向图

通过切比雪夫综合获得阵列单元的归一化激励幅度后，阵列的方向图可由叠加定理得到，方向系数可由方向图积分得到。有时，应用切比雪夫分布会产生边缘单元电流幅度的反跳，而应用泰勒(Taylor)低副瓣综合可改善这个问题，它可用于综合前几个副瓣相等而远副瓣衰减的方向图，在下一节将进行介绍。

3.6　线阵的泰勒综合

线源法的窄波瓣方向图和线阵一样，也发生在所有副瓣均相等时，所要求的函数形式为切比雪夫多项式。切比雪夫多项式 $T_N(x)$在$-1<x<1$ 区间的值单调上升或下降，通过

变量变换可将切比雪夫多项式转换为期望方向图的形式，即主瓣最大值在 $x=0$ 处的等副瓣方向图。经变量变换得出的新函数为

$$P_{2N}(x)=T_N(x_0-a^2x^2) \tag{3.6.1}$$

式中，a 是常数，x 为

$$x=\frac{L}{\lambda}\cos\theta=\frac{L}{\lambda}\omega \tag{3.6.2}$$

其中，L 为线源长度。在方向图最大值处有

$$P_{2N}(\omega=0)=T_N(x_0)=R \tag{3.6.3}$$

式中，R 是主副瓣比。对于 $N=4$，式(3.6.1)的曲线如图 3.6.1 所示。

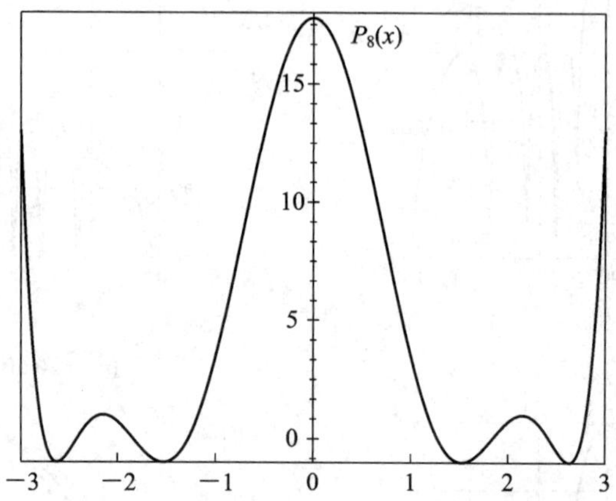

图 3.6.1　切比雪夫多项式 $P_{2N}(x)=T_N(x_0-a^2x^2)$ 的曲线

($a\approx0.555\ 36$，$x_0\approx1.425\ 53$)

由式(3.6.1)，在副瓣区域有

$$P_{2N}(x)=\cos[N\arccos(x_0-a^2x^2)]\qquad |x_0-a^2x^2|<1 \tag{3.6.4}$$

该函数的零点发生在余弦函数的自变量等于 $(2n-1)\pi/2$ 或 x_n 为如下值时：

$$x_n=\pm\frac{1}{a}\sqrt{x_0-\cos\frac{(2n-1)\pi}{2N}}\qquad |n|\geqslant1 \tag{3.6.5}$$

式中“+”用于正 x 轴上的零点位置，而 $x_{-n}=-x_n$。

由式(3.6.1)，在主瓣区域有

$$P_{2N}(x)=\mathrm{ch}[N\mathrm{arch}(x_0-a^2x^2)]\qquad |x_0-a^2x^2|>1 \tag{3.6.6}$$

$P_{2N}(x)$的主瓣最大值为 R 而且发生在 $x=0$ 处。参看式(3.6.2)和式(3.6.3)，在主瓣最大值处由式(3.6.6)可求出 x_0：

$$x_0=\mathrm{ch}\left(\frac{1}{N}\mathrm{arch}R\right) \tag{3.6.7}$$

为方便起见，引入

$$A=\frac{1}{\pi}\mathrm{arch}R \tag{3.6.8}$$

因而

$$x_0 = \mathrm{ch}\,\frac{\pi A}{N} \tag{3.6.9}$$

为了使所有副瓣电平均相等，令 N 趋于无穷大，同时改变 $P_{2N}(x)$ 的自变量以保持第一对零点不变，从而保持主瓣宽度不变。当 N 很大时，有

$$x_0 = \mathrm{ch}\,\frac{\pi A}{N} \approx 1 + \frac{1}{2}\left(\frac{\pi A}{N}\right)^2$$

和

$$\cos\frac{(2n-1)\pi}{2N} \approx 1 - \frac{1}{2}\left[\frac{(2n-1)\pi}{2N}\right]^2$$

将上述各量用于式(3.6.5)，得

$$x_n = \pm\frac{1}{a}\frac{\pi}{\sqrt{2}N}\sqrt{A^2 + \left(n - \frac{1}{2}\right)^2} \qquad N \to \infty \tag{3.6.10}$$

令

$$a = \frac{\pi}{\sqrt{2}N} \tag{3.6.11}$$

则

$$x_n = \pm\sqrt{A^2 + \left(n - \frac{1}{2}\right)^2} \tag{3.6.12}$$

于是零点位置随 N 的增加保持不变。

方向图因子是具有无穷多个根 x_n 的 x 的多项式，而且可以表示为因式 $(x-x_n)$ 的乘积，n 从 $-\infty$ 到 $+\infty$；又由于 $x_{-n}=-x_n$，故方向图函数可写为

$$\prod_{n=1}^{\infty}(x^2 - x_n^2) = \prod_{n=1}^{\infty}\left[x^2 - A^2 - \left(n - \frac{1}{2}\right)^2\right] \tag{3.6.13}$$

将式(3.6.13)在 $x=0$ 处归一，得

$$F(x) = \frac{\displaystyle\prod_{n=1}^{\infty}\left[1 - \frac{x^2 - A^2}{\left(n - \frac{1}{2}\right)^2}\right]}{\displaystyle\prod_{n=1}^{\infty}\left[1 + \frac{A^2}{\left(n - \frac{1}{2}\right)^2}\right]} = \frac{\cos(\pi\sqrt{x^2 - A^2})}{\mathrm{ch}\pi A} \tag{3.6.14}$$

上述最后一步采用了无穷乘积的近似表达式。将式(3.6.2)和式(3.6.8)代入式(3.6.14)，可得出用 ω 表示的方向图函数为

$$F(\omega) = \frac{\cos(\pi\sqrt{[(L/\lambda)\omega]^2 - A^2})}{R} \tag{3.6.15}$$

应当指出，该方向图是在最大值处($\omega=0$)归一的，在副瓣区间，它在 $-1/R$ 和 $1/R$ 之间振荡。当 ω 很大时，式(3.6.15)中余弦函数的自变量近似为 $\pi\omega L/\lambda$，因此，方向图的零点位置近似为 $\omega_n \approx \pm\lambda(n-1/2)/L$ 或 $x_n \approx \pm(n-1/2)$，零点有规律地隔开。还应当指出，

当 $\omega_n<\lambda A/L$ 时，式(3.6.15)中余弦函数的自变量为虚数，而且由于 $\cos(\mathrm{j}\theta)=\mathrm{ch}\theta$，将式(3.6.15)表示为下式更方便：

$$F(\omega)=\frac{\mathrm{ch}\left(\pi\sqrt{A^2-\left(\frac{L}{\lambda}\omega\right)^2}\right)}{\mathrm{ch}\pi A}\qquad \omega<\frac{\lambda A}{L}\tag{3.6.16}$$

式(3.6.16)是理想泰勒(Taylor)线源的方向图，它是 A 的函数，而 A 由副瓣电平确定。之所以称为“理想”线源，是因为等副瓣在方向图空间延伸到无限远，从而导致无穷大功率，这就要求源的激励也必须具有无穷大功率，实际上，在线源的每端将具有一个奇异点。

理想泰勒线源的近似实现可以提供电平几乎相等的前 n 个副瓣和衰减远副瓣。衰减远副瓣的包络解决了理想泰勒线源的无穷大功率的问题。泰勒线源的方向图仍是 x 的多项式，但零点位置由下式给出：

$$x_n=\begin{cases}\pm\sigma\sqrt{A^2+\left(n-\frac{1}{2}\right)^2} & 1\leqslant n<\bar{n}\\ \pm n & \bar{n}\leqslant n<\infty\end{cases}\tag{3.6.17}$$

其中 $\bar{n}$ 是预先选定的 n 值。对于 $n<\bar{n}$ 的副瓣，其零点是理想线源的零点，即式(3.6.12)乘以比例因子 σ；对于 $n\geqslant\bar{n}$ 的远副瓣，其零点则位于 x 为整数处。$\sin(\pi x)/(\pi x)$ 方向图的零点对于 $n\geqslant1$ 位于 $x=\pm n$ 处，因而泰勒方向图的远副瓣是 $\sin(\pi x)/(\pi x)$ 方向图的远副瓣。在 $n=\bar{n}$ 时，使式(3.6.17)中两种零点位置的表达式相等，就可以确定比例因子 σ，即

$$\sigma=\frac{\bar{n}}{\sqrt{A^2+\left(\bar{n}-\frac{1}{2}\right)^2}}\tag{3.6.18}$$

根据式(3.6.17)的零点位置可将近似泰勒线源方向图写为

$$F(x,A,\bar{n})=\frac{\sin\pi x}{\pi x}\prod_{n=1}^{\bar{n}-1}\frac{1-\left(\frac{x}{x_n}\right)^2}{1-\left(\frac{x}{n}\right)^2}\tag{3.6.19}$$

在 $x\leqslant\bar{n}$ 区间，副瓣接近常数值 $1/R$；而当 $x>\bar{n}$ 时，副瓣则随 $1/x$ 衰减。用 $\omega=\cos\theta$ 表示的方向图为

$$F(\omega,A,\bar{n})=\frac{\sin\left(\pi\frac{L}{\lambda}\omega\right)}{\pi\frac{L}{\lambda}\omega}\prod_{n=1}^{\bar{n}-1}\frac{1-\left(\frac{\omega}{\omega_n}\right)^2}{1-\left(\frac{L}{\lambda_n}\omega\right)^2}\tag{3.6.20}$$

式中方向图在 ω 轴上的零点位置为

$$\omega_n=\begin{cases}\pm\frac{\lambda}{L}\sigma\sqrt{A^2+\left(n-\frac{1}{2}\right)^2} & 1\leqslant n<\bar{n}\\ \pm\frac{\lambda}{L}n & \bar{n}\leqslant n<\infty\end{cases}\tag{3.6.21}$$

其中 σ 由式(3.6.18)给出。

泰勒线源的激励可用伍德沃德-劳森(Woodward - Lawson)采样法确定。假定源的激励可按傅里叶级数展开为

$$i(s)=\frac{\lambda}{L}\sum_{n=-\infty}^{\infty}a_n \mathrm{e}^{-\mathrm{j}2\pi(\lambda/L)ns} \qquad |s|\leqslant\frac{L}{2\lambda} \tag{3.6.22}$$

式中 $s=z/\lambda$，$i(s)$是电流分布 $I(s)$的归一化形式，归一化的目的是使 $i(s)$产生的方向图的最大值为 1。式(3.6.22)将线源的电流分解为无穷多个离散的线性相位电流分量之和，其分量电流为

$$i_n(s)=\frac{a_n}{L/\lambda}\mathrm{e}^{-\mathrm{j}2\pi\omega_n s} \qquad |s|\leqslant\frac{L}{2\lambda} \tag{3.6.23}$$

式中 $\omega_n=\cos\theta_n=n\lambda/L$。分量电流对应的方向图为

$$f_n(\omega)=a_n \mathrm{Sa}\left[\pi\frac{L}{\lambda}(\omega-\omega_n)\right] \tag{3.6.24}$$

式中，函数 $\mathrm{Sa}(x)$定义为 $\mathrm{Sa}(x)=\dfrac{\sin x}{x}$。分量电流对应的方向图在 $\omega=\omega_n$ 处具有最大值 a_n。分量电流的相位系数 ω_n 控制分量方向图最大值的位置，而幅度系数 a_n 控制分量方向图的幅度。总电流对应的方向图为

$$F(\omega)=\sum_{n=-\infty}^{\infty}a_n \mathrm{Sa}\left[\pi\frac{L}{\lambda}(\omega-\frac{n\lambda}{L})\right] \tag{3.6.25}$$

若选择分量方向图的幅度 a_n 等于期望方向图在 $\omega=\omega_n=n\lambda/L$ 处的值，即

$$a_n=f(\omega=\omega_n)=F(n,A,\bar{n}) \tag{3.6.26}$$

则式(3.6.25)的无穷级数表达式可给出精确的期望方向图，它在 ω_n 处具有规定值 $F(n,A,\bar{n})$。其中，a_n 称为采样值，而 ω_n 称为采样点。但是对于$|n|\geqslant\bar{n}$，方向图的零点对应采样位置，因为由式(3.6.17)，当$|n|\geqslant\bar{n}$ 时，$x_n=n$ 或 $\omega_n=n\lambda/L$，所以

$$a_n=0 \qquad |n|\geqslant\bar{n} \tag{3.6.27}$$

将式(3.6.26)和式(3.6.27)代入式(3.6.25)，得出方向图的表达式为

$$F(\omega)=\sum_{n=-n+1}^{\bar{n}-1}F(n,A,\bar{n})\mathrm{Sa}\left[\pi\frac{L}{\lambda}(\omega-\omega_n)\right] \tag{3.6.28}$$

所要求的电流分布由式(3.6.22)得

$$i(s)=\frac{\lambda}{L}\left[1+2\sum_{n=1}^{\bar{n}-1}F(n,A,\bar{n})\cos\left(2\pi\frac{\lambda}{L}ns\right)\right] \tag{3.6.29}$$

系数 $F(n,A,\bar{n})$是泰勒线源方向图对 $x=n$ 和 $n<\bar{n}$ 的采样值，它们由下式求出：

$$F(n,A,\bar{n})=\begin{cases}\dfrac{[(\bar{n}-1)!]^2}{(\bar{n}-1+n)!\,(\bar{n}-1-n)!}\prod_{m=1}^{\bar{n}-1}\left(1-\dfrac{n^2}{x_m^2}\right) & |n|<\bar{n}\\ 0 & |n|\geqslant\bar{n}\end{cases} \tag{3.6.30}$$

而 $F(-n,A,\bar{n})=F(n,A,\bar{n})$。副瓣电平 SLL=－(20～40)dB，$\bar{n}=3\sim10$ 的系数列于表 3.6.1 中。这些参数与式(3.6.28)和式(3.6.29)共同确定泰勒线源的方向图和电流。

表 3.6.1 泰勒线源的系数 $F(n, A, \bar{n})$

SLL=−20 dB

n	$\bar{n}=3$	$\bar{n}=4$	$\bar{n}=5$	$\bar{n}=6$
1	0.156 149	0.142 232	0.129 970	0.120 287
2	0.002 163	0.012 447	0.021 703	0.029 053
3		−0.012 325	−0.024 317	−0.034 131
4			0.013 052	0.024 940
5				−0.012 138

SLL=−25 dB

n	$\bar{n}=3$	$\bar{n}=4$	$\bar{n}=5$	$\bar{n}=6$	$\bar{n}=7$	$\bar{n}=8$
1	0.232 323	0.228 554	0.221 477	0.214 727	0.208 917	0.204 038
2	−0.010 491	−0.008 726	−0.005 370	−0.002 112	0.000 721	0.003 116
3		−0.002 270	−0.006 621	−0.010 872	−0.014 561	−0.017 656
4			0.004 917	0.010 029	0.014 605	0.018 501
5				−0.005 371	−0.010 575	−0.015 183
6					0.005 222	0.010 249
7						−0.004 900

SLL=−30 dB

n	$\bar{n}=4$	$\bar{n}=5$	$\bar{n}=6$	$\bar{n}=7$	$\bar{n}=8$	$\bar{n}=9$	$\bar{n}=10$
1	0.292 656	0.290 492	0.286 636	0.288 657	0.279 009	0.275 771	0.272 939
2	−0.015 784	−0.015 230	−0.014 213	−0.013 133	−0.012 113	−0.011 193	−0.010 376
3	0.002 181	0.001 362	−0.000 106	−0.001 638	−0.003 055	−0.004 315	−0.005 417
4		0.000 985	0.002 780	0.004 676	0.006 440	0.008 013	0.009 386
5			−0.001 964	−0.004 137	−0.006 211	−0.008 087	−0.009 739
6				0.002 249	0.004 527	0.006 653	0.008 561
7					−0.002 279	−0.004 542	−0.006 643
8						0.000 493	0.001 126
9							−0.000 286

续表

SLL＝－35 dB						
n	$\bar{n}=5$	$\bar{n}=6$	$\bar{n}=7$	$\bar{n}=8$	$\bar{n}=9$	$\bar{n}=10$
1	0.344 348	0.343 297	0.341 147	0.338 743	0.336 388	0.334 211
2	－0.015 195	－0.015 107	－0.014 912	－0.014 674	－0.014 426	－0.014 182
3	0.004 278	0.004 048	0.003 574	0.003 035	0.002 501	0.002 002
4	－0.000 734	－0.000 437	0.000 175	0.000 865	0.001 548	0.002 182
5		－0.000 345	－0.001 061	－0.001 880	－0.002 694	－0.003 454
6			0.000 773	0.001 684	0.002 609	0.003 483
7				－0.000 940	－0.001 936	－0.002 901
8					0.000 997	0.002 010
9						－0.000 024

SLL＝－40 dB					
n	$\bar{n}=6$	$\bar{n}=7$	$\bar{n}=8$	$\bar{n}=9$	$\bar{n}=10$
1	0.389 117	0.388 739	0.387 561	0.386 100	0.384 580
2	－0.009 452	－0.009 477	－0.009 546	－0.009 622	－0.009 691
3	0.004 882	0.004 839	0.004 703	0.004 532	0.004 349
4	－0.001 611	－0.001 548	－0.001 353	－0.001 110	－0.000 854
5	0.000 347	0.000 271	0.000 033	－0.000 264	－0.000 577
6		0.000 086	0.000 358	0.000 700	0.001 062
7			－0.000 290	－0.000 665	－0.001 067
8				0.000 387	0.000 816
9					－0.000 026

理想泰勒方向图的半功率波瓣宽度表达式是容易得到的，在半功率点处计算式(3.6.16)，可得

$$\frac{1}{\sqrt{2}}=\frac{1}{R}\mathrm{ch}\left[\pi\sqrt{A^{2}-\left(\frac{L}{\lambda}\omega_{\mathrm{HP}}\right)^{2}}\right] \tag{3.6.31}$$

求解式(3.6.31)，得出两个解：

$$\omega_{\mathrm{HP}}=\pm\frac{\lambda}{L\pi}\left[(\mathrm{arch}R)^{2}-\left(\mathrm{arch}\frac{R}{\sqrt{2}}\right)^{2}\right]^{1/2} \tag{3.6.32}$$

用 ω 表示的半功率波瓣宽度为

$$2\omega_{\mathrm{HPi}}=2|\omega_{\mathrm{HP}}|=\frac{2\lambda}{L\pi}\left[(\mathrm{arch}R)^{2}-\left(\mathrm{arch}\frac{R}{\sqrt{2}}\right)^{2}\right]^{1/2} \tag{3.6.33}$$

半功率点所对应的方向与边射方向的夹角为 $\theta'=90°-\theta$，因而 $\omega=\cos\theta=\sin\theta'$，$\theta'=$

arcsinω。用 θ 表示的半功率波瓣宽度为

$$2\theta_{\mathrm{HPi}}=2\theta'_{\mathrm{HPi}}=2\arcsin\left\{\frac{\lambda}{L\pi}\left[(\mathrm{arch}R)^2-\left(\mathrm{arch}\frac{R}{\sqrt{2}}\right)^2\right]^{1/2}\right\} \tag{3.6.34}$$

泰勒线源的波瓣宽度可用下列各式近似计算：

$$2\omega_{\mathrm{HP}}\approx\sigma 2\omega_{\mathrm{HPi}} \tag{3.6.35}$$

和

$$2\theta_{\mathrm{HP}}\approx 2\arcsin\left\{\frac{\sigma\lambda}{L\pi}\left[(\mathrm{arch}R)^2-\left(\mathrm{arch}\frac{R}{\sqrt{2}}\right)^2\right]^{1/2}\right\} \tag{3.6.36}$$

令

$$\beta_0=\frac{2}{\pi}\left[(\mathrm{arch}R)^2-\left(\mathrm{arch}\frac{R}{\sqrt{2}}\right)^2\right]^{1/2} \tag{3.6.37}$$

于是

$$2\theta_{\mathrm{HP}}\approx 2\arcsin\frac{\sigma\lambda\beta_0}{2L} \tag{3.6.38}$$

方向系数可由下式计算：

$$D\approx\frac{101.5^\circ}{2\theta_{\mathrm{HP}}} \tag{3.6.39}$$

副瓣电平 SLL=－(20～40)dB，$\bar{n}$=3～10 的泰勒线源的设计参数列于表 3.6.2 中。

表 3.6.2　泰勒线源的设计参数

副瓣电平/dB	副瓣幅度比	β_0/rad	A^2	σ							
				$\bar{n}=3$	$\bar{n}=4$	$\bar{n}=5$	$\bar{n}=6$	$\bar{n}=7$	$\bar{n}=8$	$\bar{n}=9$	$\bar{n}=10$
−20	10.00	0.893	0.907 77	1.121 33	1.102 73	1.087 01	1.074 90				
−25	17.78	0.978	1.291 77	1.092 41	1.086 98	1.077 28	1.068 34	1.060 83	1.054 63		
−30	31.62	1.057	1.742 29		1.069 34	1.066 19	1.060 79	1.055 38	1.050 52	1.046 28	1.042 62
−35	56.23	1.131	2.259 76			1.053 86	1.052 31	1.049 23	1.045 87	1.042 64	1.039 70
−40	100.0	1.200	2.844 28				1.042 98	1.042 41	1.040 68	1.038 58	1.036 43

下面以副瓣电平 SLL=－20 dB、$\bar{n}$=3 的 12λ 泰勒线源的设计为例，进行如下分析。主副瓣比为

$$R=10^{-\mathrm{SLL}/20}=10^1=10 \tag{3.6.40}$$

由式(3.6.8)得

$$A=\frac{1}{\pi}\mathrm{arch}R\approx 0.9528 \tag{3.6.41}$$

由式(3.6.18)得

$$\sigma=\frac{\bar{n}}{\sqrt{A^2+\left(\bar{n}-\frac{1}{2}\right)^2}}\approx 1.1213 \tag{3.6.42}$$

采用 A 和 σ 的值，由式(3.6.17)和式(3.6.30)计算的零点位置 ω_n 和采样系数列在表 3.6.3 中，采样位置也列在表中。

表 3.6.3　SLL＝－20 dB，$\bar{n}=3$ **的泰勒线源的采样值和采样点**

n	$a_n=F(n,A,\bar{n})=F(n,0.9528,3)$	ω_n
0	1.000 000	0
±1	0.156 148	$\pm\frac{1}{12}$
±2	－0.002 164	$\pm\frac{1}{6}$

采用表 3.6.3 中的采样值和采样位置，可由式(3.6.28)和式(3.6.29)计算出方向图和电流分布，其结果如图 3.6.2 所示。方向图远副瓣的衰减包络如图 3.6.2(a)中虚线所示。

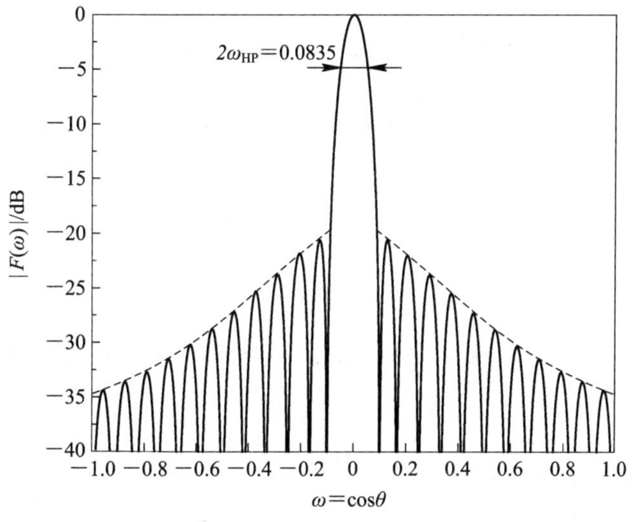

(a) 综合方向图

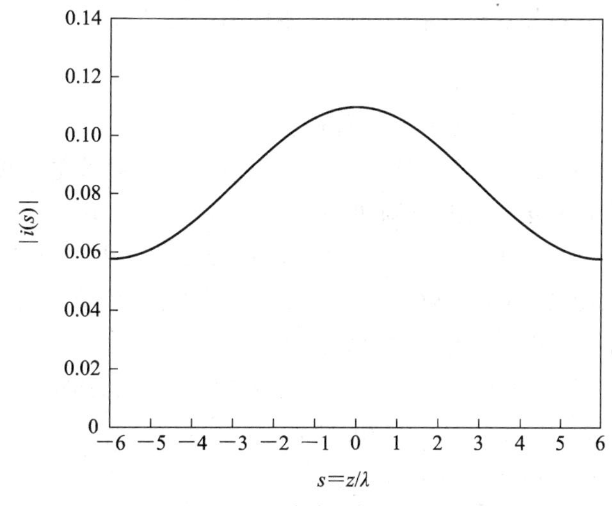

(b) 电流分布

图 3.6.2　SLL＝－20 dB 和 $\bar{n}=3$ 的 12λ 泰勒线源

由式(3.6.33)～式(3.6.36)可得半功率波瓣宽度为

$$2\omega_{\text{HPi}} \approx 0.0744,\ 2\theta_{\text{HPi}} \approx 4.264° \tag{3.6.43}$$

和

$$2\omega_{\text{HP}} \approx 0.0835,\ 2\theta_{\text{HP}} \approx 4.781° \tag{3.6.44}$$

在这种情况下，理想泰勒线源的波瓣宽度与近似泰勒线源的波瓣宽度非常接近。在图3.6.2(a)中标出了半功率波瓣宽度 $2\omega_{\text{HP}}$。

在 z 的 N 个等间距点处对连续线源分布采样，可确定 N 元等间距线阵的激励，这种离散化的方法称为常规采样法。显然，若 N 足够大，采样间隔足够小，则足以获得连续线源分布的细节，因而离散线阵的方向图与连续线源的方向图虽然有差别，但是差别很小。然而，在许多实际应用中，由于 N 不够大，致使通过采样得出的线阵激励所产生的方向图将严重蜕变。若直接由期望方向图而不是由连续线源分布来计算线阵激励，则可以克服这一缺点。

假设希望以 N 元等间距线阵产生泰勒线源方向图，若选择间距 $d=\dfrac{\lambda}{2}$，线阵长度 $L=N\dfrac{\lambda}{2}$，由于 $x=\dfrac{L}{\lambda}\cos\theta$ 在可见空间的变化范围为 $-\dfrac{N}{2}\sim+\dfrac{N}{2}$，总动程为 N，因而泰勒线源方向图在可见空间有 $N-1$ 个零点，这和 N 元等间距线阵在谢昆诺夫单位圆上根的数目完全相等。

对于等间距线阵，可令 $Z=\mathrm{e}^{\mathrm{j}\psi}$，而 $\psi=kd\cos\theta=\left(\dfrac{2\pi}{\lambda}\right)\left(\dfrac{L}{N}\right)\omega=2\pi\dfrac{x}{N}$，若泰勒线源方向图的零点 x_n 已知，那么 N 元等间距线阵在谢昆诺夫单位圆上的对应根为

$$Z_n=\mathrm{e}^{\mathrm{j}2\pi x_n/N} \tag{3.6.45}$$

将 Z_n 代入 $|f_{\text{a}}(Z)|=A_{N-1}|Z-Z_1|\cdot|Z-Z_2|\cdot\cdots\cdot|Z-Z_{N-1}|=A_{N-1}\prod\limits_{n=1}^{N-1}|Z-Z_n|$ 并完成连乘，N 元非均匀激励等间距线阵的电流分布就确定了。

若不采用 $\dfrac{\lambda}{2}$ 间距，则既不影响根的位置也不影响线阵的方向图 $f(Z)$，只影响 Z 在单位圆上的变化范围和可见空间的副瓣数目，因而可采用式(3.6.45)确定线源的根而不必考虑单元间距。上述方法称为根(或零点)匹配法。

例如，有一个副瓣电平 SLL＝－20 dB 和 $\bar{n}=4$ 的泰勒线源，按式(3.6.28)和式(3.6.29)计算的方向图和电流分布分别如图3.6.3(a)和(b)所示。若要求用间距 $d=0.7\lambda$ 的十九元等间距线阵产生该方向图，则 x 空间的18个零点可由式(3.6.17)求出，即

$$x_n \approx \pm1.1865,\ \pm1.9596,\ \pm2.9502,\ \pm4,\ \pm5,\ \pm6,\ \pm7,\ \pm8,\ \pm9$$

对应根 Z_n 的角位置以复共轭对的形式出现，即

$$\psi_n \approx \pm22.481°,\ \pm37.129°,\ \pm55.899°,\ \pm75.790°,\ \pm94.737°,\ \pm113.684°,$$
$$\pm132.632°,\ \pm151.579°,\ \pm170.526°$$

略去常数，线阵的方向图由下式给出：

$$f(Z)=\prod_{n=1}^{9}(Z^2-2Z\cos\psi_n+1) \tag{3.6.46}$$

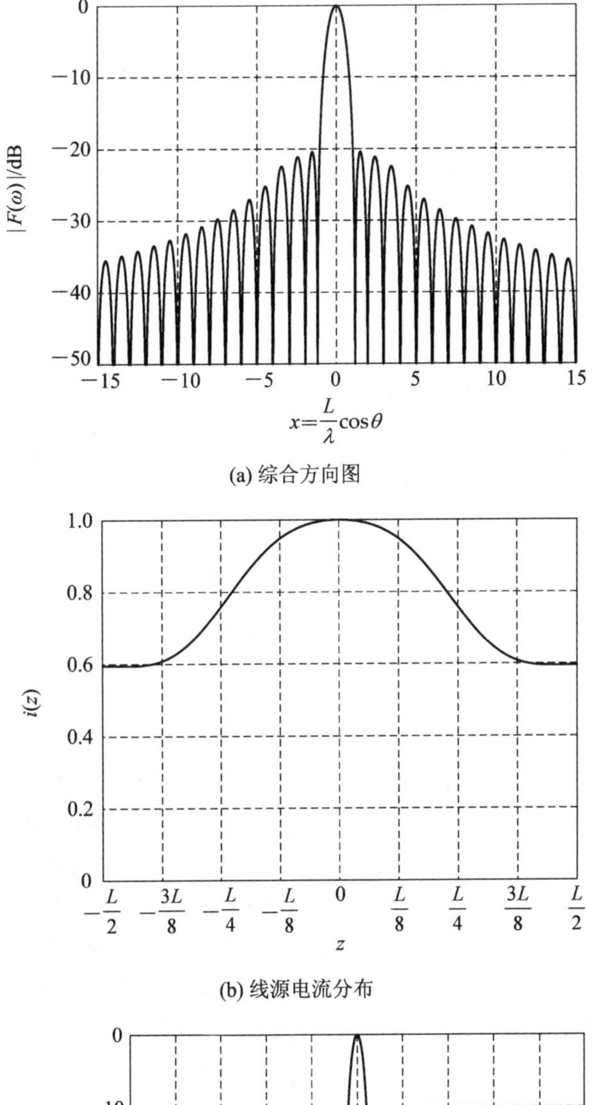

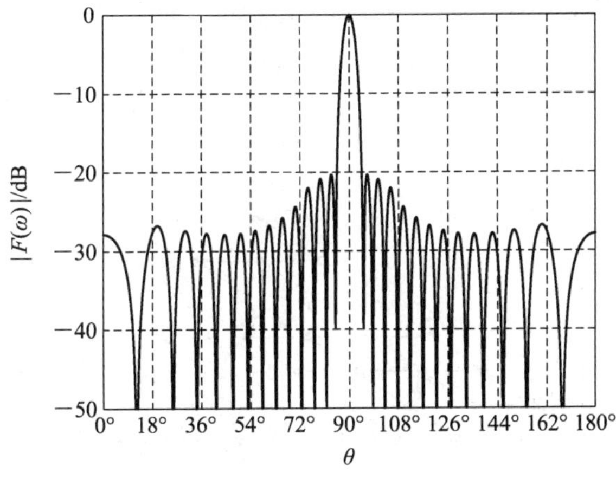

(c) $d=0.7\lambda$的方向图

图 3.6.3　SLL=−20 dB 和 $\bar{n}=4$ 的泰勒线源

完成连乘后就得到表 3.6.4 中所列的同相电流分布。离散电流分布产生的方向图如图 3.6.3(c)所示，可以看出它与图 3.6.3(a)很接近。

表 3.6.4 SLL=−20 dB，$\bar{n}=4$，$d=0.7\lambda$ **的十九元泰勒线阵的电流分布**

n	I_n	n	I_n
0	1.000	±5	0.735
±1	0.993	±6	0.656
±2	0.966	±7	0.610
±3	0.911	±8	0.595
±4	0.829	±9	0.595

由于切比雪夫方向图综合中所有副瓣相等，而泰勒方向图综合中后面的副瓣逐渐降低，因而泰勒低副瓣综合中的离散电流分布避免了边缘单元的反跳，具有更高的口径利用效率。

3.7 平 面 阵

直线阵中天线单元沿直线排阵。这种方式提高了排阵轴线平面内的方向性，而在垂直于排阵轴线的平面内没有阵因子的贡献，仍是单元因子的方向图特性，因此，直线阵提高方向系数的能力受到限制。平面阵是指天线单元在二维平面内按一定的形式排列，可解决以上问题。如矩形平面阵中阵列单元可沿矩形或三角形栅格排列成平面阵，由于增加了另一维的排阵，故可提高阵列的方向性，并可实现阵列主瓣的二维扫描。

图 3.7.1 所示为单元数目为 $M\times N$ 的沿矩形栅格排列的矩形平面阵，其位于 xOy 平面内，沿 x 轴和 y 轴排列的天线元间距分别为 d_x、d_y。该平面阵可看作 M 元直线阵沿 x 方向以间距 d_x 排列，该直线阵中第 m 个单元激励电流的幅度为 A_m，步进相位为 β_x；再将 N 个同样的线阵作为子阵，沿 y 方向以间距 d_y 排列，子阵第 n 个单元电流的幅度为 A_n，步进相位为 β_y。在该矩形平面阵列中，第 mn 个单元的电流幅度为 A_mA_n，相位为 $m\beta_x+n\beta_y$。

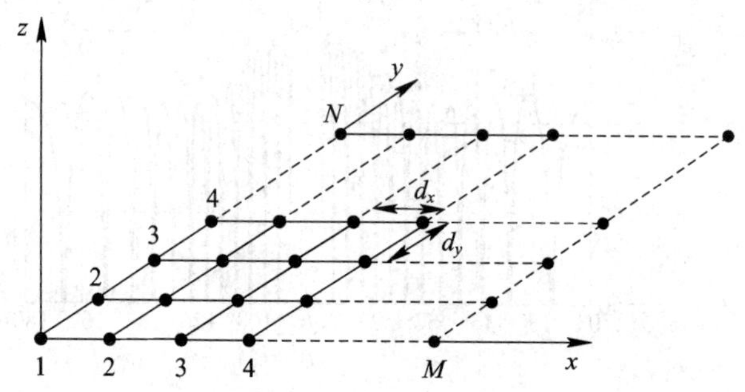

图 3.7.1 平面阵几何结构示意图

根据方向图乘积定理，平面阵的阵因子为

$$f_{a}(\theta,\varphi)=f_{ax}(\theta,\varphi)\cdot f_{ay}(\theta,\varphi) \tag{3.7.1}$$

式中：

$$f_{ax}(\theta,\varphi)=\sum_{m=1}^{M}A_{m}\mathrm{e}^{\mathrm{j}m(kd_{x}\sin\theta\cos\varphi+\beta_{x})} \tag{3.7.2}$$

为沿 x 方向的非均匀激励等间距线阵的阵因子；

$$f_{ay}(\theta,\varphi)=\sum_{n=1}^{N}A_{n}\mathrm{e}^{\mathrm{j}n(kd_{y}\sin\theta\sin\varphi+\beta_{y})} \tag{3.7.3}$$

为沿 y 方向的非均匀激励等间距线阵的阵因子。

在 xOz 面，$\varphi=0°$，由此可得在此平面内平面阵的阵因子为

$$f_{a}(\theta,\varphi=0°)=\sum_{m=1}^{M}A_{m}\mathrm{e}^{\mathrm{j}m(kd_{x}\sin\theta+\beta_{x})}\sum_{n=1}^{N}A_{n}\mathrm{e}^{\mathrm{j}n\beta_{y}} \tag{3.7.4}$$

去掉与方向性无关的项，可得

$$f_{a}(\theta,\varphi=0°)=\sum_{m=1}^{M}A_{m}\mathrm{e}^{\mathrm{j}m(kd_{x}\sin\theta+\beta_{x})} \tag{3.7.5}$$

由式(3.7.5)可见，xOz 面的方向性仅取决于单元沿 x 方向的排列方式和电流分布，与单元沿 y 方向的排列方式和电流分布无关。同样，yOz 面的方向性仅取决于单元沿 y 方向的排列方式和电流分布，与单元沿 x 方向的排列方式和电流分布无关。因此，可通过分别控制沿 x 方向和 y 方向线阵的间距、激励电流的幅度和相位来形成两个平面内不同的方向图。为了抑制栅瓣的出现，间距必须同时满足与线阵相同的条件。

若所有单元激励电流的幅度相等，则阵因子可写成：

$$f_{a}(\theta,\varphi)=A_{0}^{2}\sum_{m=1}^{M}\mathrm{e}^{\mathrm{j}m(kd_{x}\sin\theta\cos\varphi+\beta_{x})}\sum_{n=1}^{N}\mathrm{e}^{\mathrm{j}n(kd_{y}\sin\theta\sin\varphi+\beta_{y})} \tag{3.7.6}$$

归一化的阵因子为

$$F_{a}(\psi_{x},\psi_{y})=\frac{\sin\left(\frac{M}{2}\psi_{x}\right)}{M\sin\left(\frac{1}{2}\psi_{x}\right)}\,\frac{\sin\left(\frac{N}{2}\psi_{y}\right)}{N\sin\left(\frac{1}{2}\psi_{y}\right)} \tag{3.7.7}$$

式中：

$$\begin{cases}\psi_{x}=kd_{x}\sin\theta\cos\varphi+\beta_{x}\\ \psi_{y}=kd_{y}\sin\theta\sin\varphi+\beta_{y}\end{cases} \tag{3.7.8}$$

可通过分别调整 β_x 和 β_y 使 $f_{ax}(\theta,\varphi)$ 和 $f_{ay}(\theta,\varphi)$ 的主瓣方向不同。在实际应用中，要求其主瓣相交，最大辐射指向同一方向。若最大指向为 (θ_0,φ_0)，则在此方向有 $\psi_x=\psi_y=0$，得步进相位为

$$\begin{cases}\beta_{x}=-kd_{x}\sin\theta_{0}\cos\varphi_{0}\\ \beta_{y}=-kd_{y}\sin\theta_{0}\sin\varphi_{0}\end{cases} \tag{3.7.9}$$

求解式(3.7.9)，可得到主瓣最大值方向应满足：

$$\begin{cases}\tan\varphi_{0}=\dfrac{\beta_{y}d_{x}}{\beta_{x}d_{y}}\\[2ex] \sin^{2}\theta_{0}=\left(\dfrac{\beta_{x}}{kd_{x}}\right)^{2}+\left(\dfrac{\beta_{y}}{kd_{y}}\right)^{2}\end{cases} \tag{3.7.10}$$

若步进相位β_x、β_y为零，则阵列的最大指向垂直于阵列轴线，为边射阵；若步进相位β_x、β_y随时间变化，则主瓣指向随时间按式(3.7.10)变化，阵列方向图可在一定空域内扫描。

间距$d_x=d_y=\lambda/2$的5×5元均匀激励等间距边射阵的三维方向图如图3.7.2(a)所示，对应的$\varphi=0°$，90°，45°的二维俯仰面方向图如图3.7.2(b)所示。

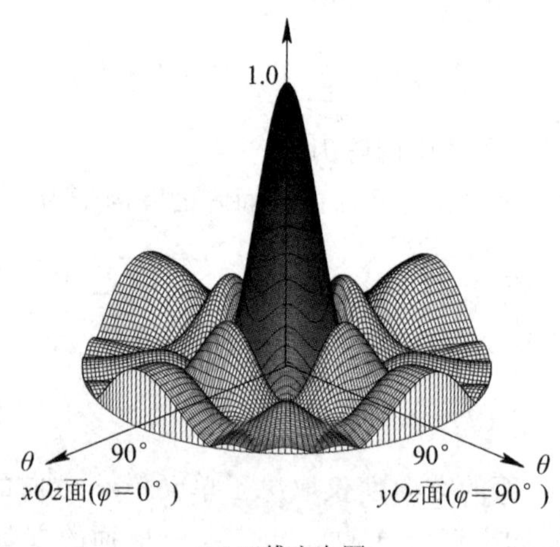

(a) 三维方向图

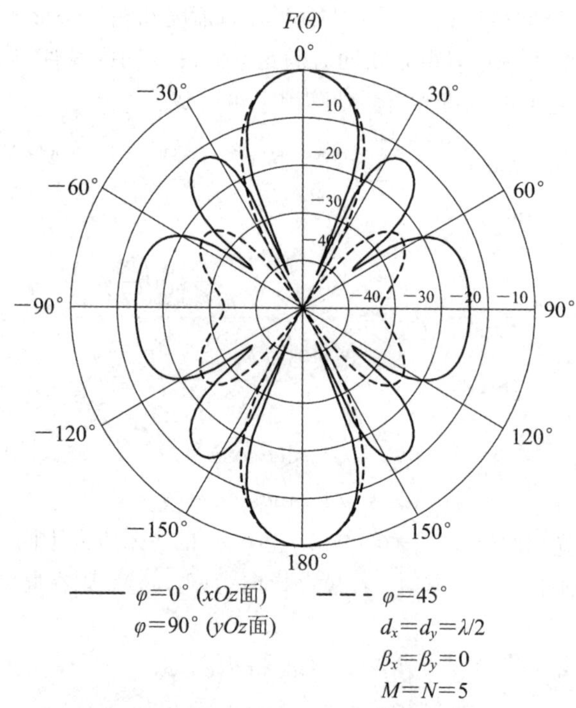

(b) $\varphi=0°$, 90°, 45° 的二维俯仰面方向图

图 3.7.2 均匀激励等间距边射阵的三维方向图和二维俯仰面方向图

间距$d_x=d_y=\lambda/2$，主瓣最大值方向$\theta_0=30°$、$\varphi_0=45°$的5×5元均匀激励等间距斜射阵的三维方向图如图3.7.3(a)所示，其最大辐射方向在第一象限，对应的$\varphi=0°$，90°，45°

的二维俯仰面方向图如图 3.7.3(b)所示。

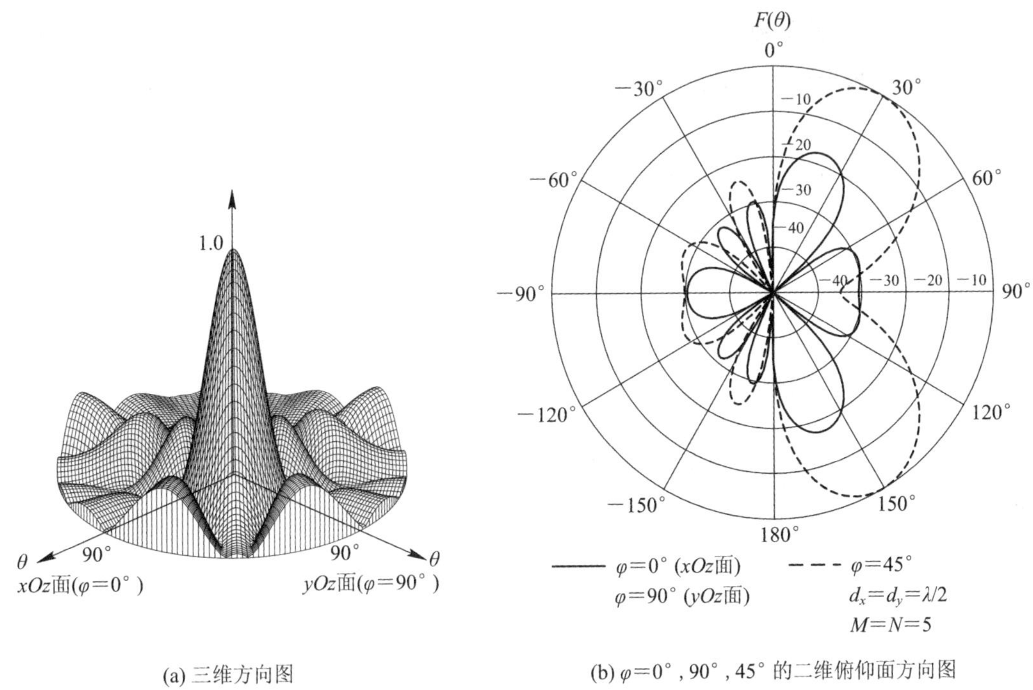

(a) 三维方向图　　(b) $\varphi=0°, 90°, 45°$ 的二维俯仰面方向图

图 3.7.3　$\theta_0=30°$、$\varphi_0=45°$的均匀激励等间距斜射阵的三维方向图和二维俯仰面方向图

计算非均匀激励平面阵的主瓣宽度和方向系数时，需要计算阵列在三维空间内的方向函数。

3.8　导电地面上的天线

至此我们主要分析了天线位于无限大自由空间中的辐射与阻抗特性，而在实际应用中，天线通常架设在载体或地面上，因而会受到载体或大地/空气分界面不均匀性的影响。位于天线附近的导电体在天线所辐射电磁波的影响下产生感应电流，该感应电流又在空间二次辐射电磁场，天线的空间辐射场为其直接产生的场与二次场的叠加。因此，在天线位于地面上或附近有金属导体时，天线系统的方向性和阻抗特性都与它在自由空间中不同。

严格计算地面上或金属导体附近天线的电磁场是复杂的，当地面或金属表面可以看成是无限大理想导电平面时，可以用镜像原理来求解。镜像原理是用位于镜面下对称位置的镜像天线代替镜面，实际系统等效为自由空间中实际天线与镜像天线组成的系统。求解时，将地面近似为无限大理想导电平面，不考虑其损耗、曲率以及边缘绕射现象。计算出该等效天线系统在镜面上半空间的场，就是所需要的实际天线系统的场。

3.8.1　镜像原理

用镜像原理计算位于无限大理想导电平面上天线的电磁场，应首先确定镜像天线的电流分布。镜像天线的电流分布应使等效系统在虚镜面表面上的电磁场与实际天线系统在无限大理想导电平面表面上的电磁场相同，即两者必须有相同的边界条件(表面切向电场为零)。根据场的唯一性定理，等效天线系统和实际天线系统在实际天线所在空间具有相同的电磁场解。应当指出的是，在镜像天线所在的半空间，两个系统并不等效，此半空间里实际天线系统的场为零。

下面以垂直电基本振子为例进一步说明。从电基本振子的远场公式注意到，式中 θ 是射线与电流正向的夹角，实际电基本振子在虚镜面表面 P 点(如图 3.8.1(a)中所示)的电场可表示为

$$\begin{cases} E_{r1} = C\cos\theta_1 \\ E_{\theta 1} = D\sin\theta_1 \end{cases} \tag{3.8.1}$$

式中，C、D 为常数。

由于垂直电基本振子的镜像为正像($I_1 = I_2$)，且 $r_2 = r_1$，因此镜像振子在同一点的电场可表示为

$$\begin{cases} E_{r2} = C\cos\theta_2 \\ E_{\theta 2} = D\sin\theta_2 \end{cases} \tag{3.8.2}$$

由于 $\theta_1 = 180° - \theta_2 > 90°$，故 $E_{r1} = -E_{r2}$，$E_{\theta 1} = E_{\theta 2}$，它们的矢量图如图 3.8.1(a)所示。从图中可见，E_{r1} 和 E_{r2} 及 $E_{\theta 1}$ 和 $E_{\theta 2}$ 在虚镜面上的切向分量正好分别完全抵消，因而虚镜面表面上切向电场为零，与原天线系统的边界条件相同，故垂直电基本振子的镜像必为正像。同理可说明水平电基本振子的镜像必为负像(如图 3.8.1(b)所示)。

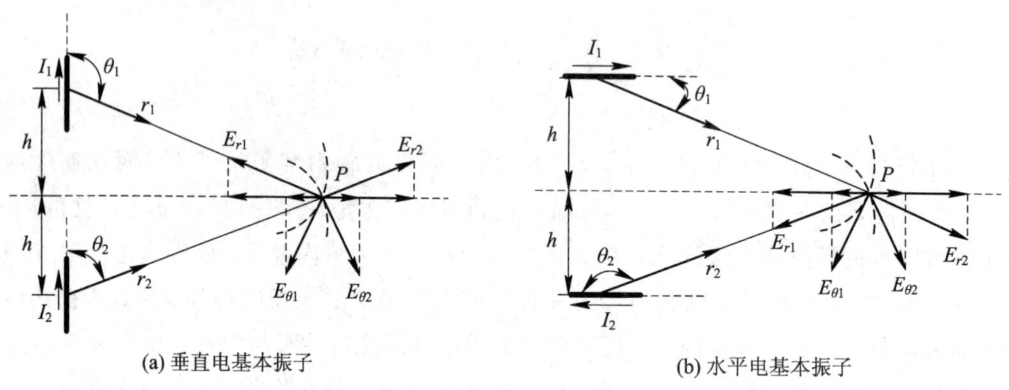

图 3.8.1　电基本振子镜像的说明

垂直电基本振子和水平电基本振子的镜像振子分别与原振子相同，镜像电流分别为等幅同相和等幅反相，倾斜放置的电基本振子可分解为垂直电振子和水平电振子。电流分布不均匀的天线可以看成是由许多电基本振子组成的，每个电基本振子都有和它对应的镜像，将它们组合起来就可得出整个天线的镜像。图 3.8.2 中分别给出了对称振子及其镜像振子的示意图。

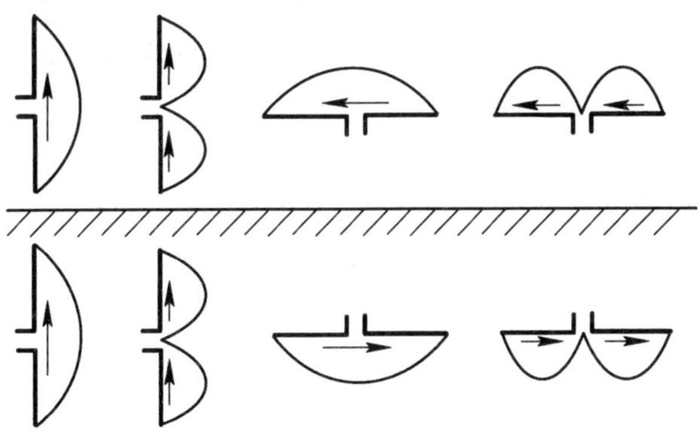

图 3.8.2　对称振子及其镜像振子

3.8.2　理想地面上的天线

由镜像原理可得，导电平面上的实际天线及其镜像构成了一个二元阵，下面来求出理想地面上垂直放置的对称振子以及水平放置的对称振子的方向图。

1. 理想导电地面上的垂直对称振子

位于无限大理想导电地面上的垂直接地天线如图 3.8.3 所示，地的影响可用镜像天线来代替，从而天线与其镜像构成一对称振子，它在上半空间的辐射场与自由空间对称振子的辐射场相同。设振子沿 z 轴放置，距离导电地面的距离为 h，射线与导电地面间的夹角称为仰角(用 Δ 表示)，则其场强幅度为

$$|E_\theta| = \frac{60I_\mathrm{m}}{r}\left|\frac{\cos(kh\cos\theta) - \cos(kh)}{\sin\theta}\right| \tag{3.8.3}$$

式中 $\theta = 90° - \Delta$，则

$$|E(\Delta)| = \left|\frac{60I_\mathrm{m}}{r}\frac{\cos(kh\sin\Delta) - \cos(kh)}{\cos\Delta}\right| \tag{3.8.4}$$

天线归一化方向函数为

$$|F(\Delta)| = \frac{1}{1 - \cos(kh)}\left|\frac{\cos(kh\sin\Delta) - \cos(kh)}{\cos\Delta}\right| \tag{3.8.5}$$

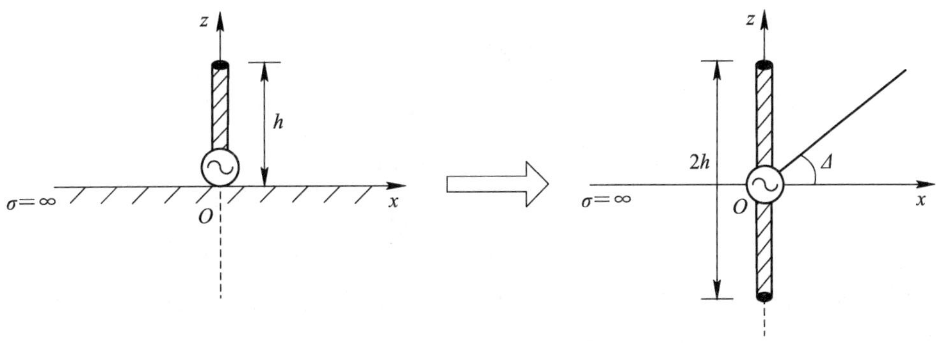

图 3.8.3　垂直接地天线

此天线只在上半空间有场的表示式，下半空间的场为零。不同高度的垂直接地天线在地面上方的方向图如图 3.8.4 所示，和对称振子方向图的规律一致，其方向图特性与振子高度 h 相关。

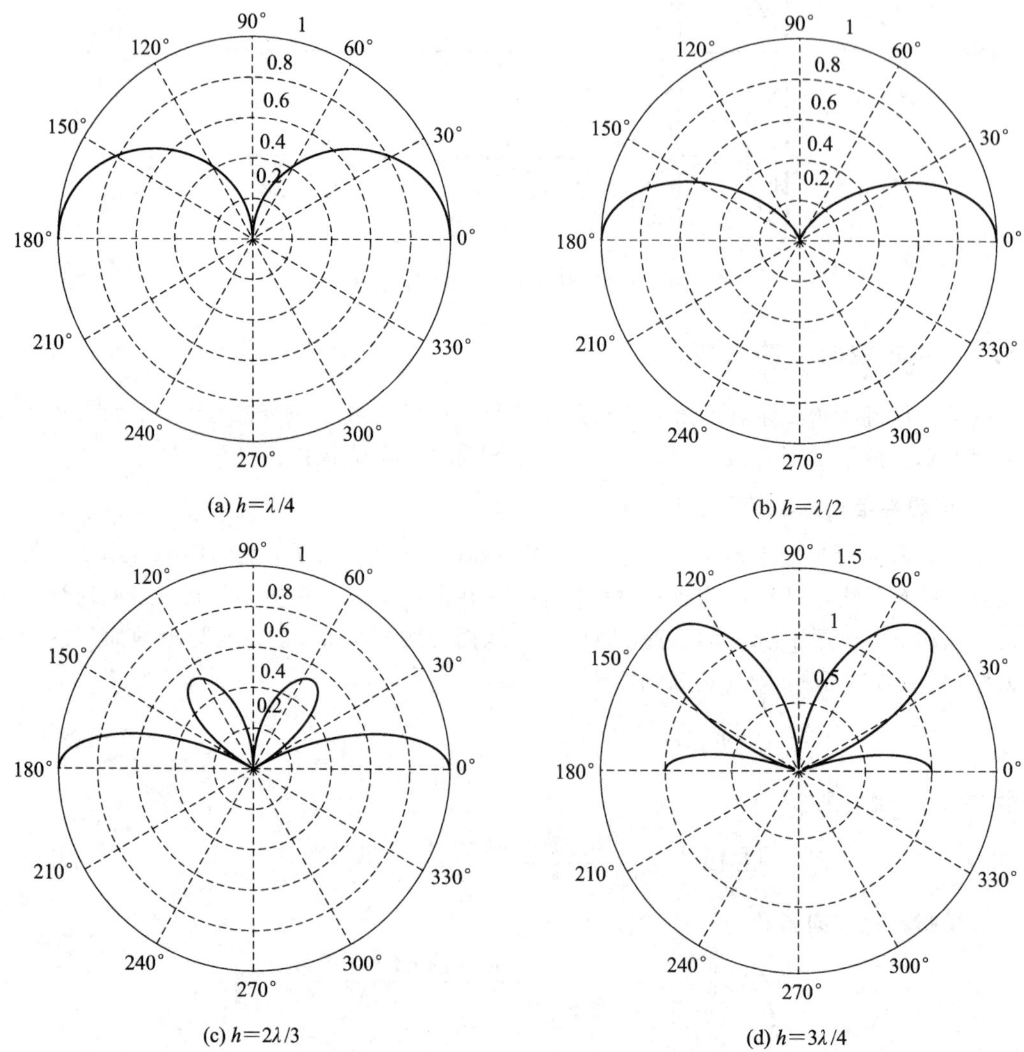

图 3.8.4　垂直接地天线在地面上方的方向图

应用坡印廷矢量法进行积分，可得理想导电地面上的垂直对称振子的辐射功率为

$$P_{\mathrm{r}}=\frac{1}{240\pi}\int_{0}^{2\pi}\int_{0}^{\pi}|E_{\theta}|^{2}r^{2}\sin\theta\mathrm{d}\theta\mathrm{d}\varphi$$

$$=30|I_{\mathrm{m}}|^{2}\int_{0}^{\frac{\pi}{2}}\left|\frac{[\cos(kh\sin\Delta)-\cos(kh)]^{2}}{\cos\Delta}\right|\mathrm{d}\Delta \tag{3.8.6}$$

其辐射功率是自由空间同等臂长且电流分布相同的对称振子的一半。其辐射电阻为

$$R_{\mathrm{rm}}=\frac{2P_{\mathrm{r}}}{|I_{\mathrm{m}}|^{2}}=60\int_{0}^{\frac{\pi}{2}}\left|\frac{[\cos(kh\sin\Delta)-\cos(kh)]^{2}}{\cos\Delta}\right|\mathrm{d}\Delta \tag{3.8.7}$$

此时天线的辐射电阻也等于同等臂长的自由空间对称振子的辐射电阻的一半。当 $h=\lambda/4$

时，$R_{rm}=36.51\ \Omega$；当 $h\ll\lambda$ 时，这种电小的直立天线的归算于输入端电流的辐射电阻为

$$R_{r0}\approx 40\pi^2\left(\frac{h}{\lambda}\right)^2 \tag{3.8.8}$$

又由 $I(z)=I_m\sin[k(l-|z|)]$，得在天线输入端的电流为 $I_0=I_m\sin(kl)$，当 $l\ll\lambda$ 时，有 $I_0\approx I_m kl$。由 $\frac{1}{2}I_0^2R_{r0}\approx\frac{1}{2}I_m^2R_{rm}$，可得 $R_{rm}=\frac{I_0^2}{I_m^2}R_{r0}=R_{r0}(kl)^2$。所以

$$R_{rm}\approx 160\pi^4\left(\frac{h}{\lambda}\right)^4 \tag{3.8.9}$$

值得指出的是，垂直接地振子的方向系数为自由空间中对称振子方向系数的 2 倍。

图 3.8.5 中所示为理想导电地面上的垂直对称振子，设对称振子沿 z 轴放置，对称振子中点至理想导电地面的高度为 h，仰角为 Δ。它垂直放置时与镜像振子组成间距为 $2h$ 的等幅同相二元阵。其中单元因子为

$$F_e(\Delta)=\frac{\cos\left(\frac{\pi}{2}\sin\Delta\right)}{\cos\Delta} \tag{3.8.10}$$

归一化阵因子为

$$F_a(\Delta)=\cos(kh\sin\Delta) \tag{3.8.11}$$

则归一化方向函数 $F(\Delta)$ 为

$$F(\Delta)=F_e(\Delta)F_a(\Delta)=\frac{\cos\left(\frac{\pi}{2}\sin\Delta\right)}{\cos\Delta}\cos(kh\sin\Delta) \tag{3.8.12}$$

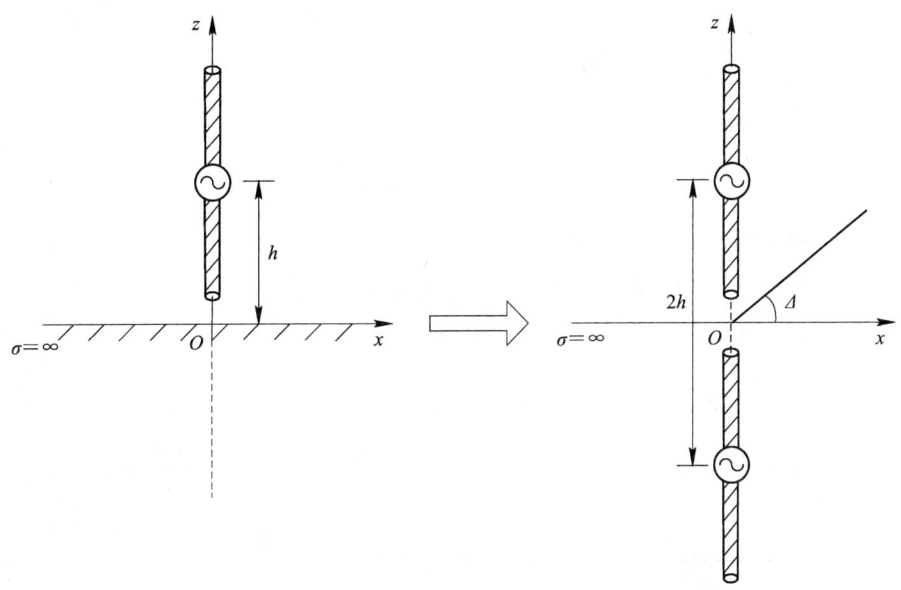

图 3.8.5　理想导电地面上的垂直对称振子

不同高度的垂直对称振子的方向图如图 3.8.6 所示，不论 h 为何值，其最大值都位于水平面上，而 $\Delta=90°$ 为方向图的零点。

(a) $h=\lambda/4$

(b) $h=\lambda/2$

(c) $h=3\lambda/4$

(d) $h=\lambda$

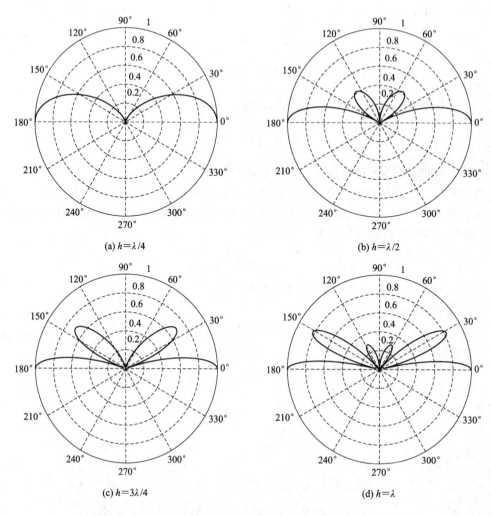

图 3.8.6　不同高度的垂直对称振子的方向图

2. 理想导电地面上的水平对称振子

图 3.8.7 中所示为理想导电地面上的水平对称振子，设对称振子沿 y 轴放置，对称振子至理想导电地面的高度为 h，仰角为 Δ。它水平放置时与镜像振子组成间距为 $2h$ 的等幅反相二元阵。其中单元因子为

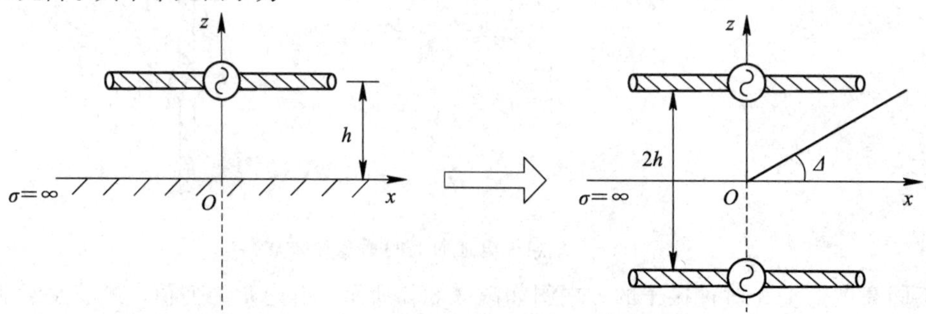

图 3.8.7　理想导电地面上的水平对称振子

$$F_e(\Delta,\varphi)=\frac{\cos(kl\cos\Delta\sin\varphi)}{\sqrt{1-\cos^2\Delta\sin^2\varphi}} \tag{3.8.13}$$

归一化阵因子为

$$F_a(\Delta)=\sin(kh\sin\Delta) \tag{3.8.14}$$

则其归一化方向图为

$$F(\Delta,\varphi)=\frac{\cos(kl\cos\Delta\sin\varphi)}{\sqrt{1-\cos^2\Delta\sin^2\varphi}}\sin(kh\sin\Delta) \tag{3.8.15}$$

不同架设高度的水平对称振子在 $\varphi=0^\circ$面内的方向图如图 3.8.8 所示，不论 h 为何值，其零点都位于水平面上。而最大值方向随 h 的变化而不同，当

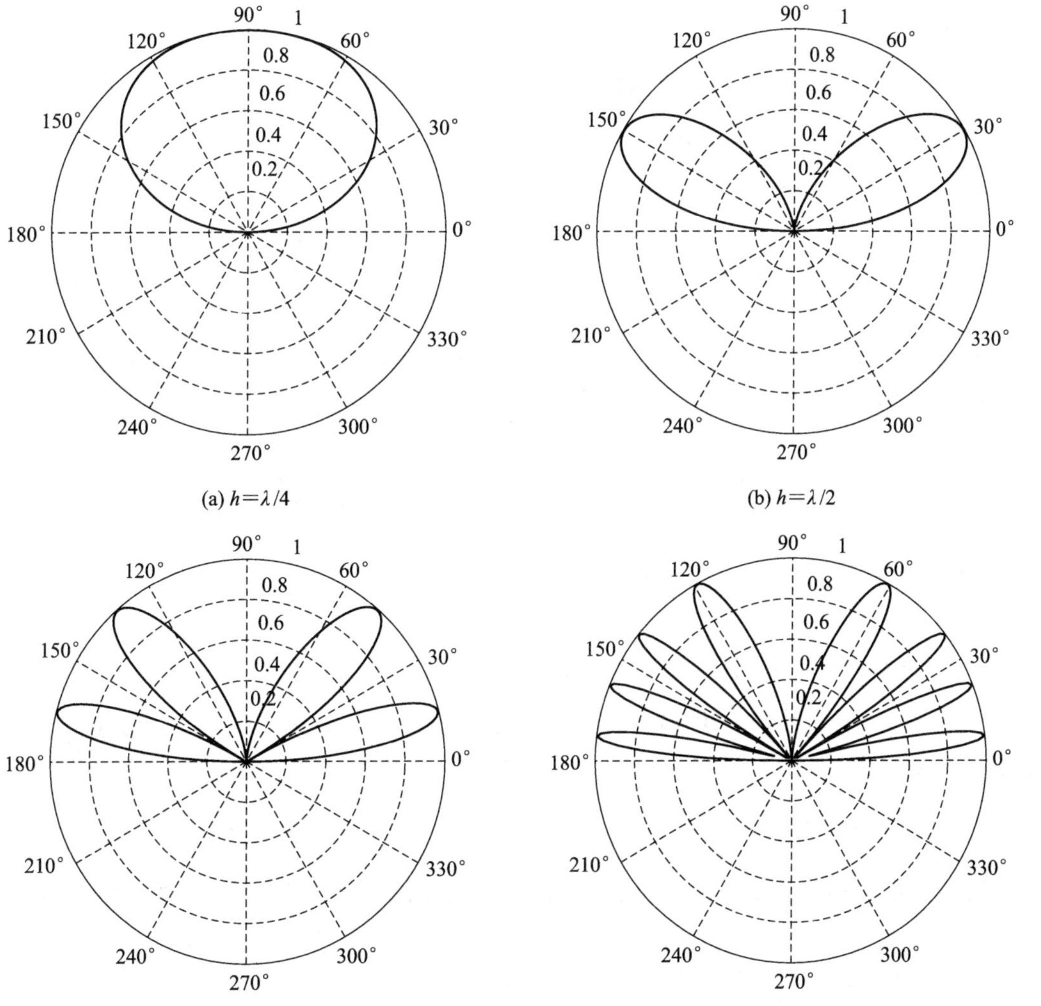

(a) $h=\lambda/4$　　(b) $h=\lambda/2$

(c) $h=\lambda$　　(d) $h=2\lambda$

图 3.8.8　不同架设高度的水平对称振子的方向图

$$kh\sin\Delta_m=(2m+1)\frac{\pi}{2}\qquad m=0,1,2,\cdots\tag{3.8.16}$$

时，式(3.8.15)中方向函数有最大值，此时最大值方向为

$$\Delta_m=\arcsin\left(\frac{2m+1}{2kh}\pi\right)=\arcsin\left(\frac{2m+1}{4h}\lambda\right)\tag{3.8.17}$$

当 $m=0$ 时，

$$\Delta_0=\arcsin\frac{\lambda}{4h}\tag{3.8.18}$$

为方向图第一仰角，即通信仰角。可见，天线架设越高，通信仰角 Δ_0 越低，通信距离越远。一般确定天线架设高度 h 时，可首先由通信距离、电离层高度算出 Δ_0，再决定

$$h=\frac{\lambda}{4\sin\Delta_0}\tag{3.8.19}$$

3.8.3 实际地面上天线的方向图

在许多实际情况下，实际地面的电参数与理想导体差别甚大，不能近似为理想导电地面，但仍可用镜像法分析实际地面上天线的方向图。远区辐射场是天线的直接辐射场与地面散射场之和。散射场可认为是天线向地面入射经反射后到达观察点的反射场，反射场又可看成是天线镜像的辐射场，不同的是，镜像电流不再是简单地与实际天线电流等幅同相或等幅反相，而是等于实际天线电流乘以适当的地面反射系数，这是因为反射场正比于实际地面的反射系数。反射系数近似为平面波入射到实际地面的反射系数，与入射波极化特性、入射角和地面电参数及频率等有关，它是一个复数，其表达式如下：

$$\Gamma_{\mathrm{V}}=|\Gamma_{\mathrm{V}}|\mathrm{e}^{\mathrm{j}\Phi_{\mathrm{V}}}=\frac{\varepsilon_r'\sin\Delta-\sqrt{\varepsilon_r'-\cos^2\Delta}}{\varepsilon_r'\sin\Delta+\sqrt{\varepsilon_r'-\cos^2\Delta}}\tag{3.8.20}$$

$$\Gamma_{\mathrm{H}}=|\Gamma_{\mathrm{H}}|\mathrm{e}^{\mathrm{j}\Phi_{\mathrm{H}}}=\frac{\sin\Delta-\sqrt{\varepsilon_r^2-\cos^2\Delta}}{\sin\Delta+\sqrt{\varepsilon_r'-\cos^2\Delta}}\tag{3.8.21}$$

式中，Γ_{V} 和 Γ_{H} 分别为垂直极化波和水平极化波的反射系数；$\varepsilon_r'=\dfrac{\varepsilon'}{\varepsilon_0}=\varepsilon_r-\dfrac{\mathrm{j}\sigma}{\omega\varepsilon_0}$，是实际地面复相对介电常数。垂直电基本振子(离地面高度为 h)只产生垂直极化波，地面上空间的辐射场可表示为

$$E=\mathrm{j}\omega\mu\frac{Il}{4\pi}\frac{\mathrm{e}^{-\mathrm{j}kr}}{r}\cos\Delta\left(\mathrm{e}^{\mathrm{j}kh\sin\Delta}+\Gamma_{\mathrm{V}}\mathrm{e}^{-\mathrm{j}kh\sin\Delta}\right)\qquad 0^\circ\leqslant\Delta\leqslant 90^\circ$$

式中等号右端的第二项是地面反射场，亦即天线镜像辐射场。实际地面上垂直电基本振子的方向函数为

$$\begin{aligned}f(\Delta)&=f_{\mathrm{e}}(\Delta)f_{\mathrm{a}}(\Delta)\\&=\cos\Delta\sqrt{1+|\Gamma_{\mathrm{V}}|^2+2|\Gamma_{\mathrm{V}}|\cos(\Phi_{\mathrm{V}}-2kh\sin\Delta)}\qquad 0^\circ\leqslant\Delta\leqslant 90^\circ\end{aligned}\tag{3.8.22}$$

水平电基本振子(离地面高度为 h)在 H 平面(垂直于振子轴的平面)内产生水平极化波，地面上空间的辐射场可表示为

$$E = \mathrm{j}\omega\mu \frac{Il}{4\pi}\frac{\mathrm{e}^{-\mathrm{j}kr}}{r}(\mathrm{e}^{\mathrm{j}kh\sin\Delta} + \Gamma_{\mathrm{H}}\mathrm{e}^{-\mathrm{j}kh\sin\Delta}) \qquad 0° \leqslant \Delta \leqslant 90°$$

式中等号右端的第二项是地面反射场，亦即天线镜像辐射场。实际地面上水平电基本振子的 H 平面方向函数为

$$f(\Delta) = f_{\mathrm{a}}(\Delta) = \sqrt{1 + |\Gamma_{\mathrm{H}}|^2 + 2|\Gamma_{\mathrm{H}}|\cos(\Phi_{\mathrm{H}} - 2kh\sin\Delta)} \qquad 0° \leqslant \Delta \leqslant 90° \tag{3.8.23}$$

式(3.8.23)已考虑在 H 平面内 $f_{\mathrm{e}}(\Delta)=1$。

不同实际地面上，高度为 $\lambda/4$ 和 $\lambda/2$ 的垂直电振子的俯仰面方向图如图 3.8.9 所示，图中参数 $n=\sigma/(\omega\varepsilon_{\mathrm{r}}\varepsilon_0)$，其中 $\varepsilon_{\mathrm{r}}=15$，为地球的平均介电常数。对于理想地面($n=\infty$)，沿地面为最大辐射方向；对于实际地面，$\Delta$ 接近 0 时，$\Gamma_{\mathrm{V}}\approx 1$，因而沿地面为零辐射方向。实际地面有限电导率的影响是主瓣上翘，辐射强度降低。

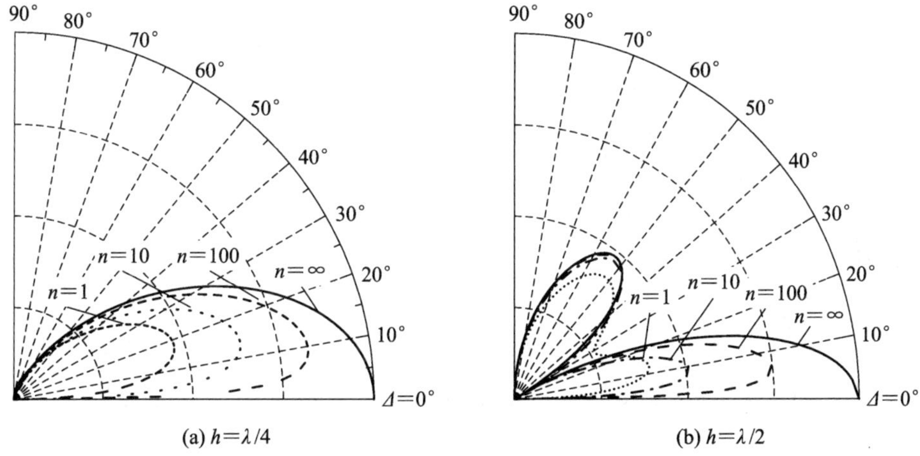

图 3.8.9　不同实际地面上垂直电振子的俯仰面方向图($\varepsilon_{\mathrm{r}}=15$)

不同实际地面上，高度为 $\lambda/4$ 和 $\lambda/2$ 的水平电振子的 H 平面方向图如图 3.8.10 所示，可见实际地面的有限电导率对水平振子的影响比对垂直振子的影响要小得多。

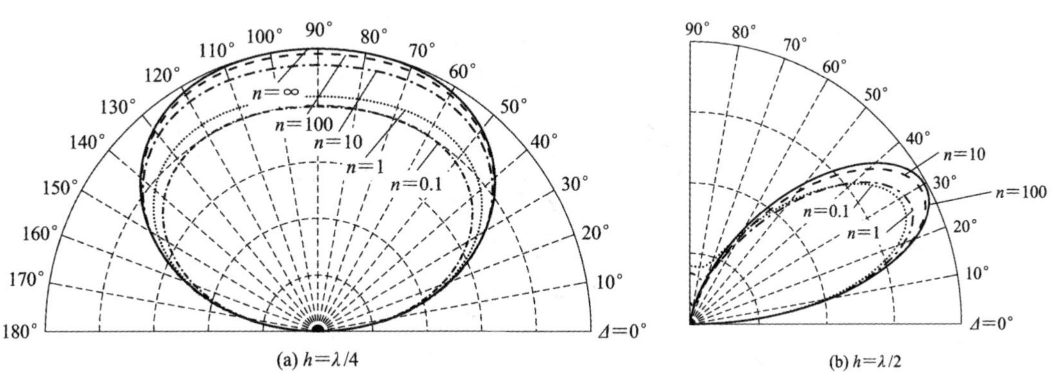

图 3.8.10　不同实际地面上水平电振子的 H 平面方向图($\varepsilon_{\mathrm{r}}=15$)

3.9 圆　　阵

辐射单元排列在圆周上的天线阵称为圆阵。圆阵在雷达、导航、无线电测向等设备中得到了广泛应用。最简单的圆阵是单层圆阵。

3.9.1 方向函数

如图 3.9.1 所示，假设 N 个点源在 xOy 面沿半径为 a 的圆周等间距排列形成圆阵，第 n 个单元的角位置为 $\varphi_n = 2\pi n/N$，激励电流为 $I_n = A_n e^{j\alpha_n}$，远场可写为

$$E(r,\theta,\varphi) = \sum_{n=0}^{N-1} A_n e^{j\alpha_n} 4\pi \frac{e^{-jkR_n}}{R_n} \tag{3.9.1}$$

式中，R_n 是第 n 个单元到观察点的距离，有

$$R_n = (r^2 + a^2 - 2ar\cos\psi_n)^{\frac{1}{2}} \tag{3.9.2}$$

若 $r \gg a$，则

$$\begin{cases} \dfrac{1}{R_n} \approx \dfrac{1}{r} \\ R_n \approx r - a\cos\psi_n = r - a(\boldsymbol{a}_n \cdot \hat{\boldsymbol{r}}) = r - a\sin\theta\cos(\varphi - \varphi_n) \end{cases} \tag{3.9.3}$$

式中

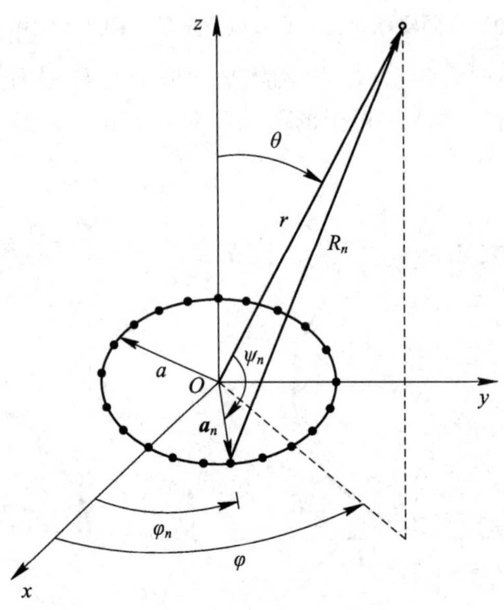

图 3.9.1　N 元点源圆阵

$$\begin{aligned}\boldsymbol{a}_n \cdot \hat{\boldsymbol{r}} &= (\hat{\boldsymbol{x}}\cos\varphi_n + \hat{\boldsymbol{y}}\sin\varphi_n)\cdot(\hat{\boldsymbol{x}}\sin\theta\cos\varphi + \hat{\boldsymbol{y}}\sin\theta\sin\varphi + \hat{\boldsymbol{z}}\cos\theta)\\ &= \sin\theta\cos\varphi\cos\varphi_n + \sin\theta\sin\varphi\sin\varphi_n\\ &= \sin\theta\cos(\varphi - \varphi_n)\end{aligned} \tag{3.9.4}$$

因而，式(3.9.1)化简为

$$E(r,\theta,\varphi) = 4\pi\frac{\mathrm{e}^{-\mathrm{j}kr}}{r}\sum_{n=0}^{N-1}A_n\mathrm{e}^{\mathrm{j}[ka\sin\theta\cos(\varphi-\varphi_n)+\alpha_n]} \tag{3.9.5}$$

阵因子为

$$f_{\mathrm{a}}(\theta,\varphi) = \sum_{n=0}^{N-1}A_n\mathrm{e}^{\mathrm{j}[ka\sin\theta\cos(\varphi-\varphi_n)+\alpha_n]} \tag{3.9.6}$$

为使主瓣最大值指向(θ_0,φ_0)，第 n 个单元激励电流的相位选为

$$\alpha_n = -ka\sin\theta_0\cos(\varphi_0 - \varphi_n) \tag{3.9.7}$$

则阵因子式(3.9.6)可写为

$$\begin{aligned}f_{\mathrm{a}}(\theta,\varphi) &= \sum_{n=0}^{N-1}A_n\mathrm{e}^{\mathrm{j}ka[\sin\theta\cos(\varphi-\varphi_n)-\sin\theta_0\cos(\varphi_0-\varphi_n)]}\\ &= \sum_{n=0}^{N-1}A_n\mathrm{e}^{\mathrm{j}ka(\cos\varphi-\cos\varphi_0)}\end{aligned} \tag{3.9.8}$$

为将式(3.9.8)化成简单形式，定义 ρ_0 为

$$\rho_0 = a[(\sin\theta\cos\varphi - \sin\theta_0\cos\varphi_0)^2 + (\sin\theta\sin\varphi - \sin\theta_0\sin\varphi_0)^2]^{\frac{1}{2}} \tag{3.9.9}$$

式(3.9.8)的指数项可写为

$$\begin{aligned}ka(\cos\varphi-\cos\varphi_0) &= \frac{k\rho_0[\sin\theta\cos(\varphi-\varphi_0)-\sin\theta_0\cos(\varphi_0-\varphi_n)]}{[(\sin\theta\cos\varphi-\sin\theta_0\cos\varphi_0)^2+(\sin\theta\sin\varphi-\sin\theta_0\sin\varphi_0)^2]^{\frac{1}{2}}}\\ &= k\rho_0\left\{\frac{\cos\varphi_n(\sin\theta\cos\varphi-\sin\theta_0\cos\varphi_0)+\sin\varphi_n(\sin\theta\sin\varphi-\sin\theta_0\sin\varphi_0)}{[(\sin\theta\cos\varphi-\sin\theta_0\cos\varphi_0)^2+(\sin\theta\sin\varphi-\sin\theta_0\sin\varphi_0)^2]^{\frac{1}{2}}}\right\}\end{aligned} \tag{3.9.10}$$

定义

$$\cos\xi = \frac{\sin\theta\cos\varphi - \sin\theta_0\cos\varphi_0}{[(\sin\theta\cos\varphi - \sin\theta_0\cos\varphi_0)^2 + (\sin\theta\sin\varphi - \sin\theta_0\sin\varphi_0)^2]^{\frac{1}{2}}} \tag{3.9.11}$$

则

$$\sin\xi = (1-\cos^2\xi)^{\frac{1}{2}} = \frac{\sin\theta\sin\varphi - \sin\theta_0\sin\varphi_0}{[(\sin\theta\cos\varphi - \sin\theta_0\cos\varphi_0)^2 + (\sin\theta\sin\varphi - \sin\theta_0\sin\varphi_0)^2]^{\frac{1}{2}}} \tag{3.9.12}$$

因而式(3.9.10)和式(3.9.8)可分别写为

$$ka(\cos\varphi - \cos\varphi_0) = k\rho_0(\cos\varphi_n\cos\xi + \sin\varphi_n\sin\xi) = k\rho_0\cos(\varphi_n - \xi) \tag{3.9.13}$$

和

$$f_{\mathrm{a}}(\theta,\varphi) = \sum_{n=0}^{N-1}A_n\mathrm{e}^{\mathrm{j}ka(\cos\varphi-\cos\varphi_0)} = \sum_{n=0}^{N-1}A_n\mathrm{e}^{\mathrm{j}k\rho_0\cos(\varphi_n-\xi)} \tag{3.9.14}$$

式中

$$\xi = \arctan\frac{\sin\theta\sin\varphi - \sin\theta_0\sin\varphi_0}{\sin\theta\cos\varphi - \sin\theta_0\cos\varphi_0} \tag{3.9.15}$$

$ka=10$ 的十元均匀激励等间距圆阵的三维方向图和对应的二维方向图分别如图 3.9.2 (a)和(b)所示。

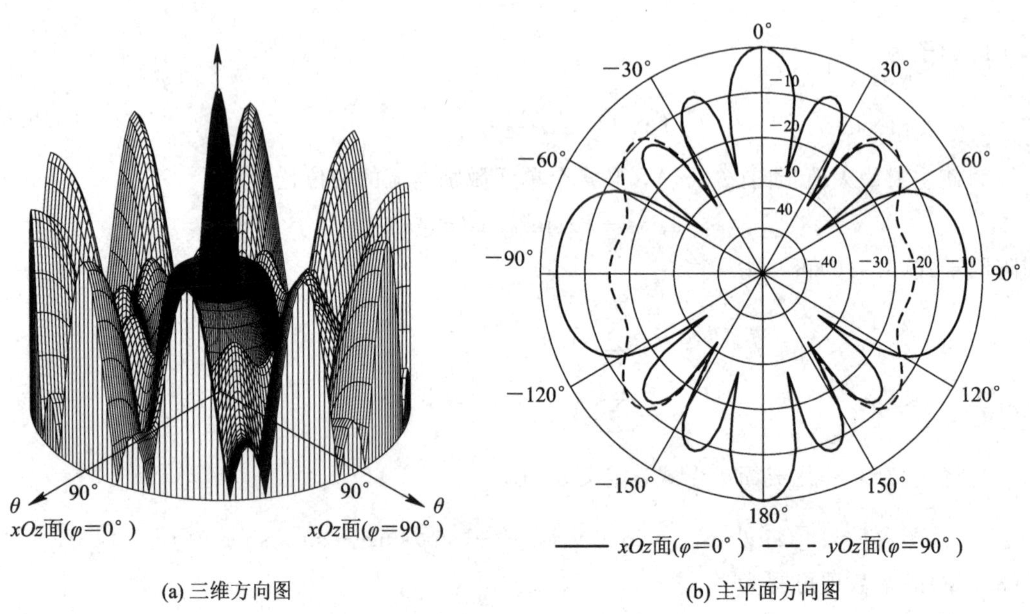

(a) 三维方向图 (b) 主平面方向图

图 3.9.2 $ka=10$ 的十元均匀激励等间距圆阵的方向图

3.9.2 方向系数

无方向性点源单层圆阵的方向系数按下式计算：

$$D = \frac{4\pi}{\int_0^{2\pi}\int_0^{\pi} |F_a(\theta,\varphi)|^2 \sin\theta \mathrm{d}\theta \mathrm{d}\varphi} \tag{3.9.16}$$

式中

$$|F_a(\theta,\varphi)|^2 = \frac{1}{\left(\sum\limits_{i=1}^{N} I_i\right)^2}\left\{\sum_{i=1}^{N} I_i \mathrm{e}^{\mathrm{j}[ka\sin\theta\cos(\varphi-\varphi_i)+\beta_i]} \cdot \sum_{p=1}^{N} I_p \mathrm{e}^{-\mathrm{j}[ka\sin\theta\cos(\varphi-\varphi_p)+\beta_p]}\right\} \tag{3.9.17}$$

由于式(3.9.17)大括号内的通项

$$I_i I_p \mathrm{e}^{\mathrm{j}(\beta_i-\beta_p)} \mathrm{e}^{\mathrm{j}ka\sin\theta[\cos(\varphi-\varphi_i)-\cos(\varphi-\varphi_p)]} = I_i I_p \mathrm{e}^{\mathrm{j}(\beta_i-\beta_p)} \mathrm{e}^{\mathrm{j}k\rho_{ip}\sin\theta\cos(\varphi-\varphi_{ip})} \tag{3.9.18}$$

式中

$$\rho_{ip} = \begin{cases} 2a\sin\dfrac{\varphi_i-\varphi_p}{2} & i\neq p \\ 0 & i=p \end{cases} \tag{3.9.19}$$

$$\varphi_{ip} = \arctan\frac{\sin\varphi_i - \sin\varphi_p}{\cos\varphi_i - \cos\varphi_p} \quad i\neq p \tag{3.9.20}$$

因此式(3.9.16)中的分母为

$$
\begin{aligned}
&\left(\sum_{i=1}^{N} I_i\right)^{-2}\sum_{i=1}^{N}\sum_{p=1}^{N} I_i I_p \mathrm{e}^{\mathrm{j}(\beta_i-\beta_p)}\int_0^{2\pi}\int_0^{\pi}\mathrm{e}^{\mathrm{j}(\beta_i-\beta_p)}\mathrm{e}^{\mathrm{j}k\rho_{ip}\sin\theta\cos(\varphi-\varphi_{ip})}\sin\theta\mathrm{d}\theta\mathrm{d}\varphi\\
&=2\pi\left(\sum_{i=1}^{N} I_i\right)^{-2}\sum_{i=1}^{N}\sum_{p=1}^{N} I_i I_p \mathrm{e}^{\mathrm{j}(\beta_i-\beta_p)}\int_0^{2\pi}\mathrm{J}_0(k\rho_{ip}\sin\theta)\sin\theta\mathrm{d}\theta\\
&=4\pi\left(\sum_{i=1}^{N} I_i\right)^{-2}\sum_{i=1}^{N}\sum_{p=1}^{N} I_i I_p \mathrm{e}^{\mathrm{j}(\beta_i-\beta_p)}\int_0^{\frac{\pi}{2}}\mathrm{J}_0(k\rho_{ip}\sin\theta)\sin\theta\mathrm{d}\theta\\
&=4\pi\left(\sum_{i=1}^{N} I_i\right)^{-2}\sum_{i=1}^{N}\sum_{p=1}^{N} I_i I_p \mathrm{e}^{\mathrm{j}(\beta_i-\beta_p)}\frac{\sin(k\rho_{ip})}{k\rho_{ip}}
\end{aligned}
\tag{3.9.21}
$$

把式(3.9.21)代入式(3.9.16)，得到

$$
D=\frac{\left(\sum_{i=1}^{N} I_i\right)^2}{\sum_{i=1}^{N}\sum_{p=1}^{N} I_i I_p \mathrm{e}^{\mathrm{j}(\beta_i-\beta_p)}\frac{\sin(k\rho_{ip})}{k\rho_{ip}}}
\tag{3.9.22}
$$

3.10　线　　源

许多天线可以用线源或线源的组合来模拟，例如缝隙、矩形喇叭或圆口径抛物面等。

沿 z 轴中心位于坐标原点的线源如图 3.10.1 所示。假设线源长度为 L，电流分布为 $I(z')$，则矢位为

$$
\boldsymbol{A}=\hat{\boldsymbol{z}}\frac{\mathrm{e}^{-\mathrm{j}kr}}{4\pi r}\int_{-L/2}^{L/2} I(z')\mathrm{e}^{\mathrm{j}kz'\cos\theta}\mathrm{d}z'
\tag{3.10.1}
$$

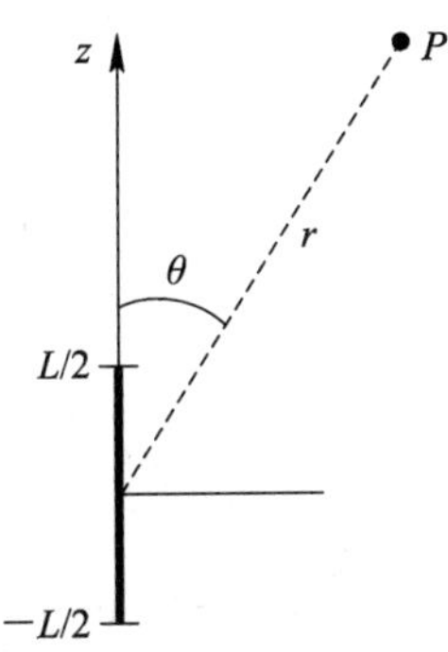

图 3.10.1　线源

远区电场强度为

$$
\boldsymbol{E}=\hat{\boldsymbol{\theta}}\,\mathrm{j}\omega\mu\sin\theta A_z=\hat{\boldsymbol{\theta}}\,\mathrm{j}\omega\mu\,\frac{\mathrm{e}^{-\mathrm{j}kr}}{4\pi r}\sin\theta\int_{-L/2}^{L/2} I(z')\mathrm{e}^{\mathrm{j}kz'\cos\theta}\mathrm{d}z'
\tag{3.10.2}
$$

方向图函数为

$$
f(\theta)=\sin\theta\int_{-L/2}^{L/2} I(z')\mathrm{e}^{\mathrm{j}kz'\cos\theta}\mathrm{d}z'
\tag{3.10.3}
$$

式中，$\sin\theta$ 为单元因子；积分项为方向图因子，用 $f_a(\theta)$ 表示，方向图因子仅由电流分布 $I(z')$ 确定。

对于以理想电振子为阵元且沿 z 轴共线排列的等间距线阵，由方向图乘积定理，其方向图函数为

$$f(\theta)=\sin\theta\sum_{n=0}^{N-1}I_n e^{jknd\cos\theta} \tag{3.10.4}$$

式中，$\sin\theta$ 为单元因子，求和项为阵因子。式(3.10.3)与式(3.10.4)很相像，只不过式(3.10.4)中的求和项在式(3.10.3)中被积分所代替，因而，在某种意义上，可将线源视为连续线阵。通过本节的讨论可以看出，离散线阵方向图的许多特性对于线源也适用。

3.10.1 均匀线源

均匀线源是指幅度均匀、相位线性渐变的线源，其线电流分布为

$$I(z')=\begin{cases}I_0 e^{jk_0 z'} & -\dfrac{L}{2}<z'<\dfrac{L}{2}\\ 0 & \text{其他}\end{cases} \tag{3.10.5}$$

式中 k_0 是沿线源单位长度的相移。

方向图因子为

$$\begin{aligned}f_a(u)&=\int_{-L/2}^{L/2}I(z')e^{jkz'\cos\theta}dz'=\int_{-L/2}^{L/2}I_0 e^{j(k\cos\theta+k_0)z'}dz'\\&=I_0\frac{e^{j(k\cos\theta+k_0)\frac{L}{2}}-e^{-j(k\cos\theta+k_0)\frac{L}{2}}}{j(k\cos\theta+k_0)}\\&=I_0 L\frac{\sin u}{u}\end{aligned} \tag{3.10.6}$$

式中

$$u=(k\cos\theta+k_0)\frac{L}{2} \tag{3.10.7}$$

引入角 θ_0 使得

$$k_0=-k\cos\theta_0 \tag{3.10.8}$$

则式(3.10.7)变为

$$u=\frac{kL}{2}(\cos\theta-\cos\theta_0) \tag{3.10.9}$$

均匀线源的归一化方向图因子为

$$F_a(u)=\frac{\sin u}{u} \tag{3.10.10}$$

线性单位和分贝单位的直角坐标方向图如图 3.10.2 所示。最大值发生在 $u=0$ 处，由式(3.10.9)可知主瓣最大值方向为 θ_0。零点发生在 $u=\pm n\pi$，$n=1, 2, 3, \cdots$处，除第一对零点相距 2π 外，其余间隔为 π。

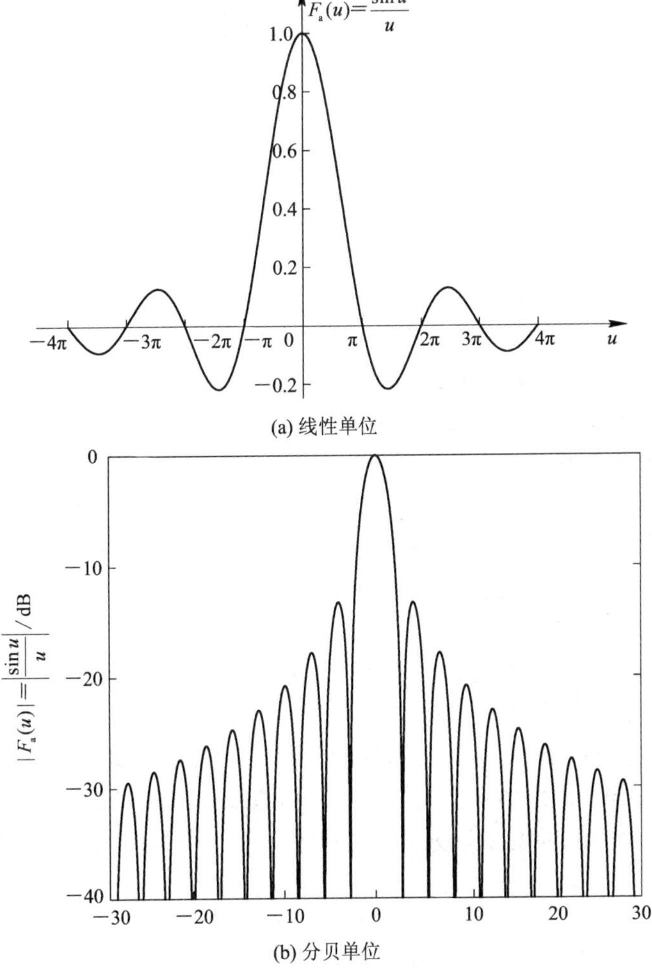

图 3.10.2　均匀线源的方向图因子

通过求解下式：

$$\frac{\sin u_{\mathrm{HP}}}{u_{\mathrm{HP}}}=\frac{1}{\sqrt{2}} \tag{3.10.11}$$

得出 $u_{\mathrm{HP}}=\pm 1.391$，由式(3.10.9)可得半功率角为

$$\theta_{\mathrm{HP}}=\arccos\left(\frac{2}{kL}u_{\mathrm{HP}}+\cos\theta_0\right)=\arccos\left(\pm 0.443\frac{\lambda}{L}+\cos\theta_0\right) \tag{3.10.12}$$

半功率波瓣宽度则为

$$2\theta_{\mathrm{HP}}=\left|\arccos\left(-0.443\frac{\lambda}{L}+\cos\theta_0\right)-\arccos\left(0.443\frac{\lambda}{L}+\cos\theta_0\right)\right| \tag{3.10.13}$$

式(3.10.13)为一般公式，且仅当两个半功率点均为可见空间出现时适用，这就要求式中反余弦函数的自变量在−1 和+1 之间。

对于边射均匀线源，$\theta_0=90°$，式(3.10.13)可简化为

$$2\theta_{\mathrm{HP}}=2\arcsin\left(0.443\frac{\lambda}{L}\right)\qquad \theta_0=90° \tag{3.10.14}$$

对于长线源($L \gg \lambda$)，式(3.10.14)可近似为

$$2\theta_{\mathrm{HP}} \approx 0.886\,\frac{\lambda}{L}(\mathrm{rad}) = 51^{\circ}\,\frac{\lambda}{L} \qquad \theta_0 = 90^{\circ} \tag{3.10.15}$$

对于端射均匀线源，只有一个半功率点可见，因而

$$2\theta_{\mathrm{HP}} = 2\arccos\left(1 - 0.443\,\frac{\lambda}{L}\right) \qquad \theta_0 = 0^{\circ}\text{ 或 }180^{\circ} \tag{3.10.16}$$

对于长线源($L \gg \lambda$)，式(3.10.16)可近似为

$$2\theta_{\mathrm{HP}} \approx 2\sqrt{0.886\,\frac{\lambda}{L}}\ (\mathrm{rad}) \qquad \theta_0 = 0^{\circ}\text{ 或 }180^{\circ} \tag{3.10.17}$$

由于由式(3.10.17)得出的半功率波瓣宽度比由式(3.10.15)得出的宽，因而可以断言，随着方向图自边射向端射方向扫描，主瓣展宽。

最大副瓣是靠近主瓣的第一副瓣。副瓣最大值位置可通过对式(3.10.10)求导，并令其等于零求得，从而导出

$$u_{M'} = \tan u_{M'}$$

即可得出副瓣最大值位置。第一副瓣最大值发生在 $u_{M'} = \pm 1.43\pi$ 处，它并不严格位于 π 和 2π 两个零点的中间，而是稍偏向于主瓣方向。在第一副瓣最大值位置计算式(3.10.10)，得出 $\mathrm{SLL}_1 \approx 0.217 \approx -13.3$ dB。

以 u 为自变量的均匀线源的方向图因子为通用方向图因子，均匀线源方向图因子的极坐标可由通用方向图因子用类似于线阵采用的方法得出。均匀线源的通用方向图因子如图3.10.3(a)所示，它对所有长为 L、扫描角为 θ_0 的均匀线源均适用，一种典型情况如图3.10.3(b)所示。u 与 θ 之间的变换式(3.10.9)用虚线图解说明，对于给定 θ 的方向图值可采用此图解变换由通用方向图因子求出。变换中所采用的结构圆的半径为 $kL/2$，圆心位于 $u = -\frac{kL}{2}\cos\theta_0$ 处。

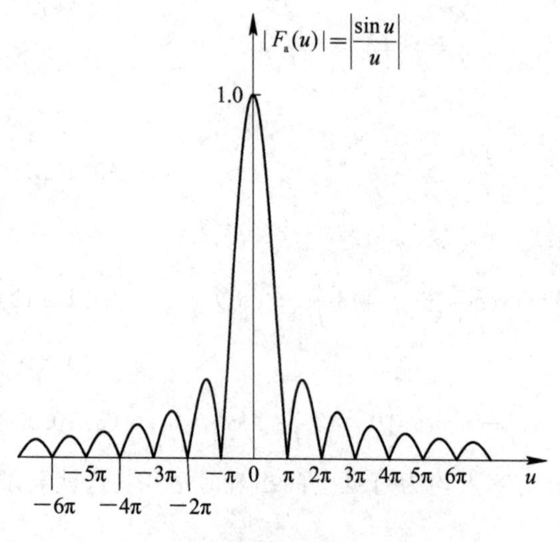

(a) 通用方向图因子

(b) $L=4\lambda$ 的极坐标方向图因子

图 3.10.3　均匀线源的通用方向图到极坐标图的转换

以 3λ 均匀线源为例，其通用方向图因子如图 3.10.4(a)所示，边射($\theta_0=90°$)、斜射($\theta_0=45°$)和端射($\theta_0=0°$)极坐标方向图因子分别如图 3.10.4(b)、(c)和(d)所示。可以看出，随着主瓣自边射向端射方向扫描，主瓣展宽。

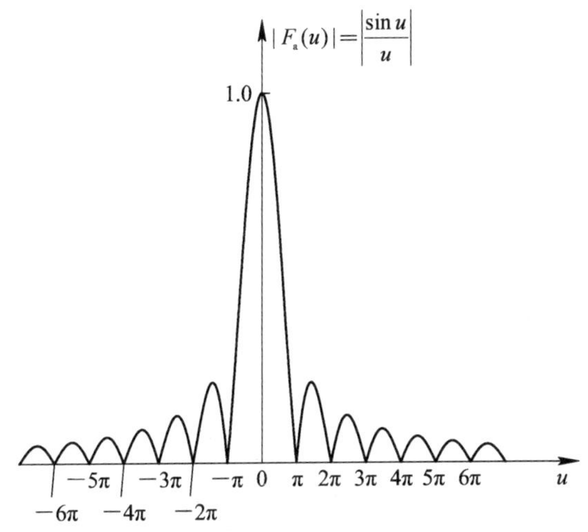

(a) 通用方向图因子

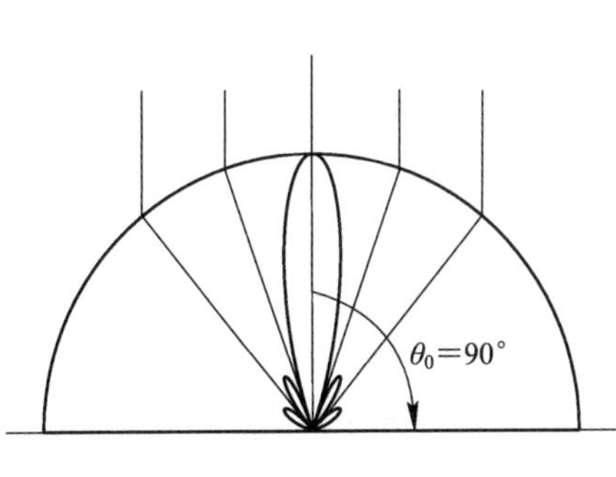

(b) $k_0L=0(\theta_0=90°)$的极坐标方向图因子

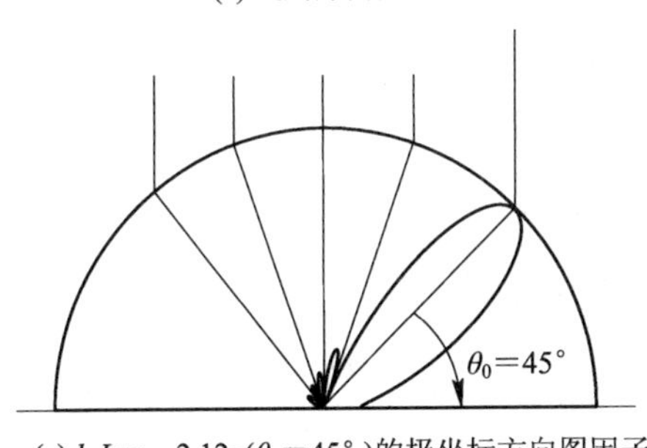

(c) $k_0L=-2.12\pi(\theta_0=45°)$的极坐标方向图因子

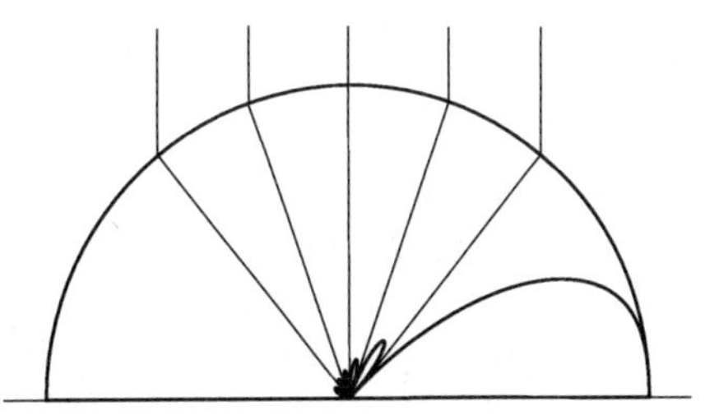

(d) $k_0L=-3\pi(\theta_0=0°)$的极坐标方向图因子

图 3.10.4　不同扫描情况下 3λ 均匀线源的方向图因子

单元因子对 3λ 均匀线源总方向图的影响如图 3.10.5 所示，对于图 3.10.5(a)的边射情况，单元因子较小；对于图 3.10.5(b)的端射情况，方向图因子产生单一端射波瓣，而单元因子使总方向图沿端射方向产生一零点，从而使主瓣开裂。

若单元因子对方向图的影响可以忽略，则均匀线源的方向系数可以较容易地求出。首先，由式(3.10.10)可得波瓣立体角为

$$\Omega_A=\int_0^{2\pi}\int_0^{2\pi}\left|\frac{\sin u}{u}\right|^2\sin\theta\,\mathrm{d}\theta\,\mathrm{d}\varphi \tag{3.10.18}$$

将积分变量由 θ 变为 u，由式(3.10.9)得 $\mathrm{d}u=-\dfrac{kL}{2}\sin\theta\,\mathrm{d}\theta$，因而式(3.10.18)变为

$$\Omega_A=\int_0^{2\pi}\mathrm{d}\varphi\int_{(k+k_0)L/2}^{(-k+k_0)L/2}\frac{\sin^2 u}{u^2}\,\frac{\mathrm{d}u}{-kL/2}=2\,\frac{\lambda}{L}\int_{(k_0-k)L/2}^{(k_0+k)L/2}\frac{\sin^2 u}{u}\mathrm{d}u \tag{3.10.19}$$

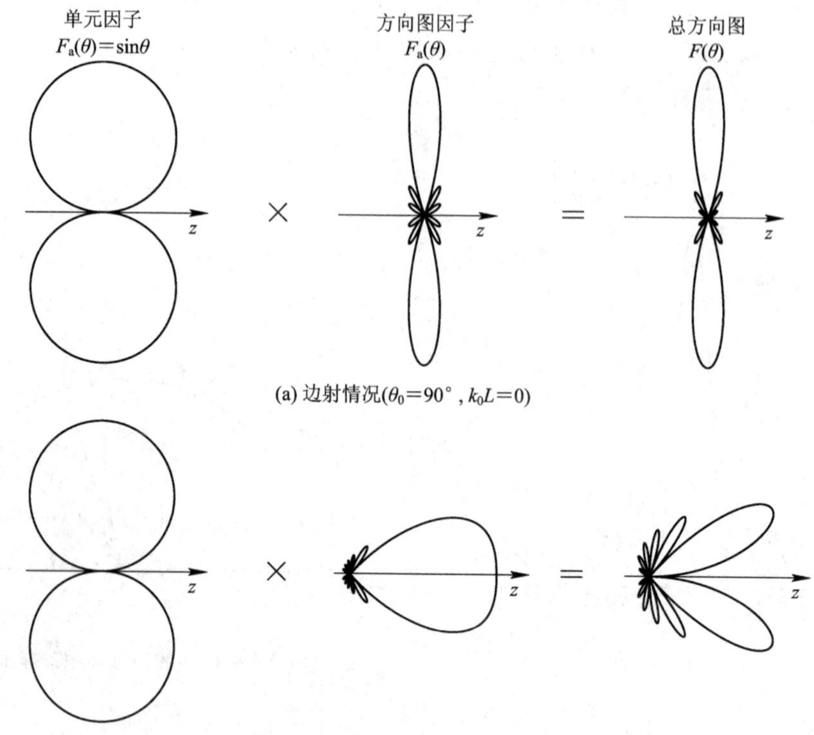

图 3.10.5　3λ 均匀线源的方向图

对于一般情况，由式(3.10.19)可得出

$$\frac{kL}{D_u}=\frac{\cos a-1}{a}+\frac{\cos b-1}{b}+\mathrm{Si}(a)+\mathrm{Si}(b) \tag{3.10.20}$$

式中，D_u 是均匀线源的方向系数，$a=(k-k_0)L$，$b=(k+k_0)L$，而 Si(a)和 Si(b)是正弦积分函数。

对于边射均匀线源($k_0=0$)，积分限为$-kL/2$ 到 $kL/2$。若 $L\gg\lambda$，则 $kL/2\gg1$，可将积分限近似为$-\infty$到$+\infty$，其定积分的值为 π，因而 $\Omega_A\approx2\lambda\pi/L$。由 $D=4\pi/\Omega_A$，得

$$D_u=2\frac{L}{\lambda}\qquad 边射，L\gg\lambda \tag{3.10.21}$$

对于端射均匀线源($k_0=\pm k$)，积分限为 0 到 $kL/2$。若 $L\gg\lambda$，则积分限可近似为 0 到 ∞，定积分的值为 $\pi/2$，因而 $\Omega_A\approx\lambda\pi/L$，故

$$D_u=4\frac{L}{\lambda}\qquad 端射，L\gg\lambda \tag{3.10.22}$$

式(3.10.21)和式(3.10.22)与线阵方向系数的表达式相同。

由均匀线源主瓣宽度和方向系数的关系式，可以得出方向图随线源长度和扫描角变化的一般规律。随着线源长度的增加，主瓣变窄，方向系数增大。若线源长度足以使第一副瓣的最大值可见，则随着线源长度的增加，副瓣电平保持不变，对于均匀线源，副瓣电平为-13.5 dB。对于扫描线源，随着主瓣自边射向端射方向扫描，主瓣展宽，但主瓣总体积(由 E 面方向图绕 z 轴旋转一周而得)减小，因而 Ω_A减小，导致方向系数增加；扫描角接近

边射方向时，主瓣宽度和方向系数变化缓慢，但接近端射方向时，变化迅速。总方向图必须包含单元因子的影响，对于长线源，方向图因子 $F_a(\theta)$ 比单元因子方向图窄得多，因而，$F_a(\theta)$ 可很好地近似总方向图。除接近端射时单元因子影响显著，主瓣宽度、副瓣电平和方向系数的值均可只由方向图因子 $F_a(\theta)$ 来确定。

3.10.2 渐削线源

许多可用线源模拟的天线常被设计成电流幅度自中心向两端递减的渐削分布，这可使方向图的副瓣降低和主瓣展宽。在许多应用中要求天线方向图具有低副瓣，为此主瓣展宽是一种必然结果。副瓣电平与主瓣宽度之间的折中是天线工程技术人员必须考虑的重要问题。

下面以余弦分布为例研究渐削分布，其电流分布为

$$I(z')=\begin{cases} I_0\cos\left(\dfrac{\pi}{L}z'\right)\mathrm{e}^{\mathrm{j}k_0z'} & -\dfrac{L}{2}<z'<\dfrac{L}{2} \\ 0 & \text{其他} \end{cases} \tag{3.10.23}$$

电流分布如图 3.10.6(a)所示。方向图因子为

$$\begin{aligned} f_a(\theta) &= I_0\int_{-L/2}^{L/2}\cos\left(\frac{\pi}{L}z'\right)\mathrm{e}^{\mathrm{j}(k\cos\theta+k_0)z'}\,\mathrm{d}z' \\ &= \frac{I_0}{2}\int_{-L/2}^{L/2}\left[\mathrm{e}^{\mathrm{j}\left(\frac{\pi}{L}+k\cos\theta+k_0\right)z'}+\mathrm{e}^{-\mathrm{j}\left(\frac{\pi}{L}-k\cos\theta-k_0\right)z'}\right]\mathrm{d}z' \\ &= I_0\,\frac{2L}{\pi}\,\frac{\cos\dfrac{(k\cos\theta+k_0)L}{2}}{1-\left[\dfrac{(k\cos\theta+k_0)L}{\pi}\right]^2} \end{aligned} \tag{3.10.24}$$

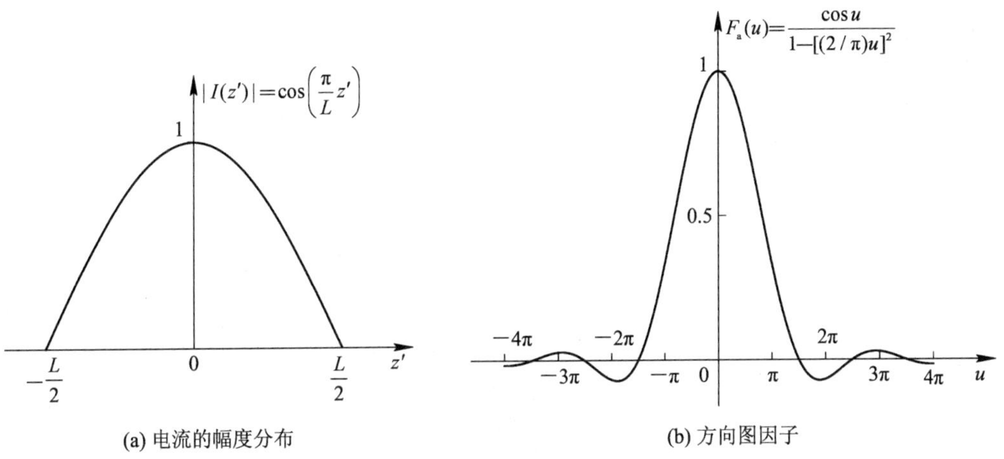

(a) 电流的幅度分布

(b) 方向图因子

图 3.10.6 余弦渐削线源的电流分布和方向图因子

令 $k_0=-k\cos\theta_0$ 并对 $\theta=\theta_0$ 的值归一，得出归一化方向图因子为

$$F_a(\theta)=\frac{\cos\left[\dfrac{kL}{2}(\cos\theta-\cos\theta_0)\right]}{1-\left[\dfrac{kL}{\pi}(\cos\theta-\cos\theta_0)\right]^2} \tag{3.10.25}$$

若采用式(3.10.9)将方向图因子用 u 表示，则有

$$F_a(u)=\frac{\cos u}{1-\left(\frac{2}{\pi}u\right)^2} \tag{3.10.26}$$

其方向图如图 3.10.6(b)所示。

余弦渐削线源的副瓣电平为－23 dB。在边射情况下主瓣宽度由下式给出：

$$2\theta_{HP}\approx 1.19\frac{\lambda}{L}(\mathrm{rad})=68.2^\circ\frac{\lambda}{L} \tag{3.10.27}$$

相同长度的余弦渐削线源与均匀线源相比较，副瓣电平低 10 dB，而主瓣展宽 38%。虽然副瓣降低，但主瓣展宽，因而方向系数比相同长度均匀线源的低。可用比值 D/D_u 来比较相同长度的渐削线源与均匀线源的方向系数。对于余弦渐削线源，$D/D_u=0.81$，则由式(3.10.21)可得实际的方向系数为

$$D=0.81D_u=1.62\frac{L}{\lambda}\qquad \text{边射，} L\gg\lambda \tag{3.10.28}$$

若电流幅度渐削加剧，例如余弦平方渐削，则副瓣更低，主瓣也更宽。随着电流幅度自线源中心向两端渐削的加剧，副瓣降低而主瓣展宽，因而方向系数下降。和离散线源一样，连续线源的副瓣电平与主瓣宽度之间也有一个折中，对于每个特定的设计问题，天线工程技术人员必须选定主瓣宽度与副瓣电平之间的折中。

第 4 章　对称振子阵的阻抗

由对称振子组成的天线阵中，每一个振子都是高频开放型电路，各个振子相距小于一个波长，同低频耦合电路相似，各振子之间通过电磁场相互作用、相互影响，发生电磁耦合作用，天线阵中的每个对称振子称为耦合对称振子。耦合对称振子周围空间(包括振子表面)的场分布，自然不同于它孤立时的场分布，其上电流分布会因耦合作用相应地发生变化。在耦合对称振子阵列中，通常认为，各个振子上的电流幅度的正弦分布是一致的，耦合作用使得其上电流的幅度和相位发生了改变，耦合阵列的方向图由考虑耦合后的电流分布确定。

要求解耦合振子阵列的电流分布，需要求解阵列的自阻抗和互阻抗。接于传输线的天线可以表示成一个二端口网络，可用接于传输线末端的等效阻抗 Z 代替，这种作用于传输线末端的阻抗称为馈端阻抗或激励点阻抗。

对于无耗、孤立的天线，即远离地面和其他物体的天线，其终端阻抗就是该天线的自阻抗；当天线邻近存在物体(如若干其他天线)时，终端阻抗仍可用一个二端网络来代替，其等效阻抗由该天线与其他天线间的互阻抗以及在这些天线上的电流所确定。当天线用作接收时，其自阻抗与用作发射时的相同。

根据瑞利-亥姆霍兹的互易性定理，在连续媒质中，若在天线 A 的馈端上施加电动势，在天线 B 的馈端上测得电流，则对应于在天线 B 的馈端施加相同电动势的情况，在天线 A 的馈端上也将得到相等幅度和相位的电流。

4.1　二元耦合对称振子阵的阻抗

二元耦合对称振子阵是最简单最典型的振子阵列，下面讨论其自阻抗和互阻抗的定义、等效阻抗方程，以及归算于某一阵列单元激励电流的阵列总辐射阻抗。

4.1.1　二元耦合对称振子阵的阻抗定义

在二元耦合对称振子阵中，如在两个振子输入端都接入电动势，则振子上会激励起电流，在空间激发出电磁场。两振子的电流和所激发的空间电磁场是互相作用、互相制约的。设振子 1 在自身电流及其场作用下的辐射功率为 P_{11}，称为振子 1 的自辐射功率；设振子 1 在振子 2 电流及其场作用下而辐射的功率为 P_{12}，称为振子 1 的感应辐射功率。则振子 1 的总辐射功率为

$$P_{\Sigma 1}=P_{11}+P_{12} \tag{4.1.1}$$

同理，振子 2 的总辐射功率为

$$P_{\Sigma2}=P_{22}+P_{21} \tag{4.1.2}$$

从耦合振子的自辐射功率、感应辐射功率和总辐射功率，可以得出它的自辐射阻抗（自阻抗）、感应辐射阻抗和辐射阻抗如下所示：

$$Z_{11}=\frac{2P_{11}}{|I_{m1}|^2},\ Z'_{12}=\frac{2P_{12}}{|I_{m1}|^2},\ Z_{\Sigma1}=\frac{2P_{\Sigma1}}{|I_{m1}|^2} \tag{4.1.3}$$

$$Z_{22}=\frac{2P_{22}}{|I_{m2}|^2},\ Z'_{21}=\frac{2P_{21}}{|I_{m2}|^2},\ Z_{\Sigma2}=\frac{2P_{\Sigma2}}{|I_{m2}|^2} \tag{4.1.4}$$

式中，Z_{11}、Z'_{12}、$Z_{\Sigma1}$ 和 Z_{22}、Z'_{21}、$Z_{\Sigma2}$ 分别为振子 1 和振子 2 归算于各自波腹电流的自阻抗、感应辐射阻抗和辐射阻抗，并有

$$Z_{\Sigma1}=Z_{11}+Z'_{12} \tag{4.1.5}$$

$$Z_{\Sigma2}=Z_{22}+Z'_{21} \tag{4.1.6}$$

4.1.2 等效阻抗方程

按照电路理论：

$$\begin{cases}U_1=I_{m1}Z_{\Sigma1}=I_{m1}Z_{11}+I_{m1}Z'_{12}\\ U_2=I_{m2}Z_{\Sigma2}=I_{m2}Z_{22}+I_{m2}Z'_{21}\end{cases} \tag{4.1.7}$$

振子 1 和振子 2 的感应辐射阻抗 Z'_{12}、Z'_{21} 分别与 I_{m2}、I_{m1} 呈正比，即

$$\begin{cases}Z'_{12}=\dfrac{I_{m2}}{I_{m1}}Z_{12}\\ Z'_{21}=\dfrac{I_{m1}}{I_{m2}}Z_{21}\end{cases} \tag{4.1.8}$$

式中，Z_{12} 和 Z_{21} 分别为阵子 1 和阵子 2 的互辐射阻抗（互阻抗）。根据互易原理，得出：$Z_{12}=Z_{21}$。将式(4.1.8)代入式(4.1.7)，得

$$\begin{cases}U_1=I_{m1}Z_{11}+I_{m2}Z_{12}\\ U_2=I_{m1}Z_{21}+I_{m2}Z_{22}\end{cases} \tag{4.1.9}$$

这就是二元耦合振子阵的等效阻抗方程，其等效电路如图 4.1.1 所示。

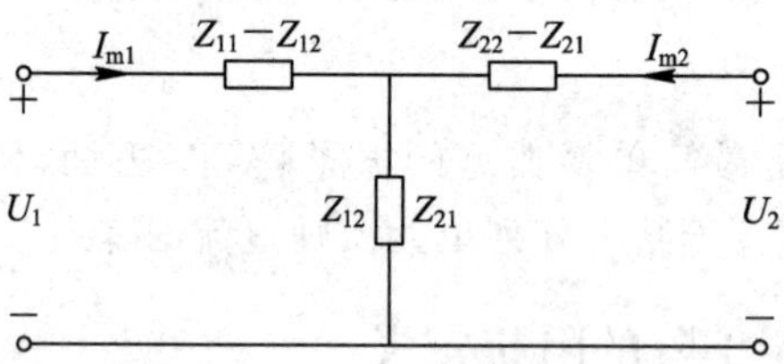

图 4.1.1　等效电路

从等效阻抗方程可得到耦合对称振子的辐射阻抗为

$$\begin{cases}Z_{\Sigma1}=\dfrac{U_1}{I_{m1}}=Z_{11}+\dfrac{I_{m2}}{I_{m1}}Z_{12}\\ Z_{\Sigma2}=\dfrac{U_2}{I_{m2}}=Z_{22}+\dfrac{I_{m1}}{I_{m2}}Z_{21}\end{cases} \tag{4.1.10}$$

4.1.3　对称振子阵的总辐射阻抗

若 $Z_{\Sigma(1)}$ 为归算于振子 1 波腹电流的二元振子阵的总辐射阻抗，由振子阵总辐射功率等于各耦合振子的辐射功率之和可得

$$\frac{1}{2}|I_{m1}|^2 Z_{\Sigma(1)}=\frac{1}{2}|I_{m1}|^2 Z_{\Sigma1}+\frac{1}{2}|I_{m2}|^2 Z_{\Sigma2} \tag{4.1.11}$$

则

$$Z_{\Sigma(1)}=Z_{\Sigma1}+\frac{|I_{m2}|^2}{|I_{m1}|^2}Z_{\Sigma2} \tag{4.1.12}$$

同理，归算于振子 2 波腹电流的二元振子阵的总辐射阻抗为

$$Z_{\Sigma(2)}=\frac{|I_{m1}|^2}{|I_{m2}|^2}Z_{\Sigma1}+Z_{\Sigma2} \tag{4.1.13}$$

4.2　求解阻抗的方法——感应电动势法

在阻抗方程中，有耦合振子的自阻抗 Z_{11}、Z_{22} 及其互阻抗 Z_{12}、Z_{21}，在这里介绍感应电动势法，以便后文应用感应电动势法来求耦合对称振子的互阻抗。

设在振子 1 附近有另一任意取向的振子 2，它们的振子长度相等，即 $l_1=l_2=l$，如图 4.2.1 所示。

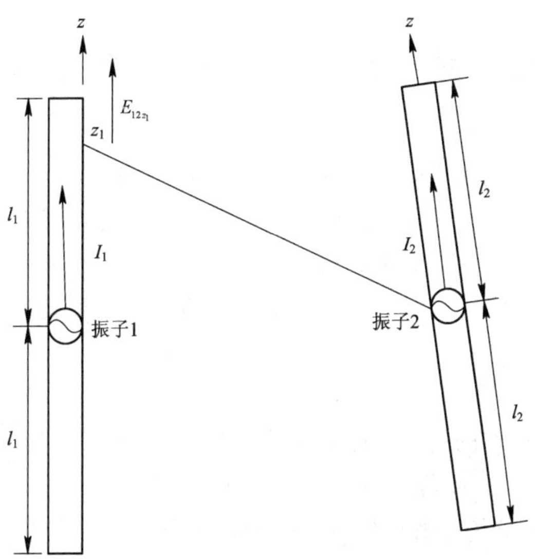

图 4.2.1　任意排列的两耦合振子

振子 2 的电流在包括振子 1 表面在内的周围空间产生电磁场 E_2、H_2。振子 2 产生的场在振子 1 表面 z_1 处产生的电场的切向分量为 E_{12z_1}，根据导体表面切向电场为零的边界条件，振子 1 在振子 2 场的作用下产生的感应电流必然在 dz_1 表面产生一切向电场 $E_{11z_1}=-E_{12z_1}$，由此振子 1 在 dz_1 上所感应出的电动势为 $-E_{12z_1}dz_1$。设振子 1 在 dz_1 处的电流

为 $I_1(z_1)$，则振子 1 的激励源为产生此感应电动势所提供的功率为

$$dP_{12}=-\frac{1}{2}I_1^*(z_1)E_{12z_1}dz_1 \tag{4.2.1}$$

该激励源为产生此感应电动势所提供的总的功率为

$$P_{12}=\int_{-l_1}^{l_1}dP_{12}=\int_{-l_1}^{l_1}-\frac{1}{2}I_1^*(z_1)E_{12z_1}dz_1 \tag{4.2.2}$$

此功率 P_{12} 为在振子 2 的影响下振子 1 的激励源额外提供的功率，即为感应辐射功率，其感应辐射阻抗为

$$Z'_{12}=\frac{2P_{12}}{|I_{m1}|^2}=-\frac{1}{|I_{m1}|^2}\int_{-l_1}^{l_1}I_1^*(z_1)E_{12z_1}dz_1 \tag{4.2.3}$$

式中，E_{12z_1} 是振子 2 产生的近区场，它与振子 2 的波腹电流 I_{m2} 呈正比，并和振子 2 的长度 $2l_2$、两振子之间的距离 d 以及它们的取向 $\hat{z}_1$、$\hat{z}_2$ 有关，可用函数 $W(l_2,d,\hat{z}_1,\hat{z}_2)$表示，则有

$$E_{12z_1}=I_{m2}W(l_2,d,\hat{z}_1,\hat{z}_2) \tag{4.2.4}$$

因此振子 1 的感应辐射阻抗为

$$Z'_{12}=\frac{I_{m2}}{I_{m1}}Z_{12}=-\frac{I_{m2}}{I_{m1}}\int_{-l}^{l}-[\sin k(l-|z_1|)]W(l_2,d,\hat{z}_1,\hat{z}_2)dz_1 \tag{4.2.5}$$

互阻抗为

$$Z_{12}=-\int_{-l}^{l}-[\sin k(l-|z_1|)]W(l_2,d,\hat{z}_1,\hat{z}_2)dz_1 \tag{4.2.6}$$

可见，Z_{12} 只是天线结构与位置的函数，与电流无关。

4.3 对称振子的互阻抗和自阻抗

在空间中放置单一的对称振子时，它的辐射功率同样会影响它自身，从而形成自阻抗。当将两个或者多个对称振子置于空间中时，由于振子之间的耦合的影响，其阻抗特性也会较单一对称振子时发生改变，因此研究对阵振子之间的互阻抗以及自阻抗对研究对称振子有着重要意义。求解单元之间的互阻抗时，必须先已知单元的近场。

4.3.1 对称振子的近场

对称振子的场有轴对称的特点，计算时可采用圆柱坐标系(ρ,φ,z)，也可结合使用直角坐标系(x,y,z)。观察点 p 选在 $\varphi=90°$位置，对称振子上各点到 p 点的距离如下：

$$r=\sqrt{(z-z')^2+y^2} \tag{4.3.1}$$

$$r_1=\sqrt{(z-l)^2+y^2} \tag{4.3.2}$$

$$r_2=\sqrt{(z+l)^2+y^2} \tag{4.3.3}$$

$$r_0=\sqrt{z^2+y^2} \tag{4.3.4}$$

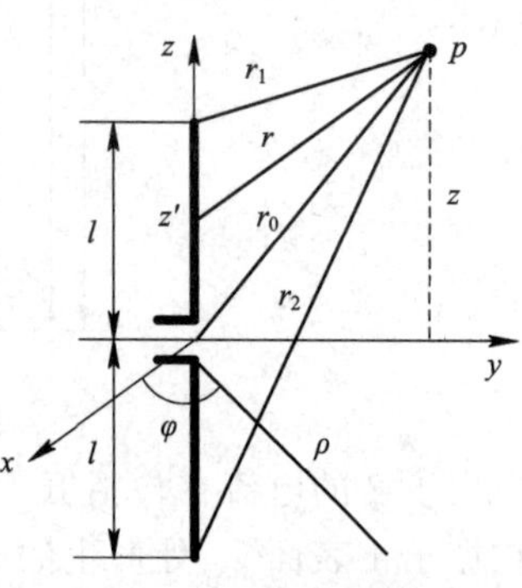

图 4.3.1 对称振子的近场图

式中各参量的意义如图 4.3.1 所示。

设对称振子电流如下：

$$I(z')=\begin{cases}I_m\sin[k(l-z')] & 0<z'<l\\ I_m\sin[k(l+z')] & -l<z'<0\end{cases} \tag{4.3.5}$$

由对称振子在 p 点的矢位可求出磁场强度及电场强度：

$$H_\varphi=\frac{I_m}{j4\pi y}[e^{-jkr_1}+e^{-jkr_2}-2\cos(kl)e^{-jkr_0}] \tag{4.3.6}$$

$$E_\rho=j30I_m\left[\frac{z-l}{y}\frac{e^{-jkr_1}}{r_1}+\frac{z+l}{y}\frac{e^{-jkr_2}}{r_2}-\frac{2z\cos(kl)}{y}\frac{e^{-jkr_0}}{r_0}\right] \tag{4.3.7}$$

$$E_z=-j30I_m\left[\frac{e^{-jkr_1}}{r_1}+\frac{e^{-jkr_2}}{r_2}-2\cos(kl)\frac{e^{-jkr_0}}{r_0}\right] \tag{4.3.8}$$

4.3.2　二平行等长对称振子的互阻抗

有了对称振子的近场表达式，原则上可导出相对位置任意和尺寸不等的二对称振子的互阻抗计算公式，但演算复杂。本节仅计算常用的二平行等长对称振子的互阻抗，两者的水平和垂直距离分别为 d 和 h，如图 4.3.2 所示。

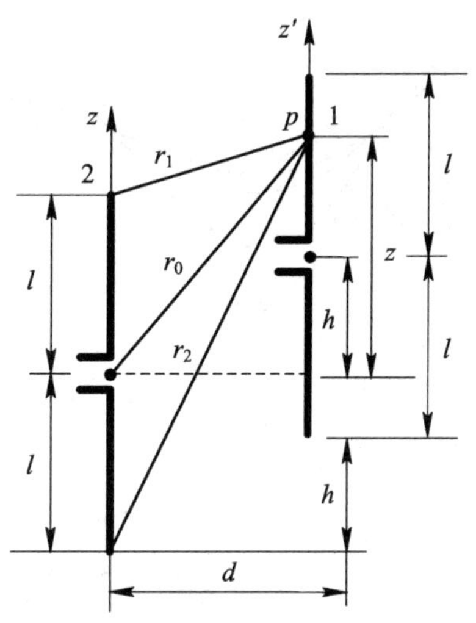

图 4.3.2　求互阻抗用图

在这种情况下，振子 2 在振子 1 上任一点 p 产生的切向电场为对称振子的近场 E_z 分量，且

$$I_m=I_{m2} \tag{4.3.9}$$

$$r_1=\sqrt{(z-l)^2+d^2} \tag{4.3.10}$$

$$r_2=\sqrt{(z+l)^2+d^2} \tag{4.3.11}$$

$$r_0=\sqrt{z^2+d^2} \tag{4.3.12}$$

又振子 1 电流

$$I_1(z)=\begin{cases}I_{m1}\sin[k(l+h-z)] & h<z\leqslant l+h\\ I_{m1}\sin[k(l-h+z)] & h-l\leqslant z\leqslant h\end{cases} \tag{4.3.13}$$

若 $I_{m1}=I_{m2}$，得

$$\begin{aligned}Z_{12}&=R_{12}+\mathrm{j}X_{12}\\ &=\mathrm{j}30\left\{\int_{h-l}^{h}\sin[k(l-h+z)]\left[\frac{\mathrm{e}^{-\mathrm{j}kr_1}}{r_1}+\frac{\mathrm{e}^{-\mathrm{j}kr_2}}{r_2}-2\cos(kl)\frac{\mathrm{e}^{-\mathrm{j}kr_0}}{r_0}\right]\mathrm{d}z+\right.\\ &\left.\int_{h}^{h+l}\sin[k(l+h-z)]\left[\frac{\mathrm{e}^{-\mathrm{j}kr_1}}{r_1}+\frac{\mathrm{e}^{-\mathrm{j}kr_2}}{r_2}-2\cos(kl)\frac{\mathrm{e}^{-\mathrm{j}kr_0}}{r_0}\right]\mathrm{d}z\right\}\end{aligned} \tag{4.3.14}$$

图 4.3.3 所示为几种长度的二齐平排列等长对称振子的互阻抗随间距变化的曲线，图 4.3.4 所示为二元半波振子齐平排列、斜 45°排列以及共轴排列时的互阻抗随间距变化的曲线。

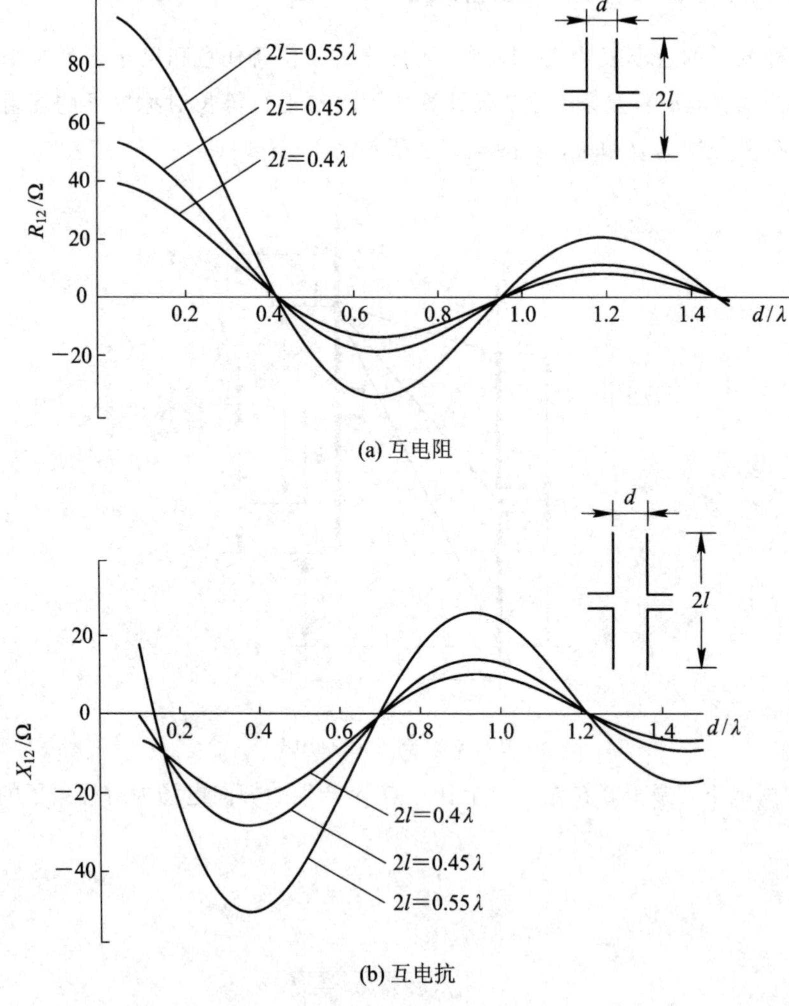

图 4.3.3 二齐平排列等长对称振子互阻抗图

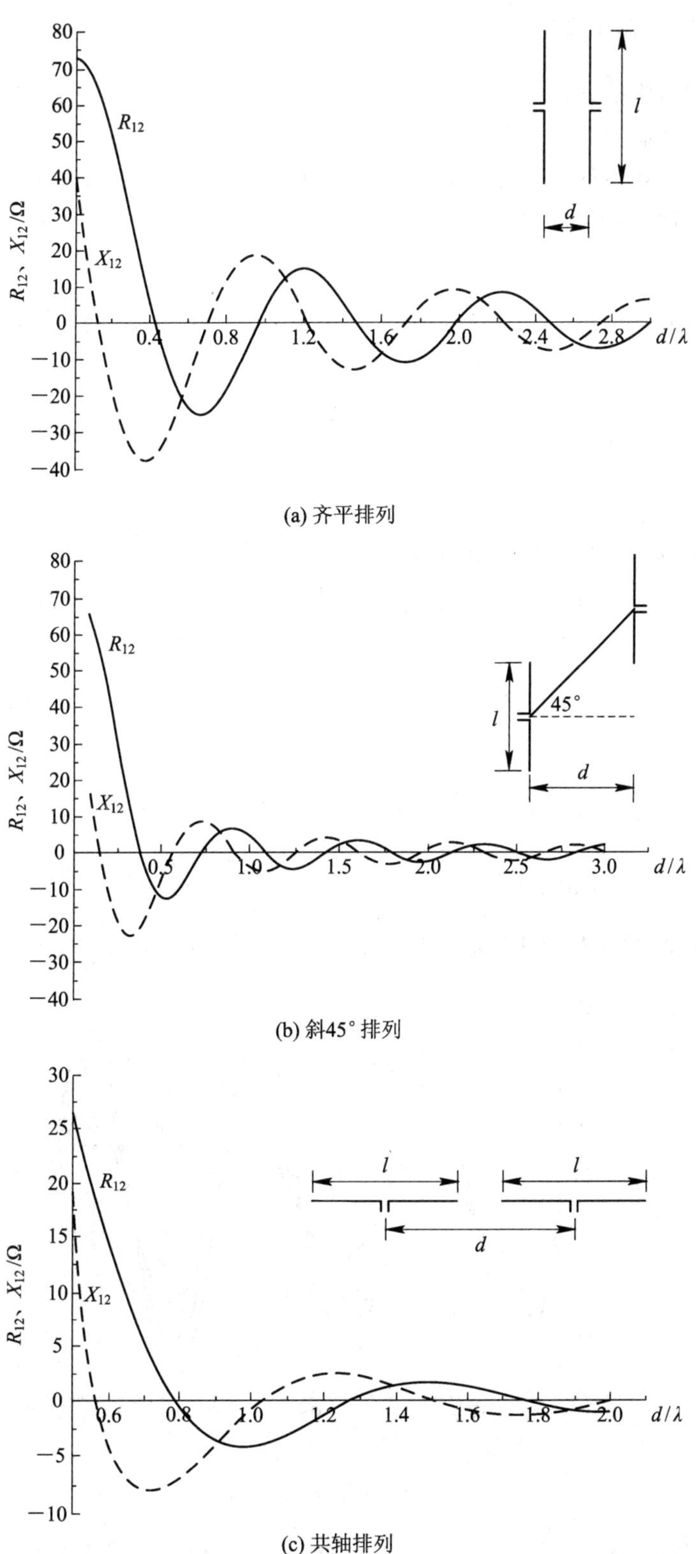

(a) 齐平排列

(b) 斜45°排列

(c) 共轴排列

图 4.3.4　二元半波对称振子互阻抗

4.3.3 对称振子的自阻抗

对称振子的自阻抗就是它位于自由空间时的辐射阻抗，是“吸收”其自辐射功率的阻抗。对称振子的自辐射功率是振子电流在自身电磁场作用下的感应辐射功率。设沿振子表面的电流在其表面产生的电场与沿振子轴线的同一电流在振子表面产生的电场相同，故对称振子的表面切向电场仍可由式(4.3.8)来表示，但式中 r_1、r_2 和 r_0 中的 $y=a$，则有

$$Z_{11}=R_{11}+\mathrm{j}X_{11} \tag{4.3.15}$$

$$R_{11}=60\int_0^l \sin[k(l-z')]\left[\frac{\sin(kr_1)}{r_1}+\frac{\sin(kr_2)}{r_2}-2\cos(kl)\frac{\sin(kr_0)}{r_0}\right]\mathrm{d}z' \tag{4.3.16a}$$

$$X_{11}=60\int_0^l \sin[k(l-z')]\left[\frac{\cos(kr_1)}{r_1}+\frac{\cos(kr_2)}{r_2}-2\cos(kl)\frac{\cos(kr_0)}{r_0}\right]\mathrm{d}z' \tag{4.3.16b}$$

归算于对称振子波腹电流的辐射电阻为

$$R_{11}=60\{C+\ln(2kl)-\mathrm{Ci}(2kl)+\frac{1}{2}\sin(2kl)[\mathrm{Si}(4kl)-2\mathrm{Si}(2kl)]+\frac{1}{2}\cos(2kl)[C+\ln(kl)+\mathrm{Ci}(4kl)-2\mathrm{Ci}(2kl)]\} \tag{4.3.17a}$$

自电抗为

$$X_{11}=30\left\{2\mathrm{Si}(2kl)+\cos(2kl)[2\mathrm{Si}(2kl)-\mathrm{Si}(4kl)]-\sin(2kl)\left[2\mathrm{Ci}(2kl)-\mathrm{Ci}(4kl)-\mathrm{Ci}\left(\frac{ka^2}{l}\right)\right]\right\} \tag{4.3.17b}$$

半径 a 不同的对称振子的自电抗与 l/λ 的关系曲线如图 4.3.5 所示。

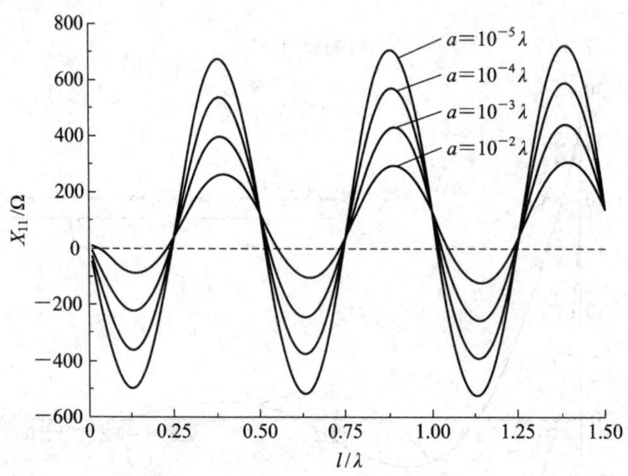

图 4.3.5 对称振子的自电抗

值得注意的是，X_{11} 与半径 a 有关，a/λ 越小，X_{11} 越大，并随 l/λ 变化越快。常用半波振子的自阻抗为 $Z_{11}=73.1+\mathrm{j}42.5$。

4.4　无源振子的阻抗

引向天线是一种典型的对称振子阵列，由多个对称振子组成，其中仅对单个振(子即有源振子)进行馈电；其余振子为输入端短路或接可调电抗的无源振子，称为引向振子或反射振子。无源振子的电流分布是由有源振子的电流分布影响产生的感应电流，与各个振子的长度和间距有关。含无源振子的对称振子阵的方向性和阻抗特性与振子阵列的电流分布有关，阵列电流分布取决于相邻振子间的电流比。

4.4.1　二元耦合振子阵中的电流比

设二元耦合振子阵中振子 2 为接入可调电抗 X_{LA} 的无源振子，如图 4.4.1(a)所示。它从有源振子 1 的电磁场中吸收的功率($-P_{21}$)等于自辐射功率 P_{22} 与负载 X_{LA} 所消耗的功率之和，即振子 2 的辐射功率 $P_{\Sigma 2}=0$。故等效阻抗方程为

$$\begin{cases} U_1 = I_{m1} Z_{11} + I_{m2} Z_{12} \\ 0 = I_{m1} Z_{12} + I_{m2}(Z_{22} + X_{Lm}) \end{cases} \tag{4.4.1}$$

式中，X_{Lm} 为归算于振子 2 波腹电流的负载阻抗。

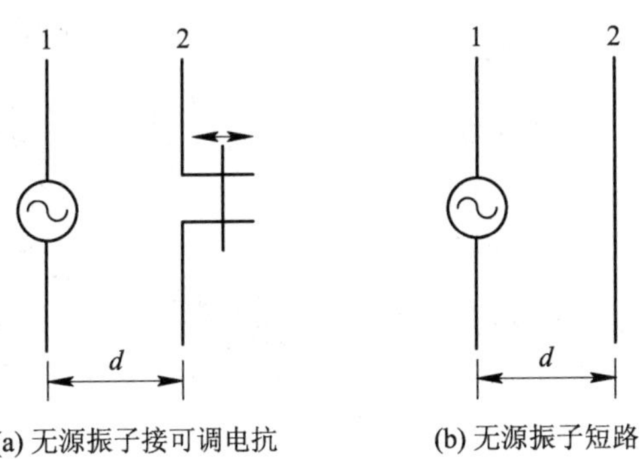

图 4.4.1　含无源振子的二元振子阵

由于不管归算于哪个电流，负载电抗消耗的功率必须相等，在假设振子 2 的电流为正弦分布时，有

$$X_{Lm} = X_{LA} \sin^2(kl_2) \tag{4.4.2}$$

式中，l_2 为无源对称振子 2 的一臂长度。

从式(4.4.1)的第二式，可得无源振子与有源振子的电流比为

$$\frac{I_{m2}}{I_{m1}} = -\frac{Z_{12}}{Z_{22}+X_{Lm}} = -\frac{R_{12}+\mathrm{j}X_{12}}{R_{22}+\mathrm{j}(X_{22}+X_{Lm})} \tag{4.4.3}$$

式中已用 Z_{12} 代替 Z_{21}。令

$$\frac{I_{m2}}{I_{m1}} = m\mathrm{e}^{\mathrm{j}\beta}$$

得

$$m=\sqrt{\frac{R_{12}^2+X_{12}^2}{R_{22}^2+(X_{22}+X_{\mathrm{Lm}})^2}} \tag{4.4.4}$$

$$\beta=\pi+\arctan\frac{X_{12}}{R_{12}}-\arctan\frac{X_{22}+X_{\mathrm{Lm}}}{R_{22}} \tag{4.4.5}$$

有源振子的辐射阻抗为

$$Z_{\Sigma 1}=\frac{U_1}{I_{\mathrm{m1}}}=Z_{11}+m\mathrm{e}^{\mathrm{j}\beta}Z_{12} \tag{4.4.6}$$

无源振子的辐射阻抗为 $Z_{\Sigma 2}=0$。

从式(4.4.4)和式(4.4.5)可知，二振子的电流幅度比 m 和相位差 β 取决于无源振子的自阻抗(与 l_2/λ 和 a_2/λ 有关)、无源振子和有源振子间的互阻抗(与 d/λ、l_1/λ 和 l_2/λ 有关)，以及接入无源振子的调谐电抗。改变 m 和 β，都会引起二元阵方向图的变化。因此，可以用改变无源振子尺寸、两振子间距和调谐电抗的办法，调整天线的方向图。图 4.4.2 表示二元阵在不同的无源振子阻抗相角 $\arctan[(X_{22}+X_{\mathrm{Lm}})/R_{22}]$ 条件下的 H 面方向图，图中单位圆是作参考的无方向性点源的方向图。

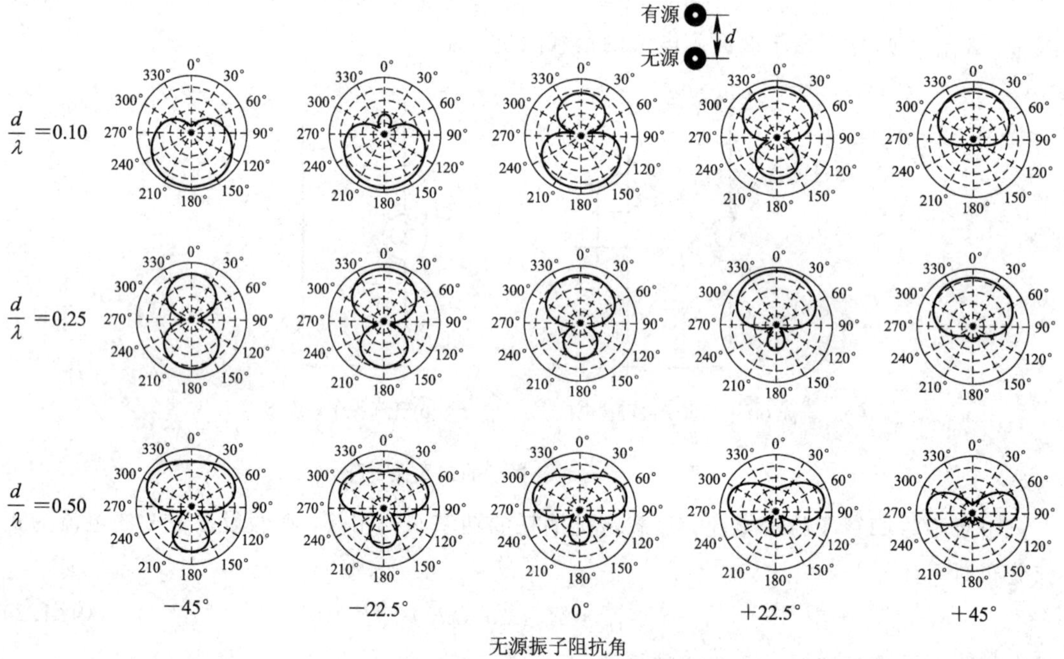

图 4.4.2　含无源振子的二元阵的 H 面方向图

对于短路无源振子(如图 4.4.1(b)所示)，$X_{\mathrm{LA}}=0$，则

$$m=\sqrt{\frac{R_{12}^2+X_{12}^2}{R_{22}^2+X_{22}^2}} \tag{4.4.7}$$

$$\beta=\pi+\arctan\frac{X_{12}}{R_{12}}-\arctan\frac{X_{22}}{R_{22}} \tag{4.4.8}$$

4.4.2 引向振子和反射振子的阻抗

无源振子常用作引向振子或反射振子，由二元振子阵的互阻抗可得出无源振子作为引向振子或反射振子的长度条件。由天线阵方向性原理可知，如果 $\beta<0$，则无源振子电流相位滞后于有源振子，二元阵最大辐射方向偏向无源振子所在方向；反之，如果 $\beta>0$，则无源振子电流相位超前，二元阵最大辐射方向偏向有源振子所在方向。在这两种情况下，无源振子分别具有引导或反射有源振子辐射波的作用，故称之为引向振子或反射振子。带有可调电抗的无源振子调整方便，短路无源振子则结构简单。下面分析短路无源振子作引向振子或反射振子的长度条件。

实际上，二元阵多采用的是半波振子，间距 $d/\lambda=0.15\sim0.40$。为使分析简化起见，由于二振子互阻抗随长度变化缓慢，在计算互阻抗时，设 $l_1=l_2=l=\lambda/4$。分析时依据式(4.4.8)，式中：

第一项是常数 π。

第二项是互阻抗相角 $\beta_{12}=\arctan(X_{12}/R_{12})$。在上述条件下，$X_{12}<0$，$R_{12}>0$(见图4.3.4(a))，故 $-\pi/2<\beta_{12}<0$。

第三项是短路无源振子自阻抗相角 $\beta_{22}=\arctan(X_{22}/R_{22})$，从图 4.3.5 和图 2.2.2 可见，在 $l_2/\lambda=0.25$ 附近，l_2/λ 由小变大时，R_{22} 是逐渐增大的正值，X_{22} 则由绝对值很大的负值变为零，再变为很大的正值。因此，β_{22} 相应地由大于 $-\pi/2$ 的负值变为 0，再变为小于 $\pi/2$ 的正值。

可以预计，在无源振子为某一长度 $2l_2$(准确值与 a 有关，且小于 $X_{22}=0$ 的长度 $2l_0$)时，$\beta_{12}-\beta_{22}=0$，$\beta=\pi$。

在 $l_2<l_0$ 时，$0<\beta_{12}-\beta_{22}<\pi/2$，$\pi<\beta<2\pi(-\pi<\beta<0)$，无源振子为引向振子。

在 $l_2>l_0$ 时，$-\pi<\beta_{12}-\beta_{22}<0$，$0<\beta<\pi$，无源振子为反射振子。

总之，在间距 $d=0.15\lambda\sim0.4\lambda$ 的范围内，短路无源振子的长度较短时为引向振子，较长时为反射振子，分界线是稍短于谐振长度的某一长度 $2l_0$。粗略地说，$l_2<\lambda/4$ 时，短路无源振子为引向振子；$l_2>\lambda/4$ 时，则为反射振子。实际工作中，一般通过综合调整间距和短路无源振子长度，获得所需的 β 值，同时需注意不要使 m 值过小，以使短路无源振子具有良好的引向或反射作用。

4.5 理想导电平面上对称振子的辐射阻抗

无穷大理想导电平面上的电流是由附近天线电磁场激励的感应电流，在分析该导电平面对天线电性能的影响时，可以用天线镜像代替无穷大理想导电平面。无穷大理想导电平面上垂直对称振子的镜像为正像，故辐射阻抗为

$$Z_\Sigma=Z_{11}+Z'_{11} \tag{4.5.1}$$

式中，Z'_{11}为垂直对称振子及其镜像的互阻抗，$Z'_{11}=Z_{12}$。

无穷大理想导电平面上水平对称振子的镜像为负像，故辐射阻抗为

$$Z_{\Sigma}=Z_{11}-Z'_{11} \tag{4.5.2}$$

式中，Z'_{11}为水平对称振子及其镜像的互阻抗，$Z'_{11}=Z_{12}$。

垂直和水平对称振子的辐射阻抗随架设高度的变化曲线如图 4.5.1 所示，当架设高度增加时，其辐射阻抗逐渐趋于自由空间中的阻抗。

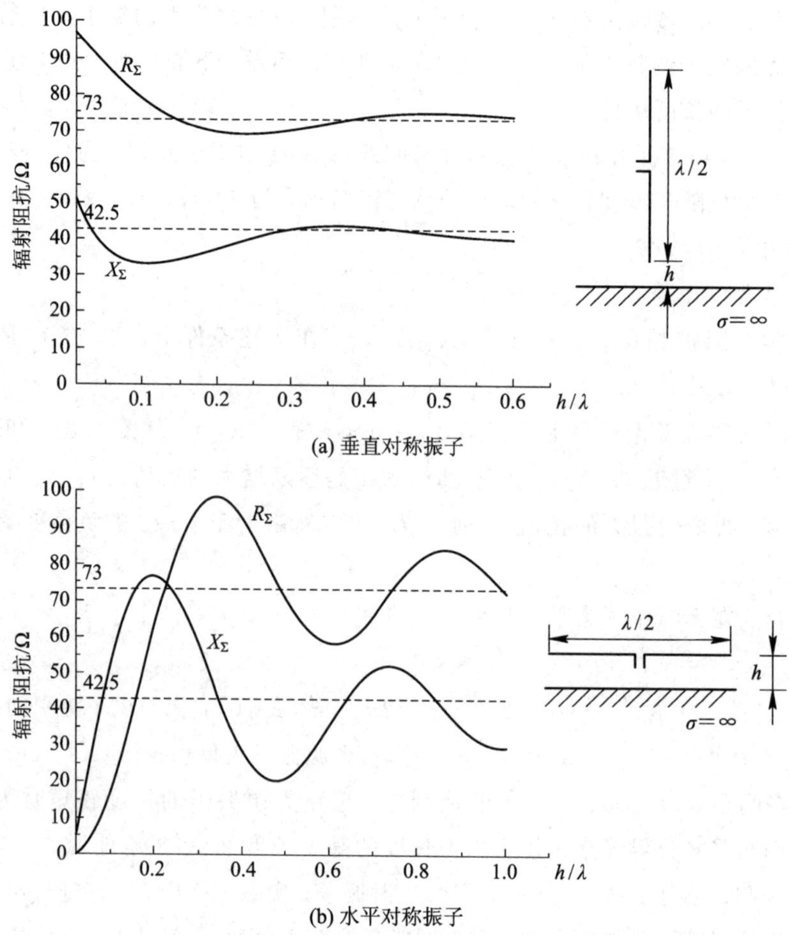

图 4.5.1 垂直和水平对称振子的辐射阻抗随架设高度的变化曲线

4.6 多元对称振子阵的阻抗

在实际应用中，通常需要将多个振子单元组成阵列以提高天线的性能，这时研究多个振子(通常大于 3 个)的阻抗特性就十分有意义。我们可以从二元耦合振子阻抗理论出发推广到多元耦合振子。

4.6.1　等效阻抗方程

在 n 元对称振子阵列中，各耦合振子的辐射功率 $P_{\Sigma i}(i=1, 2, \cdots, n)$ 为自身电流产生的自辐射功率和其他振子感应电流影响下产生的感应辐射功率之和，即

$$\begin{cases} P_{\Sigma 1}=P_{11}+P_{12}+\cdots+P_{1n} \\ P_{\Sigma 2}=P_{21}+P_{22}+\cdots+P_{2n} \\ \qquad\vdots \\ P_{\Sigma n}=P_{n1}+P_{n2}+\cdots+P_{nn} \end{cases} \tag{4.6.1}$$

式中，$P_{\Sigma i}$、P_{ii} 和 P_{ij} 分别为第 i 个振子的辐射功率、自辐射功率和在第 j 个振子电磁场影响下的感应辐射功率。

由电路理论中功率、电压、电流和阻抗的关系，可得 n 元耦合振子的等效阻抗方程为

$$\begin{cases} U_1=I_{m1}Z_{11}+I_{m2}Z_{12}+\cdots+I_{mn}Z_{1n} \\ U_2=I_{m1}Z_{21}+I_{m2}Z_{22}+\cdots+I_{mn}Z_{2n} \\ \qquad\vdots \\ U_n=I_{m1}Z_{n1}+I_{m2}Z_{n2}+\cdots+I_{mn}Z_{nn} \end{cases} \tag{4.6.2}$$

式中，I_{mi}、U_i、Z_{ii}、Z_{ij} 分别为第 i 个振子的波腹电流、等效电压、自阻抗和它与第 j 个振子的互阻抗，且 $Z_{ij}=Z_{ji}$。

4.6.2　对称振子阵列的辐射阻抗

从等效阻抗方程中可得各耦合振子的辐射阻抗 $Z_{\Sigma i}(i=1, 2, \cdots, n)$ 为

$$\begin{cases} Z_{\Sigma 1}=\dfrac{U_1}{I_{m1}}=Z_{11}+\dfrac{I_{m2}}{I_{m1}}Z_{12}+\cdots+\dfrac{I_{mn}}{I_{m1}}Z_{1n} \\ Z_{\Sigma 2}=\dfrac{U_2}{I_{m2}}=\dfrac{I_{m1}}{I_{m2}}Z_{21}+Z_{22}+\cdots+\dfrac{I_{mn}}{I_{m2}}Z_{2n} \\ \qquad\vdots \\ Z_{\Sigma n}=\dfrac{U_n}{I_{mn}}=\dfrac{I_{m1}}{I_{mn}}Z_{n1}+\dfrac{I_{m2}}{I_{mn}}Z_{n2}+\cdots+Z_{nn} \end{cases} \tag{4.6.3}$$

可简写为

$$Z_{\Sigma i}=Z_{ii}+\sum_{\substack{j=1 \\ j\neq i}}^{n}\frac{I_{mj}}{I_{mi}}Z_{ij}=Z_{ii}+Z_i' \tag{4.6.4}$$

式中，$Z_i'=\sum\limits_{\substack{j=1 \\ j\neq i}}^{n}\dfrac{I_{mj}}{I_{mi}}Z_{ij}$ 为第 i 个振子在其余振子电磁场影响下的总感应辐射阻抗。可见，每一个耦合振子的阻抗取决于其自阻抗、与其他振子之间的互阻抗以及电流比。

由功率守恒定律，归算于第 i 个振子波腹电流 I_{mi} 的对称振子阵的总辐射阻抗 $Z_{\Sigma(i)}$ 为

$$Z_{\Sigma(i)}=\sum_{j=1}^{n}\frac{|I_{mj}|^2}{|I_{mi}|^2}Z_{\Sigma j}=Z_{\Sigma i}+\sum_{\substack{j=1 \\ j\neq i}}^{n}\frac{|I_{mj}|^2}{|I_{mi}|^2}Z_{\Sigma j} \tag{4.6.5}$$

4.6.3 对称振子阵列的方向系数

由对称振子阵列的总辐射电阻可得其方向系数 D 为

$$D=\frac{120f_{m(i)}^2}{R_{\Sigma(i)}} \tag{4.6.6}$$

式中，$f_{m(i)}$、$R_{\Sigma(i)}$分别为归算于波腹电流的天线阵方向函数 $f(\theta,\varphi)$的最大值和总辐射电阻。$f(\theta,\varphi)$与对称振子阵总辐射电场的关系为

$$f(\theta,\varphi)=f_1(\theta,\varphi)f_a(\theta,\varphi)=\frac{|E(\theta,\varphi)|}{\dfrac{60I_{mi}}{r}} \tag{4.6.7}$$

理想导电地面上的对称振子的方向系数也可以由式(4.6.6)计算。式中，$f_{m(i)}$为对称振子与其镜像组成振子阵的方向函数的最大值；$R_{\Sigma(i)}$是计入地面影响后的对称振子的辐射电阻，也等于对称振子与其镜像组成的振子阵的总辐射电阻的一半。

第 5 章　谐振天线

天线的带宽是天线工作的频带范围，若天线工作频带的低频为 f_L，高频为 f_H，中心频率为 f_0，则天线的绝对带宽为 $\Delta f = f_H - f_L$，相对带宽为 $\Delta f / f_0$。驻波天线上的电流、电压呈驻波分布，即有固定的波腹点和波节点。驻波天线具有明显的谐振特性，也称为谐振天线。当工作频率改变时，天线电尺寸的改变会引起天线性能的变化，因此谐振天线的带宽较窄。

本章介绍 V 形振子天线、折合振子天线、八木天线、微带天线、印刷振子天线以及波导缝隙天线等。

5.1　V 形振子天线

在第 2 章中，我们介绍了对称振子，分析了其平衡馈电方式。对称振子是直导线振子，在实际应用中也有非直导线振子，图 5.1.1 所示的 V 形振子就是非直导线振子的一种，它可看成是一种开路传输线，其长度为 h 的末端被折成呈 γ 角的形式。在 γ 角的扇形区内方向性最大，γ 角由下式给出：

$$\gamma \approx \begin{cases} 152\left(\dfrac{h}{\lambda}\right)^2 - 388\left(\dfrac{h}{\lambda}\right) + 324 & 0.5 \leqslant \dfrac{h}{\lambda} < 1.5 \\ 11.5\left(\dfrac{h}{\lambda}\right)^2 - 70.5\left(\dfrac{h}{\lambda}\right) + 162 & 1.5 \leqslant \dfrac{h}{\lambda} \leqslant 3.0 \end{cases} \tag{5.1.1}$$

其中 γ 的单位是度。相应的方向系数为

$$D \approx 2.95\left(\frac{h}{\lambda}\right) + 1.15 \tag{5.1.2}$$

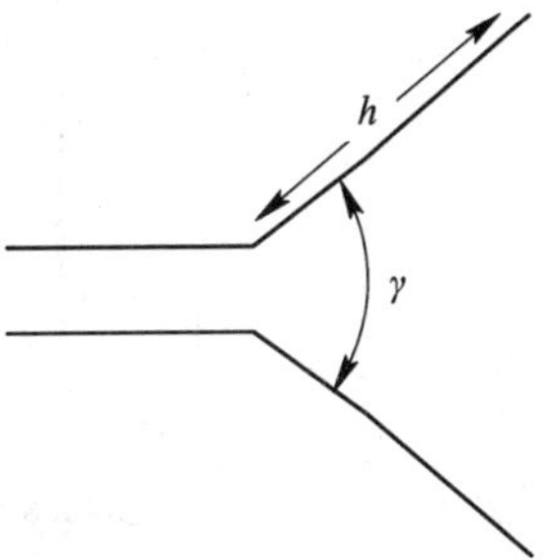

图 5.1.1　V 形振子

图 5.1.2 所示为 $h=0.75\lambda$，$\gamma=118.5°$的 V 形振子的方向图。一般来讲，V 形振子天线的输入阻抗比同样长度的直线振子的输入阻抗小。

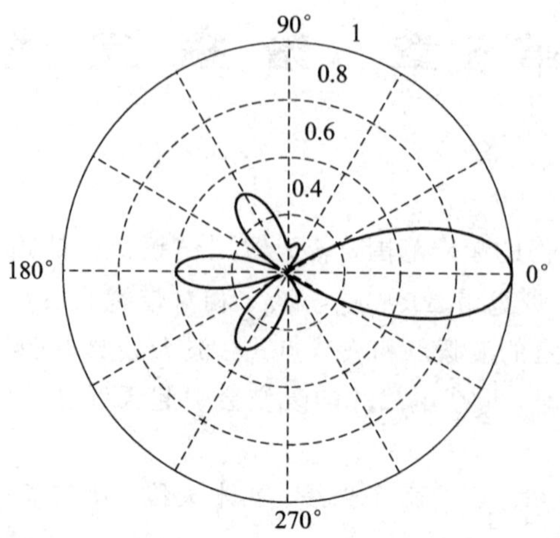

图 5.1.2 $h=0.75\lambda$，$\gamma=118.5°$的 V 形振子的方向图

5.2 折合振子天线

折合振子是由两个两端连接的平行振子组成的，其形成一个窄导线环，两平行振子的间距 d 远小于其长度 l，馈电点在一边的中心，如图 5.2.1(a)所示。折合振子天线本质上是一个具有不等电流的非平衡传输线，其电流是传输线模式与天线模式两种模式电流的组合，如图 5.2.1(b)所示。

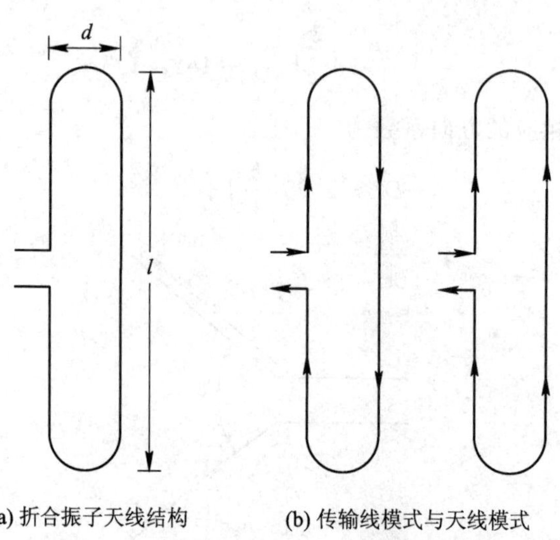

图 5.2.1 折合振子天线结构及电流模式

两种模式的电流分布如图 5.2.2 所示。

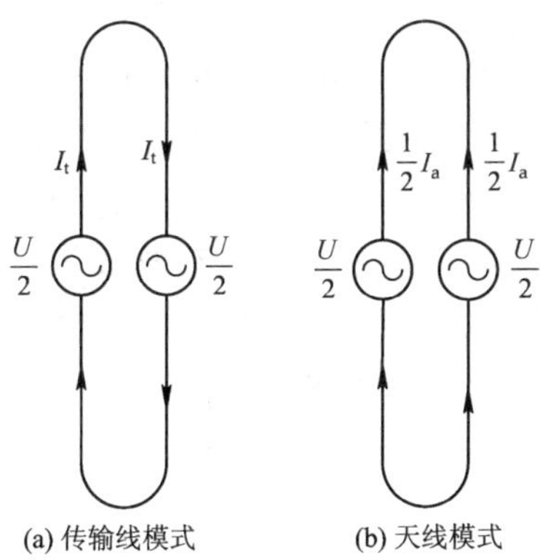

图 5.2.2　两种模式的电流分布

由于 d 很小，传输线模式中的电流倾向于远场相消，其输入阻抗 Z_t 由具有短路负载的传输线方程给出：

$$Z_t = jZ_0 \tan\frac{\beta l}{2} \tag{5.2.1}$$

其中，Z_0 为传输线的特性阻抗，β 为相位常数。

在天线模式中，每个竖直段上电流产生的场在远区相互加强，这是因为它们的指向相同。传输线模式的电流为

$$I_t = \frac{U}{2Z_t} \tag{5.2.2}$$

在天线模式下，总电流是每边电流的和，即

$$I_a = \frac{U}{2Z_d} \tag{5.2.3}$$

作为一级近似，其中的 Z_d 就是相同导线尺寸的普通振子的输入阻抗。图 5.2.2(a)的总电流为 $I_t + \frac{1}{2}I_a$，总电压为 U，所以折合振子的输入阻抗为

$$Z_A = \frac{U}{I_t + \frac{1}{2}I_a} = \frac{4Z_t Z_d}{Z_t + 2Z_d} \tag{5.2.4}$$

当折合振子为半波振子时，有 $l=\lambda/2$，$Z_t=\infty$，则 $Z_A=4Z_d$。因此半波折合振子的阻抗是同类普通振子的 4 倍，约为 280 Ω，此阻抗非常接近于普通双导线传输线的输入电阻 300 Ω。

5.3 八木天线

在阵列天线中，如果所有阵元都是有源的，则需要通过馈电网络连接到每个阵元；如果阵列中仅有单个阵元是有源的，其他的无源单元通过近场耦合从有源单元处获得激励，则馈电网络可以大大简化，这种阵列称为寄生阵列。八木天线是一种典型的寄生阵列，广泛应用于米波和分米波通信、雷达、电视以及其他无线电技术设备中。

5.3.1 八木天线的结构

八木天线的结构如图 5.3.1 所示，它由一个有源振子(约半个波长)、一个反射器(与有源振子相比稍长)和若干个引向器(与主振子相比稍短)组成。反射器和引向器都是短路无源振子。所有振子都排列在一个平面内，互相平行，所有振子的中心在一条直线上。无源振子的中心固定在与它们垂直的金属支撑杆上，有源振子与支撑杆绝缘。有源振子的长度通常为半波谐振长度，通过同轴馈线与发射机或接收机相连接。八木天线的最大辐射方向为端射方向，适当调整各个振子的长度及其间距可获得良好的端射方向图。八木天线的极化与半波振子的极化一致。

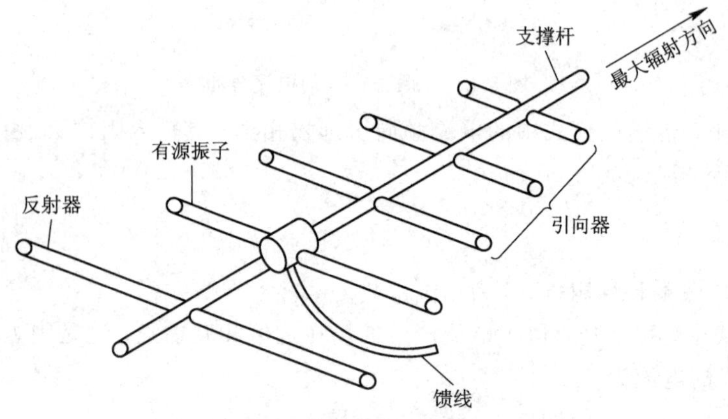

图 5.3.1 八木天线结构图

5.3.2 八木天线的工作原理

由天线阵理论可知，通过改变各单元天线的电流幅度和相位分布，可改变阵列方向图。八木天线仅对其中的一个有源振子馈电，其余无源振子则是利用与有源振子之间的近场耦合作用产生感应电流，调整各个振子的长度及其间距，可获得各个振子上的适合的电流幅度和相位分布，以满足要求的电性能。

5.3.3 八木天线的分析方法

图 5.3.2 所示为 N 元引向天线，振子 1 为反射振子，振子 2 为有源振子，振子 3～N 为引向振子，各振子的长度分别为 $2l_1$，$2l_2$，…，$2l_N$，相邻振子间的间距分别为 s_1，s_2，…，s_{N-1}。

由耦合振子理论，有

$$\begin{cases} 0 = I_{m1}Z_{11} + I_{m2}Z_{12} + \cdots + I_{mi}Z_{1i} + \cdots + I_{mN}Z_{1N} \\ U_0 = I_{m1}Z_{21} + I_{m2}Z_{22} + \cdots + I_{mi}Z_{2i} + \cdots + I_{mN}Z_{2N} \\ \vdots \\ 0 = I_{m1}Z_{i1} + I_{m2}Z_{i2} + \cdots + I_{mi}Z_{ii} + \cdots + I_{mN}Z_{iN} \\ \vdots \\ 0 = I_{m1}Z_{N1} + I_{m2}Z_{N2} + \cdots + I_{mi}Z_{Ni} + \cdots + I_{mN}Z_{NN} \end{cases} \tag{5.3.1}$$

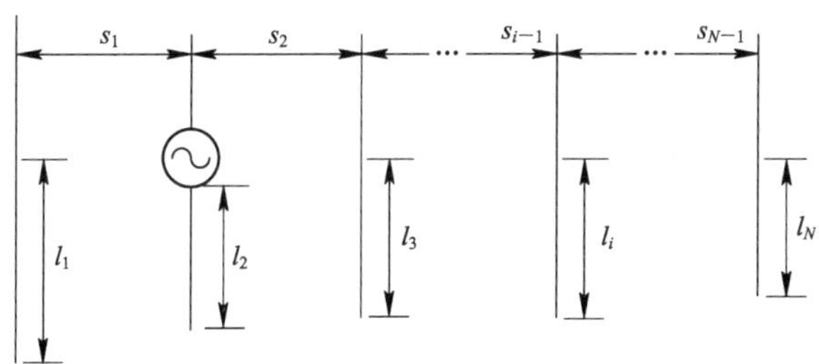

图 5.3.2　一般八木天线结构

式中，I_{mi} 为第 i 个振子的波腹电流，Z_{ij}($i=1, 2, \cdots, N$；$j=1, 2, \cdots, N$)为第 i 个振子和第 j 个振子间的互阻抗，U_0 为有源振子的外加电压。

方程组共有 N 个方程式，可解出各振子上的电流 I_{mi}，进而利用式(5.3.2)得到天线的远区辐射场，即

$$E=\frac{60}{r}f_e(\theta)f_a(\theta, I_{mi}) \tag{5.3.2}$$

式中，$f_e(\theta)$为对称振子的方向函数，$f_a(\theta, I_{mi})$为阵因子的方向函数。该八木天线是一个端射式的天线阵。

天线的增益与轴向电长度 L/λ(其中，L 为轴向长度，是指从反射振子到最末一个引向振子之间的轴向距离)和振子的数目 N 相关。当 L/λ 一定时，若相邻两引向振子的最大间距不超过 0.4λ，则增益与振子数目 N 的关系不十分明显；若超过 0.4λ，则增益明显下降。反射振子的长度及反射振子与有源振子的间距对增益没有太大的影响，但对后向辐射有明显的控制作用。反射振子越长或间距越小，后向辐射就越小。当对后向辐射要求较高时，反射振子可采用反射网替代。

5.3.4　八木天线的设计

设计八木天线，是从给定的电参数如方向图(或增益)、波瓣宽度、副瓣电平、前后辐射比、输入阻抗(或馈线驻波比)以及频带等，确定引向天线元数 N、各振子的长度 $2l_i$ 和间距 s_i 以及各振子的半径 a。由于八木天线的不同结构参数对电性能的影响不同，有的甚至互相矛盾，因此数学计算相当复杂。以往的设计往往是先根据概念和经验公式近似估算结构参数，然后通过大量实验反复调整，最后予以确定。

首先，根据所提出的天线电参数要求，由经验公式或常用尺寸范围确定初始结构参数。这一点同常规设计中确定实验天线一样。选取初始结构参数可以参考以下经验数据：

(1) 振子个数取决于给定增益(方向系数)或波瓣宽度。通常天线的电长度 L/λ 越大，增益越高，振子的数目由给定的增益来确定。图 5.3.3(a)给出了八木天线的增益与振子数目的关系曲线，利用该曲线和给定的增益要求即可确定振子的数目 N。进而，利用图 5.3.3(b)可求出天线的轴向长度 L。

从图 5.3.3(a)可以看出，随着振子数目的增加，天线增益也随之增加。当 N 小于 7～8 时，增益明显增加；若再增加振子的数目，则增益提高有限。对应地，天线长度变得过于庞大，如图 5.3.3(b)所示。因此，对于增益要求较高的应用，可采用引向天线排阵的方法。表 5.3.1 给出了天线单元数目和天线增益的关系。

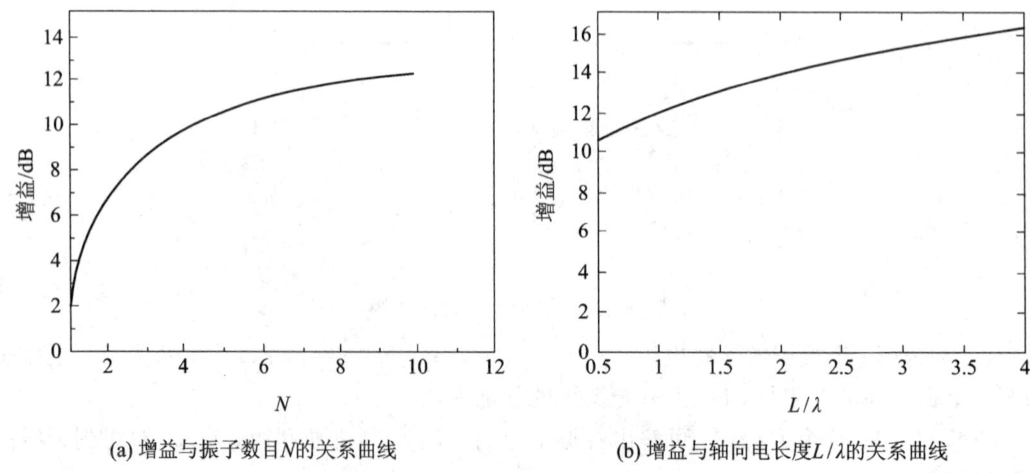

图 5.3.3　八木天线的增益变化图

表 5.3.1　N 元引向天线的近似增益

N	1	2	3	4	5	6	7	8	9	10
G/dB	2.15	5.0～6.5	8～10	9～11	10～12	11～13	11.5～13.5	12～14	12.5～14.5	13～15

(2) 振子间距的选择取决于天线的方向图和阻抗特性。当引向振子间的间距增大时，方向图主瓣变窄，副瓣增大，阻抗的频率特性较好；当反射器间距增大时，后向辐射增大，有源振子的输入阻抗较大。通常间距 $s_i=(0.15\sim0.40)\lambda$。

(3) 关于振子长度，通常选择反射振子的长度为 $2l_1=(0.5\sim0.55)\lambda$，引向振子的长度为 $2l_3=(0.4\sim0.44)\lambda$，所有引向振子可以等长，也可以随 s_i 的增加而递减。

(4) 振子半径主要根据对天线频带的要求选取。振子越粗，特性阻抗越低，天线的频带越宽。

然后，由选定的初始结构参数计算天线的电特性，先计算各振子上的电流分布，再计算天线的方向图、半功率波瓣宽度、前后辐射比、天线的输入阻抗以及方向系数等。将计算结果得到的电参数与要求值比较，如果不符合要求，则重新选定一组结构参数，重复上述计算，直到满足给定的电参数要求为止。

关于引向天线的馈电问题，若使用同轴电缆馈电，当直接馈电时，振子两臂上的电流是不相等的。为保证天线的对称性，应在馈线和天线接口处加入平衡－不平衡转换设备，如 U 形管匹配器、开槽式平衡变换器等。

下面的示例介绍了八木天线在流星余迹通信中的应用。为满足系统需求，所设计八木天线的振子数目 $N=6$，设计目标为使其在 5% 的频带内当最大副瓣电平低于 －15 dB、驻波比 VSWR 小于 1.4 时，天线增益最大。

按照 5.3.3 节八木天线的分析方法，对天线的振子长度及其间距进行设计，各个振子长度由 $2l_i(i=1, 2, \cdots, 6)$表示，振子间距由 $s_i(i=1, 2, \cdots, 5)$表示。为了降低后向辐射，反射振子的数目取为 3 个，振子半径为 0.002λ，天线长度与间距等参数及天线性能见表 5.3.2。图 5.3.4(a)中给出了仿真及测试的驻波比 VSWR 随 f/f_0 的变化曲线，f_0 为中心频率。可见天线的驻波比 VSWR≤1.4 的带宽达到了 5%且仿真与测试结果吻合良好。

天线在低频点、中心频点及高频点的水平面方向图如图 5.3.4(b)所示，可见天线在频带内具有相似的方向图，说明了辐射方向图的稳定性。

表 5.3.2　八木天线各参数和性能表

单元序号 i	$\frac{2l_i}{\lambda_0}$	$\frac{s_i}{\lambda_0}$	性能参数	数值
1	0.566	0.173	总长度	1.076
2	0.438	0.100	增益/dB	11.3～11.9
3	0.373	0.235	驻波比	≤1.38
4	0.426	0.316	水平面副瓣电平/dB	≤−15.0
5	0.416	0.252	频带宽度	5%
6	0.422	—		

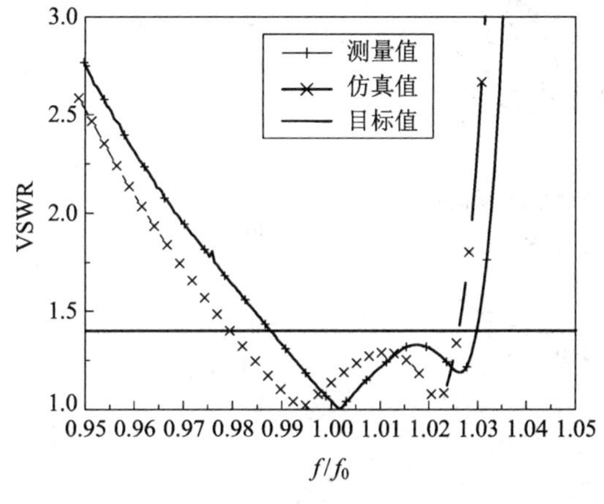

(a) 天线仿真及测试驻波比

低频点　中心频点　高频点

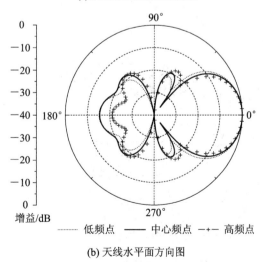

(b) 天线水平面方向图

图 5.3.4　仿真及测试结果

该天线工作时，架设在地面一定高度上以实现流星余迹通信中收发天线的通信，其中高度由通信距离决定，本设计中，取一般地平面的电导率 σ 为 10^{-2} S/m，相对介电常数 ε_r 为 15，计算出了天线架设高度 h 为 15.0 m(通信距离约 1100 km)时天线的方向图特性，并给出了中心频点上实际地面和理想导体地面上天线的垂直面方向图，如图 5.3.5(a)所示。天线低频点、中心频点和高频点的垂直面方向图如图 5.3.5(b)所示，增益由自由空间中的 11.3～11.9 dB 变为 17.0～17.6 dB，可见，架高后天线增益增加了 5.7 dB，这是由于天线架设在地面上的缘故。

此外，本设计还研究了天线在不同架设高度(h＝10，15，20 m)情况下工作在中心频点时的垂直面方向图特性，如图 5.3.5(c)所示。在不同高度时的天线仰角及半功率波瓣宽度如表 5.3.3 中所示。可见天线架设越高，仰角越低，从而通信距离越远。

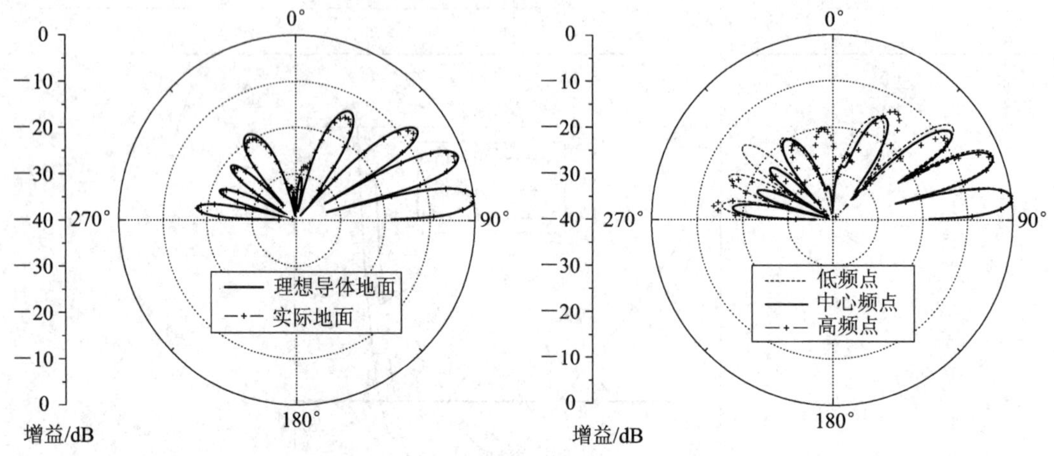

(a) 理想导体地面及实际地面上方向图比较图

(b) 天线低频点、中心频点和高频点垂直面方向图

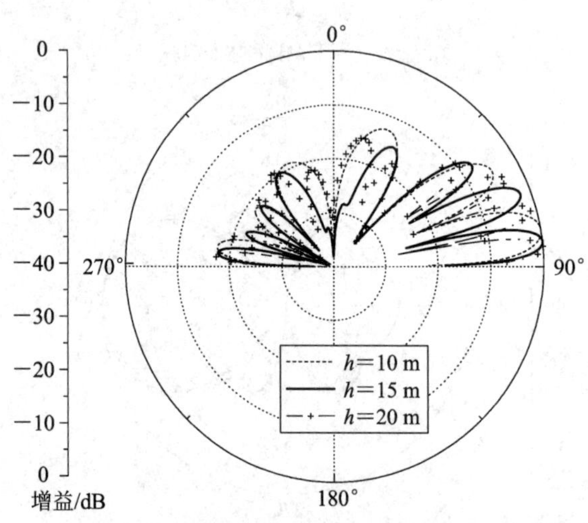

(c) 天线架设在不同高度时垂直面方向图

图 5.3.5　八木天线设计实例

表 5.3.3　天线架设高度不同时的参数

h/m	10	15	20
天线仰角/(°)	10.0	7.0	5.0
半功率波瓣宽度/(°)	9.5	7.0	5.5

5.4　微带天线

早在 1953 年，Deschamps 就首次提出了微带天线的概念；1970 年，天线专家 Munson 和 Howel 提出了微带天线的传输线理论和模型；随后，美籍华裔教授罗远祉首次提出了腔模理论，更加精准地分析了微带天线的多模式特性；在此之后，国内外诸多专家和学者对微带天线开展了深入研究。

5.4.1　微带天线的结构

微带天线的结构如图 5.4.1 所示，其是在带有金属地板的介质基板上印刷导体薄片而形成的天线。因此，微带天线主要由辐射贴片、介质基板与地板三部分构成。通常微带天线的介质基板高度远小于工作波长。

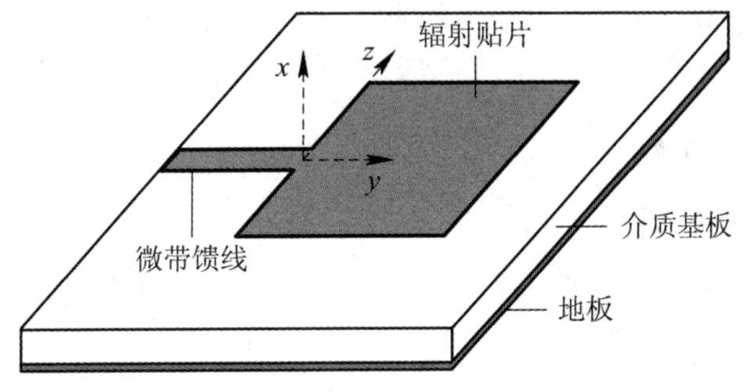

图 5.4.1　微带天线的结构图

5.4.2　微带天线的馈电技术

微带天线的馈电主要分为以下三种：① 微带边馈；② 探头馈电；③ 口径耦合馈电。馈电的主要作用是激励天线的有效模式，并实现输入端口良好匹配。上述三种馈电方式各有优缺点，详述如下。

1. 微带边馈

微带边馈如图 5.4.2(a)所示，其中微带馈线与辐射贴片印刷在同一平面上。图 5.4.2(b)为微带天线在边馈条件下的传输线等效电路，其中微带馈线等效为左边部分传输线，辐射贴片等效为右边部分传输线，$G+jB$ 为辐射贴片边缘处的辐射导纳。为了防止微带馈线参与辐射，我们一般要求微带线宽度 $W \ll \lambda$。因此，微带馈线通常起到阻抗转变作用，并且其长度一般取工作频率下的λ/4。

微带边馈的优点是微带馈线与辐射贴片印刷在同一平面，导致其特别适合于天线阵。微带边馈的缺点是馈电线长度受制于四分之一波长，导致其面临窄频带缺陷，其仅能通过增加衬底厚度来适当增加天线工作带宽。

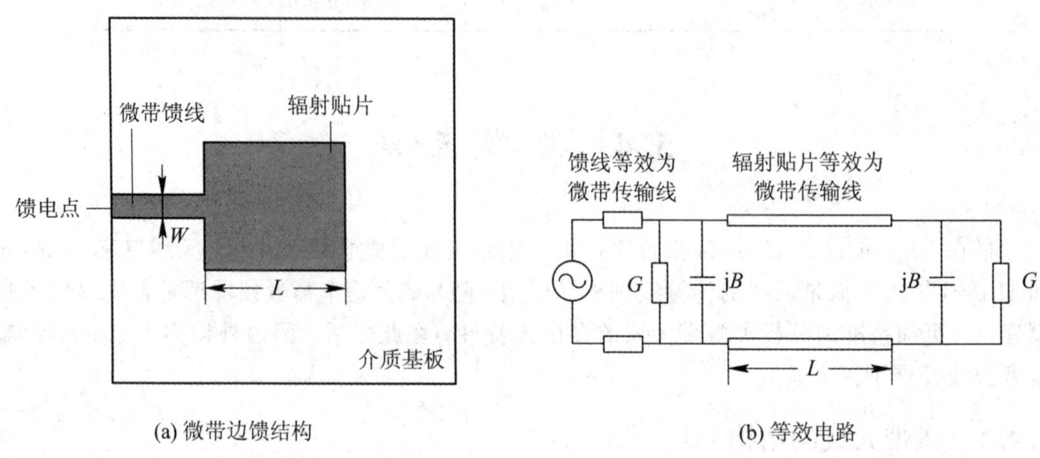

(a) 微带边馈结构　　(b) 等效电路

图 5.4.2　微带天线在边馈下的结构俯视图与等效电路

2. 探头馈电

探头馈电的结构如图 5.4.3(a)所示，其中同轴线内芯连接辐射贴片，同轴线外皮与金属地板相连接。图 5.4.3(b)是其对应的传输线等效电路。相较于微带边馈方式，此处不存在馈线等效的微带传输线网络，但是馈电探针的长度会引入少量电感效应。

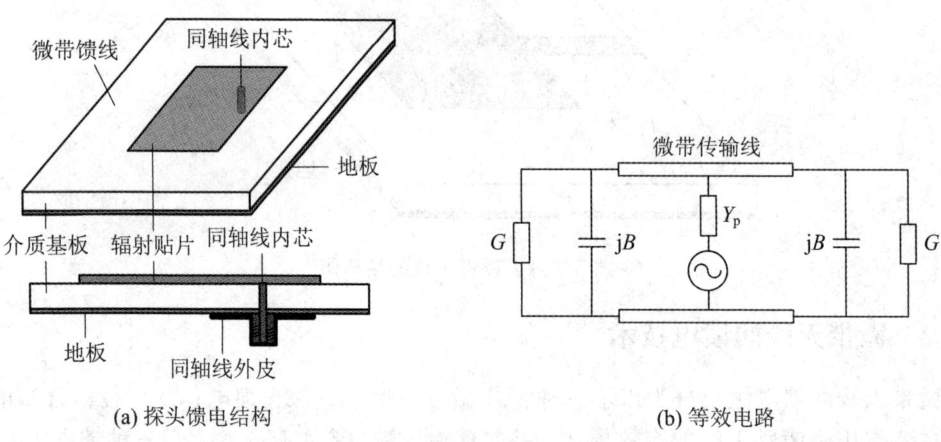

(a) 探头馈电结构　　(b) 等效电路

图 5.4.3　微带天线在探头馈电下的结构俯视图与等效电路

探头馈电的优点是安装简便，且其阻抗匹配特性只需要适当调控探头位置即可实现。探头馈电的缺点是探针会引入少量电感，从而影响天线的谐振频率特性。此外，随着微带天线剖面的增加，会导致其交叉极化电平升高。

3. 口径耦合馈电

口径耦合馈电的结构如图 5.4.4(a)所示，其主要是在金属地板上蚀刻有多种缝隙，并在缝隙下层引入微带馈线来耦合电磁波到辐射贴片。图 5.4.4(b)给出了其对应的传输线等效电路，由于缝隙沿着 x 轴与 y 轴均分布缝隙，导致其存在两路等效传输线网络。

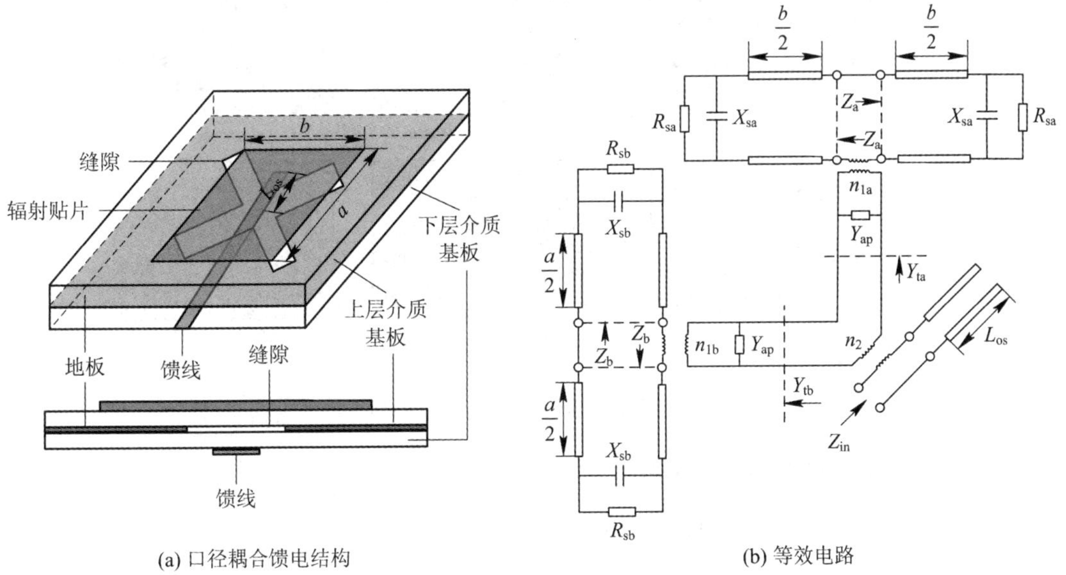

(a) 口径耦合馈电结构　　(b) 等效电路

图 5.4.4　微带天线在口径耦合馈电下的结构俯视图与等效电路

口径耦合馈电的优点是可有效展宽微带天线的工作带宽，并且容易和平面电路集成设计。口径耦合馈电的缺点是引入了多层结构，增加了天线设计的复杂度，并且缝隙自身引入的额外辐射场会导致微带天线自身的辐射前后比恶化等。

5.4.3 微带天线的模式

因为微带天线是谐振式天线，所以其存在大量辐射模式，并且多模式间存在离散化分布与方向图多样化等特性。微带天线的多模式分析与研究均建立在腔模理论下。此理论的核心是利用模式展开方法求解齐次波动方程，并基于边界条件计算出本征函数与谐振波数。由于篇幅限制，下面仅对最简单的矩形微带天线的模式作简单介绍，假设图 5.4.1 中辐射贴片沿着 y 轴的长度为 L，沿着 z 轴的宽度为 W，其本征函数 ψ_{mn} 与谐振波数 k_{mn} 表示如下：

$$\begin{cases} \psi_{mn} = \cos\dfrac{m\pi y}{L}\cos\dfrac{n\pi z}{W} \\ k_{mn} = \sqrt{\left(\dfrac{m\pi}{L}\right)^2 + \left(\dfrac{n\pi}{W}\right)^2} \end{cases} \tag{5.4.1}$$

根据上述表达式，图 5.4.5 给出了各个模式对应的电场分布。其中，“●”表示电场朝 $+x$ 方向；“×”表示电场朝 $-x$ 方向；虚线表示电壁，即电场矢量方向变化的位置。对于矩形贴片天线，模式的判定方法是观察辐射贴片上的电场矢量分别沿长边和宽边变化了几个半周期，即某 TM 模的电场在矩形贴片上出现了 m 个半周期，在 y 方向上出现了 n 个半周期，则此模叫作 TM_{mn} 模。

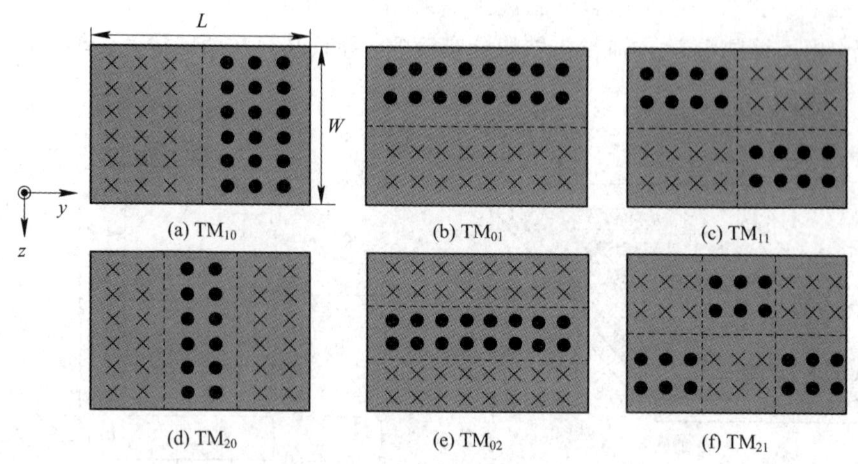

图 5.4.5　微带天线在不同模式下的电场矢量分布

5.4.4　微带天线的辐射方向图

为了阐明微带天线的辐射场求解过程，这里仅分析常见的 TM_{10} 模的辐射场，对于其他模式可以采用类似方法求解。根据 5.4.2 节可知，我们可以将微带天线等效为一段长为 L、两端开路的微带传输线，如图 5.4.6(a)所示。由于介质基板的高度 $h \ll \lambda_0$(λ_0 为工作波长)，故场沿 h 无变化。在 TM_{10} 模谐振下，设场沿宽度 W 无变化，沿着长度 L 方向呈现周期性变化。显然，辐射贴片边缘上的场可以分解为水平分量和垂直分量。在垂直于地板的方向，两垂直分量电场方向相反，相互抵消；两水平分量电场方向相同，其产生的远区场相互叠加，形成了最大辐射方向。因此，开路端的两个水平分量电场可以等效为无限大平面上同相激励的两个缝隙，如图 5.4.6(b)所示，其中缝的宽度、长度分别为 ΔL、W。

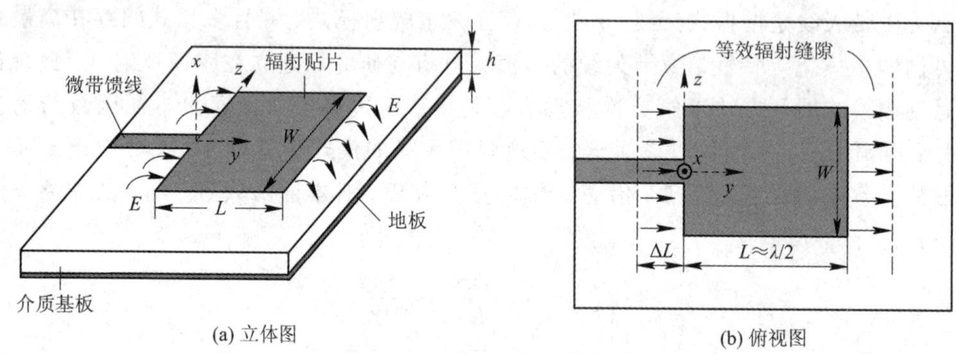

图 5.4.6　微带天线在 TM_{10} 模下的电场矢量分布

根据图 5.4.6(b)，两端边缘辐射缝隙的电场可表示为

$$\boldsymbol{E} = \hat{\boldsymbol{y}} E_0 \cos \frac{\pi y}{L} \tag{5.4.2}$$

因此，其等效面磁流密度可表示为

$$\boldsymbol{M} = -\hat{\boldsymbol{n}} \times \boldsymbol{E} = -\hat{z} E_0 \cos \frac{\pi y}{L} \tag{5.4.3}$$

故在 $y=0$ 处辐射缝隙的等效面磁流密度可表示为

$$\boldsymbol{M}=-\hat{\boldsymbol{n}}\times\boldsymbol{E}=-\hat{\boldsymbol{z}}E_0 \tag{5.4.4}$$

已知面磁流分布，即可求得电矢位 $\boldsymbol{F}$ 为

$$\begin{aligned}\boldsymbol{F}&=-\hat{\boldsymbol{z}}\frac{1}{4\pi r}\int_{-W/2}^{W/2}\int_{-h}^{h}E_0\mathrm{e}^{-\mathrm{j}k(r-x\sin\theta\cos\varphi+z\cos\theta)}\mathrm{d}x\,\mathrm{d}z\\&=-\hat{\boldsymbol{z}}\frac{E_0h}{\pi r}\frac{\sin(kh\sin\theta\cos\varphi)}{kh\sin\theta\cos\varphi}\frac{\sin\left(\frac{1}{2}kW\cos\theta\right)}{k\cos\theta}\mathrm{e}^{-\mathrm{j}kr}\end{aligned} \tag{5.4.5}$$

则可求出电场为

$$\boldsymbol{E}=-\nabla\times\boldsymbol{F} \tag{5.4.6}$$

因此，方向图函数可表示为

$$f(\theta,\varphi)=\left|\frac{E}{2E_0/r}\right|=\left|\frac{h}{\pi}\frac{kW}{2}\frac{\sin\left(\frac{1}{2}kW\cos\theta\right)}{\frac{1}{2}kW\cos\theta}\sin\theta\right|=\left|\frac{Wh}{\lambda_0}\frac{\sin\left(\frac{1}{2}kW\cos\theta\right)}{\frac{1}{2}kW\cos\theta}\sin\theta\right| \tag{5.4.7}$$

当 $\theta=\pi/2$ 时，归一化方向图函数可表示为

$$F(\theta,\varphi)=\left|\frac{\sin\left(\frac{1}{2}kW\cos\theta\right)}{\frac{1}{2}kW\cos\theta}\sin\theta\right| \tag{5.4.8}$$

需要注意的是，$F(\theta,\varphi)$ 仅为辐射贴片单个缝隙的归一化辐射方向图表达式。间距为 L 的二元辐射缝隙阵的阵因子的归一化方向图函数表示为

$$f=\cos\left(\frac{1}{2}kL\sin\theta\sin\varphi\right) \tag{5.4.9}$$

由方向图乘积定理得，贴片天线的归一化方向图函数可表示为

$$F_{\mathrm{T}}(\theta,\varphi)=\left|\frac{\sin\left(\frac{1}{2}kW\cos\theta\right)}{\frac{1}{2}kW\cos\theta}\sin\theta\cos\left(\frac{1}{2}kL\sin\theta\sin\varphi\right)\right| \tag{5.4.10}$$

贴片天线的 E 面方向图函数($\theta=\pi/2$)为

$$F_{\mathrm{E}}(\theta,\varphi)=\cos\left(\frac{1}{2}kL\sin\varphi\right) \tag{5.4.11}$$

贴片天线的 H 面方向图函数($\varphi=0$)为

$$F_{\mathrm{H}}(\theta,\varphi)=\frac{\sin\left(\frac{1}{2}kW\cos\theta\right)}{\frac{1}{2}kW\cos\theta}\sin\theta \tag{5.4.12}$$

由式(5.4.11)和式(5.4.12)可知，微带天线的 E 面方向图受阵因子影响较大，而 H 面方向图与阵因子无关。因此，我们可以通过调控阵因子参量 L/λ 来调控微带天线的 E 面波束宽度，甚至可以采用短路壁贴片天线去掉阵因子项来实现 E 面方向图半功率波束宽度的有效展宽。目前，本书编者刘能武不仅对微带天线的主模开展了理论研究，而且对其他高次模开展了相关研究，主要集中在多模式谐振频率与多模式辐射方向图的有效调控等方面。

下面我们以 TM_{10} 模为例设计微带天线单元及高增益微带阵列。假定微带天线工作在 2.5 GHz，介质基板厚度为 2 mm，相对介电常数为 2.2。首先，我们利用式(5.4.1)求解出微带天线 TM_{10} 模的谐振波数 k_{10} 和介质波长 λ_{10}，计算公式如下：

$$k_{10}=\sqrt{\left(\frac{1\times\pi}{L_1}\right)^2+\left(\frac{0\times\pi}{W_1}\right)^2}=\frac{\pi}{L_1} \tag{5.4.13}$$

$$\lambda_{10}=\frac{2\pi}{k_{10}}=2L_1 \tag{5.4.14}$$

$$L_1=\frac{\lambda_{10}}{2}=\frac{c}{2f_{10}\sqrt{\varepsilon_r}} \tag{5.4.15}$$

其中，L_1 为考虑边缘效应后的等效长度，其近似等于辐射贴片边长 L 与介质基板厚度 h 之和；W_1 为考虑边缘效应后的等效宽度。鉴于此，式(5.4.15)可进一步表示为

$$L=\frac{c}{2f_{10}\sqrt{\varepsilon_r}}-h \tag{5.4.16}$$

基于式(5.4.16)，我们可以从理论上求解出微带天线工作在 2.5 GHz 时的辐射贴片长度为

$$L=\frac{3\times10^8}{2\times2.5\times10^9\sqrt{2.2}}-0.002=38.45\ \text{mm} \tag{5.4.17}$$

最后，利用理论求解的辐射贴片边长对微带天线进行建模、仿真及验证，图 5.4.7 给出了微带天线结构、S 参数响应及电场分布特性等。由图可知当天线的边长 L 为 38.45 mm、工作在 2.5 GHz 时，天线的模式为 TM_{10} 模式，最终验证了上述理论方法的正确性与可行性。

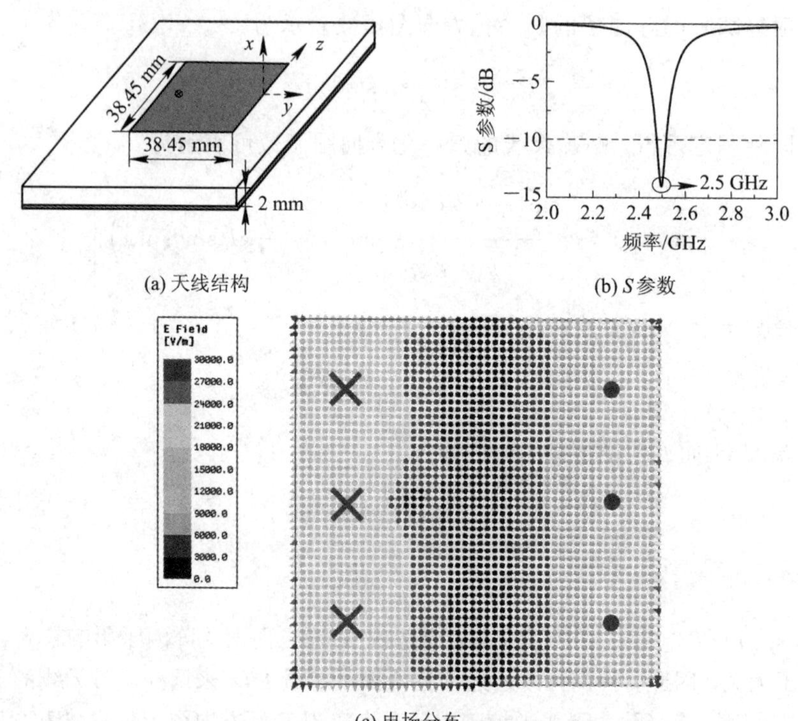

图 5.4.7 微带天线结构及工作在 TM_{10} 模式的仿真 S 参数和电场分布

图 5.4.8 给出了微带天线在无限大地板情况下 TM_{10} 模式的 E 面方向图和 H 面方向图。由图可知天线法向增益维持在 7.0～8.0 dB 左右，其中馈电结构的不对称性导致天线 H 面交叉极化电平明显高于 E 面交叉极化电平。

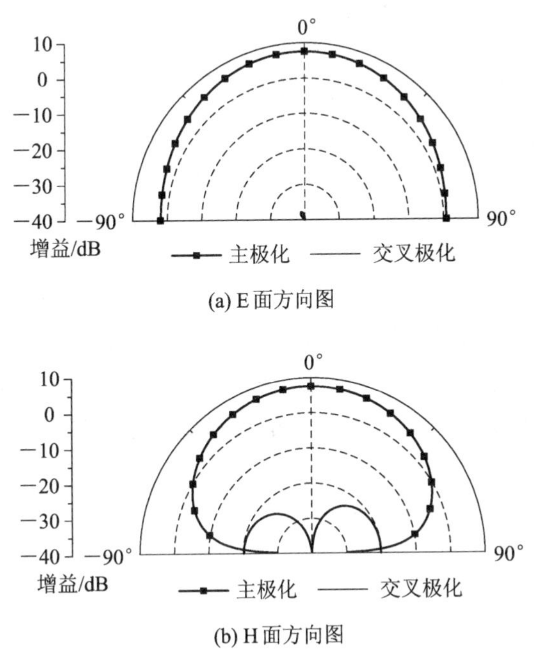

(a) E 面方向图

(b) H 面方向图

图 5.4.8　微带天线的辐射方向图

基于上述微带天线单元，我们对沿 E 面组成的二元阵开展分析与研究。基于阵列天线理论可知：

(1) 初步增加阵列间距可以压缩方向图半功率波束宽度，从而改善阵列天线的法向增益特性。

(2) 将阵列间距增加到 $0.65\lambda_0$ 附近时，阵列天线的法向增益最大。

(3) 将阵列间距进一步增加时，阵列天线的副瓣电平会显著增加，从而降低了天线的法向增益。

鉴于此，图 5.4.9 和图 5.4.10 分别给出了二元微带天线阵的结构尺寸与仿真方向图，其趋势与上述阵列天线理论分析结果完全吻合。

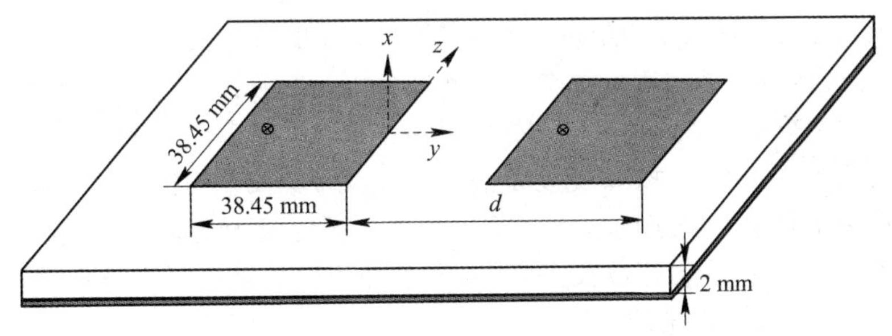

图 5.4.9　二元微带天线阵的结构示意图

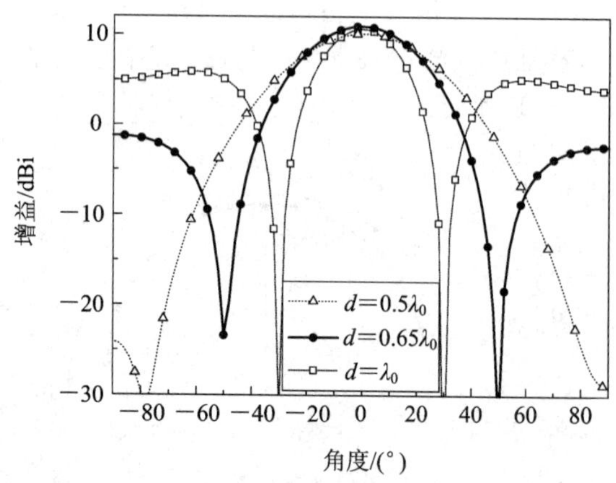

图 5.4.10　二元微带天线阵在不同阵间距 d 时的辐射方向图变化趋势

综上所述，微带天线的分析理论健全，且微带天线具有轻便、易于制造、体积小、便于微波集成、易于多功能实现等优点，因此无论在军事领域还是在民用领域都具有广泛的应用价值。

5.5　印刷振子天线

印刷振子是线极化印刷阵列中普遍应用的单元形式，典型的印刷振子为矩形，印制在介质基片的一面或两面，其带宽较窄。当印制在基片的同一面时，印刷振子适合采用共面带线(CPS)馈电；当印制在基片的两面时，印刷振子适合采用平行双导线馈电。为了展宽普通印刷振子的带宽，Y. D. Lin 提出了蝶形印刷振子。但是，由于其馈电结构具有关于地面平衡的性质，使普通印刷振子无法与馈电网络集成，从而限制了其在阵列中的应用。B. Edward 提出了一种微带线馈电的、具有集成巴伦的宽带印刷振子结构，可将馈线和振子集成，且由于宽带集成巴伦的应用，使振子的阻抗带宽大大展宽。在实际应用中，将振子所在的介质基片垂直于地面放置，振子所在的基片可延长并印制馈电网络，从而使印刷振子具有电路高度集成化、一体化的优点。

5.5.1　印刷振子的结构

具有集成巴伦的印刷振子印制在介电常数为 ε_r、厚度为 h 的微带基片上，其结构如图 5.5.1 所示。基片的一面是印刷振子臂和平衡馈电巴伦，另一面是微带馈线和匹配网络。印刷振子的长和宽分别为 L_d 和 W_d，与巴伦结构集成在一起，开路微带线长度为 θ_b；短路微带线起点为振子臂宽度的中线，宽度为 W_1，长度为 θ_{ab}；Z_{ab} 为振子的谐振阻抗。

根据印刷振子与半波振子的等效关系，可初步确定振子的长度及宽度，其中 L_d 为 $0.4\lambda_0$，W_d 为 $0.5\lambda_0$，λ_0 为谐振波长。振子的长度也可根据谐振频率进行微调，而 θ_{ab}、θ_b 及 W_1 等参数在集成馈电巴伦的设计中给出。

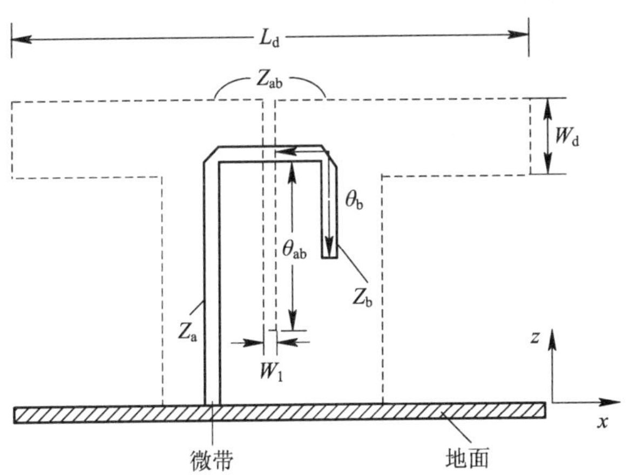

图 5.5.1　具有集成巴伦的微带印刷振子

5.5.2　巴伦结构及电路实现

巴伦结构如图 5.5.2(a)所示，其等效电路在图 5.5.2(b)中给出。

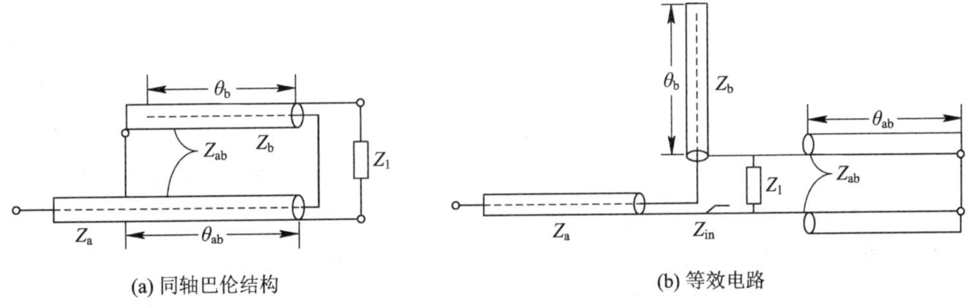

图 5.5.2　巴伦结构及其等效电路

在图 5.5.2(b)中，特性阻抗为 Z_b 的同轴传输线形成了负载阻抗 Z_l 的串联开路支节，同时，特性阻抗为 Z_a、Z_b 的传输线形成了特性阻抗为 Z_{ab} 的分路短路平衡线支节。从等效电路中可得巴伦结构的输入阻抗为

$$Z_{in}{}' = -\mathrm{j}Z_b\cot\theta_b + \frac{\mathrm{j}Z_l Z_{ab}\tan\theta_b}{Z_l + \mathrm{j}Z_{ab}\tan\theta_{ab}} \tag{5.5.1}$$

式中，θ_b 表示开路串联支节的电长度，约为 $\pi/2$；θ_{ab} 表示短路分流支节的电长度，约为 $\pi/2$。通过微调参数 θ_b 和 θ_{ab}，集成巴伦可获得振子输入阻抗的良好匹配。

此巴伦结构的印刷形式如图 5.5.1 所示。非平衡的同轴传输线由印制在基片上的微带导体代替，类似于同轴线巴伦的平衡传输线印制在微带导体的地面上。平衡线导体的宽度不小于微带传输线的 3 倍，将导体看作工作在奇模的悬在介质上的两节耦合微带线，从耦合线到底部地板的距离相比于耦合线之间的间隔很大，因此，平衡线的阻抗等于微带奇模阻抗的 2 倍，而有效介电常数相等。辐射振子两臂作为平衡导体的延伸并与巴伦结构集成在一起。

5.5.3　宽带阻抗匹配的设计

实际应用中，为了获得前向辐射特性，印刷振子与导体地面的距离为 $0.25\lambda_0$。在这种模型条件下，首先计算出平面对称振子的输入阻抗随频率的变化曲线，确定馈电点的输入阻抗 Z_a，然后可确定 Z_b、Z_{ab}。图 5.5.3 中所示为平面对称振子的输入阻抗随频率的变化曲线，可见在谐振频率上，馈电点的输入阻抗约为 80 Ω。令 Z_b、Z_{ab} 的值与 Z_a 的值相等，均为 80 Ω。这样就完成了宽带阻抗匹配的设计。

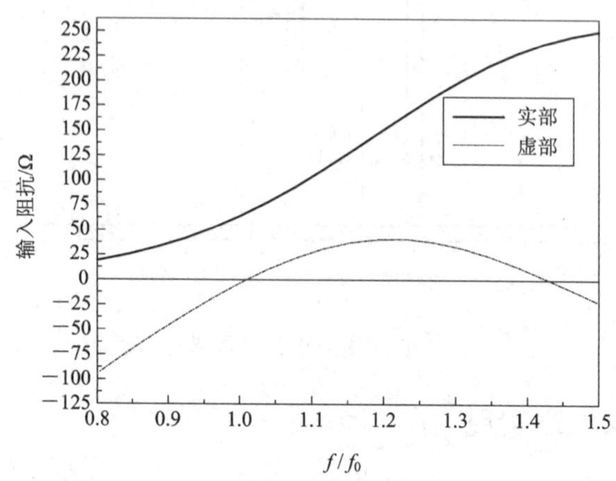

图 5.5.3　等效的平面振子输入阻抗

根据上述设计原理，集成馈电巴伦的宽带印刷振子实物如图 5.5.4 所示，振子印制在聚乙烯基片上，其主要参数为：$L_d=0.43\lambda_0$，$W_d=0.05\lambda_0$，$\theta_b=95°$，$\theta_{ab}=90°$，天线底部为 $2\lambda_0\times2\lambda_0$ 的方形地面。在开路微带线与馈电微带线之间，加入了四分之一波长的阻抗变换器。

图 5.5.5 所示为振子电压驻波比(VSWR)的计算结果与测量结果的比较，可见两者吻合较好。为了考虑单元间互耦的影响，振子的特性是在“1×3 阵中”条件下获得的(由于平行排阵时互耦较强，因此采用平行排阵方式)。测试结果中，VSWR≤1.4 的带宽值为 11.2%，谐振频率相对于计算结果有 1.2%的偏差，这应该是由于计算精度、介质材料性能以及加工误差等引起的。图 5.5.6(a)～(c)给出了三个典型频率的 E 面和 H 面水平极化、垂直极化的方向图。振子在中心频率及上、下边频辐射特性相似，说明天线单元具有与阻抗带宽一致的方向图带宽。振子在带宽内的增益为 7.8～8.0 dB。

图 5.5.4　印刷振子实物图

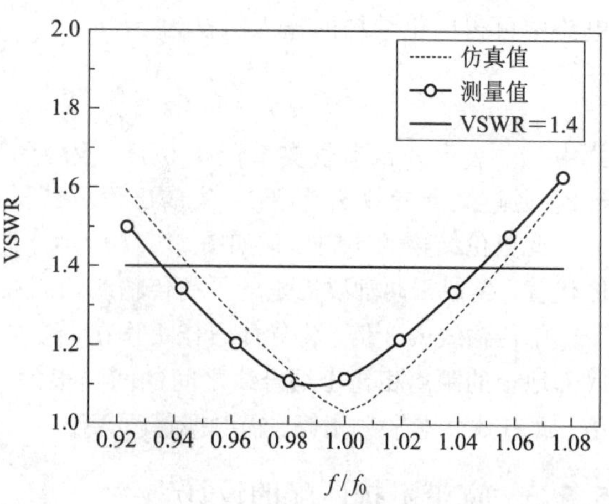

图 5.5.5　振子电压驻波比

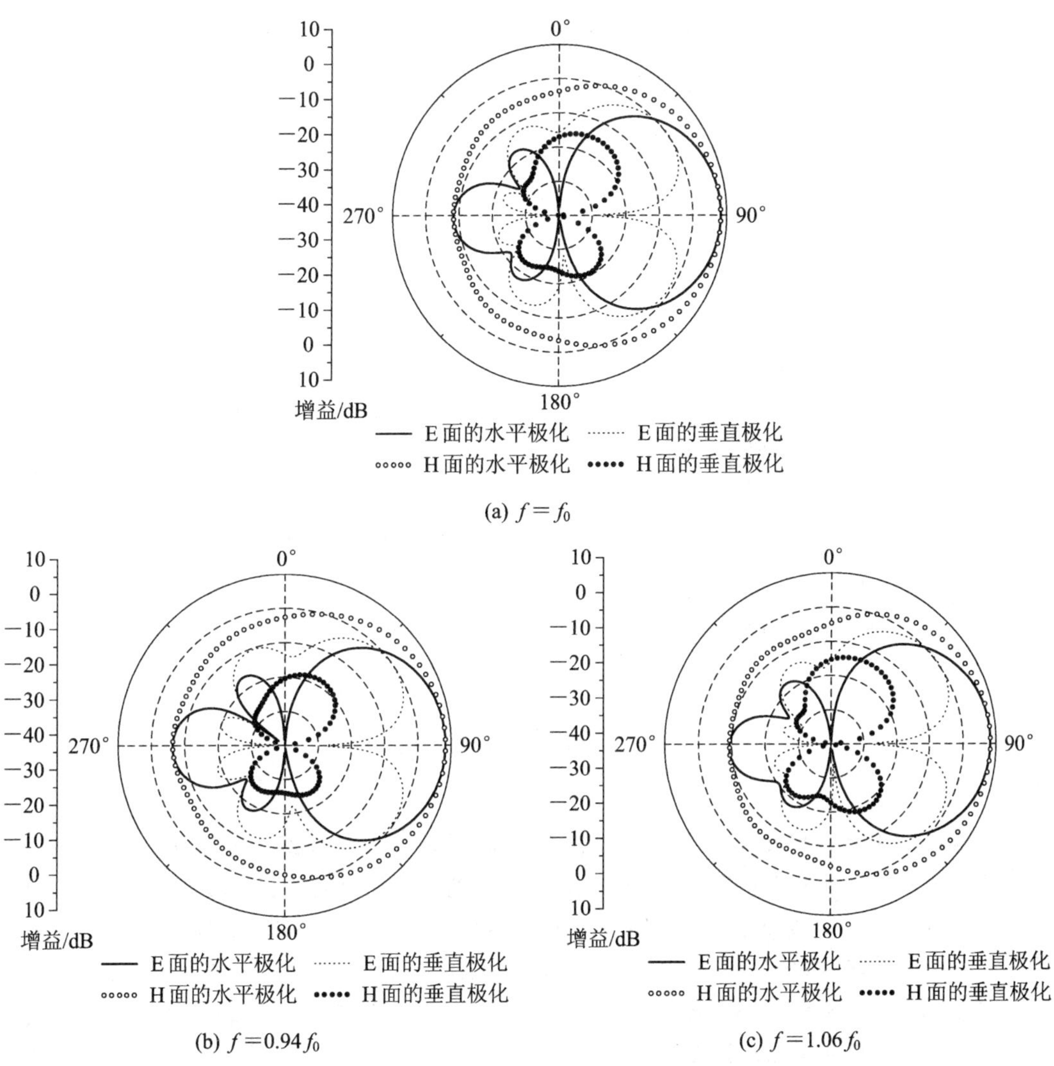

图 5.5.6　振子方向图

另外，通过调节开路线的电长度 θ_b 和短路支节的电长度 θ_{ab}，印刷振子还可获得双频谐振特性，获得更宽的带宽。通过对振子/巴伦混合结构的电压驻波比随 θ_b、θ_{ab} 及频率的变化进行计算，可以看出，当 $\theta_{ab}=90°$时，其电压驻波比随 θ_b 变化的计算结果如图 5.5.7 所示，随着开路线长度 θ_b 的增加，振子的双点谐振特性显现出来；当 $\theta_b=110°$时，可在50%的带宽内达到驻波比小于 2.0，但是，它在第一个谐振点的驻波比随着 θ_b 的增加而逐渐变大。

印刷振子的双点谐振特性可通过式(5.5.1)中巴伦结构的输入阻抗获得解释。在中心频率时，$\tan\theta_b=\infty$，$\cot\theta_b=\infty$，输入阻抗为纯电阻 Z_1；而合成的频带由于式中前项和后项总是反号而得以展宽。在低频时，$jZ_{ab}\tan\theta_{ab}$ 为感性，$-jZ_b\cot\theta_{ab}$ 为容性，而在高频时正好相反。从阻抗圆图来看，曲线向中心频率阻抗点 Z_1 收缩，从而获得了双点谐振特性。

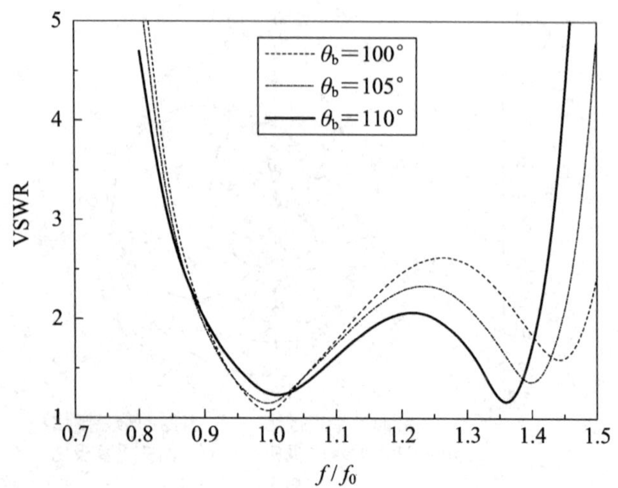

图 5.5.7 具有巴伦混合结构的振子 VSWR 随 θ_b 变化曲线

因此，具有集成巴伦的印刷振子具有宽频带特性，不仅可在 10%频带内 VSWR 不大于 1.40，而且具有双频谐振特性，可在 45%的频带内 VSWR 不大于 2.0。

5.6 波导缝隙天线

波导缝隙天线是指在波导壁上开细缝而形成有效辐射的天线，可以在金属硬同轴波导、圆波导、矩形波导壁上开缝。矩形波导中传输的工作波型是主模 TE_{10} 模，开缝的位置可以在波导的宽壁上或窄壁上。波导缝隙天线具有可集成化、低剖面、易与其载体共形等优点，在通信领域有着广泛的应用前景。作为平面天线的一种，波导缝隙天线结构紧凑，辐射效率高，易实现低副瓣、低交叉极化特性，因此被广泛应用在机载火控雷达、移动卫星通信系统、车载防撞雷达以及气象雷达中。

5.6.1 激励与幅度

常用缝隙天线中的缝隙是开在传输 TE_{10} 型波的矩形波导壁上的半波谐振缝隙。如果所开缝隙截断波导内壁表面电流线(即缝隙不是沿电流线开)，则表面电流的一部分绕过缝隙，另一部分以位移电流的形式沿原来方向流过缝隙，因而缝隙被激励，向外空间辐射电磁波。

图 5.6.1 表示由 TE_{10} 型波激励的矩形波导内壁表面的电流分布和在波导壁上的几种缝隙。横缝(缝隙 1)由纵向电流激励；纵缝(缝隙 2 和 3)由横向电流激励；斜缝(缝隙 4 和 5)则由与其长边垂直的电流分量激励。波导缝隙辐射的强弱取决于它在波导壁上的位置和取向。为了获得最强辐射，应使缝隙垂直于截断电流密度最大处的电流线，即应沿磁场强度最大处的磁场方向开缝，如缝隙 1、2 和 3。

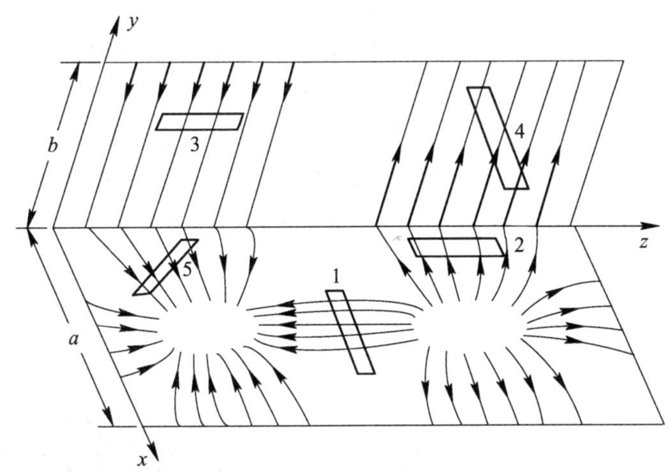

图 5.6.1 波导内壁电流分布及缝隙位置

实验证明，沿波导缝隙的电场分布与理想缝隙的几乎一样，近似为正弦分布。波导缝隙是开在有限大波导壁上，辐射受没有开缝的其他三面波导壁的影响，是单向辐射。图 5.6.2 给出了波导纵向缝隙(纵缝)天线和理想缝隙天线的方向图，两种天线方向图的差别主要发生在 E 面。由于波导缝隙是单向辐射，因此，如果激励强度相同，则波导缝隙的辐射功率近似等于理想缝隙的一半，它的辐射电导为

$$G_{\Sigma S} \approx \frac{R_{\Sigma}}{2(60\pi)^2} \tag{5.6.1}$$

半波长波导缝隙的电导为

$$G_{\Sigma S} \approx \frac{73.1}{2(60\pi)^2} \approx 0.001\ \text{S} \tag{5.6.2}$$

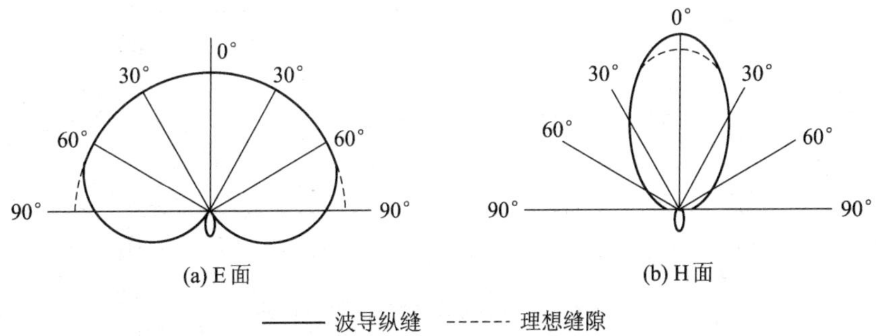

图 5.6.2 波导纵缝天线和理想缝隙天线的方向图

5.6.2 等效电路与等效电导(电阻)

波导开缝后，会引起波导负载变化。应用等效传输线概念讨论开缝波导的工作状态比较方便，为此，可根据波导缝隙处电流和电场的变化，把缝隙等效成与传输线并联的导纳或串联的阻抗，从而建立起各种波导缝隙的等效电路。

1. 等效电路

波导纵缝使横向电流向缝隙两端分流，引起纵向电流(即沿传输线方向的电流)突变(如图 5.6.3(a)所示)，故纵缝等效于传输线的并联导纳。波导横缝引起的次级场强(虚线)的垂直分量在缝隙两边反向，次级电场与基本波形电场(实线)叠加后的总电场强度(即电压)在缝隙两侧突变(如图 5.6.3(b)所示)，故横向缝隙等效于传输线上的串联阻抗。波导宽壁上偏离中线的斜缝同时引起纵向电流和电场沿传输线方向突变，故它等效于一个四端网络。

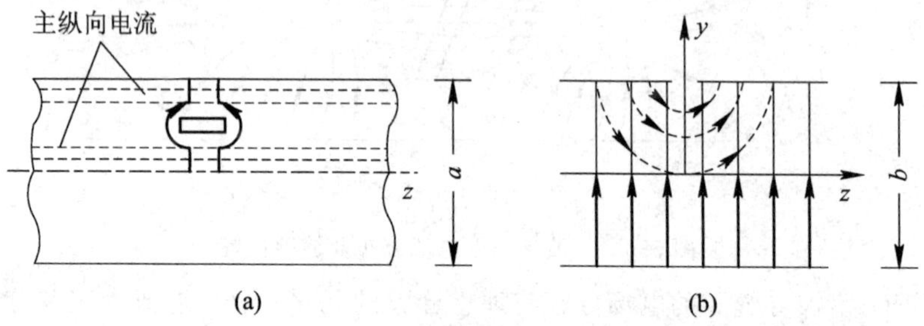

图 5.6.3　纵缝附近电流和宽壁横缝附近电场

图 5.6.4 所示是各种波导缝隙的等效电路，图中导纳和阻抗都是归一化值。

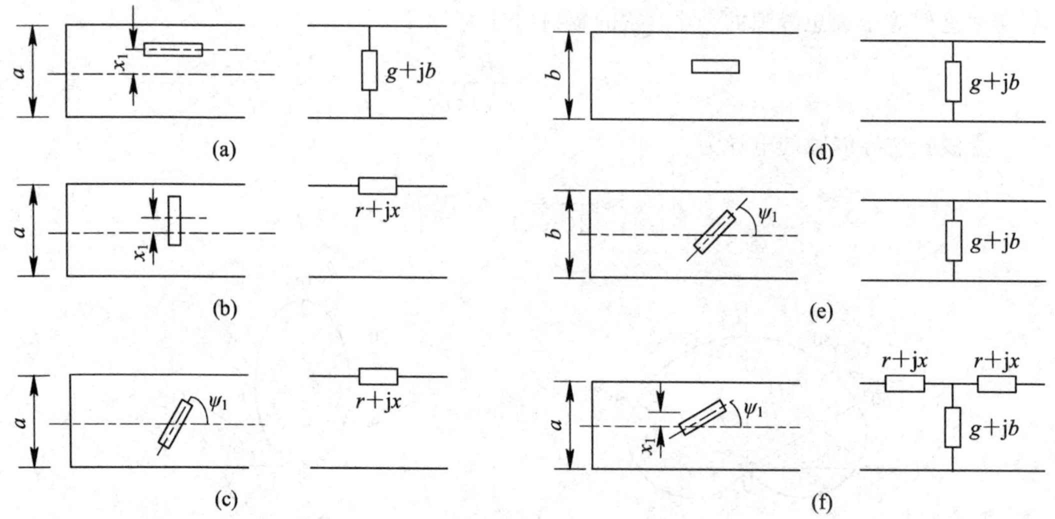

图 5.6.4　各种波导缝隙的等效电路

2. 等效电导(电阻)

缝隙受沿 $+z$ 方向传播的入射波激励，会在波导的内外空间产生散射波。在波导内沿 $-z$ 方向(后向)传播的散射波形成反射波；沿 $+z$ 方向(前向)传播的散射波与入射波叠加后构成透射波或传输波。在求出前向和后向散射波的场强后，由功率方程可求得波导缝隙的等效导纳或阻抗。下面用一个例子来说明如何计算 TE_{10} 模波导宽壁上半波谐振纵缝(见图 5.6.5)的电导。

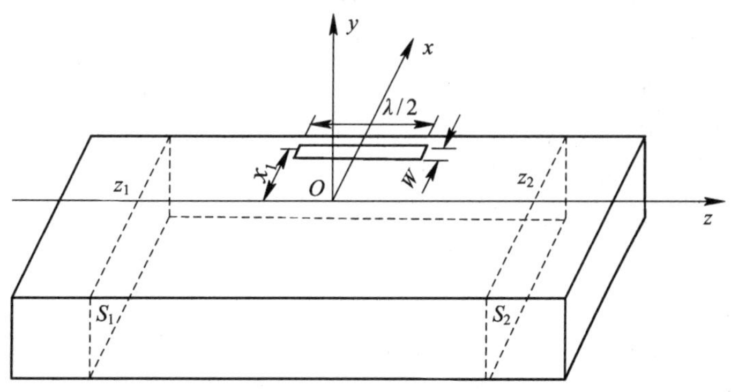

图 5.6.5 宽壁纵缝等效电导分析

求缝隙的散射场 $\boldsymbol{E}$、$\boldsymbol{H}$ 要用洛伦兹原理。在波导内引进由远离缝隙的同频辅助源激励的辅助场 $\boldsymbol{E}_1$、$\boldsymbol{H}_1$。在参考面 S_1 和 S_2 间的波导段内没有场源，由洛伦兹原理得

$$\oint_S (\boldsymbol{E} \times \boldsymbol{H}_1 - \boldsymbol{E}_1 \times \boldsymbol{H}) \cdot \mathrm{d}\boldsymbol{S} = 0 \tag{5.6.3}$$

式中，$S = S_1 + S_2 + S_3$，S_3 代表上述波导段四壁的内表面。

由于 $\boldsymbol{E}_1$ 在 S_3 上和 $\boldsymbol{E}$ 在 $S_3 - S'$（S'是缝隙表面）上的切向分量为零，从式(5.6.3)可得

$$\oint_{S'} (\boldsymbol{E} \times \boldsymbol{H}_1) \cdot \mathrm{d}\boldsymbol{S} = \int_{S_1+S_2} (\boldsymbol{E}_1 \times \boldsymbol{H} - \boldsymbol{E} \times \boldsymbol{H}_1) \cdot \mathrm{d}\boldsymbol{S} \tag{5.6.4}$$

辅助场是 TE_{10} 模，故

$$\begin{cases} E_{1y}(\pm) = \dfrac{\omega\mu}{\pi/a}\cos\left(\dfrac{\pi x}{a}\right)\mathrm{e}^{\mp \mathrm{j}\gamma z} \\ H_{1x}(\pm) = \mp\dfrac{\gamma}{\pi/a}\cos\left(\dfrac{\pi x}{a}\right)\mathrm{e}^{\mp \mathrm{j}\gamma z} \\ H_{1z}(\pm) = \mathrm{j}\sin\left(\dfrac{\pi x}{a}\right)\mathrm{e}^{\mp \mathrm{j}\gamma z} \end{cases} \tag{5.6.5}$$

式中，$\gamma = k\sqrt{1-(\lambda/2a)^2}$；$\pm$ 符号分别表示沿 $+z$ 和 $-z$ 方向传播的辅助场。

如果参考面 S_1 和 S_2 离缝隙相当远，则在参考面以外的散射场亦为 TE_{10} 模，其中：

$$\boldsymbol{E}(-) = B_{10}\boldsymbol{E}_1(-),\ \boldsymbol{H}(-) = B_{10}\boldsymbol{H}_1(-) \quad z \leqslant z_1 \tag{5.6.6}$$

$$\boldsymbol{E}(+) = C_{10}\boldsymbol{E}_1(+),\ \boldsymbol{H}(+) = C_{10}\boldsymbol{H}_1(+) \quad z \geqslant z_2 \tag{5.6.7}$$

式中，B_{10}、C_{10} 为常系数。

半波缝隙表面 S'上电场

$$\boldsymbol{E} = \hat{\boldsymbol{x}}E_x = \hat{\boldsymbol{x}}\frac{U_{\mathrm{M}}}{W}\cos(kz) \tag{5.6.8}$$

若式(5.6.4)中的 $\boldsymbol{E}_1$、$\boldsymbol{H}_1$ 先后取为 $\boldsymbol{E}_1(+)$、$\boldsymbol{H}_1(+)$和 $\boldsymbol{E}_1(-)$、$\boldsymbol{H}_1(-)$，即沿$+z$ 和$-z$ 方向传播的辅助电场与磁场，并将式(5.6.6)、式(5.6.7)和式(5.6.8)代入式(5.6.5)，可分别求得常系数 B_{10} 和 C_{10}：

$$B_{10} = C_{10} = \frac{2U_{\mathrm{M}}k}{\mathrm{j}\omega\mu_0\gamma ab}\cos\left(\frac{\pi}{2}\frac{\gamma}{k}\right)\sin\left(\frac{\pi x_1}{a}\right) \tag{5.6.9}$$

设缝隙由沿$+z$ 方向传播的 $\boldsymbol{E}_i$、$\boldsymbol{H}_i$ 激励，即

$$\boldsymbol{E}_i = A_{10}\boldsymbol{E}_1(+),\ \boldsymbol{H}_i = A_{10}\boldsymbol{H}_1(+) \tag{5.6.10}$$

则在缝隙处波导功率方程为

$$\frac{\omega\mu_0\gamma ab}{4(\pi/a)^2}[|A_{10}|^2 - |B_{10}|^2 - |A_{10}+C_{10}|^2] = \frac{1}{2}|U_M|^2 G_{\Sigma S} \tag{5.6.11}$$

式中，等号左边第一、二、三项分别是入射波、反射波、传输波的功率，右边为缝隙辐射功率。

从等效电路可知，在半波谐振缝隙(只有等效电导 g)处的反射系数为

$$\Gamma = \frac{B_{10}}{A_{10}} = -\frac{g}{2+g} \tag{5.6.12}$$

由于 Γ 为实数，且 $B_{10}=C_{10}$，故式(5.6.11)可按实数运算。把式(5.6.12)、式(5.6.9)和式(5.6.2)代入式(5.6.11)，得到波导宽壁上半波谐振纵缝的归一化等效电导为

$$g = 2.09\frac{ak}{b\gamma}\cos^2\left(\frac{\pi}{2}\frac{\gamma}{k}\right)\sin^2\left(\frac{\pi x_1}{a}\right) \tag{5.6.13}$$

当 $x_1=0$ 时，$g=0$，纵缝无辐射，这是因为宽壁中线上无激励纵缝的横向电流。当 $x_1=a/2$ 时，有

$$g = 2.09\frac{ak}{b\gamma}\cos^2\left(\frac{\pi}{2}\frac{\gamma}{k}\right) \tag{5.6.14}$$

为窄边半波谐振纵缝(如图 5.6.4(d)所示)的等效电导。

应当指出，在推导式(5.6.13)的过程中，已假设纵缝谐振长度 $2l_0=\lambda/2$。实验证明，纵缝谐振长度不仅与缝宽 W 有关，还与它和中线的偏移距离 x_1 有关，x_1 由小增大时，$2l_0$ 由小于 $\lambda/2$ 增到大于 $\lambda/2$，但都与 $\lambda/2$ 接近。

同样可以求得其他半波谐振缝隙的归一化等效电导 g(或电阻 r)：

(1) 对于波导宽壁横缝(如图 5.6.4(b)所示)，有

$$r = 0.523\left(\frac{k}{\gamma}\right)^3\frac{\lambda^2}{ab}\cos^2\left(\frac{\pi}{4}\frac{\lambda}{a}\right)\cos^2\left(\frac{\pi x_1}{a}\right) \tag{5.6.15}$$

(2) 对于波导宽壁对称斜缝(如图 5.6.4(c)所示)，有

$$r = 0.131\frac{\gamma}{k}\frac{\lambda^2}{ab}\left[f_1(\psi_1)\sin\psi_1 - \frac{\pi}{\gamma a}f_2(\psi_1)\cos\psi_1\right]^2 \tag{5.6.16}$$

式中，

$$f_{1,2}(\psi_1) = \frac{\cos(\pi\xi/2)}{1-\xi^2} \pm \frac{\cos(\pi\zeta/2)}{1-\zeta^2}$$

$$\xi = \frac{\gamma}{k}\cos\psi_1 - \frac{\lambda}{2a}\sin\psi_1$$

$$\zeta = \frac{\gamma}{k}\cos\psi_1 + \frac{\lambda}{2a}\sin\psi_1$$

(3) 对于波导窄壁斜缝(如图 5.6.4(e)所示)，有

$$g = 0.131\frac{k}{\gamma}\frac{\lambda^4}{a^3 b}\left[\sin\psi_1\frac{\cos\left(\frac{\pi}{2}\frac{\gamma}{k}\sin\psi_1\right)}{1-\left(\frac{\gamma}{k}\sin\psi_1\right)^2}\right] \tag{5.6.17}$$

对于波导宽壁上偏离中线的斜缝(如图 5.6.4(f)所示)，其等效参数尚无计算公式，只能由实验测定。

5.6.3　波导缝隙天线阵

为了增强天线的方向性，可在波导的同一壁上按一定规律开多条尺寸相同的缝隙，构成波导缝隙天线阵。

1. 波导缝隙天线阵的形式

1）谐振式缝隙阵

谐振式缝隙阵的特点是相邻缝隙的间距等于 λ_g 或 $\lambda_g/2$（λ_g 为波导波长），各缝隙同相激励，在波导末端配置短路活塞，如图 5.6.6(a)所示。

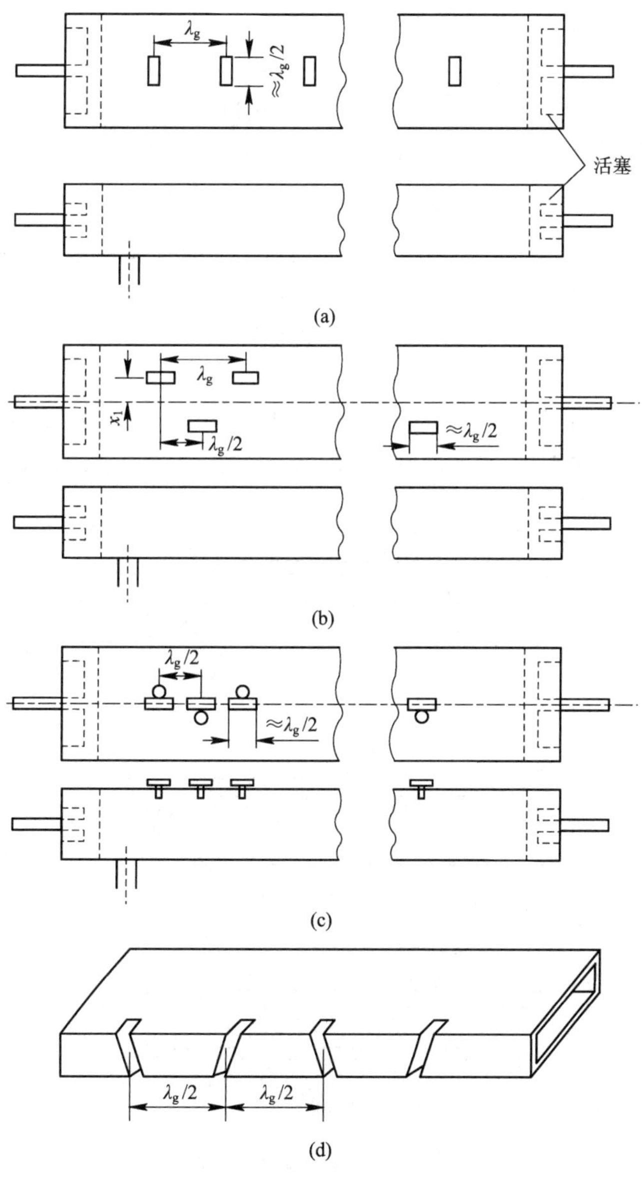

图 5.6.6　谐振式缝隙阵

如果相邻缝隙的间距为$\lambda_g/2$，则相邻缝隙激励要产生180°的相移。为使各缝隙同相激励，应当采取措施，使相邻缝隙再获得180°的附加相移。在图5.6.6(b)中，相邻缝隙交替地分布在波导宽壁中线的两侧，由于中线两侧的横向电流反向，因此会产生所需要的180°附加相移。在图5.6.6(c)中，缝隙侧旁装有伸入波导内部的电抗振子(螺钉式金属棒)，它不仅可以在基部产生使中线上纵缝得到激励的径向电流，而且因它对缝隙的位置依次交替，故可以产生180°的附加相移，如图5.6.7所示。在图5.6.6(d)中，采用缝隙交替倾斜的办法，可使激励获得附加180°相移。

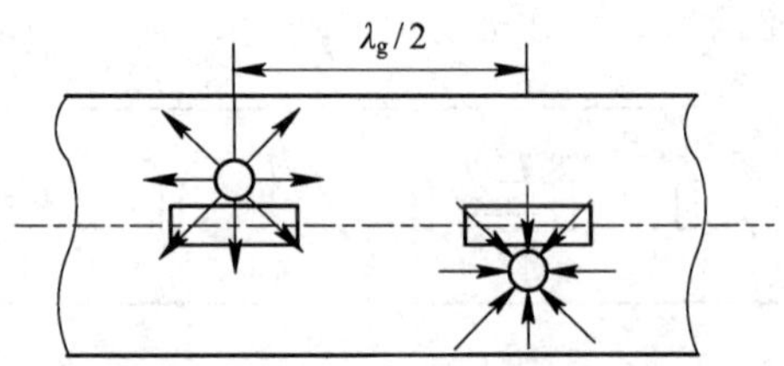

图 5.6.7　电抗振子对纵缝的激励

谐振式缝隙阵是边射阵。方向图主瓣最大辐射方向指向缝隙面法线的方向。当工作频率改变时，不仅间距不再等于λ_g或$\lambda_g/2$，不能保持各缝隙同相激励，引起主瓣指向改变，而且更为严重的是天线匹配急剧变坏。故这类缝隙阵是窄频带的。

2) 非谐振式缝隙阵

把谐振式缝隙阵的间距变为小于λ_g或大于(小于)$\lambda_g/2$，并把波导末端的短路活塞换成匹配负载，那么谐振式缝隙阵就变为了非谐振式缝隙阵。图5.6.8给出了这类缝隙阵的几个例子。

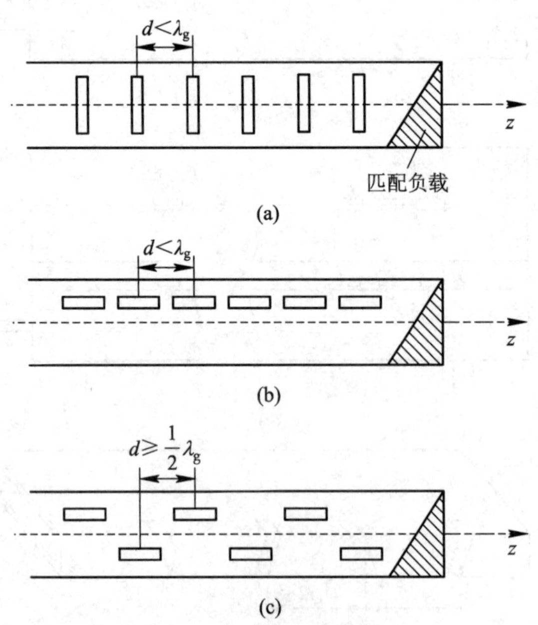

图 5.6.8　非谐振式缝隙阵

缝隙是由行波激励的，故天线阵能在较宽的频带内保持良好匹配。天线阵的各缝隙不同相激励，具有线性相差。方向图主瓣偏向电源或负载，与缝隙面法线的夹角为

$$\theta_M = \arcsin\frac{\beta\lambda}{2\pi d} \tag{5.6.18}$$

式中，β、d 分别为相邻缝隙的激励相差和间距。其中，$\beta = 2\pi d/\lambda_g$（λ_g 为波导波长）。

如果可采用前述获得 180° 相移的措施，使相邻缝隙激励再附加 180° 相差，即 $\beta = 2\pi d/\lambda_g + \pi$，则可减小 θ_M。但方向图主瓣要从偏向缝隙面法线的一侧变到偏向另一侧。

3）匹配偏斜缝隙阵

如果谐振式缝隙阵中的缝隙都是匹配缝隙（不在波导中产生反射波），末端短路活塞也换接成匹配负载，则构成匹配缝隙阵。图 5.6.9 所示是由波导宽壁上匹配偏斜缝隙构成的匹配偏斜缝隙阵。这里缝隙匹配的办法是，适当选择缝隙对中线的偏移距离 x_1 和斜角 ψ_1，使缝隙处波导的归一化等效输入导纳的电导等于 1，然后将电纳用设置在中线上缝隙中点附近的电抗振子补偿。

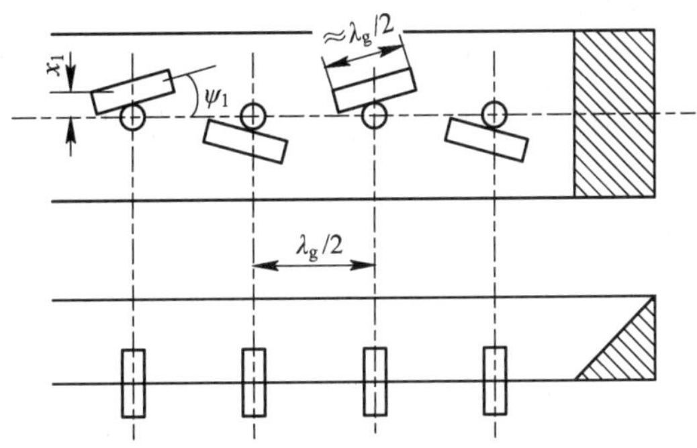

图 5.6.9　匹配偏斜缝隙阵

这种天线在中心频率（$d = \lambda_g$ 或 $\lambda_g/2$）的方向图主瓣指向缝隙面法线的方向。当工作频率变化时，主瓣指向偏离法线的方向，但它能在宽带内与波导良好匹配，这不仅是由于波导末端接有匹配负载，而且是由于可能产生反射的缝隙得以就地直接匹配。带宽主要受增益改变的限制，通常是 5%～10%。这种缝隙阵的缺点是调匹配元件会使波导功率容量降低。

波导缝隙阵的单元缝隙间距不应大到接近或等于 λ_g，以避免阵因子出现栅瓣，通常 $d = (0.25 \sim 0.8)\lambda$。

2. 波导缝隙阵的方向性

波导缝隙阵的方向图可用方向图乘积定理求出。若各缝隙为等幅激励，则在通过 z 轴与缝隙平面垂直的平面内有

$$F(\theta) = Bf_1(\theta)\frac{\sin\left[\frac{n}{2}(kd\sin\theta - \beta)\right]}{\sin\left[\frac{1}{2}(kd\sin\theta - \beta)\right]} \tag{5.6.19}$$

式中，B 为归一化因子，n 为缝隙个数，θ 为射线与缝隙平面法线的夹角，$f_1(\theta)$ 为单个缝隙在上述平面内的方向函数。

由于波导缝隙阵一般比较长，故 $f_1(\theta)$ 可引用理想缝隙天线的结果，即

$$f_1(\theta)=\begin{cases}\dfrac{\cos[kl\sin\theta-\cos(kl)]}{\cos\theta} & (\text{纵缝})\\ \text{常数} & (\text{横缝})\end{cases}\tag{5.6.20}$$

在垂直 z 轴的平面内

$$F(\varphi)=F_1(\varphi)\tag{5.6.21}$$

式中，$F_1(\varphi)$为单个缝隙在该平面内的归一化方向函数，φ 为射线与缝隙平面法线的夹角。

工程上，波导缝隙天线阵的方向系数可用下式计算：

$$D\approx 3.2n\tag{5.6.22}$$

式中，n 为缝隙个数。

波导缝隙阵的效率很高，可以认为增益系数等于方向系数。

3. 波导缝隙阵的设计介绍

波导缝隙阵设计的一般程序是，从给定的天线性能参数确定缝隙阵的形式、尺寸和诸缝隙激励的幅度及相位分布，然后按激励分布确定缝隙参数。缝隙阵的设计和一般天线阵的设计相同。下面以设计非谐振式缝隙阵为例，略去缝隙间互耦，介绍设计缝隙的特殊问题。

设非谐振式缝隙阵由归一化等效电导为 g_1，g_2，…，g_n 的 n 个缝隙组成，间距为 d。等效电路如图 5.6.10 所示，图中 $g_{n+1}=g_L=1$，g_L 为波导末端匹配负载的归一化电导。

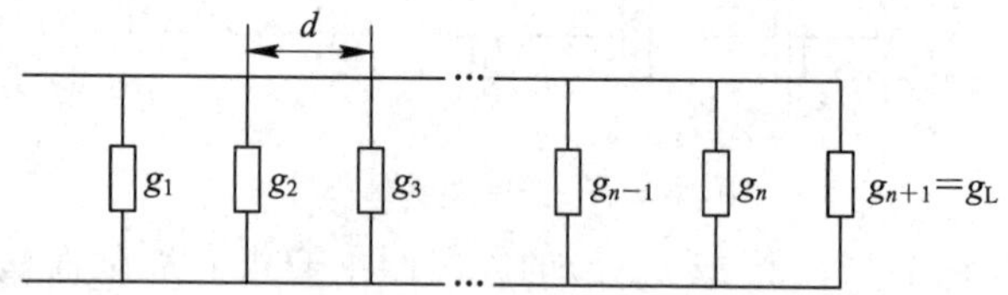

图 5.6.10 并联缝隙阵等效电路

设各缝隙的相对激励幅度已确定为 f_1，f_2，…，f_n。第 i 个缝隙的辐射功率 $P_{\Sigma i}$ 与波导内通过该缝隙处的功率比为

$$e_i=\frac{P_{\Sigma i}}{P_{\Sigma i}+P_{\Sigma i+1}+\cdots+P_{\Sigma n}+P_{\Sigma n+1}}=\frac{f_i^2}{f_i^2+f_{i+1}^2+\cdots+f_n^2+f_{n+1}^2}\tag{5.6.23}$$

式中，$P_{\Sigma n+1}$ 和 f_{n+1} 分别为负载吸收功率和相对激励幅度。

同理，

$$e_{i+1}=\frac{f_{i+1}^2}{f_{i+1}^2+f_{i+2}^2+\cdots+f_n^2+f_{n+1}^2}\tag{5.6.24}$$

从式(5.6.23)、式(5.6.24)可解得

$$e_i=\frac{e_{i+1}}{e_{i+1}+\left(\dfrac{f_{i+1}}{f_i}\right)^2}\tag{5.6.25}$$

另一方面，从等效电路得

$$e_i=\frac{g_i}{g_i+g_{i,\text{in}}}\tag{5.6.26}$$

其中，g_i 为第 i 个缝隙的归一化等效电导，$g_{i,\text{in}}$ 为第 i 个缝隙处的输入电导。

若 n 较大，且缝隙工作于行波状态，有 $g_{i,\text{in}} \approx 1$；又由于 $g_i \ll 1$，故

$$e_i \approx \frac{g_i}{g_i + 1} \approx g_i \tag{5.6.27}$$

于是式(5.6.25)变为

$$g_i = \frac{g_{i+1}}{g_{i+1} + \left(\dfrac{f_{i+1}}{f_i}\right)^2} \tag{5.6.28}$$

根据幅度分布和末缝电导 g_n(暂定为某个值)，从式(5.6.28)可逆推出各缝隙的电导值，但仅为相对值(即电导相对分布)，它们的归一化绝对值可由相对值与天线效率公式联立求出。

天线效率按下式计算：

$$\begin{aligned}\eta_A &= 1 - \frac{P_{n+1}}{\left(\sum\limits_{i=1}^{n} P_{\Sigma i} + P_{n+1}\right)} \\ &= 1 - \prod_{i=1}^{n}(1 - e_i)\end{aligned} \tag{5.6.29}$$

把式(5.6.27)代入式(5.6.29)，得

$$\eta_A = 1 - \prod_{i=1}^{n}(1 - g_i) \approx 1 - e^{-(g_1 + g_2 + \cdots + g_n)} \tag{5.6.30}$$

式中已考虑到 $g_i \ll 1$，$1 - g_i \approx e^{-g_i}$。

给定 η_A，从式(5.6.30)可求得所有缝隙的归一化等效电导之和。从由式(5.6.30)求得的电导相对值，可求得满足给定幅度分布的各缝隙归一化等效电导的绝对值。从电导绝对值可确定缝隙偏离波导宽壁中线的距离 x_1 和斜角 ψ_1，该过程可通过拟合公式或实验数据得到。

然而，式(5.6.30)是近似的，因为推导中曾假设 $g_{i,\text{in}} \approx 1$，即在波导任意截面归一化输入电导都是 1，但在实际中存在差异，不过多数情况下差异并不大。如果要求以更高的精度实现给定的幅度分布，才需要校正由上述假定所引起的误差。校正时可用逐步逼近法：先利用式(5.6.28)、式(5.6.30)计算各缝隙的归一化等效电导，然后应用长线理论公式或圆图逐一确定在每个缝隙处的波导归一化输入电导 $g_{i,\text{in}}$，再将求得的 $g_{i,\text{in}}$ 和已由式(5.6.23)算出的 e_i 一起代入式(5.6.26)，得到归一化等效电导的第一次逼近值：

$$g_i' = \frac{e_i g_{i,\text{in}}}{1 - e_i} \tag{5.6.31}$$

仿此，从 g_i' 可以得到归一化等效电导的精度更高的第二次逼近值 g_i''，依次类推可得到更高的逼近电导。一般情况下，一次逼近就能很好地实现给定激励幅度分布和天线效率。

以上是按缝隙等效为并联导纳进行计算的。按缝隙等效为串联阻抗，计算过程相同，如用归一化等效电阻 r_i 代替上述各式中的 g_i，公式仍然适用。

天线输入端的驻波比与距离 d 的大小有关。根据天线和馈线匹配的要求，d 应大于或小于 $\lambda_g/2$。下面说明这个问题。

知道了缝隙阵输入端的反射系数，就可以计算驻波比。从天线末端起逐个计算每个缝隙后的反射系数，且变换到缝隙前，可以得到缝隙阵输入端的反射系数。对于波导末端已匹配($\Gamma_1=0$)的非谐振式缝隙阵，输入端的反射系数为

$$\Gamma_{\text{in}}=\frac{\sum_{i=1}^{n}\frac{1}{2}(g_i+\mathrm{j}b_i)\mathrm{e}^{-\mathrm{j}\gamma 2id}}{1+\sum_{i=1}^{n}\frac{1}{2}(g_i+\mathrm{j}b_i)} \tag{5.6.32}$$

频率变化时，式(5.6.32)分子中每一项的指数($-\mathrm{j}\gamma 2id$)都要变化，单个缝隙的电导($g_i+\mathrm{j}b_i$)也要变化。频率变化不大时，导纳变化很小，对 Γ_{in} 的影响不大，可以假设为常数，而认为 Γ_{in} 只随分子指数项变化。如果各缝隙导纳都相同，则

$$\Gamma_{\text{in}}=\frac{\frac{n}{2}(g+\mathrm{j}b)\mathrm{e}^{-\mathrm{j}\gamma(n+1)d}}{1+\frac{n}{2}(g+\mathrm{j}b)}\frac{\sin(\gamma nd)}{\sin(\gamma d)} \tag{5.6.33}$$

由它计算的驻波比对间距与波导长度比的关系曲线如图 5.6.11 所示。曲线 Ⅰ 和 Ⅱ 分别是 $n=75$，$g=0.04$ 和 $n=10$，$g=0.3$ 两个等间距缝隙阵的。由图可见，从匹配观点看，间距最好不要取等于 $\lambda_g/2$(因为在此情况下，驻波比既大又随频率急剧变化)，最好选择稍大于或稍小于 $\lambda_g/2$ 的间距。

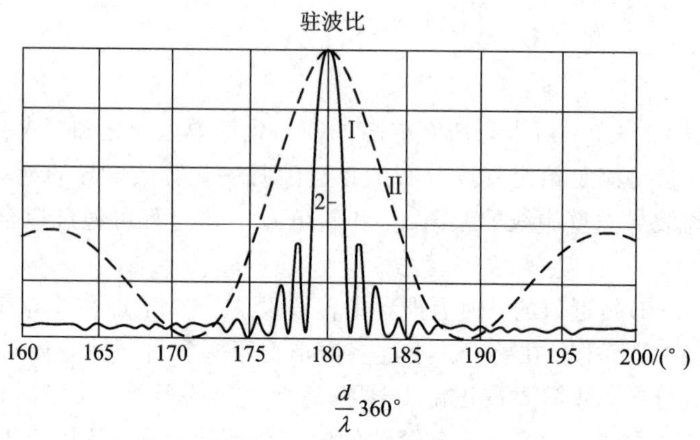

图 5.6.11　驻波比随间距的变化曲线

从式(5.6.33)可求出驻波比图的“主瓣”两侧第一驻波比等于 1 的两点位置

$$\gamma nd=\frac{2\pi}{\lambda_g}\cdot nd=\pi(n\pm 1) \tag{5.6.34}$$

$$d=\frac{\lambda_g}{2}\pm\frac{\lambda_g}{2n} \tag{5.6.35}$$

如果在给定的频带内不使驻波比进入驻波图的“主瓣”区，那么式(5.6.35)中的 λ_g 应取为低频端(取正号时)或高频端(取负号时)的波导波长。这是所有缝隙的等效导纳都相同时的结果，可以用来近似确定各缝隙导纳不相同时的缝隙间距。

下面给出工作在 X 波段 10 GHz 的低副瓣矩形波导缝隙天线阵的设计实例，天线阵的副瓣电平 SLL≤－20 dB。采用 BJ100 矩形波导开缝，波导长 $a=22.68$ mm，

宽 $b=10.16$ mm，壁厚 $t=1$ mm，缝隙间距 $d=0.55\lambda_g\approx22$ mm。每个缝隙的激励采用低副瓣泰勒分布，取初始电导 $g=0.04$，通过式(5.6.28)求解出每个缝隙电导，最后根据提取的电导函数关系确定每个缝隙的偏置位置 x_1。缝隙的归一化激励幅度、电导和与中心轴线的偏置距离见表 5.6.1。单缝的谐振长度为使其 Y 参数的虚部最小的长度，本设计中缝隙的谐振长度为 16.8 mm。

表 5.6.1　缝隙参数数据表

序号	激励	电导	偏置/mm	序号	激励	电导	偏置/mm
1	0.532	0.0171	1.01	9	1	0.0855	2.27
2	0.566	0.0197	1.09	10	0.963	0.0867	2.28
3	0.63	0.0248	1.22	11	0.894	0.0819	2.22
4	0.714	0.0327	1.4	12	0.807	0.0726	2.09
5	0.807	0.0432	1.61	13	0.714	0.0613	1.92
6	0.894	0.0555	1.82	14	0.63	0.0508	1.74
7	0.963	0.068	2.02	15	0.566	0.0433	1.61
8	1	0.0788	2.18	16	0.532	0.04	1.55

图 5.6.12 所示为 10 GHz 矩形波导缝隙天线阵的 H 面方向图，波束指向为 3.2°，副瓣电平低于−20 dB，天线增益为 18.9 dB。

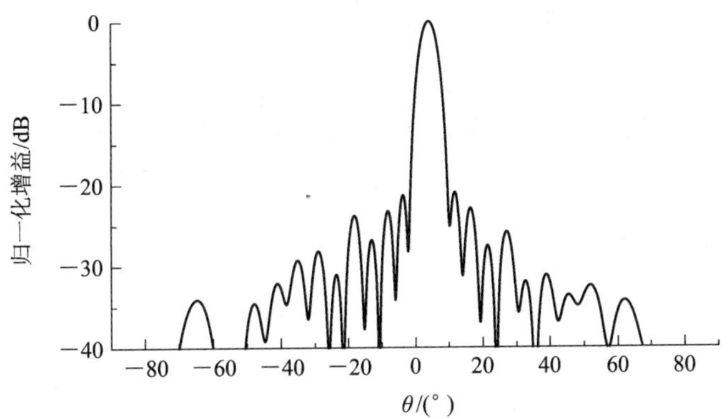

图 5.6.12　10 GHz 矩形波导缝隙天线阵 H 面方向图

第6章 宽带天线

在前几章中主要讲述了谐振式驻波天线，如对称振子天线、印刷振子天线、微带天线及驻波波导缝隙天线等，它们的共同特点是工作带宽较窄。本章讲述宽带天线。宽带天线选用如下定义：若一天线的方向图和阻抗在约一倍或更宽的频带内无显著变化，则该天线属于宽带天线。

宽带天线的宽带原理可分为以下两类：

(1) 行波宽带天线。天线上的电流分布为行波分布，在天线末端接匹配负载，能量会在天线末端基本全部辐射出去。需要特别注意的是，到达天线末端时的电流损耗必须保证非常小，否则这些损耗将集中在一个负载节点上，会极大地降低天线效率。

(2) 非频变天线。如果使天线的结构尺寸都按特定的比例常数 τ 变化，那么，当天线工作频率变化 τ 倍(或 $1/\tau$)后，天线又呈现同样的结构和电特性，从而实现非频变。

6.1 宽带线天线

宽带线天线主要包括行波单导线天线和菱形天线，其中行波单导线天线是指天线上电流按行波分布的单导线天线，菱形天线为用多根行波单导线构成的阵列。

6.1.1 行波单导线天线

行波单导线天线如图 6.1.1 所示。设一长为 l 的导线沿 z 轴放置，若在导线的终端接匹配负载，则在导线上电流按行波分布；若其馈电点置于坐标原点 O，馈电电流为 I_0，忽略沿线电流的衰减，则线上电流可表示为

$$I(z')=I_0 e^{-jkz'} \tag{6.1.1}$$

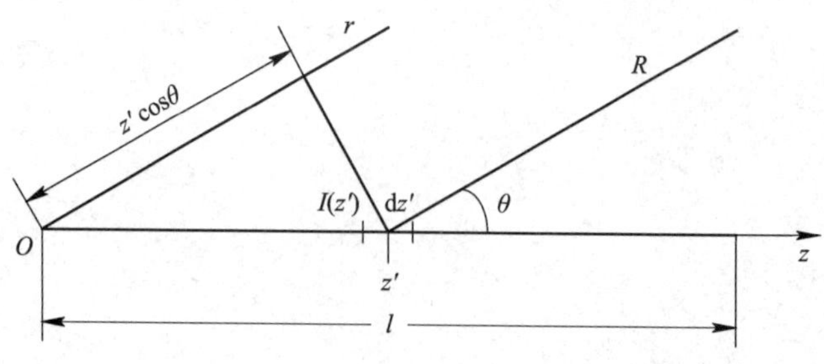

图 6.1.1 行波单导线天线及其坐标系

可得行波单导线天线的远区辐射场为

$$\boldsymbol{E}=E_\theta\hat{\boldsymbol{\theta}}=\mathrm{j}\,\frac{60\pi I_0}{\lambda r}\sin\theta\,\mathrm{e}^{-\mathrm{j}kr}\int_0^l \mathrm{e}^{\mathrm{j}(kz'\cos\theta-kz')}\,\mathrm{d}z'\cdot\hat{\boldsymbol{\theta}}$$

$$=\mathrm{j}\,\frac{60I_0}{r}\mathrm{e}^{-\mathrm{j}kr}\,\frac{\sin\theta}{1-\cos\theta}\sin\left[\frac{kl}{2}(1-\cos\theta)\right]\mathrm{e}^{-\mathrm{j}\frac{kl}{2}(1-\cos\theta)}\,\hat{\boldsymbol{\theta}} \tag{6.1.2}$$

式中，r 为原点至场点的距离，θ 为 z 轴与射线之间的夹角。

将式 $\hat{\boldsymbol{\theta}}=\hat{\boldsymbol{\varphi}}\times\hat{\boldsymbol{r}}=\dfrac{\hat{\boldsymbol{z}}\times\hat{\boldsymbol{r}}\times\hat{\boldsymbol{r}}}{|\hat{\boldsymbol{z}}\times\hat{\boldsymbol{r}}|}=\dfrac{\hat{\boldsymbol{z}}\times\hat{\boldsymbol{r}}\times\hat{\boldsymbol{r}}}{\sin\theta}$ 和 $\cos\theta=\hat{\boldsymbol{z}}\cdot\hat{\boldsymbol{r}}$ 代入式(6.1.2)，可得用矢量表示的单导线天线空间场的表达式为

$$\boldsymbol{E}=\mathrm{j}\,\frac{60I_0}{r}\mathrm{e}^{-\mathrm{j}kr}\,\frac{\sin\theta}{1-\hat{\boldsymbol{z}}\cdot\hat{\boldsymbol{r}}}\sin\left[\frac{kl}{2}(1-\hat{\boldsymbol{z}}\cdot\hat{\boldsymbol{r}})\right]\mathrm{e}^{-\mathrm{j}\frac{kl}{2}(1-\hat{\boldsymbol{z}}\cdot\hat{\boldsymbol{r}})}\,\hat{\boldsymbol{z}}\times\hat{\boldsymbol{r}}\times\hat{\boldsymbol{r}} \tag{6.1.3}$$

当行波单导线沿 $\hat{\boldsymbol{I}}$ 方向放置时，其上的电流沿 $\hat{\boldsymbol{I}}$ 方向，则得其在空间产生的电磁场为

$$\boldsymbol{E}=\mathrm{j}\,\frac{60I_0}{r}\mathrm{e}^{-\mathrm{j}kr}\,\frac{\sin\theta}{1-\hat{\boldsymbol{I}}\cdot\hat{\boldsymbol{r}}}\sin\left[\frac{kl}{2}(1-\hat{\boldsymbol{I}}\cdot\hat{\boldsymbol{r}})\right]\mathrm{e}^{-\mathrm{j}\frac{kl}{2}(1-\hat{\boldsymbol{z}}\cdot\hat{\boldsymbol{r}})}\,\hat{\boldsymbol{I}}\times\hat{\boldsymbol{r}}\times\hat{\boldsymbol{r}} \tag{6.1.4}$$

由式(6.1.4)就可以求得任意放置的行波单导线天线在空间的辐射场。

由式(6.1.2)得出行波单导线天线的归一化方向函数为

$$F(\theta)=\left|K\sin\theta\,\frac{\sin\left[\dfrac{kl}{2}(1-\cos\theta)\right]}{\dfrac{kl}{2}(1-\cos\theta)}\right| \tag{6.1.5}$$

式中，K 是依赖于长度 l 的归一化常数，$\sin\theta$ 为基本元的方向性，其余部分可视为阵因子，因此可以将行波单导线看成是由基本元构成的直线式连续元天线阵。当 l/λ 很大时，方向函数中的 $\sin\left[\dfrac{kl}{2}(1-\cos\theta)\right]$ 项随 θ 的变化比 $\dfrac{\sin\theta}{1-\cos\theta}=\cot\dfrac{\theta}{2}$ 项快得多，因此行波单导线天线的最大辐射方向可由前一个因子决定，即由

$$\sin\left[\frac{kl}{2}(1-\cos\theta)\right]_{\theta=\theta_m}=1 \tag{6.1.6}$$

决定，由式(6.1.6)可得最大辐射角为

$$\theta_m=\arccos\left(1-\frac{\lambda}{2l}\right) \tag{6.1.7}$$

图 6.1.2 是当 l 等于 λ、1.5λ 和 3λ 时行波单导线天线 E 面的归一化方向图。由图可以看出，沿轴线方向辐射恒为零。l/λ 越大，θ_m 越小，主瓣最大值越贴近导线轴方向，主瓣变窄，副瓣数目增多，副瓣电平变大；当 l/λ 很大时，θ_m 随 l/λ 的变化很小，因此天线方向图的带宽越宽。

图 6.1.3 所示为行波单导线天线的辐射电阻 R_r 与 l/λ 的关系曲线，图 6.1.4 所示为行波单导线天线的方向系数 D 与 l/λ 的关系曲线。

由图 6.1.3 和图 6.1.4 可以看出，随着电长度(l/λ)的增加，行波单导线天线的辐射电阻和方向系数都在增大，但增大到一定程度后速度减缓。由于线上电流为行波分布，故行波单导线天线的输入阻抗等于其特性阻抗，且由于损耗很小，其特性阻抗近似为实数，因此，行波单导线天线的输入阻抗几乎是纯电阻。长的行波单导线天线的辐射电阻为 200～300 Ω。

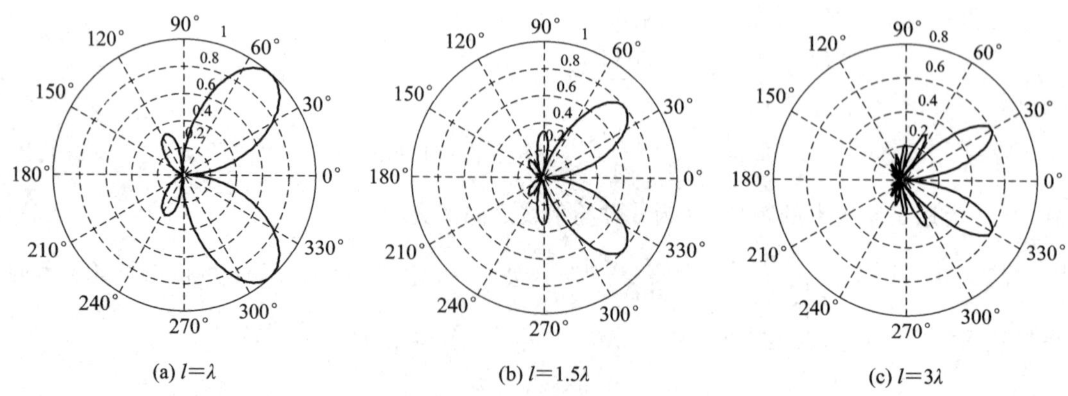

图 6.1.2　行波单导线天线 E 面的归一化方向图

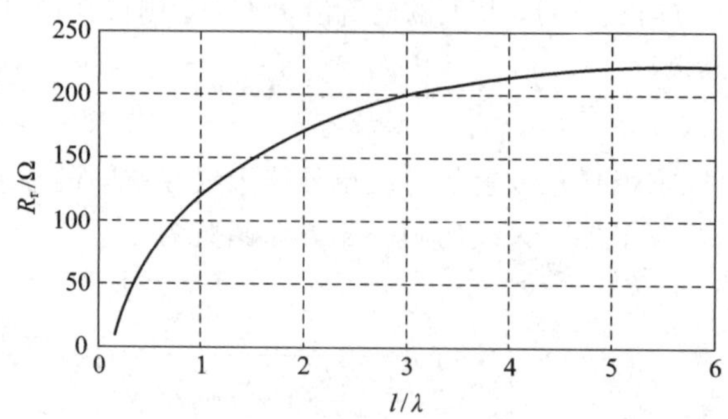

图 6.1.3　行波单导线天线的辐射电阻 R_r 与 l/λ 的关系曲线

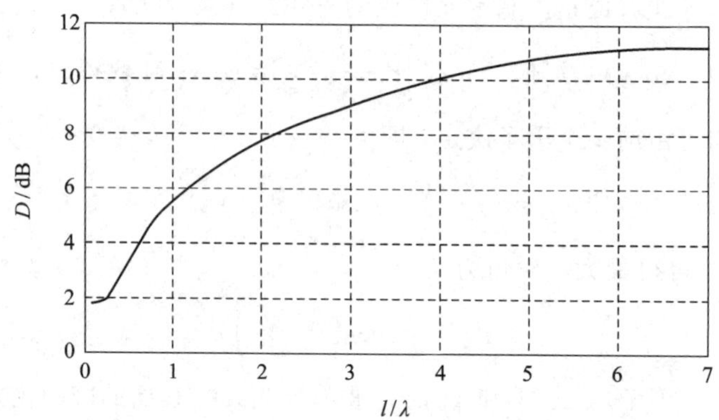

图 6.1.4　行波单导线天线的方向系数 D 与 l/λ 的关系曲线

6.1.2　菱形天线

为了增加行波单导线天线的增益，可以利用排阵的方法，用 4 根行波单导线构成如图 6.1.5 所示的菱形天线。菱形天线也可以看成是将一段匹配传输线从中间拉开，由于两线之间的距离大于波长，因而将产生辐射。天线的一个锐角处接馈线，另一个锐角处接阻值等于天线特性阻抗的负载。在用作接收天线或小功率发射天线时，可用无感的线绕电阻作为负载；当用作大功率发射天线时，则要用有耗的传输线作为吸收负载。菱形的各边通常用二三根导线并在钝角处分开一定距离，使天线导线的等效直径增加，增大分布电容以减小天线各对应线段的特性阻抗的变化。菱形天线的最大辐射方向在通过两锐角顶点的垂直平面内指向负载端的方向上。

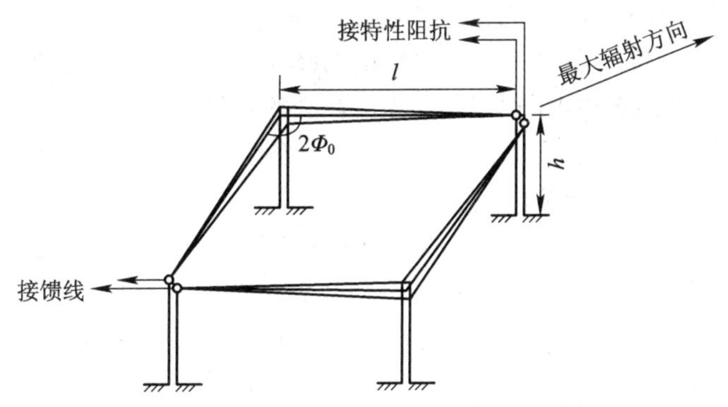

图 6.1.5 菱形天线的结构

参见图 6.1.6(a)，若令 $\theta=\theta_m$(θ_m 由式(6.1.7)确定)为单导线最大辐射方向和导线轴间的夹角，θ_0 为菱形的半锐角，这样 1、2、3、4 四根行波导线各有一主瓣指向菱形的长对角线方向。

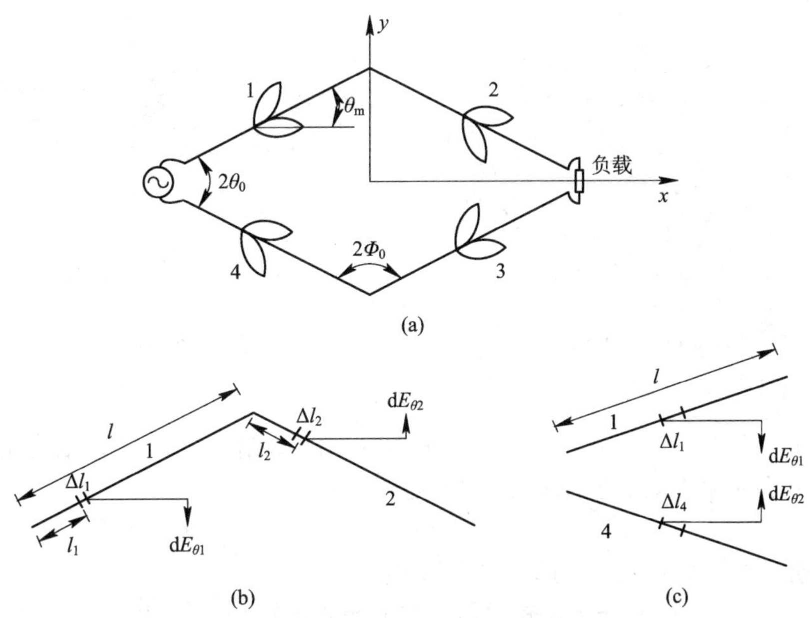

图 6.1.6 菱形天线的工作原理

下面分析一下这四个瓣在最大辐射方向上的辐射场的相位差，如图 6.1.6(b)所示，1、2 两行波导线的对应元 Δl_1 与 Δl_2 在位于场对角线方向的场点处产生的场的总相位差为

$$\psi=\psi_2-\psi_1=\psi_i+\psi_r+\psi_p \tag{6.1.8}$$

式中，ψ_i 为 Δl_2 与 Δl_1 两线元的电流相位差，$\psi_i=-kl$；ψ_r 为射线行程差所产生的相位差，$\psi_r=kl\cos\theta_0$；ψ_p 为场的极化相位差，场的极化方向在 θ 增加的方向上，由图 6.1.6(b)可直观地看出 $\psi_p=\pi$。将这些关系代入式(6.1.8)，可得出 Δl_2 在对角线上产生的场与 Δl_1 在同

一点产生的场的相位差为

$$\psi = -kl + kl\cos\theta_0 + \pi \tag{6.1.9}$$

由于 $\theta_0 = \theta_m$，将式(6.1.7)代入式(6.1.9)得 $\psi = 0$，即在长对角线方向上导线 1、2 的辐射场是同相的，同理导线 3、4 的辐射场也是同相的。

再研究行波导线 1 和 4，距馈点相等距离的两线元 Δl_1 和 Δl_4 的电流相位差 $\psi_i = \pi$，极化相位差 $\psi_p = \pi$，在长对角线方向上射线行程差所产生的相位差 $\psi_r = 0$，由式(6.1.8)得 $\psi = 2\pi$。

因此，构成菱形天线四边导线的辐射场在长对角线方向上同相叠加，即菱形天线在水平平面内的最大辐射方向是从馈电点指向负载的长对角线方向。

菱形天线的辐射场可通过叠加原理和天线阵的理论求出，先不考虑大地的影响，将菱形天线的辐射场用四个行波单导线的场的叠加得到，然后再考虑大地的影响，将大地当作理想地面，用二元阵的方法求得菱形天线在大地以上空间的辐射场。

菱形天线的几何尺寸为 $\Phi_0 = 65°$，$\dfrac{l}{\lambda} = 4$，$\dfrac{h}{\lambda} = 1$ 时的方向图如图 6.1.7 所示，其中图 6.1.7(a)为垂直面(xOz)方向图，图 6.1.7(b)为水平面(xOy)方向图。

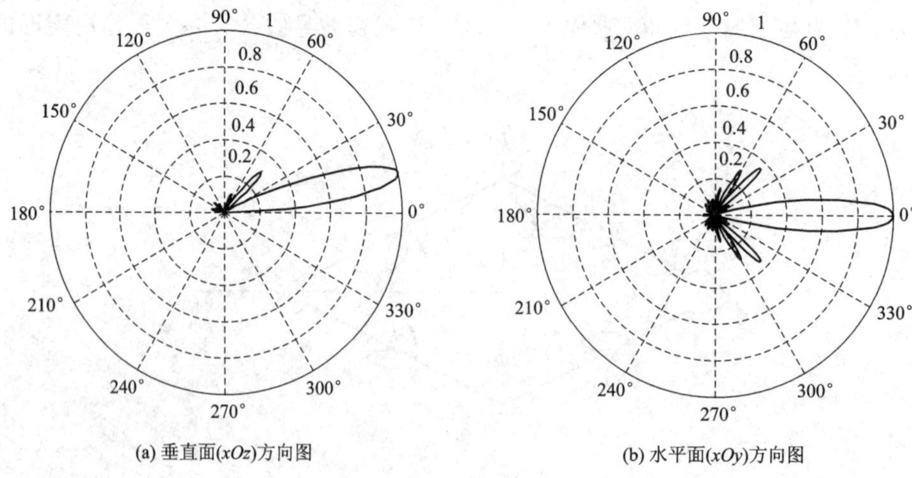

(a) 垂直面(xOz)方向图　　(b) 水平面(xOy)方向图

图 6.1.7　菱形天线的方向图

由于菱形天线各边的自辐射电阻要比相邻各边的互辐射电阻大得多，故工程上近似认为菱形天线的总辐射电阻等于各边的自辐射电阻之和，即

$$R_r \approx 4R_{r,l} \tag{6.1.10}$$

式中，$R_{r,l}$ 是边长为 l 的行波单导线的自辐射电阻。

当工作频率变化时，由于 l/λ 较大，θ_m 基本上没有多大变化，故自由空间中菱形天线的方向图频带是很宽的。然而，实际天线是架设在地面上的，其在垂直平面上的最大辐射方向的仰角是和架设电高度(h/λ)直接相关的，频率的改变将引起垂直平面方向图的变化，这限制了天线的方向图带宽，一般仅能做到 2∶1 或 3∶1，菱形天线的输入阻抗带宽通常可达到 5∶1。常用的单菱形天线的增益系数可达到 100，工作频段的倍频带宽为 2～2.5，天线的特性阻抗为 700～800 Ω。菱形天线主要应用于中、远距离的短波通信中，它在米波段和分米波段也有应用。菱形天线的主要优点是结构简单，造价低，方向性强，带宽宽；主要缺点是效率较低(一般为 50%～80%)，副瓣电平高，占地面积大。

6.2 双 锥 天 线

无限双锥天线由两个形状相同的无限长锥形导电面组成，其结构是无限长的，其上电流没有反射波，线上电流为行波分布，天线特性不随频率变化，其带宽是无限宽的。实际应用中的双锥天线不可能是无限长的，会有末端的截断，称为有限长双锥天线。

6.2.1 无限双锥天线

无限双锥天线如图 6.2.1 所示，高频振荡电压通过两定点之间的缝隙馈入。该天线可以用传输线理论来分析。由于其结构是无限长的，其上电流没有反射波，因此线上电流为行波分布。缝隙处存在时变的电场，驱使电流由馈电点处沿着导体面流动。由于结构以 z 轴旋转对称，因此磁场只有 H_φ 分量。考虑这种双锥传输线的 TEM 模式(所有场对传播方向为横向)，则电场将垂直于磁场，即电力线沿 θ 方向。

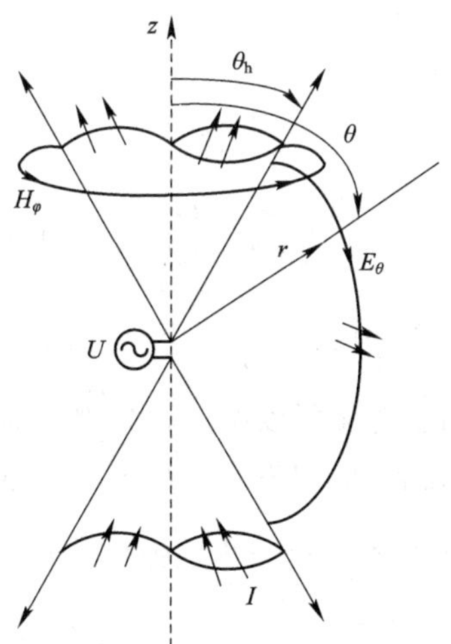

图 6.2.1 无限双锥天线(图中给出了场分量和电流)

由以上分析可知在两锥之外的空间区域，$\boldsymbol{J}=0$，$\boldsymbol{H}=H_\varphi\hat{\boldsymbol{\varphi}}$，$\boldsymbol{E}=E_\theta\hat{\boldsymbol{\theta}}$。由麦克斯韦第一方程$\nabla\times\boldsymbol{H}=\mathrm{j}\omega\varepsilon\boldsymbol{E}+\boldsymbol{J}$ 可得以下两标量方程：

$$\frac{1}{r\sin\theta}\frac{\partial}{\partial\theta}(\sin\theta H_\varphi)=\mathrm{j}\omega\varepsilon E_r=0 \tag{6.2.1}$$

$$-\frac{1}{r}\frac{\partial}{\partial r}(rH_\varphi)=\mathrm{j}\omega\varepsilon E_\theta \tag{6.2.2}$$

由式(6.2.1)可得$\frac{\partial}{\partial\theta}(\sin\theta H_\varphi)=0$，于是

$$H_\varphi=\frac{A(r,\varphi)}{\sin\theta} \tag{6.2.3}$$

其中，$A(r,\varphi)$为只与 r 和 φ 有关的函数。由于无限双锥天线以 z 轴旋转对称，因此 $A(r,\varphi)=A(r)$，即只与 r 有关。

由于该结构的场为随矢径而衰减的场，故可以将式(6.2.3)表示为

$$H_{\varphi}=H_{0}\frac{\mathrm{e}^{-\mathrm{j}kr}}{4\pi r}\frac{1}{\sin\theta} \tag{6.2.4}$$

将式(6.2.4)代入式(6.2.2)，得

$$\begin{aligned}E_{\theta}&=\frac{-1}{\mathrm{j}\omega\varepsilon}\frac{1}{r}\frac{H_{0}}{4\pi r\sin\theta}\frac{\partial}{\partial r}(\mathrm{e}^{-\mathrm{j}kr})=\frac{kH_{0}}{\omega\varepsilon}\frac{1}{r}\frac{\mathrm{e}^{-\mathrm{j}kr}}{4\pi}\frac{1}{\sin\theta}\\&=\eta H_{0}\frac{\mathrm{e}^{-\mathrm{j}kr}}{4\pi r}\frac{1}{\sin\theta}\end{aligned} \tag{6.2.5}$$

由式(6.2.4)和式(6.2.5)可得 $E_{\theta}=\eta H_{\varphi}$。由式(6.2.5)可得归一化方向函数为

$$F(\theta)=\frac{\sin\theta_{\mathrm{h}}}{\sin\theta}\qquad\theta_{\mathrm{h}}<\theta<\pi-\theta_{\mathrm{h}} \tag{6.2.6}$$

式中，θ_{h} 为锥的半张角。可见无限双锥的归一化方向函数只与锥的半张角 θ_{h} 有关，而 θ_{h} 不随频率变化，因此双锥天线的方向性频宽为无限宽。

下面求无限双锥天线的输入阻抗，如图 6.2.1 所示，端口电压可以通过 $\hat{\boldsymbol{\theta}}$ 方向的线积分求得，即

$$U(r)=\int_{\theta_{\mathrm{h}}}^{\pi-\theta_{\mathrm{h}}}E_{\theta}r\,\mathrm{d}\theta \tag{6.2.7}$$

将式(6.2.5)代入式(6.2.7)可得

$$\begin{aligned}U(r)&=\frac{\eta H_{0}}{2\pi}\mathrm{e}^{-\mathrm{j}kr}\int_{\theta_{\mathrm{h}}}^{\pi-\theta_{\mathrm{h}}}\frac{\mathrm{d}\theta}{\sin\theta}=\frac{\eta H_{0}}{2\pi}\mathrm{e}^{-\mathrm{j}kr}\left[\ln\left|\tan\frac{\theta}{2}\right|\right]_{\theta_{\mathrm{h}}}^{\pi-\theta_{\mathrm{h}}}\\&=\frac{\eta H_{0}}{2\pi}\mathrm{e}^{-\mathrm{j}kr}\ln\left(\cot\frac{\theta_{\mathrm{h}}}{2}\right)\end{aligned} \tag{6.2.8}$$

如图 6.2.1 所示，圆锥上的总电流可以通过积分锥表面的电流密度 $\boldsymbol{J}_{\mathrm{s}}$ 求得，积分路径为围绕圆锥积分一周。由导体表面上的边界条件可得上圆锥表面的面电流密度为

$$\boldsymbol{J}_{\mathrm{s}}=\hat{\boldsymbol{n}}\times\boldsymbol{H}=\hat{\boldsymbol{\theta}}\times\hat{\boldsymbol{\varphi}}H_{\varphi}=\hat{\boldsymbol{r}}H_{\varphi} \tag{6.2.9}$$

于是上圆锥上的电流为

$$I(r)=\int_{\theta_{\mathrm{h}}}^{\pi-\theta_{\mathrm{h}}}H_{\varphi}r\sin\theta_{\mathrm{h}}\,\mathrm{d}\varphi=2\pi rH_{\varphi}\sin\theta_{\mathrm{h}} \tag{6.2.10}$$

将式(6.2.4)代入式(6.2.10)得

$$I(r)=\frac{H_{0}}{2}\mathrm{e}^{-\mathrm{j}kr} \tag{6.2.11}$$

由式(6.2.8)和式(6.2.11)可得，对于任意 r 值，无限双锥的特性阻抗为

$$Z_{0}=\frac{U(r)}{I(r)}=\frac{\eta}{\pi}\ln\left(\cot\frac{\theta_{\mathrm{h}}}{2}\right) \tag{6.2.12}$$

可见无限双锥的特性阻抗沿线为一常数。因为线上为行波，所以输入阻抗 Z_{in} 与特性阻抗相等。因此，双锥天线的输入阻抗也只与 θ_{h} 有关，阻抗频宽也为无限宽，故双锥天线的频带宽度为无限。将 $\eta\approx120\pi$ 代入式(6.2.12)，可得自由空间的无限双锥天线输入阻抗为

$$Z_{\mathrm{in}}=Z_{0}=120\ln\left(\cot\frac{\theta_{\mathrm{h}}}{2}\right) \tag{6.2.13}$$

当 $\theta_h=1°$时，$Z_{in}=569+j0\ \Omega$；当 $\theta_h=50°$时，$Z_{in}=91+j0\ \Omega$。

若将下面那个圆锥变成一个理想的无限大地面，便形成了理想地面上的无限长单圆锥天线。由镜像法容易推知，其输入阻抗必为对应的无限双锥阻抗的一半，其在地面上方的方向性与无限长双锥在上半空间的相同。

6.2.2 有限长双锥天线

由式(6.2.6)和式(6.2.13)可知，无限双锥天线的特性不随频率变化，其带宽是无限宽的。实际应用中的双锥天线不可能是无限长的，有限长双锥天线如图 6.2.2 所示。半锥的高度为 h，除了 TEM 主模，由于双锥末端的反射，线上还有高次模存在。天线电抗主要是由高次模引起的，此时线上的电流分布为驻波分布，输入阻抗不等于线的特性阻抗。

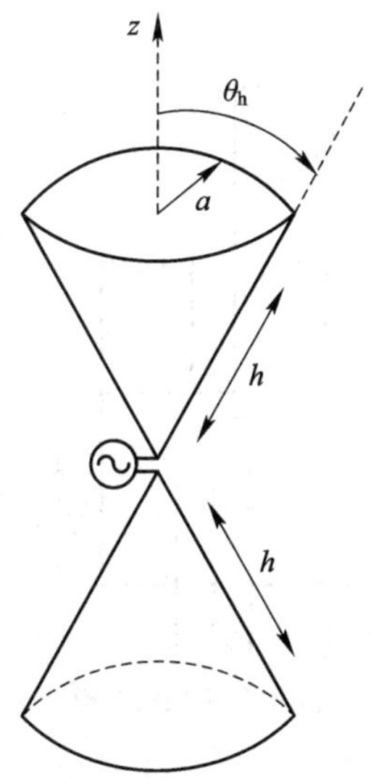

图 6.2.2　有限长双锥天线

当图 6.2.2 中的半顶角 θ_h 增加时，双锥天线的带宽逐渐变宽，且可使输入阻抗的电抗部分保持最小。有限长双锥天线可以获得从单锥高度到 $\lambda/4\sim\lambda/2$ 范围内的 2∶1 的阻抗带宽，其宽频带特性也可从振子线径增粗的角度来理解。

6.3 套 筒 天 线

对称振子天线的阻抗带宽较窄，而套筒天线是单级子天线的变形，可展宽天线带宽。套筒天线是在地面上的单极子外围加一个管状导体套筒而形成的。

套筒天线的结构如图 6.3.1(a)所示，其高度为 h，套筒的高度为 L，在套筒外的单极子(称为辐射体)的高度为 l；套筒的直径为 D，单极子的直径为 d。套筒的高度一般为 1/3～1/2 单极子的高度。加入套筒之后，由于单极子的耦合，故套筒内壁感应出与套筒内单极子上相反的电流，相当于同轴馈线的外导体；套筒外壁上感应出与套筒内单极子上相同的电流，起辐射单元的作用。

$h=\lambda/4$ 和 $\lambda/2$ 时单极子上的电流分布分别如图 6.3.1(b)和图 6.3.1(c)所示。当 $h=\lambda/4$ 时，馈电点上的电流为波腹值 I_m；当 $h=\lambda/2$ 时，馈电点上的电流很小。半波对称振子和全波对称振子归算于波腹点电流的辐射电阻分别为 73.1 Ω 和 200 Ω，相应的在地面上的 $h=\lambda/4$ 和 $h=\lambda/2$ 的单极子天线的辐射电阻为其一半，分别为 $R_{m1}=36.55$ Ω 和 $R_{m2}=100$ Ω。归算于输入端电流的辐射电阻为

$$\begin{cases} R_{01}=\dfrac{I_m^2}{I_{01}^2}R_{m1}=\dfrac{I_m^2}{I_{01}^2}\times 36.55(\Omega) \\ R_{02}=\dfrac{I_m^2}{I_{02}^2}R_{m2}=\dfrac{I_m^2}{I_{02}^2}\times 100(\Omega) \end{cases} \tag{6.3.1}$$

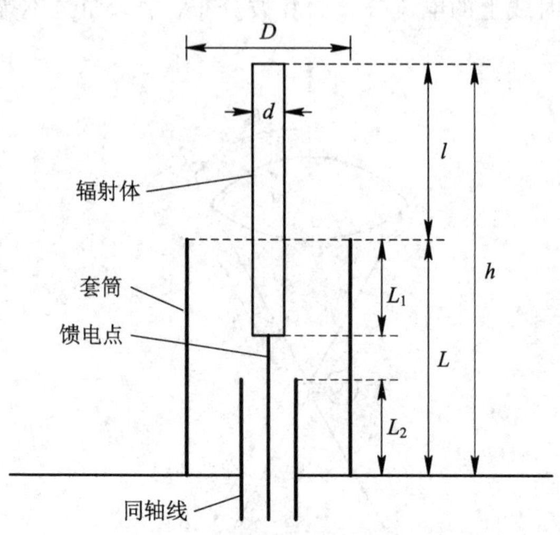

(a) 套筒天线的结构

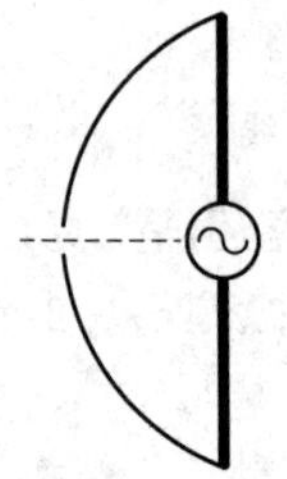

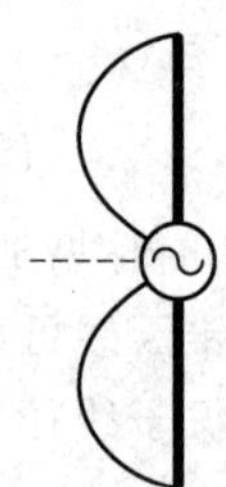

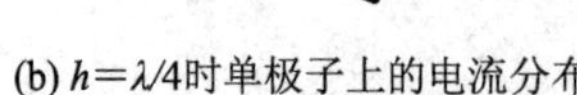

(b) $h=\lambda/4$时单极子上的电流分布　　(c) $h=\lambda/2$时单极子上的电流分布

图 6.3.1　套筒单极子天线

当天线的损耗很小时，天线的输入电阻与天线的归算于输入端电流的辐射电阻相等，有

$$\begin{cases} R_{in1}=R_{01}=\dfrac{I_m^2}{I_{01}^2}\times 36.55(\Omega) \\ R_{in2}=R_{02}=\dfrac{I_m^2}{I_{02}^2}\times 100(\Omega) \end{cases} \tag{6.3.2}$$

由于$\dfrac{\lambda}{2}$单极子的输入端电流 I_{02} 很小，故$\dfrac{I_m^2}{I_{02}^2}$是一个远大于 1 的数；而 $\lambda/4$ 单极子的输

入端电流 $I_{01}=I_m$，所以$\frac{I_m^2}{I_{01}^2}=1$。因此，地面上长度为 $\lambda/2$ 的单极子的输入电阻远大于地面上长度为 $\lambda/4$ 的单极子的输入电阻。当频率变化时，单极子的输入电阻会发生很大的变化，单极子的阻抗带宽很窄，这是由于线上的电流为驻波分布，馈电点处的电流随频率变化大而引起的。若能使馈电点处的电流随频率变化小，则可提高阻抗频带宽度，从而提高整个天线的带宽。

如图 6.3.1(a)所示，套筒天线的实际馈电点在馈线与单极子的连接处。由于套筒的加入，在套筒的上端形成了一个虚拟的馈电点，因此，套筒将单极子的馈电点提高了。套筒天线的输入阻抗在至少一个倍频中保持近似不变，在此范围内，天线的方向图变化也不大。

套筒单极子天线的第一个谐振发生在单极子长度 $h=\lambda/4$ 时，在此第一谐振点可由天线工作频率的低频端来设计，因此，套筒天线的高度为 $h=\lambda_{max}/4$。l/L 的值可通过实验得到，当其等于 2.25 时，可以在 4∶1 的频程中给出最佳方向图(基本上不随频率变化)。套筒直径与单极子直径的比值 $D/d=3.0$ 时，驻波比(VSWR)可做到不劣于 8∶1。除了套筒单极子天线，还有套筒偶极子天线，它是在对称振子上加上套筒以展宽频带的天线。

6.4 螺旋天线

螺旋天线是用金属导体(导线或管材)做成的螺旋状的天线，通常用同轴电缆馈电，电缆的内导体和螺旋线的一端相连接，外导体和金属接地板相连接。接地板可以减弱同轴线外表面的感应电流，改善天线的辐射特性，同时又可以减弱后向辐射。螺旋天线与前述各种线天线的显著不同是它辐射圆极化(或椭圆极化)波。

6.4.1 螺旋天线的基本构成

在图 6.4.1 所示的螺旋天线结构中，d 为螺旋的直径；s 为螺距，即每圈之间的距离；α 为螺距角，$\alpha=\arctan\frac{s}{\pi d}$；$l$ 为螺旋一圈的周长，$l=\sqrt{(\pi d)^2+s^2}=\frac{s}{\sin\alpha}$；$h$ 为螺旋的轴长；d_0 为接地板的直径。

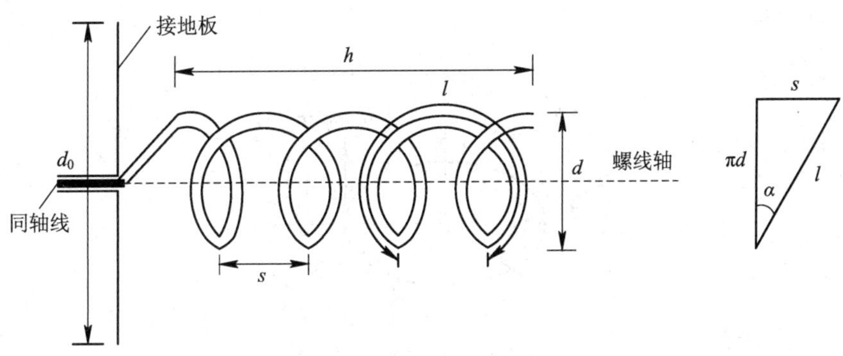

图 6.4.1　螺旋天线的结构

螺旋天线的特性取决于螺旋直径与波长的比值 d/λ。随着 d/λ 值由小变大，螺旋天线的最大辐射方向将发生显著的变化。当螺旋直径很小，$d/\lambda<0.18$ 时，螺旋天线在垂直于螺旋轴线的平面内有最大辐射，并且在这个平面上会得到圆形对称的方向图，如图 6.4.2(a)所示，类似于电流元的方向图，具有这种辐射特性的螺旋天线称为边射型或法向模螺旋天线，属于电小天线。当 $d/\lambda=0.25\sim0.46$ 时，螺旋天线在其轴线的一个方向上有最大辐射，如图 6.4.2(b)所示，这种天线称为端射型或轴向模螺旋天线。当 $d/\lambda>0.46$ 时，会获得圆锥形的方向图，如图 6.4.2(c)所示。

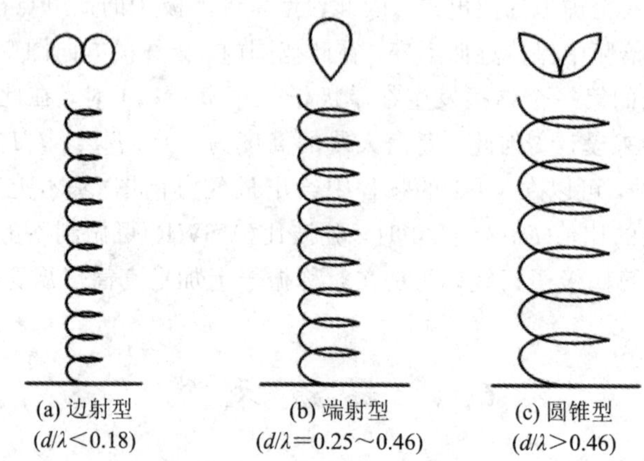

图 6.4.2 螺旋天线的三种辐射状态

下面分析螺旋天线的两种有实用意义的典型情况，即法向模螺旋天线和轴向模螺旋天线。

6.4.2 法向模螺旋天线

法向模螺旋天线的结构如图 6.4.2(a)所示，螺旋线是空心的或绕在低耗的介质棒上，圈的直径可以是相等的或随高度逐渐变小的，圈间的距离可以是等距的或变距的。法向模螺旋天线实际上是一个分布式的加载天线，在整个天线中作电感性加载。

可以将法向模螺旋天线看成是由 N 个合成单元组成的，每一个单元又由一个小环和一个电基本阵子构成。由于环的直径很小，故合成单元上的电流可以认为是等幅同相的，如图 6.4.3 所示。

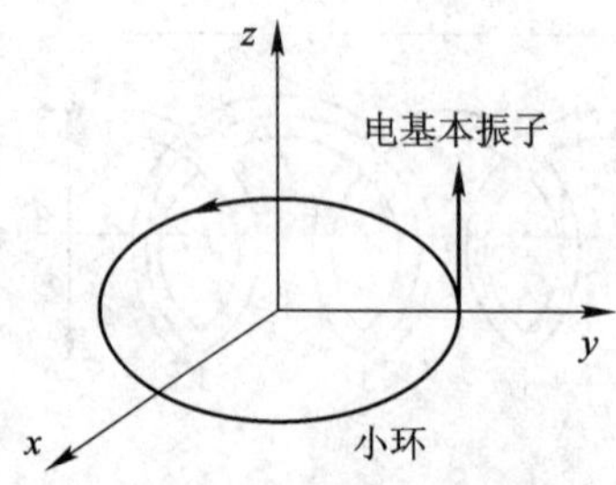

图 6.4.3 法向模螺旋天线一圈的等效示意图

小环产生的远区电场只有 E_φ 分量，即

$$E_{\varphi}=\frac{120\pi^{2}AI}{\lambda^{2}r}\sin\theta\mathrm{e}^{-\mathrm{j}kr} \tag{6.4.1}$$

式中，$A=\frac{\pi d^{2}}{4}$为小环的面积。

电基本振子的电场只有 E_{θ} 分量，即

$$E_{\theta}=\mathrm{j}\frac{60\pi sI}{\lambda r}\sin\theta\mathrm{e}^{-\mathrm{j}kr} \tag{6.4.2}$$

因此，单个合成单元在空间所产生的电场为式(6.4.1)与式(6.4.2)之和。由式(6.4.1)和式(6.4.2)可知，E_{φ} 和 E_{θ} 在时间上相差 90°，在空间上正交，其合成电场将为椭圆极化波。电场分量比为

$$\left|\frac{E_{\theta}}{E_{\varphi}}\right|=\frac{s\lambda}{2\pi A}=\frac{2s\lambda}{(\pi d)^{2}} \tag{6.4.3}$$

当电场分量比大于 1 时，其等于极化椭圆的轴比；当电场分量比小于 1 时，其等于极化椭圆轴比的倒数；当电场分量比等于 0 时(同时 $s=0$)，螺旋天线相当于环水平极化；当电场分量比等于∞时(同时 $d=0$)，螺旋天线相当于偶极子垂直极化；当电场分量比等于 1 时，螺旋天线为圆极化，此时，由式(6.4.3)得

$$d=\frac{1}{\pi}\sqrt{2s\lambda} \tag{6.4.4}$$

沿螺旋线的轴线方向的电流分布接近正弦分布。设每单位轴长的圈数为 N_{1}，$N_{1}=\frac{1}{s}=\frac{N}{h}$。当$\frac{N_{1}d^{2}}{\lambda}\leqslant 0.2$时，螺旋线上电流的导波波长 λ_{g} 为

$$\lambda_{g}=\frac{\lambda}{\sqrt{1+20(N_{1}d)^{2.5}\left(\frac{d}{\lambda}\right)^{\frac{1}{2}}}} \tag{6.4.5}$$

式中，λ 为自由空间波长。这样可确定法向模螺旋天线的轴向长度为

$$h=\frac{\lambda_{g}}{4}=\frac{\lambda}{4\sqrt{1+20(N_{1}d)^{2.5}\left(\frac{d}{\lambda}\right)^{\frac{1}{2}}}} \tag{6.4.6}$$

这时天线工作在自谐振状态，输入阻抗为纯电阻。

法向模螺旋天线广泛应用于短波及超短波的各类小型电台中。

6.4.3　轴向模螺旋天线

如图 6.4.2(b)所示，轴向模螺旋天线的结构沿轴线方向有最大辐射，辐射场是圆极化波，天线导线上的电流按行波分布，因此其输入阻抗等于线的特性阻抗并近似为纯电阻。轴向模螺旋天线具有宽频带特性，其增益可达 15 dB 左右，螺旋一圈的周长接近一个波长，并比螺距要大得多，因而可近似认为它是单纯由 N 个平面圆环为组成单元的天线阵。

下面采用图 6.4.4 所示的坐标系，先研究单个平面圆环的辐射特性。为方便起见，假设一圈的周长等于一个波长 λ，则 N 圈的螺旋天线的总长度就等于 $N\lambda$。沿线电流不断向

空间辐射，到达螺旋终端时能量就很少了，终端反射也很少，可以认为沿线传输的是行波电流。假设在某一瞬间 t_1 时圆环上的电流分布如图 6.4.5(a)所示，图 6.4.5(b)是将圆环展成直线后的瞬时电流分布。

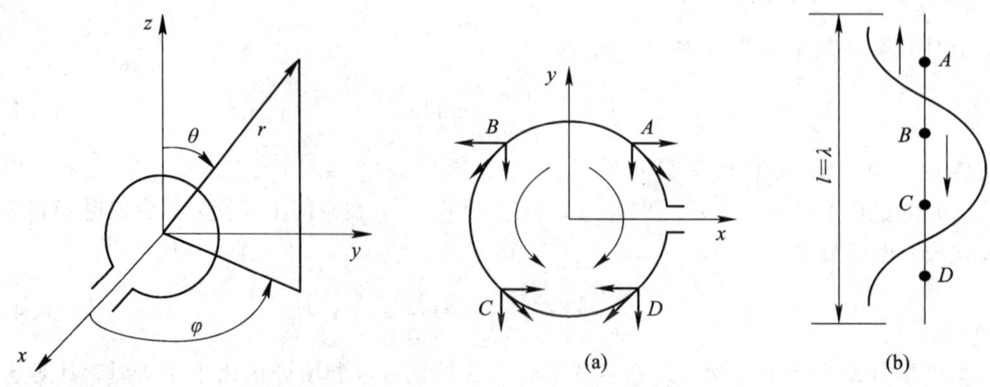

图 6.4.4　单个平面圆环

图 6.4.5　螺旋天线圆环电流分布

在平面圆环上，对称于 x 轴和 y 轴分布的 A、B、C、D 四点的电流都有 x 分量和 y 分量。由图 6.4.5(a)可以看出

$$\begin{cases} \boldsymbol{I}_{xA} = -\boldsymbol{I}_{xB} \\ \boldsymbol{I}_{xC} = -\boldsymbol{I}_{xD} \end{cases} \tag{6.4.7}$$

式(6.4.7)对于任何两个对称于 y 轴的点都是正确的。因此在瞬时 t_1，对轴向辐射有贡献的只是 I_y 分量，且它们是同相叠加的，其辐射只有 E_y 分量。

由于线上载有行波，故线上的电流分布将随时间而沿线移动。现在来看另一瞬时 t_2，且 $t_2=t_1+\dfrac{T}{4}$(T 为周期)，此时电流分布如图 6.4.6(a)所示。对称点 A、B、C、D 上的电流发生了变化，由图 6.4.6(b)可以看到

$$\begin{cases} \boldsymbol{I}_{yA} = -\boldsymbol{I}_{yB} \\ \boldsymbol{I}_{yC} = -\boldsymbol{I}_{yD} \end{cases} \tag{6.4.8}$$

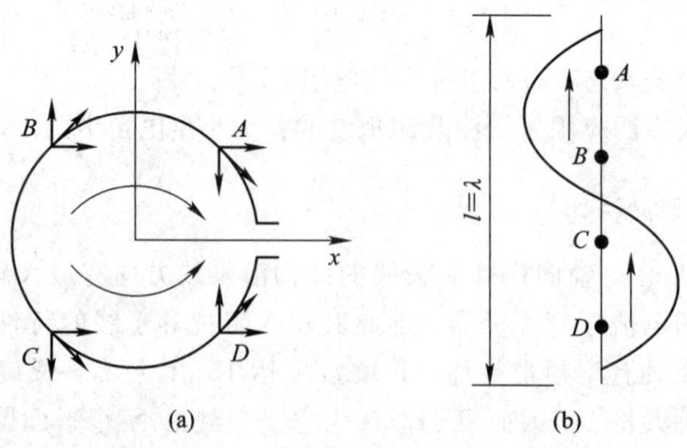

图 6.4.6　瞬时电流分布

同理，此时 y 分量被抵消而 I_x 都是同相的，所以轴向辐射场只有 E_x 分量，这就说明

经过时间$\frac{T}{4}$后，轴向辐射的电场矢量在空间旋转了90°。同理，若经过一个周期，则电场矢量将要旋转360°。由此可见，当平面环一圈周长$l=\lambda$，且线上载有行波时，在轴向将形成一个随时间不断旋转的圆极化场。在包含z轴的平面内，每一圈的方向图近似为$\cos\theta$。

把轴向模螺旋天线看成是由N个平面圆环组成的天线阵，则它的总方向图为单个圆环的方向图与其阵因子的乘积。其阵因子与N单元直线阵相似，即

$$f(\varphi)=\frac{\sin\frac{N\varphi}{2}}{N\sin\frac{\varphi}{2}} \tag{6.4.9}$$

式中，$\varphi=ks\cos\theta+\alpha_1$，$\alpha_1$是相邻两圈间电流的相位差。

轴向模螺旋天线的理论设计相当复杂，实际工程计算中常常按照给定的方向系数或主瓣宽度，使用由大量测试归纳得到的经验公式。在满足螺距角$\alpha=12°\sim16°$，圈数$N>3$，圈长$l=\left(\frac{3}{4}\sim\frac{4}{3}\right)\lambda$的条件下，该天线的主要特性由下列经验公式给出。

(1) 天线增益与天线方向系数：

$$G\approx D=15\left(\frac{l}{\lambda}\right)^2\frac{Ns}{\lambda} \tag{6.4.10}$$

(2) 半功率波瓣宽度：

$$2\theta_{0.5}=\frac{52}{\frac{l}{\lambda}\sqrt{\frac{Ns}{\lambda}}}\quad(°) \tag{6.4.11}$$

(3) 零功率波瓣宽度：

$$2\theta_0=\frac{115}{\frac{l}{\lambda}\sqrt{\frac{Ns}{\lambda}}}\quad(°) \tag{6.4.12}$$

(4) 输入阻抗：

$$Z_{in}\approx R_{in}\approx 140\frac{l}{\lambda}\quad(\Omega) \tag{6.4.13}$$

(5) 极化椭圆的轴比：

$$|AR|=\frac{2N+1}{2N} \tag{6.4.14}$$

在$l=\left(\frac{3}{4}\sim\frac{4}{3}\right)\lambda$的范围内，螺旋天线均辐射端射方向图，轴向辐射接近圆极化，因此螺旋天线的绝对带宽可达

$$\frac{f_{max}}{f_{min}}=\frac{4/3}{3/4}=1.78 \tag{6.4.15}$$

天线增益G与圈数N及螺距s有关，即与天线轴向长度有关。计算表明，当$N>15$以后，随h的增加，G增加不明显，所以圈数N一般不超过15圈。为了提高增益，可采用螺旋天线阵。

对于一个设计良好的轴向模螺旋天线来说，因为几乎是纯行波电流传输，所以输入阻

抗是纯电阻。式(6.4.13)误差较大，这是因为真正的输入阻抗还受到馈电点等技术性细节的影响。

若天线上仅有行波存在，则接地板对天线的影响是很小的。然而，由于有其他模式的波存在，其中包括经天线末端反射到馈源区域的波，这使得接地板的大小和形状对天线的影响不能忽略。原则上，要求接地板的直径至少达到 $3\lambda/4$，也可以用导线编织成接地栅网来代替实心的接地板，以减小风障；螺旋导线的直径一般介于 $0.005\lambda \sim 0.05\lambda$。使用阻抗变换器或者调整从同轴到螺旋起点的连接线的位置可以使输入阻抗保持在 50 Ω。此天线广泛用于卫星通信。

下面给出轴向模螺旋天线的设计实例，结构如图 6.4.7 所示，螺旋天线的工作频率为 2.5～4.0 GHz，圈数为 10，螺旋直径为 100 mm，螺距为 20 mm，主极化为右旋圆极化。图 6.4.8 所示为螺旋天线的电压驻波比与频率之间的关系曲线，可见其在 2.5～4.0 GHz 频带内均实现了良好的阻抗匹配特性。图 6.4.9 所示为螺旋天线在频段内的增益曲线，天线在频段内增益为 11.9～13.9 dB。图 6.4.10(a)～(d)分别为天线在 2.5 GHz、3.0 GHz、3.5 GHz、4.0 GHz 时 xOz 平面和 yOz 平面的主极化和交叉极化方向图。

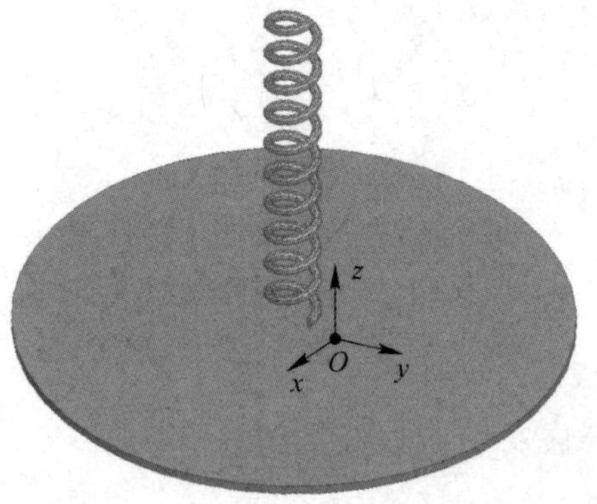

图 6.4.7　轴向模螺旋天线结构示意图

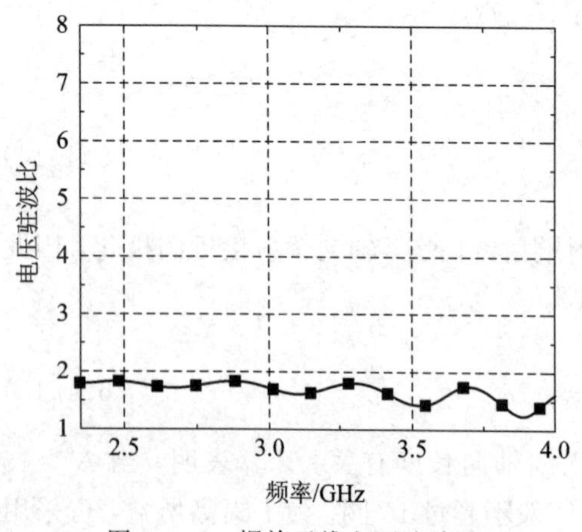

图 6.4.8　螺旋天线电压驻波比

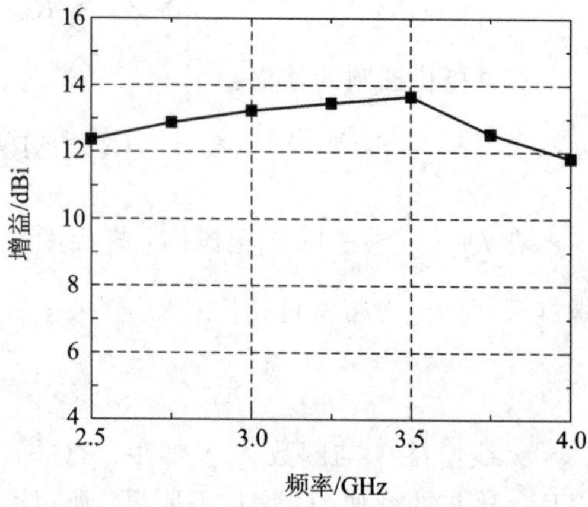

图 6.4.9　螺旋天线增益

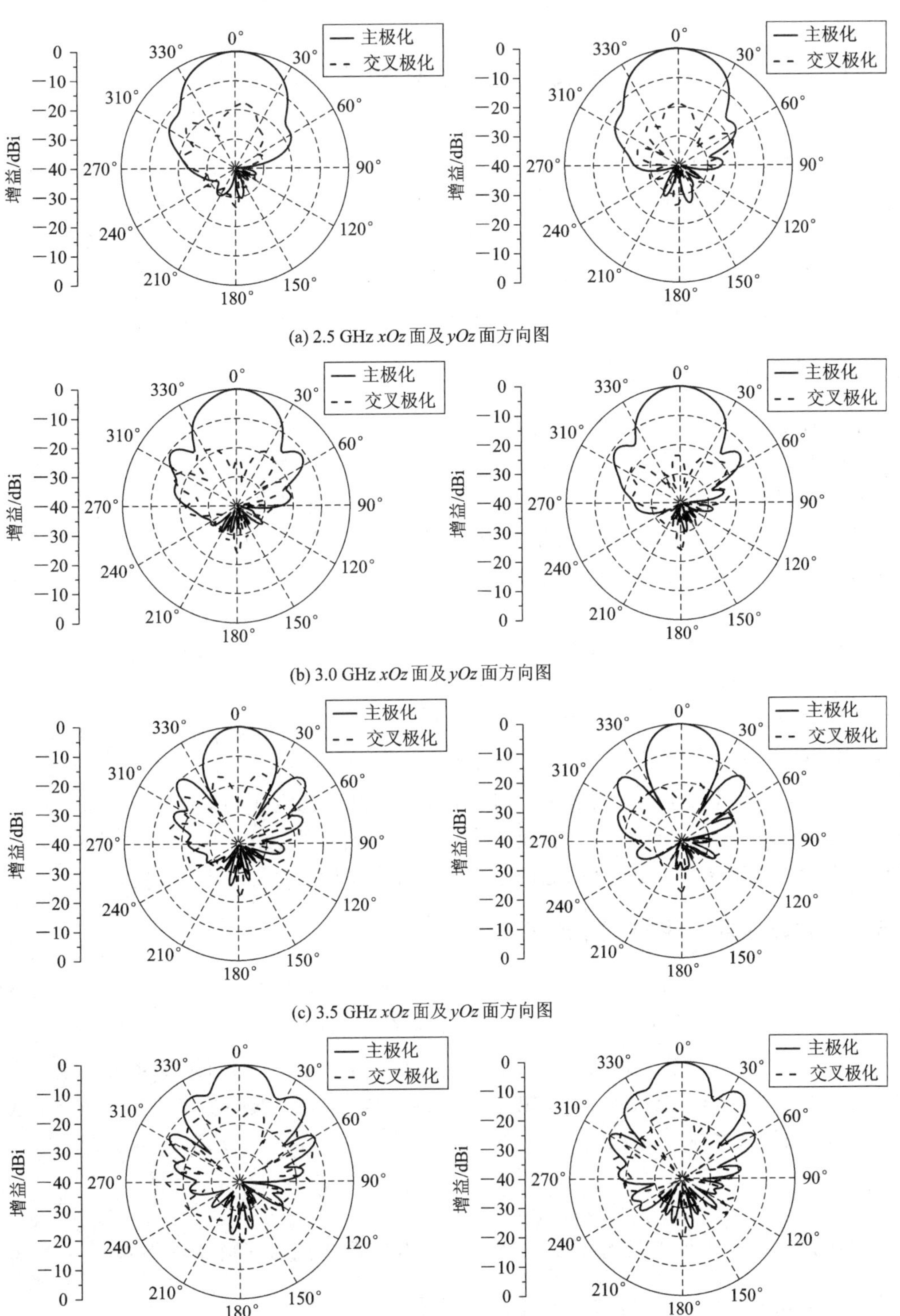

(a) 2.5 GHz *xOz* 面及 *yOz* 面方向图

(b) 3.0 GHz *xOz* 面及 *yOz* 面方向图

(c) 3.5 GHz *xOz* 面及 *yOz* 面方向图

(d) 4.0 GHz *xOz* 面及 *yOz* 面方向图

图 6.4.10　螺旋天线方向图

6.5 对数周期天线

如果使天线的结构尺寸都按特定的比例常数 τ 变化，当工作频率变化 τ 倍(或 $1/\tau$)后，天线又呈现原来的结构和特性，那么，由这个概念得到的天线称为对数周期天线。在本节中将讨论这类天线。对数周期天线的主要特性(方向性、阻抗等)以频率的对数重复。目前，对数周期天线在短波、超短波和微波波段范围内都获得了广泛的应用。例如，在短波波段，可作为通信天线；在微波波段，可作为抛物面天线或透镜天线的初级辐射器。

6.5.1 对数周期天线的结构特点

对数周期天线可分为金属片型和导线型两大类，前者又有圆形齿和梯形齿之分，后者又有梯形和振子形等多种形式。

下面主要介绍如图 6.5.1 所示的对数周期振子阵天线(简称 LPDA)，它的相关尺寸都呈现同一等比关系。这种天线的每个振子，在其单臂的电长度为 $\lambda/4$ 时谐振，此时辐射能力最强。与其相邻的前、后两对振子，一对视作反射器，另一对视作引向器，三者构成一组定向天线，并形成一个作用区。如果对数周期振子阵天线的振子数无限多，则在中心馈电、频率为 f 时所具有的一切特性将在 τf，$\tau^2 f$，…，$\tau^n f$ 频率上重复(n 为正整数)，因而天线的性能随工作频率做周期性的变化。在一个周期内，天线的性能只有微小的变化，可近似认为它的电性能具有不随频率而变的非频变特性。

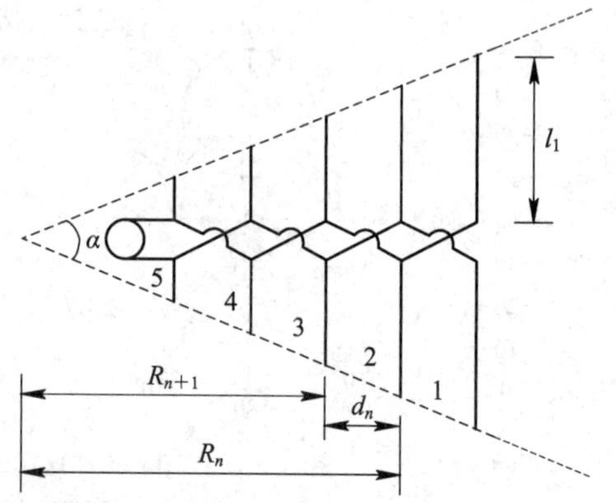

图 6.5.1 对数周期振子阵天线的结构

6.5.2 对数周期天线的工作原理

现以对数周期振子阵天线为例，介绍其工作原理。假定工作频率为 $f_1(\lambda_1)$时，只有第 1 个振子工作，其电尺寸为 $l_1/\lambda_1=1/4$，其余振子均不工作；当工作频率升高到 $f_2(\lambda_2)$时，只有第 2 个振子工作，其电尺寸为 $l_2/\lambda_2=1/4$，其余振子均不工作；当工作频率升高到 $f_3(\lambda_3)$时，只有第 3 个振子工作，其电尺寸为 $l_3/\lambda_3=1/4$，其余振子均不工作；依次类推，显然，如果这些频率能保证

$$\frac{l_1}{\lambda_1}=\frac{l_2}{\lambda_2}=\frac{l_3}{\lambda_3}=\cdots=\frac{l_n}{\lambda_n}=\frac{1}{4} \tag{6.5.1}$$

则在这些频率上天线可以具有不变的特性。因为对数周期振子阵天线各振子尺寸满足 $\frac{l_{n+1}}{l_n}=\tau$，为使此式得到满足，要求这些频率满足

$$\frac{f_{n+1}}{f_n}=\frac{1}{\tau} \tag{6.5.2}$$

如果将 τ 取得十分接近于 1，则能满足以上要求的天线的工作频率就趋近连续变化。

假如天线的几何结构无限大，那么该天线的工作频带就可以达到无限宽。对式(6.5.2)取对数可得到

$$\ln f_{n+1}=\ln f_n+\ln\frac{1}{\tau}\tag{6.5.3}$$

式(6.5.3)表明，只有当工作频率的对数做周期性变化(周期为 $\ln\frac{1}{\tau}$)时，天线的电性能才保持不变，因此，将此种天线称为对数周期天线。

实验证明，对数周期振子阵天线上存在一个“辐射区”或“作用区”。在每一个频率周期内，天线只有一部分振子在辐射，而其余振子基本上不参与辐射。这一部分起作用的振子为作用区(或称辐射区)。在此区域内，振子长度接近谐振长度(即 $2l\approx\lambda/2$)，所以振子阻抗具有较大的电阻分量，振子上电流很大，可产生很强的辐射。作用区随着工作波长的增大，自图 6.5.1 所示结构的顶点由左向右移动。作用区的电尺寸及电位置(以波长计的离开顶点的距离)是不随频率而变的，因而对数周期天线的电特性与频率无关。作用区所包含的振子数与 τ 值有关，τ 值较小时，例如 $\tau\leqslant0.5$，只有少数几个振子起作用；τ 值较大时，例如 $\tau\geqslant0.8$，起作用的振子数目就比较多。

图 6.5.1 作用区的左侧通常称作传输区，在此区域内，振子长度比谐振长度小(即 $2l<\lambda/2$)，所以振子呈现一个相当高的容性阻抗。振子电流很小，其辐射也非常弱。从能量传输的角度看，该区域的振子相当于有负载的传输线，由馈源供给的电磁能量将沿此区域输送到作用区。当电磁波继续向前传输时，对应振子的电长度逐渐增加，其辐射能力也将逐渐增强。当达到谐振长度时，振子上产生最大电流，辐射能力达到最强，沿传输线传送的绝大部分能量都被此作用区吸收，并向空间辐射出去。此后，少量剩余的电磁能量继续向前推进，便到了作用区的右侧，在此区域内，振子长度比谐振长度大(即 $2l>\lambda/2$)，所以振子呈现较大的感抗。通过作用区传送到此区域的微弱能量，又向馈源方向被反射回去，故此区域称为反射区。

6.5.3　对数周期天线的馈电方法

对数周期天线的馈电点应置于短振子端。在引向天线中，各振子的电流相位是按反射器、主振子(馈电振子)、引向器的次序依次滞后的。为了使对数周期振子阵天线在较短振子的方向上获得单向辐射特性，就必须使短振子上的电流相位滞后于长振子上的电流相位，通常是采用相邻振子交叉馈电的方式来得到的。

由前面对引向天线的分析可知，振子 n 成为振子 $n+1$ 的反射器的条件是电流 i_n 的相位超前于 i_{n+1}。在对数周期天线中，以传输区的情况为例，其中的振子很短，呈现相当高的容抗。振子上电流的振幅很小，相位比传输线馈给振子的电压大约超前 90°。相邻振子间距 d 比波长小得多，kd 为一个小的角值。若传输线不交叉，则振子 n 的电流的相位 $\varphi_{i,n}$ 比振子 $n+1$ 的电流的相位 $\varphi_{i,n+1}$ 滞后 kd_n，不满足上述相位条件；当传输线交叉时，同一副振子的两臂互换位置后，相邻振子上电流的相位差变为 $\varphi_{i,n}-\varphi_{i,n+1}=180°-kd_n$，$\varphi_{i,n}$ 的相位超前 $\varphi_{i,n+1}$，满足反射器相位条件，使主要辐射方向指向较短振子一侧。

6.5.4　对数周期天线的电特性

当高频能量从天线馈电点输入以后，电磁能将沿集合线向前传输，传输区那些振子的

电长度很小，输入端呈现较大的容抗，电流很小，其主要影响相当于在集合线的对应点并联上一个个附加电容，从而改变了集合线的分布参数，增大了集合线的分布电容，使集合线的特性阻抗降低。辐射区是集合线的主要负载，由集合线送来的高频能量几乎被辐射区的振子全部吸收，并向空间辐射。辐射区后面的非谐振区的振子比谐振长度大很多，它们能够得到的高频能量很小，因而能从集合线终端反射的能量也就非常小。如果再加上集合线终端所接的短路支节长度的适当调整，就可以使集合线上的反射波成分降到最低程度，于是可以近似地认为集合线上载有行波。因为对数周期振子阵天线的输入阻抗近似地等于考虑到传输区振子影响后的集合线的特性阻抗，所以其基本上是电阻性的，电抗成分不大。

对数周期振子阵天线为端射式天线，最大辐射方向为沿着集合线从最长振子指向最短振子的方向。因为当工作频率发生变化时，天线的辐射区可以在天线上前后移动而保持相似的特性，所以其方向图随频率的变化较小。与引向天线类似，其 E 面方向图总是较 H 面的要窄一些。对数周期振子阵天线方向图的半功率角与几何参数 τ、d 及 l 有一定关系，一般 τ 越大，辐射区的振子数越多，天线的方向性越强，方向图的半功率角就越小。对数周期振子阵天线只有辐射区的部分振子对辐射起主要作用，而并非所有振子都对辐射有重要贡献，所以它的方向性不可能做到很强。方向图的波束宽度一般都是几十度，方向系数或天线增益也只有 10 dB 左右，属于中等增益天线。

对数周期振子阵天线的效率较高，所以它的增益系数近似等于方向系数，即

$$G = \eta_A D \approx D \tag{6.5.4}$$

下面以工作频段为 2～10 GHz 的对数周期天线为例进行说明，对称振子数目 $N=18$，比例因子 $\tau=0.88$，间隔因子 $\sigma=0.16$，天线总长度为 132 mm，天线的驻波比和增益随频率的变化分别如图 6.5.2(a)和(b)所示，其驻波比小于 2，增益为 6～10 dB。在宽带中典型频点处的方向图如图 6.5.3(a)～(e)所示，可见天线在 2～10 GHz 的宽频带内具有良好的阻抗匹配和方向图特性。

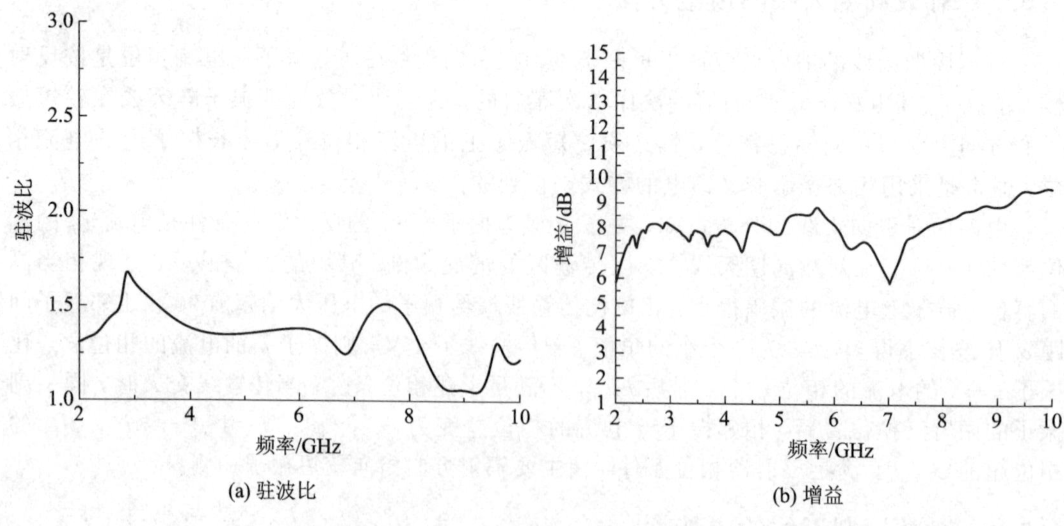

图 6.5.2　对数周期天线的驻波比和增益

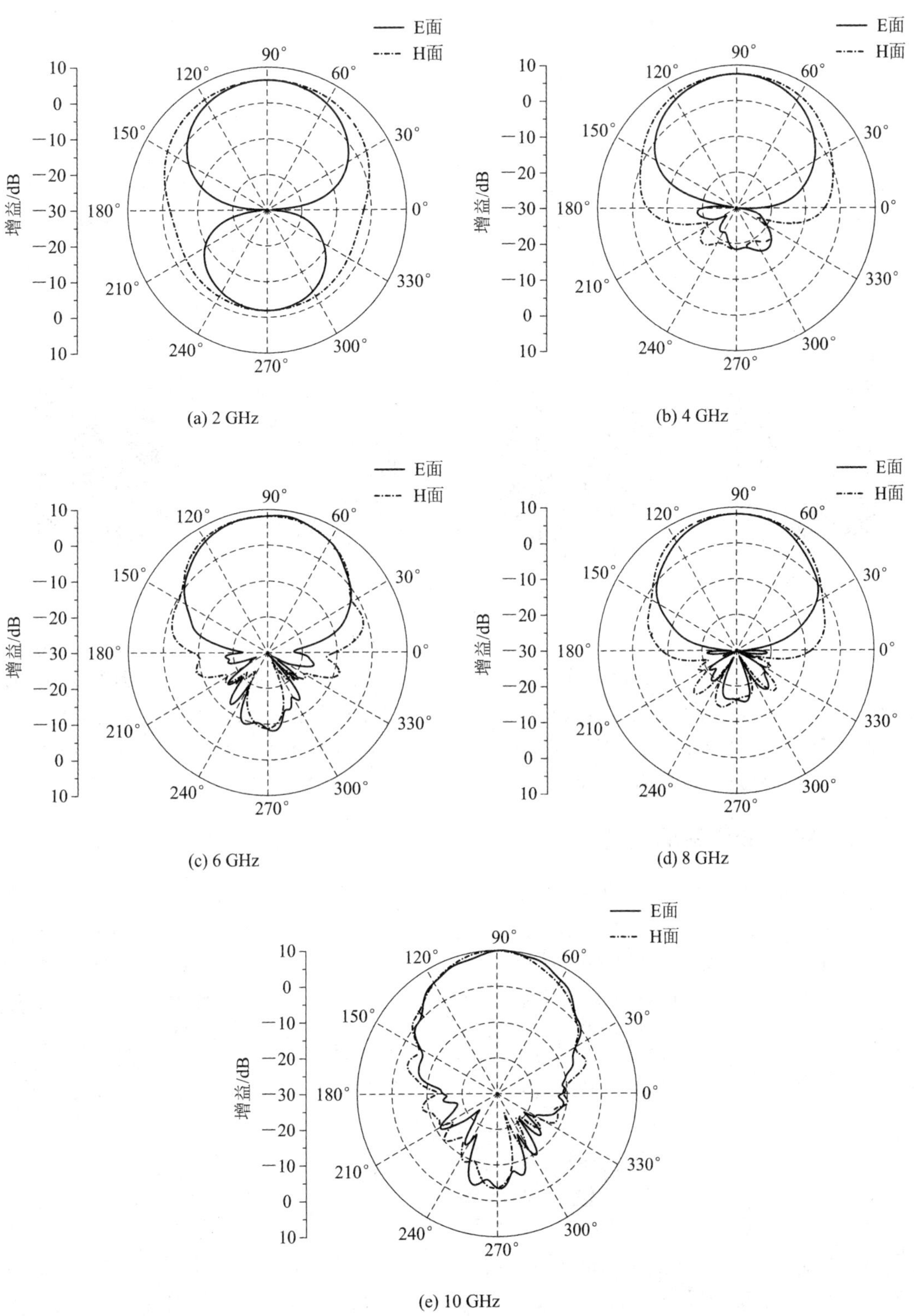

(a) 2 GHz

(b) 4 GHz

(c) 6 GHz

(d) 8 GHz

(e) 10 GHz

图 6.5.3　对数周期天线的方向图

6.6 Vivaldi 天线

锥削槽天线由伸展的锥削槽线进行辐射，其有效辐射区域随频率的变化而变化，理论上具有很宽的频带。根据锥削槽线形式的不同，锥削槽天线可分为线性锥削槽天线、等宽度锥削槽天线、费米锥削槽天线以及指数锥削槽天线，如图 6.6.1 所示，其中指数锥削槽天线也称为 Vivaldi 天线。锥削槽天线通常为与馈电巴伦集成的微带或带状线印刷结构，尺寸小，成本低，结构简单，易于加工。

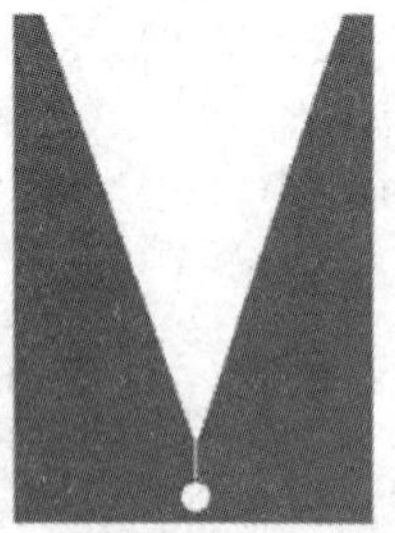
(a) 线性锥削槽天线

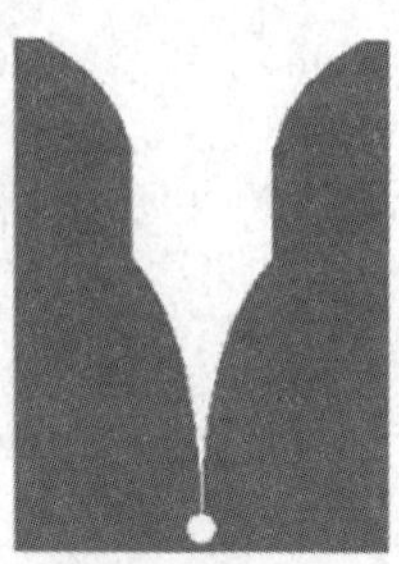
(b) 等宽度锥削槽天线

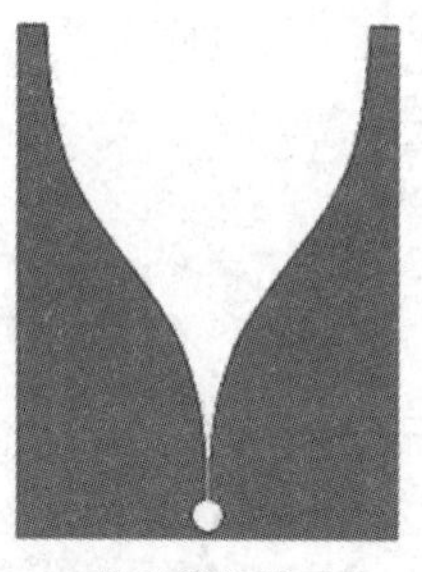
(c) 费米锥削槽天线

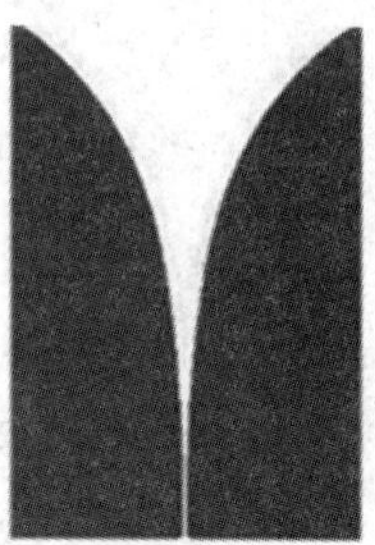
(d) Vivaldi天线

图 6.6.1　锥削槽天线辐射臂外形

辐射缝隙的形状对锥削槽天线的阻抗带宽、波瓣宽度、方向图、增益等有很大影响。相比其他形式，Vivaldi 天线具有最低的副瓣电平，通过伸展的指数锥削槽线辐射，是一种非周期渐变的端射行波天线，具有宽频带特性。Vivaldi 天线可作为宽带天线单独使用，也广泛作为宽带与超宽带阵列天线的单元。

6.6.1 Vivaldi 天线的结构

Vivaldi 天线是由较窄矩形槽线过渡到较宽指数槽线而形成的，典型的双面印刷 Vivaldi 天线结构如图 6.6.2 所示，介质基板正面为指数渐变槽线、槽线和圆形谐振腔，背面为微带阻抗变换结构和扇形微带开路支节。天线不同频率对应的有效辐射区域不同，等效为不同频率对应的电长度近似不变，故 Vivaldi 天线具有很宽的工作频带。

指数曲线方程为

$$y = C_1 e^{Rx} + C_2 \tag{6.6.1}$$

式中，

$$C_1 = \frac{y_2 - y_1}{e^{Rx_2} - e^{Rx_1}},\ C_2 = \frac{y_1 e^{Rx_2} - y_2 e^{Rx_1}}{e^{Rx_2} - e^{Rx_1}} \tag{6.6.2}$$

其中，(x_1, y_1)、(x_2, y_2)决定指数渐变线起始与末端位置；R 决定指数线渐变程度，影响槽线外形，R 取值一般小于 1。Vivaldi 天线低频端的截止波长为槽线最大宽度的 2 倍，而天线高频段辐射特性受锥削槽指数线最窄处宽度的限制。

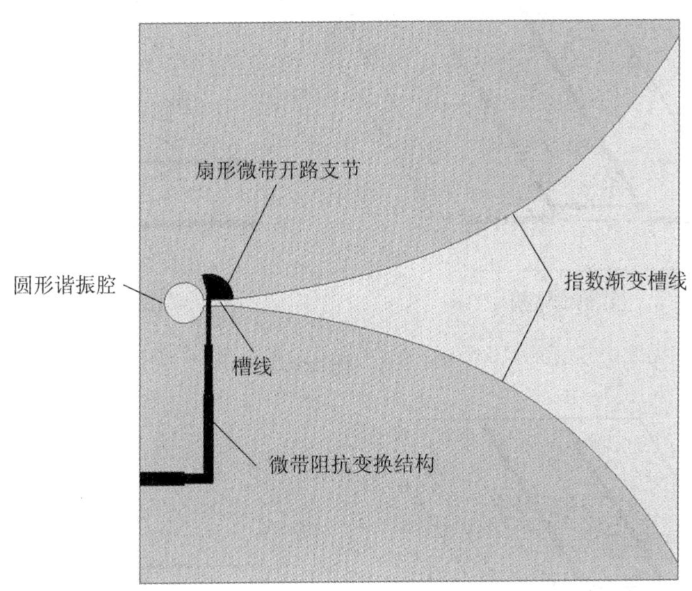

图 6.6.2　Vivaldi 天线结构

6.6.2　宽带巴伦的馈电结构

在微波电路中，需要同时使用多种形式的传输线来获得最佳传输特性，巴伦对各种传输线组合起到了转换连接作用，可以实现微带线-槽线、微带线-平行双线、微带线-带状线、微带线-共面波导等传输线的过渡。

图 6.6.3～图 6.6.5 所示分别为微带线、槽线和平行双线的结构和场分布图，其中微带线是最普遍的传输线，容易与有源器件集成，与微波集成电路兼容性好，微带线中的电磁场不是准 TEM 模式，而是 TE－TM 波混合场，可以使用准静态法、色散模型法和全波分析法来分析。槽线具有平衡性，它不支持 TEM 模，槽线传输的是准 TM 模，类似于 TE_{10} 波，主模为 TE_{10}，没有截止频率，作为传输线时需用高介电常数介质板，作为天线则需使用低介电常数介质板。槽线电场跨过槽，磁场则垂直于槽，可以与微波电路元件直接并联。平行双线是由平行的金属带线构成的，可以传输 TM 模式、TE 模式和 TEM 模式的电磁波，可以模拟波导传播的基模和高次模电磁波的传输特性。

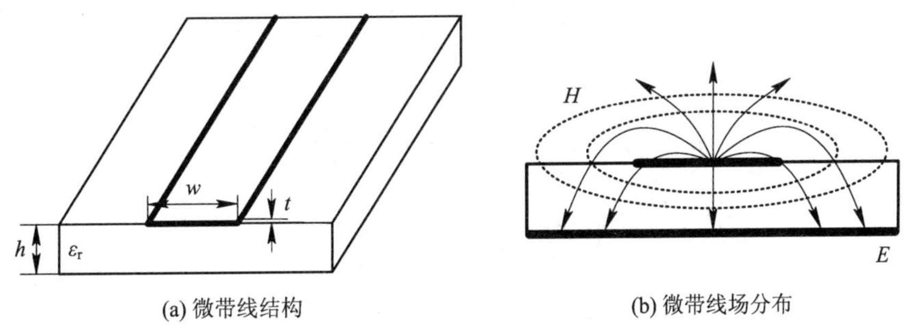

图 6.6.3　微带线示意图

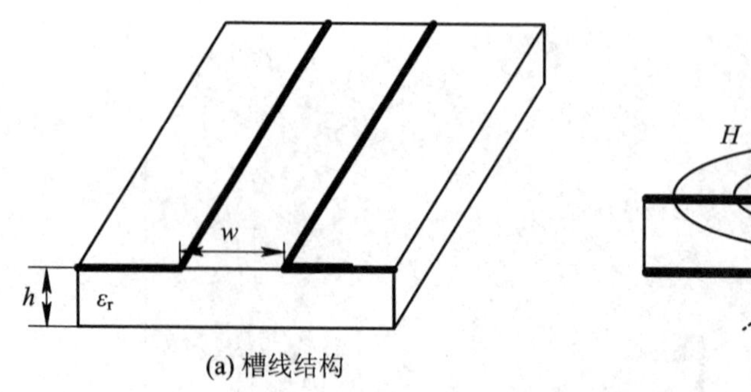

(a) 槽线结构

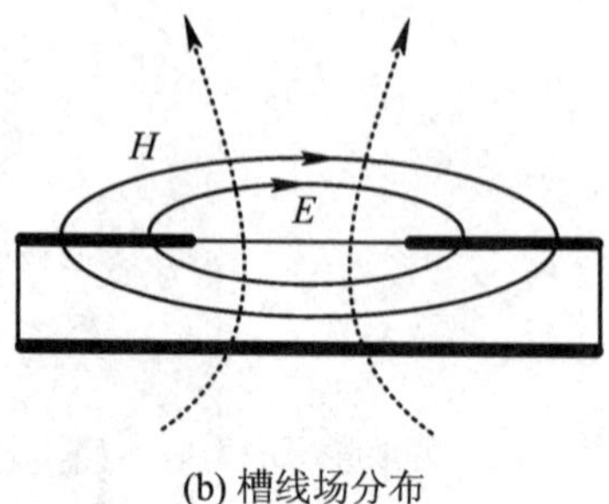

(b) 槽线场分布

图 6.6.4 槽线示意图

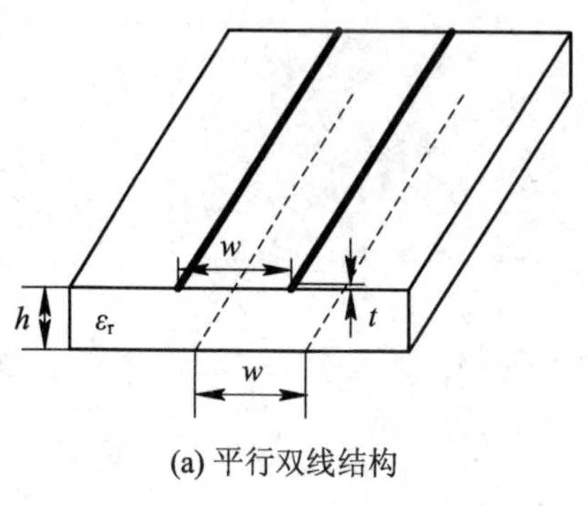

(a) 平行双线结构

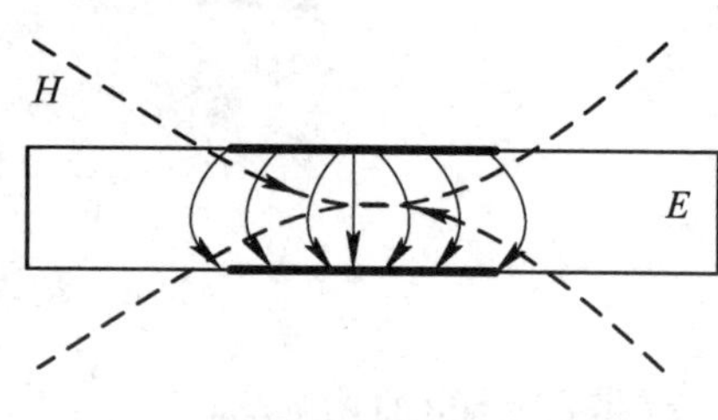

(b) 平行双线场分布

图 6.6.5 平行双线示意图

Vivaldi 天线采用宽带微带线-槽线巴伦作为馈电结构，其中微带线为不平衡馈线，当与平衡天线的辐射臂直接连接时，会出现天线辐射臂电流不对称和馈线电流不平衡的问题，这将破坏天线本身的对称性，导致天线性能的畸变并产生馈线效应(馈线辐射和接收电磁波)，从而影响天线的阻抗带宽、增益、副瓣电平、交叉极化等性能。

微带线-槽线巴伦可解决平衡馈电的问题，如图 6.6.6 所示，它由微带线-槽线转换器改进而来。微带线-槽线转换器的微带线需要一个短路终端，而槽线需要一个开路终端。从 90°接头参考平面看过去，微带开路支节的长度为 $\lambda_m/4$，等效为短路器；而槽线短路支节的长度为 $\lambda_s/4$，等效为开路器。其中，λ_m、λ_s 分别是中心频率处微带线和槽线的波导波长。

转换器的阻抗匹配一般用如下方式计算：

$$Z_m = n^2 \cdot Z_s \tag{6.6.3}$$

其中，

$$n = \cos\left(2\pi \frac{h}{\lambda_0}\mu\right) - \cot q_0 \cdot \sin\left(2\pi \frac{h}{\lambda_0}\mu\right) \tag{6.6.4}$$

$$q_0 = 2\pi \frac{h}{\lambda_0}\mu + \arctan \frac{u}{v} \tag{6.6.5}$$

$$u = \sqrt{\varepsilon_r - \left(\frac{\lambda_0}{\lambda_s}\right)^2} \tag{6.6.6}$$

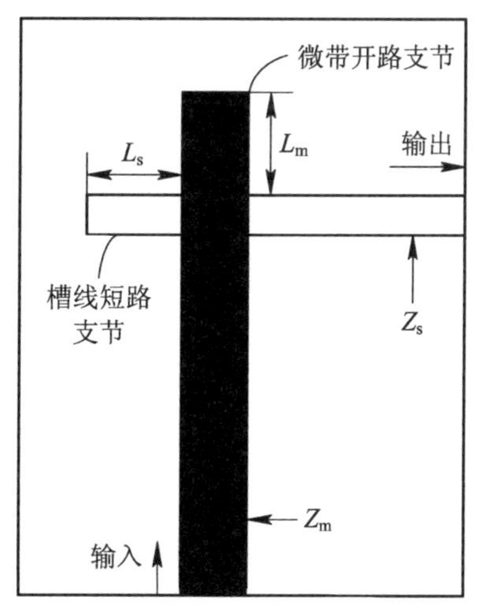

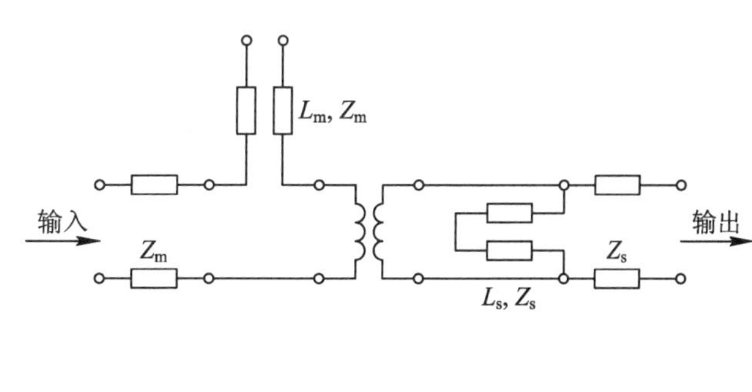

图 6.6.6　微带线-槽线转换器结构及等效电路图

$$v=\sqrt{\left(\frac{\lambda_0}{\lambda_s}\right)^2-1} \tag{6.6.7}$$

式中，λ_0 为自由空间中中心频率对应的波长，h 表示介质基板的高度，ε_r 表示相对介电常数，Z_m 是微带线的特性阻抗，Z_s 是槽线的特性阻抗。

进一步，$\lambda/4$ 微带扇形支节设计和 $\lambda/4$ 槽线圆形支节设计减少了频率对于 $\lambda/4$ 微带线与槽线的依赖，这种方式可以在一定程度上延展带宽。微带线-槽线巴伦的反射损耗和插入损耗性能可以通过仿真或测量一对背靠背转换器来确定。图 6.6.7 所示为背靠背的微带线-槽线巴伦的结构图，图 6.6.8 和图 6.6.9 分别为该巴伦的驻波比和 S 参数，由图可见：在 1.5～10 GHz 内驻波比小于 2，反射系数小于 −10 dB，具有良好的宽带性能。

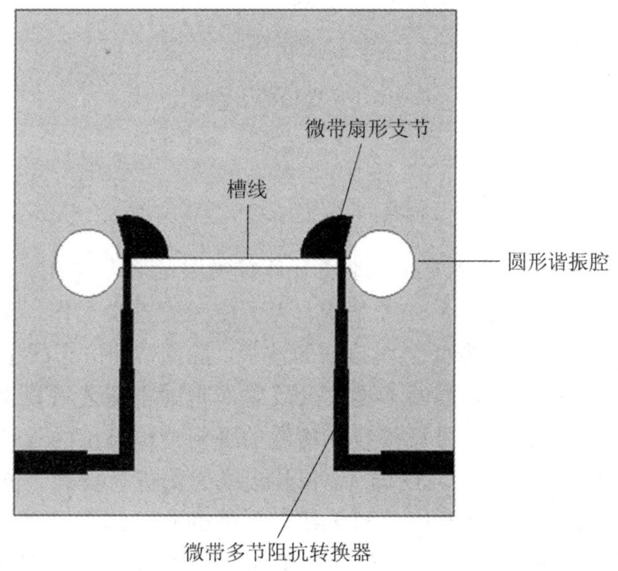

图 6.6.7　背靠背的微带线-槽线巴伦结构图

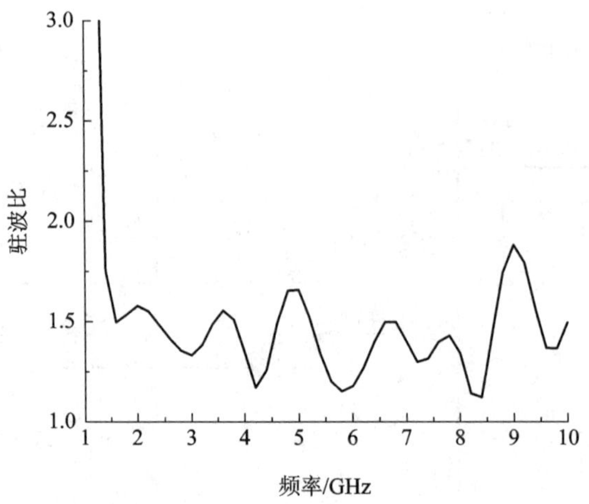

图 6.6.8　巴伦的驻波比

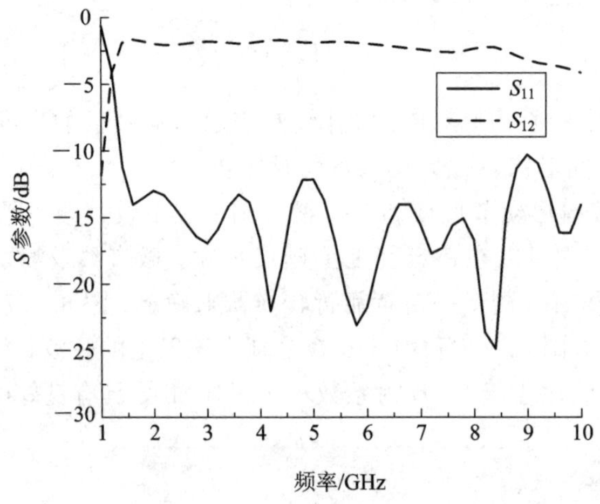

图 6.6.9　巴伦的 S 参数

6.6.3　Vivaldi 天线的设计

Vivaldi 天线是一种端射行波天线，理论上具有无限的频带宽度，然而实际 Vivaldi 天线的带宽受限于天线的有限尺寸和馈线结构，为了使天线正常工作，要求天线长度至少是可以有效地向空间辐射功率的最低工作频率的波长。除此以外，天线上的电流要求沿着天线长度递减分布，这样在天线末端的不连续处反射回来的电流才可以被忽略不计。对天线的设计包括指数锥削槽设计和宽带微带线—槽线的平衡馈电巴伦的设计。

下面以工作频段为 1.5～10 GHz 的 Vivaldi 天线为例进行设计，包括具有稳定传输特性与低损耗的宽带馈电巴伦、宽带巴伦与天线辐射体的有效结合以及指数曲线的设计。所设计的 Vivaldi 天线及其巴伦结构如图 6.6.10 所示，天线印制在相对介电常数 $\varepsilon_r=2.55$、厚度 $h=1$ mm 的介质基片上，槽线宽度为 1.2 mm，其中天线长度为 $L=248$ mm，宽度为 $W=150$ mm，渐变率为 $P=0.024$。

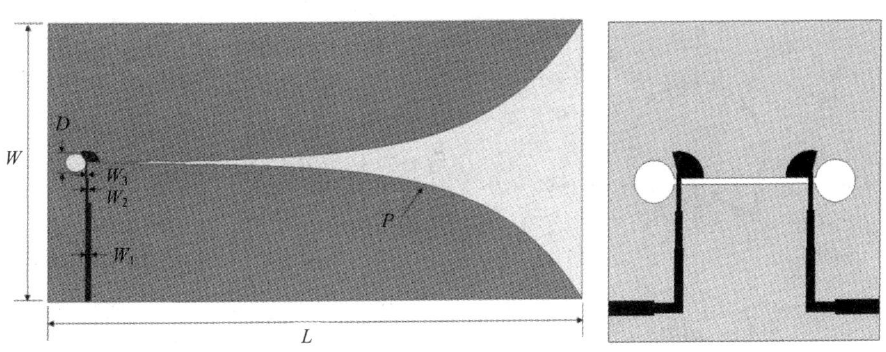

图 6.6.10 Vivaldi 天线及其巴伦结构

所设计的 Vivaldi 天线的驻波比和增益分别如图 6.6.11(a)、(b)所示，其中驻波比小于 2 时带宽为 1～10 GHz。该天线的增益一开始随频率升高而增加，当频率继续升高时，由于表面波的作用，在某些频点最大辐射方向出现偏移，天线增益出现下降。

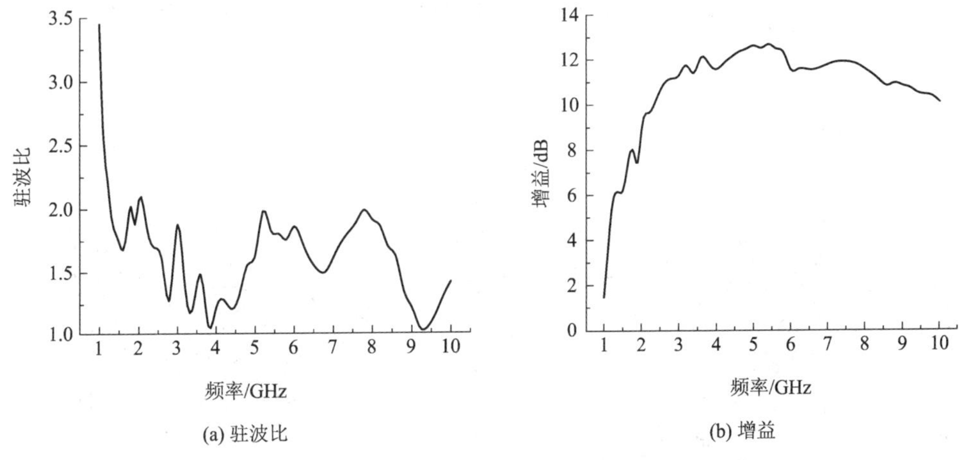

图 6.6.11 Vivaldi 天线的驻波比和增益

所设计的 Vivaldi 天线在 2 GHz、4 GHz、6 GHz、8 GHz、10 GHz 频率上仿真的 E 面和 H 面主极化方向图和交叉极化方向图如图 6.6.12 所示，由图可见：在低频时，交叉极化较低，最大辐射方向沿槽向外辐射，随着频率的升高，交叉极化显著升高，且高频时最大辐射方向偏移，这是由于随频率升高，基板的等效厚度增加，在介质表面激起表面波，由于表面波的干扰，方向图出现畸变，且频率升高时损耗也增加；当频率增加到 9 GHz 以上时，交叉极化变大，副瓣增加，最大辐射方向偏离主方向，这是由于随频率升高，介质板的等效厚度增加，激起表面波，从而导致方向图畸变；在更高频点，表面波增多导致最大辐射方向发生偏移，损耗变大，天线增益降低。

此外，E. Gazit 提出了对踵锥削槽 Vivaldi 天线(Antipodal Vivaldi)，如图 6.6.13 所示，它是在介质基板的两侧放置金属辐射臂，通过微带线-平行板线巴伦馈电，进一步改善了天线的阻抗带宽。J. D. S. Langley 在 Antipodal Vivaldi 天线结构的基础上，中间加入了一条金属辐射臂(Balanced Antipodal Vivaldi 天线)，如图 6.6.14 所示，并采用了带状线-平行三线巴伦馈电，有效降低了 Antipodal Vivaldi 天线的交叉极化。

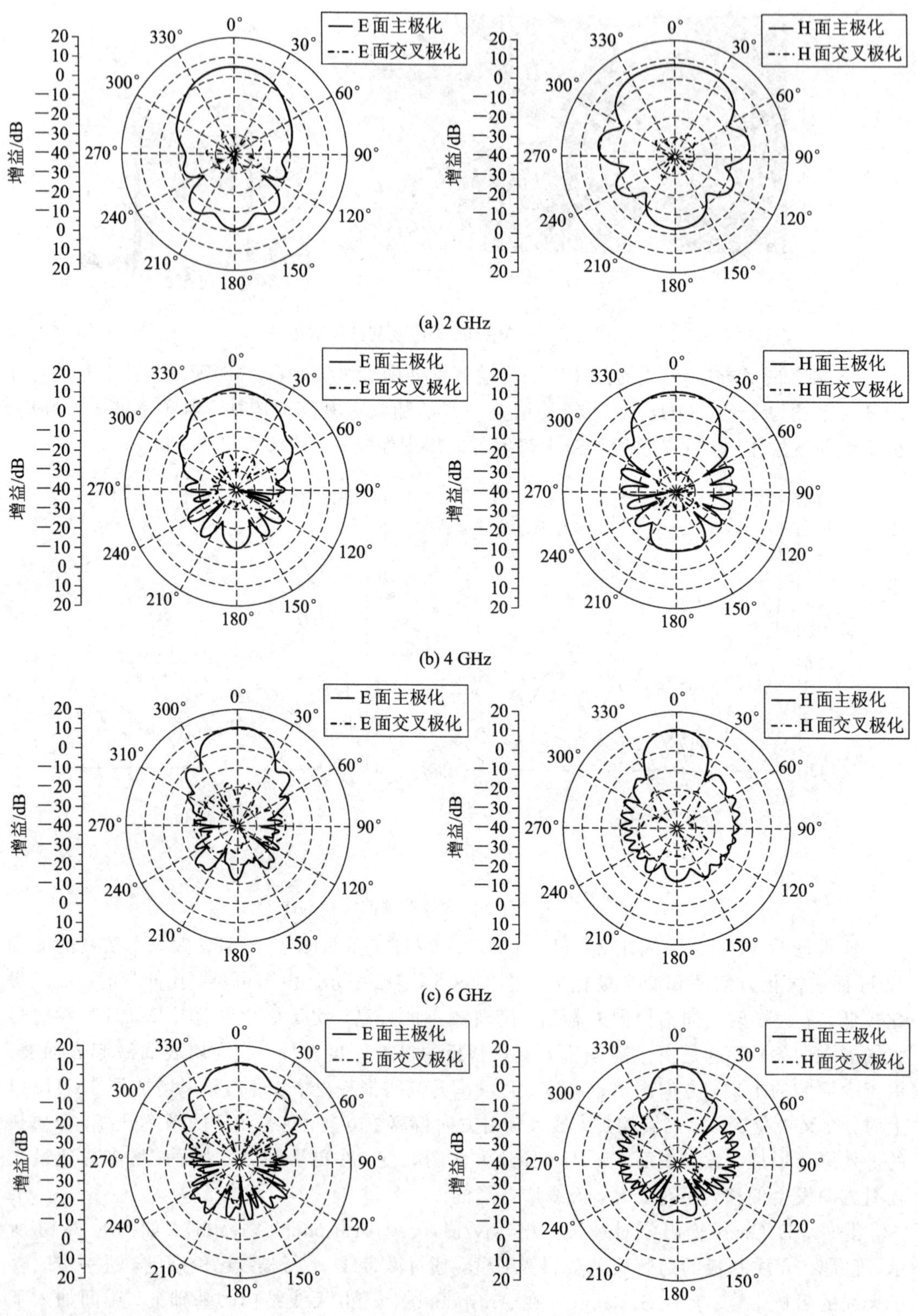

(a) 2 GHz

(b) 4 GHz

(c) 6 GHz

(d) 8 GHz

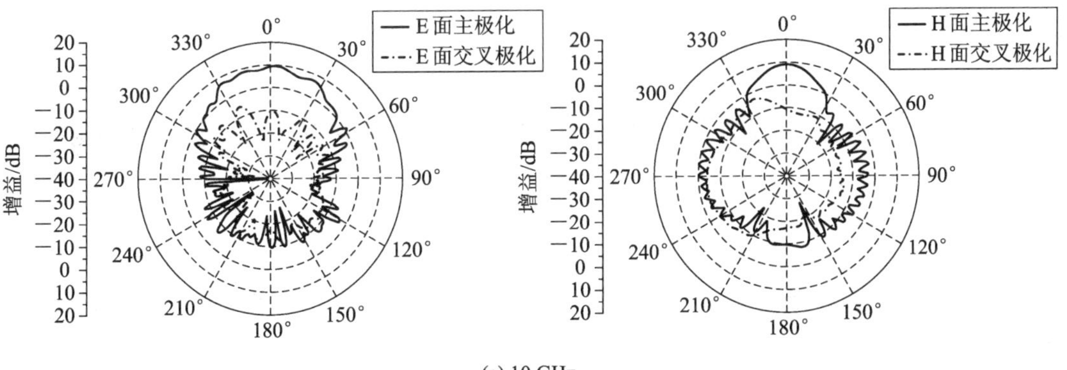

(e) 10 GHz

图 6.6.12　Vivaldi 天线 E 面和 H 面方向图

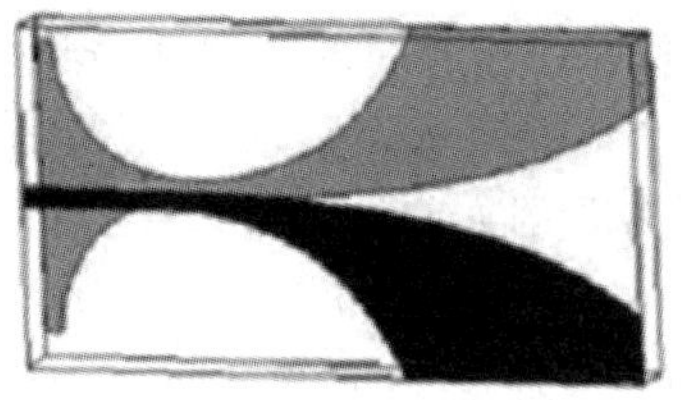

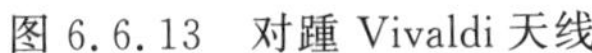

图 6.6.13　对蹱 Vivaldi 天线

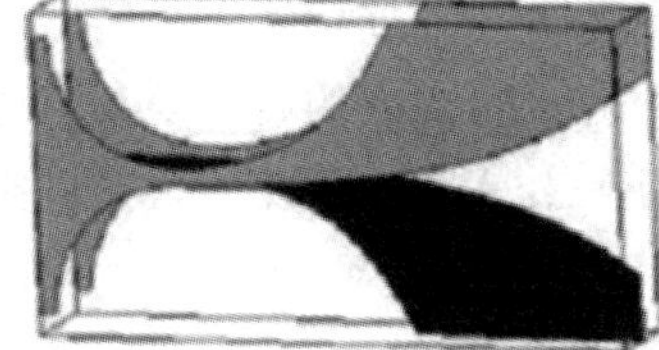

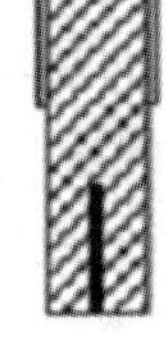

图 6.6.14　平衡对蹱 Vivaldi 天线

第 7 章 口径天线理论与典型口径天线

口径天线是微波波段最常用的天线。这类天线由于辐射结构是一个口径(平面或曲面)，其上的辐射源为电流或电磁场，故而被称为口径天线。口径天线主要有缝隙天线、喇叭天线、反射面天线和透镜天线。口径天线的辐射场是场源发出的电磁波通过口径绕射而产生的，类似于波动光学的绕射问题，因而口径天线又称为绕射天线。

口径天线一般由两部分构成：一部分是初级馈源，它的作用是将无线电设备中的高频电磁能量转换为向空间辐射的电磁能量，通常由对称振子、缝隙或喇叭构成；另一部分是辐射口面，它的作用是将初级馈源辐射的电磁波形成所需要的方向性波束，常见的口面形状有矩形波导、喇叭、抛物柱面及抛物面等。

求解口径天线的辐射场可以归结为下述电磁场问题。参看图 7.0，自由空间有一电导率无限大的开口面 S_1，给 S_1 附加一假想的介质面 S_2，S_1 和 S_2 共同构成封闭面 S。S 面内的空间可填充相同的或不同的介质，S_1 附近有分布在有限体积内的电流源 $\boldsymbol{J}$ 和磁流源 $\boldsymbol{M}$。现在的问题是，要求出在整个无限空间满足麦克斯韦方程、沿 S_1 和 S_2 面满足边界条件、在无限远处满足辐射条件的解。对于线天线，只要已知其上的电流分布即可确定其辐射特性。然而，对于许多其他形式的天线，特别是口径天线，其主电流分布不能严格已知或合理近似，因而必须采用其他的方法计算其辐射特性。

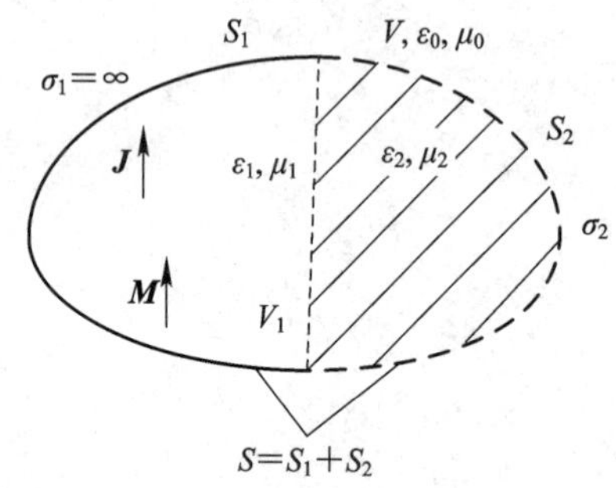

图 7.0 确定口径天线辐射场的一般模型

顾名思义，口径天线因为具有一个(开放的)物理口径，所以电磁波可以通过口径流通。这类天线所载的电流是分布在金属面上的，而金属面的口径尺寸远大于工作波长。

阵列单元是实际单元，可以单独使用，其是积木式的、离散的；而口径天线单元是虚拟单元，是连续的，不能单独使用(虽然在理论上可以)，理论上可以无限分割。对于口径天线，由于辐射(或接收)的电磁能量都必须经过其口面，因此，可将口面看成是面天线辐射场的(等效)源。尽管面天线辐射场的真实源并不在口面上(对喇叭天线，场源为馈电波导中的导行波；对旋转抛物面天线，场源为置于焦点处的初级辐射器)，但是惠更斯原理却

为“口面等效源”提供了理论依据，成为分析口径天线的理论基础。

7.1　口径天线基本理论

用严格的方法求解面状天线的辐射场，需要根据天线的边界条件求解电磁场方程，由于其数学上的复杂性，目前还无法完成，故在通常的分析中一般采用两种近似求解方法，即面电流法和口径场法。这样的计算结果虽然有一定的误差，但与实验结果相当接近，能满足工程上的需求。

近似求解法将内场问题和外场问题分开处理。当任一封闭面上的电磁场已知时，可精确求解封闭面外的场(封闭面外无其他场源)。

面电流法是指以馈源的初级辐射电磁场在金属表面产生的表面电流为依据，从而计算辐射场。表面电流密度与馈源的初级辐射场之间近似满足如下关系：

$$\boldsymbol{J}_s = \hat{\boldsymbol{n}} \times \boldsymbol{H}_i$$

式中，$\boldsymbol{J}_s$ 为金属反射面的表面电流密度，$\boldsymbol{H}_i$ 为金属表面处馈源的初级辐射磁场强度，$\hat{\boldsymbol{n}}$ 为金属表面的法向单位矢量。该式对于平面波入射到无限大金属平面的情况才是精确的。在求得 $\boldsymbol{J}_s$ 后可用表面积分求矢量位 $\boldsymbol{A}$，进而求得辐射场。

口径场法实质上是利用波动光学法求解辐射场。波动光学法是分析面状天线最常用的方法，它把对场的求解分为两个独立问题：① 求解包围天线的某一封闭空间 V 内的场，即求解内部场，根据求得的解确定包围该天线封闭面上的场；② 根据惠更斯原理，由封闭面上的场分布求解 V 以外的其他空间内的场，即求解外部场。这种方法包含了两个近似因素：① 在分析中把天线的场分成互不相关的内场和外场两部分，在求解内场时忽略外场的影响；② 在计算外场时，认为部分封闭面上的场为零，只考虑天线开口面上场的辐射作用。

具体到口径天线计算，主要有以下两个步骤：

第一步，利用几何光学法求出口径天线口径面上的电磁场分布。几何光学法是指把电磁波视为一束束光线，后一点的场被认为是“光源”发出的场(光线)沿直线路径传播过来的，传播过程中满足几何光学的反射、折射定律，且由光源到场点的直线路径长度决定该场点场的相位。

第二步，利用惠更斯原理，由口径场求解辐射场(此为波动光学法)。

口径场法的第一步是近似的，只有当频率无限大时，几何光学法才是精确的。对于微波波段，口径场法是一种比较合理的近似方法。

相比面电流法，口径场法直观、简单、物理概念清晰，故分析面天线的辐射问题时通常采用口径场法。分析步骤与线式天线相类似，先求解它的辐射场，然后分析它的方向性和阻抗等特性。

7.1.1　惠更斯原理和等效原理

口径天线的辐射是基于惠更斯(Huygens)原理的。惠更斯原理是指：初始波前上的每一点均可视为次级球面波的新波源，次级波的包络即可构成次级波前。图 7.1.1 说明了由次级波如何构成平面波和球面波。

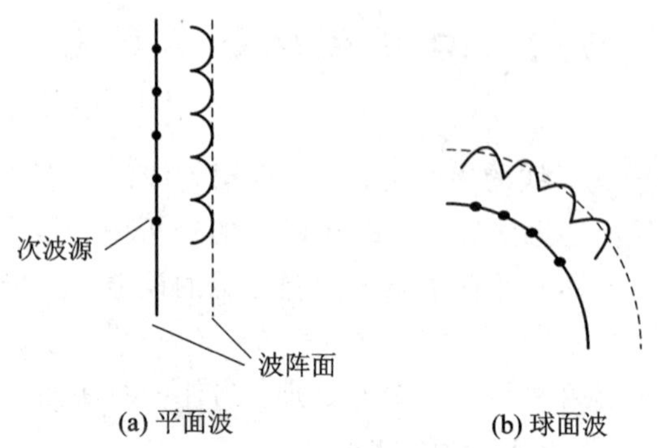

图 7.1.1　次级波构成次级波阵面

几何光学又称射线光学，它是指：光在均匀媒质中沿着直线传播，遇到不同媒质的分界面时将发生反射与折射。反射与折射遵循斯涅尔(Snell)反射与折射定律，而斯涅尔反射与折射定律又可从更一般的费马(Fermat)原理导出，费马原理说明光沿光程为极值的路径传播。几何光学预言，光透过屏上缝隙将产生一个亮区和一个全黑的影区，两者之间有明显的界限，这即使对于非常大的口径(相对于波长)也近似正确。在孔径起始处采用次级波源的概念，将导致波的扩散及亮区与影区的平滑融合，平面波通过屏上缝隙后产生的绕射如图 7.1.2 所示。由于口径天线的辐射类似于光透过屏上孔径的绕射，当波长趋于零时，电磁波即趋于光波，因而多数口径天线与光学系统类似。

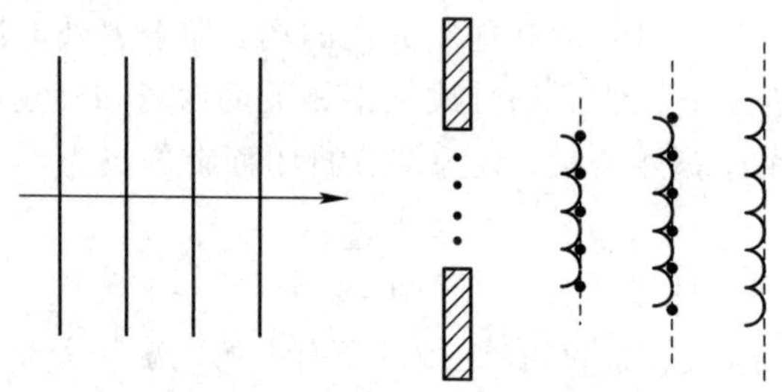

图 7.1.2　平面波通过屏上缝隙后产生的绕射

等效原理是惠更斯原理的严格数学表达式，1936 年由谢昆诺夫(S. A. Schelkunoff)将其引入辐射问题，用等效源代替实际源，若两者在区域内产生相同的场，则称两者在该区域内等效。等效原理的一般形式如下。两个原始问题如图 7.1.3(a)和(b)所示，在线性媒质中存在着电流源和磁流源。在 a 问题中，电流源和磁流源在空间各处产生电磁场 $\boldsymbol{E}_a$ 和 $\boldsymbol{H}_a$；在 b 问题中，电流源和磁流源在空间各处产生电磁场 $\boldsymbol{E}_b$ 和 $\boldsymbol{H}_b$。下面建立如图 7.1.3(c)所示的等效问题。规定场、媒质和源在假想封闭面 S 外与 a 问题相同，而在 S 内与 b 问题相同。为了支持这样的场，在假想面 S 上必须存在等效面电流源 $\boldsymbol{J}_s$ 和面磁流源 $\boldsymbol{M}_s$。根据边界条件有

$$\boldsymbol{J}_s = \hat{\boldsymbol{n}} \times (\boldsymbol{H}_a - \boldsymbol{H}_b) \tag{7.1.1}$$

$$\boldsymbol{M}_s = -\hat{\boldsymbol{n}} \times (\boldsymbol{E}_a - \boldsymbol{E}_b) \tag{7.1.2}$$

式中，$\hat{\boldsymbol{n}}$为封闭面 S 的外法向单位矢量。

用相似的方法也可建立如图 7.1.3(d)所示的等效问题，在 S 外与 b 问题相同，而在 S 内与 a 问题相同。在这种情况下，所需的表面电磁流是式(7.1.1)和式(7.1.2)的负数。应注意，在每种情况下，为了保持某区域内的场不变，必须保持原有的源和媒质不变。其中，若所有的 a 源和物质都在 S 之内，而所有的 b 源都是零，则可得出如下用于辐射问题的等效原理，由它可导出口径天线辐射场的计算公式。

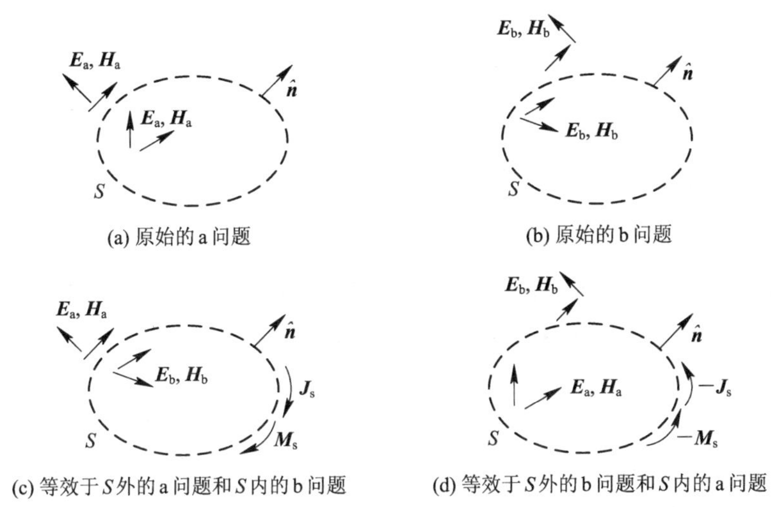

图 7.1.3　等效原理的一般形式

参看图 7.1.4(a)，令电磁源分布在封闭面 S 所包围的体积 V 内，面 S 的外法向单位矢量为$\hat{\boldsymbol{n}}$，S 外的场可通过移去 V 内的源和沿 S 设置如下的表面电流密度 $\boldsymbol{J}_s$ 和表面磁流密 $\boldsymbol{M}_s$ 求出(参看图 7.1.4(b)所示)：

$$\boldsymbol{J}_s = \hat{\boldsymbol{n}} \times \boldsymbol{H}(S) \tag{7.1.3}$$

$$\boldsymbol{M}_s = -\hat{\boldsymbol{n}} \times \boldsymbol{E}(S) \tag{7.1.4}$$

式中，$\boldsymbol{H}(S)$和 $\boldsymbol{E}(S)$是原始源在面 S 处产生的场。因而，若已知原始源在表面上产生的切向场，通过采用等效表面电流密度 $\boldsymbol{J}_s$ 和磁流密度 $\boldsymbol{M}_s$，即可求出面 S 外空间的场。这种形式的等效原理称为勒夫(Love)等效原理。

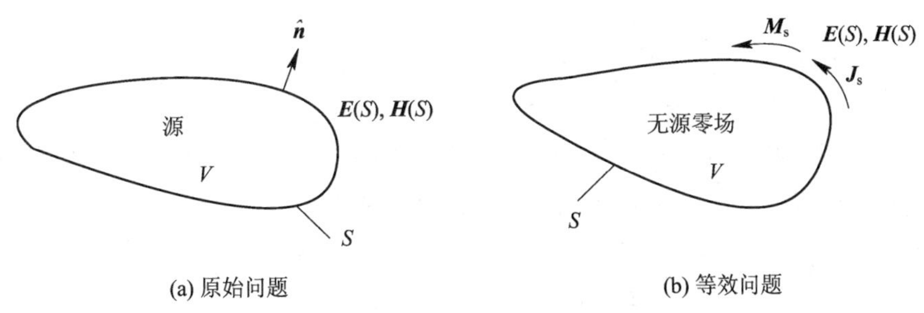

图 7.1.4　勒夫等效问题

等效原理是基于唯一性定理的。唯一性定理是指：一有耗区域内的场，由该区域内的源和边界上的切向电场，或边界上的切向磁场，或部分边界上切向电场和其余边界部分的切向磁场唯一地确定。无耗媒质中的场可看作损耗趋于零时有耗媒质中相应场的极限。

用唯一性定理可以很容易地证明勒夫等效原理。在等效问题中，V 外的源未变，这是因为 V 外无源；面 S 上的边界条件也未变，这是因为在原始问题中面 S 上的场为 $\boldsymbol{E}(S)$ 和 $\boldsymbol{H}(S)$。而在等效问题中 V 内为零场，表面电磁流由式(7.1.3)和式(7.1.4)给出，根据边界条件

$$\hat{\boldsymbol{n}}\times(\boldsymbol{H}_{\mathrm{b}}-\boldsymbol{H}_{\mathrm{a}})=\boldsymbol{J}_{\mathrm{s}}$$

$$\hat{\boldsymbol{n}}\times(\boldsymbol{E}_{\mathrm{b}}-\boldsymbol{E}_{\mathrm{a}})=-\boldsymbol{M}_{\mathrm{s}}$$

内外场的差应等于表面电流或表面磁流，因而在原始问题和等效问题中边界条件相同。由于 V 外的源未变，面 S 上的边界条件未变，因此根据唯一性定理 V 外的场也不变。

7.1.2 面元的辐射场

由于在勒夫等效原理中面 S 内为零场，故可沿 S 放置理想导体而不改变 S 内的零场。由于理想导体表面电场的切向分量必须等于零，因而 $\boldsymbol{M}_{\mathrm{s}}$ 将消失，而 $\boldsymbol{J}_{\mathrm{s}}$ 则等于理想导体表面上实际的感应电流密度并在有导体的情况下辐射。若在导体面上有一口径面，则在口径面上将存在 $\boldsymbol{J}_{\mathrm{s}}$ 和 $\boldsymbol{M}_{\mathrm{s}}$。

一般来说，计算可能包含导体面的任意面上源的辐射是困难的。但是若表面 S 是无限大平面，则采用镜像原理可使问题简化。许多天线，例如喇叭天线、抛物面天线等，均有一个平面口径，即使天线可能没有一个实际的平面口径，也可定义一个等效的口径平面 S，但 S 上切向场必须已知。采用矢量位法，由作用于自由空间的等效表面电流和磁流可求出源外半空间的场。等效面电流的磁矢量位为

$$\boldsymbol{A}=\frac{\mathrm{e}^{-\mathrm{j}kr}}{4\pi r}\iint_S\boldsymbol{J}_{\mathrm{s}}(\boldsymbol{r}')\mathrm{e}^{\mathrm{j}k\hat{\boldsymbol{r}}\cdot\boldsymbol{r}'}\,\mathrm{d}S' \tag{7.1.5}$$

远区电场为

$$\boldsymbol{E}_A=-\mathrm{j}\omega\mu\boldsymbol{A} \tag{7.1.6}$$

式中，下标 A 表示该场是由磁矢量位 $\boldsymbol{A}$ 产生的。

由对偶原理可求出等效面磁流的电矢量位为

$$\boldsymbol{F}=\frac{\mathrm{e}^{-\mathrm{j}kr}}{4\pi r}\iint_S\boldsymbol{M}(\hat{\boldsymbol{r}}')\mathrm{e}^{\mathrm{j}k\hat{\boldsymbol{r}}\cdot\boldsymbol{r}'}\,\mathrm{d}S' \tag{7.1.7}$$

远区磁场为

$$\boldsymbol{H}_F=-\mathrm{j}\omega\varepsilon\boldsymbol{F} \tag{7.1.8}$$

在式(7.1.6)和式(7.1.8)中仅保留了 $\hat{\boldsymbol{r}}$ 的横向分量。与 $\boldsymbol{H}_F$ 相联系的电场由横电磁波(TEM)的关系式 $\boldsymbol{E}_F=\eta\boldsymbol{H}_F\times\hat{\boldsymbol{r}}$ 求出。由图 7.1.5(a)所示的等效电流和等效磁流系统的总远区电场为

$$\boldsymbol{E}=\boldsymbol{E}_A+\boldsymbol{E}_F=-\mathrm{j}\omega\mu\boldsymbol{A}-\mathrm{j}\omega\varepsilon\eta\boldsymbol{F}\times\hat{\boldsymbol{r}} \tag{7.1.9}$$

式中仅保留 $\hat{\boldsymbol{r}}$ 的横向(θ 和 φ)分量。

图 7.1.5(a)所示的等效系统包含电流密度和磁流密度，若仅涉及一种等效流密度，计算将大为简化。

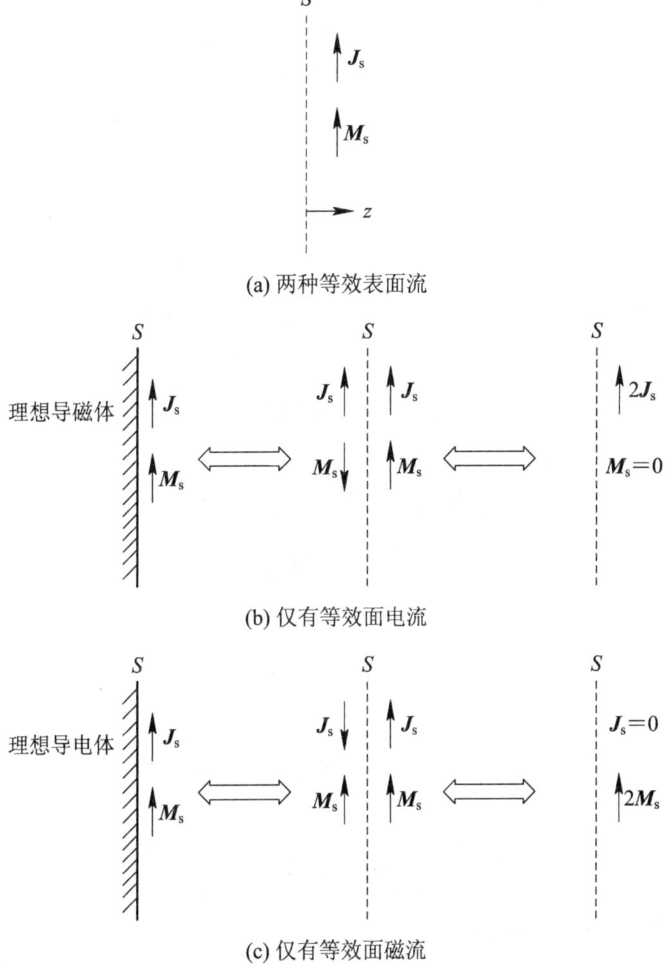

图 7.1.5　口径平面的等效表面流形式

若沿面 S 靠源一侧引入理想导磁面，将不改变源半空间内的零场。由理想导磁面上方电磁流及其镜像可得出图 7.1.5(b)所示的等效系统。由于等效流及其镜像均贴近面 S，可将它们矢量叠加，得到最终的等效系统，即面电流密度加倍而面磁流密度为零，则 $z>0$ 半空间的辐射场可由下式求出：

$$\boldsymbol{A}=\frac{\mathrm{e}^{-\mathrm{j}kr}}{4\pi r}\iint_S 2\boldsymbol{J}_s(\boldsymbol{r}')\mathrm{e}^{\mathrm{j}k\hat{\boldsymbol{r}}\cdot\boldsymbol{r}'}\mathrm{d}S' \tag{7.1.10}$$

和

$$\boldsymbol{E}=-\mathrm{j}\omega\mu A_\theta\hat{\boldsymbol{\theta}}-\mathrm{j}\omega\mu A_\varphi\hat{\boldsymbol{\varphi}} \tag{7.1.11}$$

用相似的方式可沿面 S 引入理想导电面，由镜像原理得出图 7.1.5(c)所示的等效系统，即面电流密度为零而面磁流密度加倍，则 $z>0$ 半空间的辐射场可由下式求出：

$$\boldsymbol{F}=\frac{\mathrm{e}^{-\mathrm{j}kr}}{4\pi r}\iint_S 2\boldsymbol{M}(\boldsymbol{r}')\mathrm{e}^{\mathrm{j}k\hat{\boldsymbol{r}}\cdot\boldsymbol{r}'}\mathrm{d}S' \tag{7.1.12}$$

和

$$\boldsymbol{H}=-\mathrm{j}\omega\varepsilon F_{\theta}\hat{\boldsymbol{\theta}}-\mathrm{j}\omega\varepsilon F_{\varphi}\hat{\boldsymbol{\varphi}} \tag{7.1.13}$$

现将采用等效原理计算辐射场的方法总结如下：首先选择坐标系，使得实际天线在 $z<0$ 半空间，而 xOy 面与口径平面相切，则 $z>0$ 半空间的场可采用上述三种等效系统之一求出。

至此并未引入任何近似。若在上述三种方法中采用精确场 $\boldsymbol{E}(S)$ 和 $\boldsymbol{H}(S)$，则在 $z>0$ 半空间将得到精确解(在通常的远场近似范围内)。然而在整个面 S 上场的这种精确值很难得到，通常至多只能得到无限大口径平面的有限部分上的场的近似值。一种这样的近似是物理光学的近似，即假设口径场 $\boldsymbol{E}_{a}$、$\boldsymbol{H}_{a}$ 是入射波的口径场。通常假设这些场只在无限大平面 S 的某一有限部分 S_{a} 上存在，而在 S 的其余部分场为零。大多数情况下，口径面 S_{a} 与天线的实际口径重合。这些近似随着口径电尺寸的增加而改善。

采用近似后，上述三种解法将被简化。假设无限大平面 S 的某一有限部分 S_{a} 上的口径场 $\boldsymbol{E}_{a}$ 和 $\boldsymbol{H}_{a}$ 已知，则 S_{a} 上等效电流密度、磁流密度分别为

$$\boldsymbol{J}_{s}=\hat{\boldsymbol{n}}\times\boldsymbol{H}_{a} \tag{7.1.14}$$

$$\boldsymbol{M}_{s}=-\hat{\boldsymbol{n}}\times\boldsymbol{E}_{a} \tag{7.1.15}$$

其余部分为零。将式(7.1.14)和式(7.1.15)代入式(7.1.5)和式(7.1.7)，可得

$$\boldsymbol{A}=\frac{\mathrm{e}^{-\mathrm{j}kr}}{4\pi r}\hat{\boldsymbol{n}}\times\iint_{S_{a}}\boldsymbol{H}_{a}\mathrm{e}^{\mathrm{j}\hat{\boldsymbol{r}}\cdot\boldsymbol{r}'}\mathrm{d}S' \tag{7.1.16}$$

$$\boldsymbol{F}=-\frac{\mathrm{e}^{-\mathrm{j}kr}}{4\pi r}\hat{\boldsymbol{n}}\times\iint_{S_{a}}\boldsymbol{E}_{a}\mathrm{e}^{\mathrm{j}k\hat{\boldsymbol{r}}\cdot\boldsymbol{r}'}\mathrm{d}S' \tag{7.1.17}$$

对以上两式中的积分做如下定义：

$$\boldsymbol{P}=\iint_{S_{a}}\boldsymbol{E}_{a}\mathrm{e}^{\mathrm{j}k\hat{\boldsymbol{r}}\cdot\boldsymbol{r}'}\mathrm{d}S' \tag{7.1.18}$$

$$\boldsymbol{Q}=\iint_{S_{a}}\boldsymbol{H}_{a}\mathrm{e}^{\mathrm{j}k\hat{\boldsymbol{r}}\cdot\boldsymbol{r}'}\mathrm{d}S' \tag{7.1.19}$$

由于口径面 S_{a} 在 xOy 面内，因而 $\boldsymbol{r}'=x'\hat{\boldsymbol{x}}+y'\hat{\boldsymbol{y}}$。将 $\boldsymbol{r}'$ 和 $\boldsymbol{r}$ 的球坐标表示式代入式(7.1.18)和式(7.1.19)可得

$$\begin{cases}P_{x}=\iint_{S_{a}}E_{ax}(x',y')\mathrm{e}^{\mathrm{j}k(x'\sin\theta\cos\varphi+y'\sin\theta\sin\varphi)}\mathrm{d}x'\mathrm{d}y'\\ P_{y}=\iint_{S_{a}}E_{ay}(x',y')\mathrm{e}^{\mathrm{j}k(x'\sin\theta\cos\varphi+y'\sin\theta\sin\varphi)}\mathrm{d}x'\mathrm{d}y'\end{cases} \tag{7.1.20}$$

$$\begin{cases}Q_{x}=\iint_{S_{a}}H_{ax}(x',y')\mathrm{e}^{\mathrm{j}k(x'\sin\theta\cos\varphi+y'\sin\theta\sin\varphi)}\mathrm{d}x'\mathrm{d}y'\\ Q_{y}=\iint_{S_{a}}H_{ay}(x',y')\mathrm{e}^{\mathrm{j}k(x'\sin\theta\cos\varphi+y'\sin\theta\sin\varphi)}\mathrm{d}x'\mathrm{d}y'\end{cases} \tag{7.1.21}$$

若 $\hat{\boldsymbol{n}}=\hat{\boldsymbol{z}}$，则式(7.1.16)和式(7.1.17)可化简为

$$\boldsymbol{A}=\frac{\mathrm{e}^{-\mathrm{j}kr}}{4\pi r}(-Q_y\hat{\boldsymbol{x}}+Q_x\hat{\boldsymbol{y}}) \tag{7.1.22}$$

$$\boldsymbol{F}=-\frac{\mathrm{e}^{-\mathrm{j}kr}}{4\pi r}(-P_y\hat{\boldsymbol{x}}+P_x\hat{\boldsymbol{y}}) \tag{7.1.23}$$

将 $\hat{\boldsymbol{x}}$ 和 $\hat{\boldsymbol{y}}$ 用球坐标表示为矢量分析的形式，并仅保留 θ 分量和 φ 分量，可得

$$\boldsymbol{A}=\frac{\mathrm{e}^{-\mathrm{j}kr}}{4\pi r}[\hat{\boldsymbol{\theta}}\cos\theta(Q_x\sin\varphi-Q_y\cos\varphi)+\hat{\boldsymbol{\varphi}}(Q_x\cos\varphi-Q_y\sin\varphi)] \tag{7.1.24}$$

$$\boldsymbol{F}=-\frac{\mathrm{e}^{-\mathrm{j}kr}}{4\pi r}[\hat{\boldsymbol{\theta}}\cos\theta(P_x\sin\varphi-P_y\cos\varphi)+\hat{\boldsymbol{\varphi}}(P_x\cos\varphi-P_y\sin\varphi)] \tag{7.1.25}$$

将式(7.1.24)和式(7.1.25)代入式(7.1.9)，得出最终的辐射场分量表达式为

$$\begin{cases}E_\theta=\mathrm{j}k\dfrac{\mathrm{e}^{-\mathrm{j}kr}}{4\pi r}[P_x\cos\varphi+P_y\sin\varphi+\eta\cos\theta(Q_y\cos\varphi-Q_x\sin\varphi)]\\[2ex]E_\varphi=\mathrm{j}k\dfrac{\mathrm{e}^{-\mathrm{j}kr}}{4\pi r}[\cos\theta(P_y\cos\varphi-P_x\sin\varphi)-\eta(Q_y\sin\varphi+Q_x\cos\varphi)]\end{cases} \tag{7.1.26}$$

用类似的方法，另外两种等效系统可简化为

$$\begin{cases}E_\theta=\mathrm{j}k\eta\dfrac{\mathrm{e}^{-\mathrm{j}kr}}{4\pi r}\cos\theta(Q_y\cos\varphi-Q_x\sin\varphi)\\[2ex]E_\varphi=-\mathrm{j}k\eta\dfrac{\mathrm{e}^{-\mathrm{j}kr}}{4\pi r}(Q_y\sin\varphi+Q_x\cos\varphi)\end{cases} \tag{7.1.27}$$

$$\begin{cases}E_\theta=\mathrm{j}k\dfrac{\mathrm{e}^{-\mathrm{j}kr}}{2\pi r}(P_x\cos\varphi+P_y\sin\varphi)\\[2ex]E_\varphi=\mathrm{j}k\dfrac{\mathrm{e}^{-\mathrm{j}kr}}{2\pi r}\cos\theta(P_y\cos\varphi-P_x\sin\varphi)\end{cases} \tag{7.1.28}$$

若在整个无限大口径平面上采用精确的口径场，则式(7.1.26)～式(7.1.28)这三套公式将得出相同的结果，并且采用两种等效流的式(7.1.26)在 $z<0$ 半空间得出零场，而采用一种等效流的式(7.1.27)和式(7.1.28)在 $z<0$ 半空间得出相同的场。

由于实际上仅能得到口径场的近似值，因而三套公式会得出不同的结果。三种结果的精确程度取决于口径场的精度，但通常差别不大。显然采用两种等效流比采用一种等效流的计算复杂些，而且习惯上都采用口径电场计算，因此式(7.1.28)最通用。

可以证明，式(7.1.26)～式(7.1.28)中出现的三角函数实际上是口径上等效表面电流密度和磁流密度在包含远场分量的平面(θ、φ 平面)上的投影，它们通常称为倾斜因子，类似于线源辐射场的单元因子。

7.2　口面辐射场的一般表达式

假设任意形状的口面如图 7.2.1 所示。坐标原点位于口面上，小面元 dS 位于 (x_s, y_s)，r 为空间场点 M 到坐标原点的距离，R 为小面元 dS 到 M 的距离。

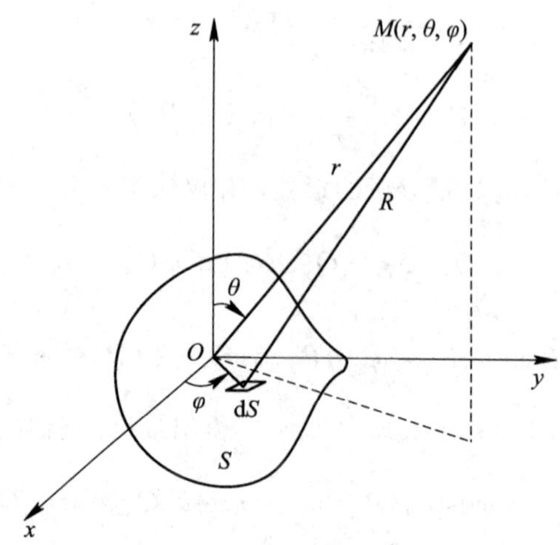

图 7.2.1　平面口面的辐射

整个口面 S 可以分为无数个无穷小的面元 $\mathrm{d}S$。口面 S 在远区场任一点 M 处产生的辐射场就是口面上所有面元 $\mathrm{d}S$ 在该点产生的辐射场的积分，小面元 $\mathrm{d}S$ 在空间产生的场为

$$\begin{cases} \mathrm{d}E_\theta = \mathrm{j}\,\dfrac{E_y^s \mathrm{d}x\,\mathrm{d}y}{2\lambda R}\sin\varphi(1+\cos\theta)\mathrm{e}^{-\mathrm{j}kR} \\ \mathrm{d}E_\varphi = \mathrm{j}\,\dfrac{E_y^s \mathrm{d}x\,\mathrm{d}y}{2\lambda R}\cos\varphi(1+\cos\theta)\mathrm{e}^{-\mathrm{j}kR} \end{cases} \tag{7.2.1}$$

对于远区场有以下近似：在计算幅度因子 R 时，取 $R\approx r$；而在计算相位因子 $\mathrm{e}^{-\mathrm{j}kR}$ 时，必须考虑 r 与 R 行程引起的相位差的影响，$\boldsymbol{r}'=\hat{\boldsymbol{x}}\,x_s+\hat{\boldsymbol{y}}\,y_s$ 为小面元 $\mathrm{d}S$ 的位置矢量，此时有 $R\approx r-\boldsymbol{r}'\cdot\hat{\boldsymbol{r}}=r-(x_s\sin\theta\cos\varphi+y_s\sin\theta\cos\varphi)$。则面元 $\mathrm{d}S$ 在空间产生的辐射场为

$$\begin{cases} \mathrm{d}E_\theta = \mathrm{j}\,\dfrac{E_y^s \mathrm{d}x\,\mathrm{d}y}{2\lambda r}\sin\varphi(1+\cos\theta)\,\mathrm{e}^{-\mathrm{j}kr}\,\mathrm{e}^{\mathrm{j}k(x_s\sin\theta\cos\varphi+y_s\sin\theta\sin\varphi)} \\ \mathrm{d}E_\varphi = \mathrm{j}\,\dfrac{E_y^s \mathrm{d}x\,\mathrm{d}y}{2\lambda r}\cos\varphi(1+\cos\theta)\,\mathrm{e}^{-\mathrm{j}kr}\,\mathrm{e}^{\mathrm{j}k(x_s\sin\theta\cos\varphi+y_s\sin\theta\sin\varphi)} \end{cases} \tag{7.2.2}$$

对式(7.2.2)积分，可得到此口面在空间产生的场表达式为

$$\begin{cases} E_\theta = \mathrm{j}\,\dfrac{1}{2\lambda r}\sin\varphi(1+\cos\theta)\,\mathrm{e}^{-\mathrm{j}kr}\displaystyle\iint_S E_y^s\,\mathrm{e}^{\mathrm{j}k(x_s\sin\theta\cos\varphi+y_s\sin\theta\sin\varphi)}\,\mathrm{d}x_s\,\mathrm{d}y_s \\ E_\varphi = \mathrm{j}\,\dfrac{1}{2\lambda r}\cos\varphi(1+\cos\theta)\,\mathrm{e}^{-\mathrm{j}kr}\displaystyle\iint_S E_y^s\,\mathrm{e}^{\mathrm{j}k(x_s\sin\theta\cos\varphi+y_s\sin\theta\sin\varphi)}\,\mathrm{d}x_s\,\mathrm{d}y_s \end{cases} \tag{7.2.3}$$

在 E 面内，将 $\varphi=90°$ 代入式(7.2.3)，可得

$$\begin{cases} E_\theta = \mathrm{j}\,\dfrac{1+\cos\theta}{2\lambda r}\mathrm{e}^{-\mathrm{j}kr}\displaystyle\iint_S E_y^s\,\mathrm{e}^{\mathrm{j}ky_s\sin\theta}\,\mathrm{d}x_s\,\mathrm{d}y_s \\ E_\varphi = 0 \end{cases} \tag{7.2.4}$$

在 H 面内，将 $\varphi=0°$ 代入式(7.2.3)，可得

$$\begin{cases} E_\varphi = \mathrm{j}\,\dfrac{1+\cos\theta}{2\lambda r}\mathrm{e}^{-\mathrm{j}kr}\displaystyle\iint_S E_y^s\,\mathrm{e}^{\mathrm{j}kx_s\sin\theta}\,\mathrm{d}x_s\,\mathrm{d}y_s \\ E_\theta = 0 \end{cases} \tag{7.2.5}$$

7.3　口面场辐射特性的一般分析

7.3.1　口面均匀分布的矩形口面

一般的矩形口径如图 7.3.1 所示，它以理想方式激励，使得口径场局限在矩形口径面积 $L_x \times L_y$ 范围内。若口径场的幅度与相位均匀，则称此口径为均匀矩形口径。假设口径电场是 y 向极化，则均匀矩形口径电场为

$$\boldsymbol{E}_{\mathrm{a}}=\begin{cases}E_0\hat{\boldsymbol{y}} & |x|\leqslant L_x/2,\ |y|\leqslant L_y/2\\ 0 & \text{其他}\end{cases} \tag{7.3.1}$$

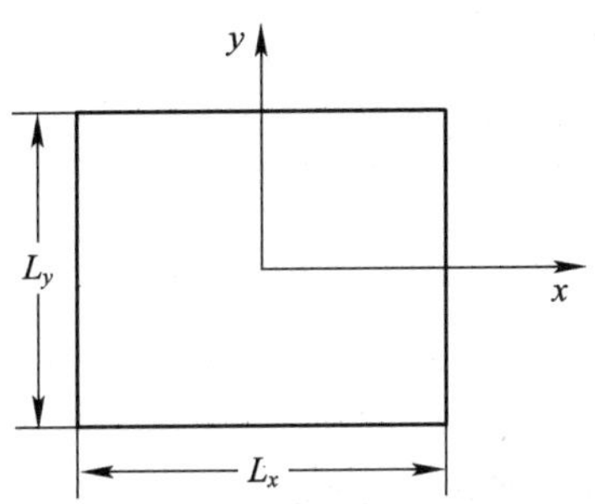

图 7.3.1　矩形口径

由式(7.1.20)的第二式可得

$$\begin{aligned}P_y&=E_0\int_{-L_x/2}^{L_x/2}\mathrm{e}^{\mathrm{j}kx'\sin\theta\cos\varphi}\mathrm{d}x'\int_{-L_y/2}^{L_y/2}\mathrm{e}^{\mathrm{j}ky'\sin\theta\sin\varphi}\mathrm{d}y'\\&=E_0L_xL_y\frac{\sin[(kL_x/2)u]}{(kL_x/2)u}\frac{\sin[(kL_y/2)v]}{(kL_y/2)v}\end{aligned} \tag{7.3.2}$$

式中引入了方向图变量 u 和 v，且

$$u=\sin\theta\cos\varphi,\ v=\sin\theta\sin\varphi \tag{7.3.3}$$

由式(7.1.28)可求出总辐射场为

$$\begin{cases}E_\theta=\mathrm{j}k\dfrac{\mathrm{e}^{-\mathrm{j}kr}}{2\pi r}E_0L_xL_y\sin\varphi\dfrac{\sin[(kL_x/2)u]}{(kL_x/2)u}\dfrac{\sin[(kL_y/2)v]}{(kL_y/2)v}\\ E_\varphi=\mathrm{j}k\dfrac{\mathrm{e}^{-\mathrm{j}kr}}{2\pi r}E_0L_xL_y\cos\theta\cos\varphi\dfrac{\sin[(kL_x/2)u]}{(kL_x/2)u}\dfrac{\sin[(kL_y/2)v]}{(kL_y/2)v}\end{cases} \tag{7.3.4}$$

式(7.3.4)是关于 θ 和 φ 的颇为复杂的函数，但在主平面内可以简化。在 E 面(yOz 面)，$\varphi=90°$，故式(7.3.4)的第一式可简化为

$$E_\theta=\mathrm{j}k\frac{\mathrm{e}^{-\mathrm{j}kr}}{2\pi r}E_0L_xL_y\frac{\sin[(kL_y/2)\sin\theta]}{(kL_y/2)\sin\theta} \tag{7.3.5}$$

在 H 面(xOz 面)$\varphi=0°$，故式(7.3.4)的第二式可简化为

$$E_\varphi=\mathrm{j}k\frac{\mathrm{e}^{-\mathrm{j}kr}}{2\pi r}E_0L_xL_y\cos\theta\frac{\sin[(kL_x/2)\sin\theta]}{(kL_x/2)\sin\theta} \tag{7.3.6}$$

从而可得主平面方向图的归一化形式为

$$F_{\mathrm{E}}(\theta)=\frac{\sin[(kL_y/2)\sin\theta]}{(kL_y/2)\sin\theta} \tag{7.3.7}$$

$$F_{\mathrm{H}}(\theta)=\cos\theta\frac{\sin[(kL_x/2)\sin\theta]}{(kL_x/2)\sin\theta} \tag{7.3.8}$$

对于大口径(L_x，$L_y \gg \lambda$)，主瓣很窄而 $\cos\theta$ 因子可以忽略，主平面方向图均是以前多次遇到过(例如均匀线源)的 $\sin x/x$ 形式。由式(7.3.4)得均匀矩形口径的归一化方向图因子为

$$F(u,v)=\frac{\sin[(kL_x/2)u]}{(kL_x/2)u}\frac{\sin[(kL_y/2)v]}{(kL_y/2)v} \tag{7.3.9}$$

式(7.3.9)是式(7.3.2)的归一化形式。

主平面半功率波瓣宽度可由线源的结果式 $2\theta_{\mathrm{HP}}\approx 0.886\dfrac{\lambda}{L}(\mathrm{rad})=51°\dfrac{\lambda}{L}$ 得出。xOz 面和 yOz 面的半功率波瓣宽度的表达式为

$$\begin{cases}2\theta_{\mathrm{HP}x}\approx 0.886\dfrac{\lambda}{L_x}(\mathrm{rad})=51°\dfrac{\lambda}{L_x}\\[2ex] 2\theta_{\mathrm{HP}y}\approx 0.886\dfrac{\lambda}{L_y}(\mathrm{rad})=51°\dfrac{\lambda}{L_y}\end{cases} \tag{7.3.10}$$

式(7.3.3)给出的由 θ 和 φ 到 u 和 v 的变换实际上是用 θ 和 φ 描述的单位半径的球面在过赤道平面上的投影，可得出一单位半径的圆盘。由于上半球面($\theta<\pi/2$)上的点投影到 u、v 圆盘的顶面，而下半球面的点投影到 u、v 圆盘的底面，因而 θ 和 φ 有双值性。然而，对于采用等效原理得出的解仅在上半球面($z>0$)适用，故避免了双值性问题。由式(7.3.3)与 $\theta\leqslant\pi/2$ 对应的 u 和 v 的可见空间为

$$u^2+v^2=\sin^2\theta\leqslant 1 \tag{7.3.11}$$

采用变量 u 和 v 后方向系数的计算可大为简化。波瓣立体角为

$$\Omega_{\mathrm{A}}=\int_0^{\pi/2}\int_0^{\pi}|F(\theta,\varphi)|^2\mathrm{d}\Omega \tag{7.3.12}$$

式中，$\mathrm{d}\Omega=\sin\theta\mathrm{d}\theta\mathrm{d}\varphi$，它在 u、v 面上的投影为 $\mathrm{d}u\mathrm{d}v=\cos\theta\mathrm{d}\Omega$。由式(7.3.11)可以看出 $\cos\theta=\sqrt{1-u^2-v^2}$，因而式(7.3.12)变为

$$\Omega_{\mathrm{A}}=\iint_{u^2+v^2\leqslant 1}|F(\theta,\varphi)|^2\frac{\mathrm{d}u\mathrm{d}v}{\sqrt{1-u^2-v^2}} \tag{7.3.13}$$

对于均匀相位大口径(L_x，$L_y\gg\lambda$)，辐射将集中在 $u=v=0(\theta=0)$ 附近的窄区域内，因而式(7.3.13)中的平方根近似等于1。又由于副瓣很低，故可将积分限扩展到无穷大而对积分值无显著影响。将这些结果和均匀矩形口径的 $F(u,v)$(如式(7.3.9)所示)代入式(7.3.13)可得

$$\Omega_{\mathrm{A}}=\int_{-\infty}^{\infty}\frac{\sin^2[(kL_x/2)u]}{[(kL_x/2)u]^2}\mathrm{d}u\int_{-\infty}^{\infty}\frac{\sin^2[(kL_y/2)v]}{[(kL_y/2)v]^2}\mathrm{d}v \tag{7.3.14}$$

做如下变量代换：

$$\begin{cases}u'=\dfrac{kL_x}{2}u=\dfrac{kL_x}{2}\sin\theta\cos\varphi\\[2ex] v'=\dfrac{kL_y}{2}v=\dfrac{kL_y}{2}\sin\theta\sin\varphi\end{cases} \tag{7.3.15}$$

得出

$$\Omega_A=\frac{2}{kL_x}\frac{2}{kL_y}\int_{-\infty}^{\infty}\frac{\sin^2 u'}{u'^2}\mathrm{d}u'\int_{-\infty}^{\infty}\frac{\sin^2 v'}{v'^2}\mathrm{d}v' \tag{7.3.16}$$

由于式(7.3.16)中的每个积分均等于 π，因而有

$$\Omega_A=\frac{4\pi^2}{(2\pi/\lambda)^2 L_x L_y}=\frac{\lambda^2}{L_x L_y} \tag{7.3.17}$$

因此，均匀幅度和相位的矩形口径的方向系数为

$$D=\frac{4\pi}{\Omega_A}=\frac{4\pi}{\lambda^2}L_x L_y \tag{7.3.18}$$

式中，$L_x L_y=A_p$ 为口径的实际面积。式(7.3.18)与 $D=(4\pi/\lambda^2)A_{em}$ 相比较，可以看出均匀矩形口径的有效口径等于实际口径，这对于任何形状的均匀激励口径均成立，而且对于无欧姆损耗(辐射效率为 1)的理想口径，增益等于方向系数，有效口径等于最大有效口径。

7.3.2　渐削矩形口径

由上节可知，均匀矩形口径的有效口径等于其实际口径。换句话说，均匀照射可使口径面积得到最有效的利用。当口径场均匀分布时，方向系数最高。然而，在天线设计问题中，高方向系数不是要考虑的唯一参数，通常低副瓣也是非常重要的。如已经知道的，线源的激励幅度向两端渐削可以降低副瓣，这对二维口径也成立。实际上线源的许多结果可以直接用于口径天线问题。

为了简化矩形口径分布的一般讨论，下面将略去口径电场的极化，这样 E_a 可以表示口径场的 x 分量或 y 分量，于是式(7.1.20)变为

$$P=\iint_{S_a}\boldsymbol{E}_a(x',y')\mathrm{e}^{\mathrm{j}kux'}\mathrm{e}^{\mathrm{j}kvy'}\mathrm{d}x'\mathrm{d}y' \tag{7.3.19}$$

大多数实际口径分布是可分离变量的，且可表示为每个口径变量的函数的乘积，即

$$E_a(x',y')=E_{a1}(x')E_{a2}(y') \tag{7.3.20}$$

因而式(7.3.19)可化简为

$$P=\int_{-L_x/2}^{L_x/2}E_{a1}(x')\mathrm{e}^{\mathrm{j}kux'}\mathrm{d}x'\int_{-L_y/2}^{L_y/2}E_{a2}(y')\mathrm{e}^{\mathrm{j}kvy'}\mathrm{d}y' \tag{7.3.21}$$

式中，每个积分均是沿相应口径方向线源的方向图因子，因而矩形口径的归一化方向图因子为

$$F(u,v)=F_1(u)F_2(v) \tag{7.3.22}$$

式中，$F_1(u)$和 $F_2(v)$分别是由式(7.3.21)的第一积分和第二积分得出的，它们实际上是沿 x 方向和 y 方向线源的方向图因子。这里仍然省略了倾斜因子。与式(7.3.22)相对应的均匀矩形口径的结果为式(7.3.9)。式(7.3.22)是由线源的结果直接得到的，但这里的 u 与线源中 u 的定义不同。

综上所述，对于可分离变量的矩形口径分布，其方向图的表达式可通过求出 $E_{a1}(x')$ 和 $E_{a2}(y')$ 所对应的方向图 F_1 和 F_2，而后使用式(7.3.22)得出。

例如，图 7.3.1 中所示的矩形口径为一开口矩形波导，口径电场为

$$\boldsymbol{E}_a = \begin{cases} E_0 \cos\left(\dfrac{\pi x}{L_x}\right)\hat{\boldsymbol{y}} & |x| \leqslant \dfrac{L_x}{2},\ |y| \leqslant \dfrac{L_y}{2} \\ 0 & \text{其他} \end{cases} \tag{7.3.23}$$

口径电场沿 x 方向余弦渐削而沿 y 方向均匀分布，则该口径的归一化方向图因子为

$$F(u,v) = \frac{\cos[(kL_x/2)u]}{1-[(2/\pi)(kL_x/2)u]^2}\frac{\sin[(kL_y/2)v]}{(kL_y/2)v} \tag{7.3.24}$$

主平面的半功率波瓣宽度取决于同一平面内的口径尺寸，即

$$\begin{cases} 2\theta_{HPx} = 1.19\dfrac{\lambda}{L_x}(\text{rad}) = 68.2^\circ\dfrac{\lambda}{L_x} \\ 2\theta_{HPy} = 0.886\dfrac{\lambda}{L_y}(\text{rad}) = 51^\circ\dfrac{\lambda}{L_y} \end{cases} \tag{7.3.25}$$

方向系数是相同尺寸的均匀口径方向系数的 0.81 倍，或

$$D = 0.81\frac{4\pi}{\lambda^2}L_xL_y = \frac{32}{\pi}\frac{L_xL_y}{\lambda^2} \tag{7.3.26}$$

7.3.3 口面场均匀分布的圆形口面

如图 7.3.2 所示，圆形口面上各点的场为同相等幅分布，均匀分布的口面场可表示为

$$\boldsymbol{E}_y^s = \boldsymbol{E}_0 \tag{7.3.27}$$

面元的坐标为 $x_s=\rho_s\cos\varphi_s$，$y_s=\rho_s\sin\varphi_s$；面元的面积为 $\mathrm{d}S=\rho_s\mathrm{d}\varphi_s\mathrm{d}\rho_s$。

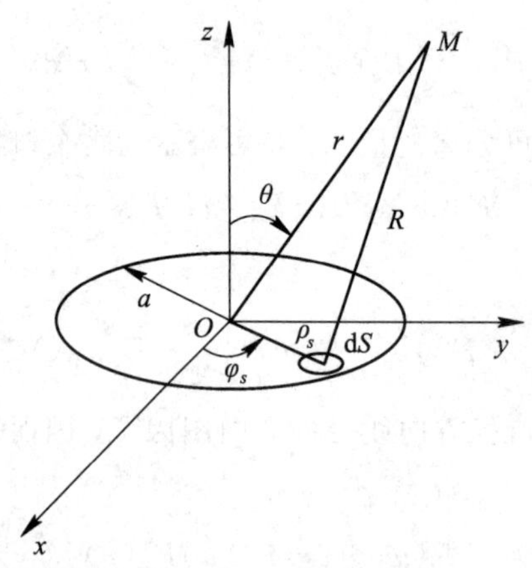

图 7.3.2 圆形口面的辐射

将上述关系式代入口面辐射场在 E 面、H 面的一般积分式(7.2.4)和式(7.2.5)，可得到 E 面及 H 面内的辐射公式为

$$\begin{cases} \boldsymbol{E}_{\mathrm{E}} = \mathrm{j}\dfrac{\mathrm{e}^{-\mathrm{j}kr}}{\lambda r}\dfrac{1+\cos\theta}{2}E_0\displaystyle\int_0^a \rho_s \mathrm{d}\rho_s \int_0^{2\pi} \mathrm{e}^{\mathrm{j}k\rho_s \sin\theta \sin\varphi_s} \mathrm{d}\varphi_s \hat{\boldsymbol{\theta}} \\ \boldsymbol{E}_{\mathrm{H}} = \mathrm{j}\dfrac{\mathrm{e}^{-\mathrm{j}kr}}{\lambda r}\dfrac{1+\cos\theta}{2}E_0\displaystyle\int_0^a \rho_s \mathrm{d}\rho_s \int_0^{2\pi} \mathrm{e}^{\mathrm{j}k\rho_s \sin\theta \sin\varphi_s} \mathrm{d}\varphi_s \hat{\boldsymbol{\theta}} \end{cases}$$

式中，a 为圆形口面的半径。

积分结果如下：

$$E_{\mathrm{E}} = AS\frac{1+\cos\theta}{2}\frac{2J_1(\psi_3)}{\psi_3} \tag{7.3.28}$$

$$E_{\mathrm{H}} = AS\frac{1+\cos\theta}{2}\frac{2J_1(\psi_3)}{\psi_3} \tag{7.3.29}$$

式中，$J_1(\psi)$是一阶贝塞尔函数，$S=\pi a^2$，$\psi_3=ka\sin\theta$，A 与前面相同。

1. 方向函数

口径场均匀分布的圆形口面在 E 面及 H 面内具有相同形式的方向函数，当 $a\gg\lambda$ 时，圆形口面的方向函数近似为

$$F_{\mathrm{E}}(\theta)=F_{\mathrm{H}}(\theta)=\left|\frac{2J_1(\psi_3)}{\psi_3}\right| \tag{7.3.30}$$

2. 波瓣宽度

当 $F(\theta)=0.707$ 时，$\psi=1.62$。所以，圆形口面的半功率波瓣宽度为

$$2\theta_{3\mathrm{dB,E}}=2\theta_{3\mathrm{dB,H}}=1.04\frac{\lambda}{2a}(\mathrm{rad})=61^\circ\frac{\lambda}{2a} \tag{7.3.31}$$

3. 旁瓣电平

口面场均匀分布的圆形口面的旁瓣电平为

$$\mathrm{FSLL_E}=\mathrm{FSLL_H}=-17.6\ \mathrm{dB}$$

7.3.4 同相口面场的特性

前面介绍的口面场都是同相的，根据之前的分析，可得到同相口面场的特性如下：

(1) 在平面口面的法向方向上，辐射最大。

(2) 口面的旁瓣电平与口面的利用系数取决于口面场的分布情况，与口面尺寸无关，口面场越均匀，口面利用系数越大，旁瓣电平越高。

(3) 在口面场分布一定的情况下口面尺寸越大时，或在口面尺寸一定的前提下口面分布越均匀时，主瓣越窄，口面方向系数越大。

在实际中完全均匀的口面场是很难达到的，只能通过天线的改进，使口面场尽量均匀。因此，口面天线方向性的提高可通过增大口面面积和使口面场更加均匀来实现。

7.4 面天线的方向系数和口面利用率

设口面天线的辐射功率 P_r 与天线的辐射功率 P_s 相等。由式(7.2.4)和式(7.2.5)可得 $\theta=0°$时为口面天线的最大辐射方向，电场有最大值，其模值为

$$|E_{\max}| = \frac{1}{\lambda r}\iint_A E_y^s \mathrm{d}A \tag{7.4.1}$$

源在空间所产生场的坡印廷矢量的幅度为 $S=\frac{E_s^2}{\eta}$，也可用辐射功率表示为 $S=\frac{P_s}{4\pi r^2}$。令两式相等，可得

$$E_s^2 = \eta\frac{P_s}{4\pi r^2} = \frac{30P_s}{r^2} \tag{7.4.2}$$

而 $P_s = P_r = \iint_A S\mathrm{d}A = \frac{1}{120\pi}\iint_A |E_y^s|^2\mathrm{d}A$ ，将其代入式(7.4.2)可得

$$E_s^2 = \frac{1}{4\pi r^2}\iint_A |E_y^s|^2\mathrm{d}A \tag{7.4.3}$$

将式(7.4.1)和式(7.4.3)代入 D 的定义式(方向系数定义式)，得到面状天线的方向系数为

$$D = \left.\frac{|E_{\max}|^2}{|E_s|^2}\right|_{P_r=P_s} = \frac{\left|\frac{1}{\lambda r}\iint_A E_y^s\mathrm{d}A\right|^2}{\frac{1}{4\pi r^2}\iint_A |E_y^s|^2\mathrm{d}A} = \frac{4\pi}{\lambda^2}\frac{\left|\iint_A E_y^s\mathrm{d}A\right|^2}{\iint_A |E_y^s|^2\mathrm{d}A} \tag{7.4.4}$$

定义口面利用率为

$$\eta_A = \frac{A_e}{A} \tag{7.4.5}$$

式中，A_e 为天线的有效面积，A 为天线口面的几何面积。因此有

$$A_e = A\eta_A \tag{7.4.6}$$

根据 A_e 和 D 的关系式得到

$$D = \frac{4\pi}{\lambda^2}A_e = \frac{4\pi}{\lambda^2}A\eta_A \tag{7.4.7}$$

$$A_e = \frac{\lambda^2}{4\pi}D = \frac{\left|\iint_A E_y^s\mathrm{d}A\right|^2}{\iint_A |E_y^s|^2\mathrm{d}A} \tag{7.4.8}$$

由式(7.4.5)和式(7.4.8)可得口面利用率为

$$\eta_A = \frac{A_e}{A} = \frac{\left|\iint_A E_y^s\mathrm{d}A\right|^2}{A\iint_A |E_y^s|^2\mathrm{d}A} \tag{7.4.9}$$

由式(7.4.9)可知，口面利用率 η_A 是与口面场分布有关的一个参数。

(1) 当口面场为等幅同相分布，即 $E_y^s=E_0$ 时，可得 $\eta_A=\frac{|E_sA|^2}{|E_s|^2A^2}=1$。

(2) 当口面场为余弦振幅分布，即 $E_y^s=E_s\cos\frac{\pi x}{d_1}$时，可得 $\eta_A=0.81$。

由上面的分析可知，只有当口面场为均匀分布时，口面的利用系数才为1，此时的方向系数为最大。

7.5　矩形喇叭天线

7.5.1　喇叭天线简介

在微波波段，常采用各种波导(如矩形和圆形截面波导)传输电磁波能量，将波导终端开口便构成了波导辐射器。为了压窄方向图，改善方向性并获得较高的增益，将波导辐射器的终端逐渐张开，就形成了喇叭天线，如图 7.5.1 所示。

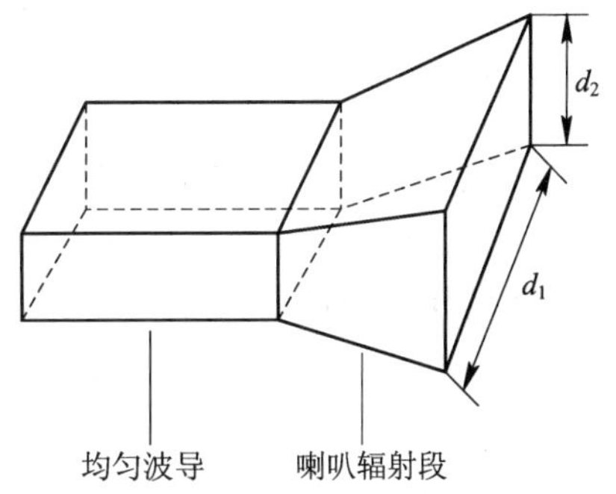

图 7.5.1　喇叭天线的基本结构

喇叭天线由一段均匀波导和一段喇叭组成。喇叭截面逐渐张开，可以改善其与自由空间的匹配效果。从喇叭颈部到开口处，喇叭内的电磁场分布在逐渐变形。在喇叭与波导连接处(喇叭颈部)，因为导体壁发生不连续变化，所以会产生高次模。喇叭横截面尺寸变化平缓(喇叭张角较小)时，喇叭开口面上的场分布与波导内横截面上的场分布差异不大，高次模弱，基本上只有主模沿着波导传播。

喇叭天线按照波导的类型可以分为矩形喇叭天线和圆锥喇叭天线。矩形喇叭是由矩形波导辐射器终端逐渐张开形成的，圆锥喇叭是由圆形波导辐射器终端逐渐张开形成的。其中，矩形喇叭又分为 E 面扇形喇叭(两臂面在电磁场的 E 平面张开)、H 面扇形喇叭(两臂面在电磁场的 H 平面张开)和角锥喇叭(两对壁面同时张开)。而由圆形波导辐射器终端逐渐张开形成的圆锥喇叭由于具有良好的对称性，故应用较为广泛。

喇叭天线根据模式不同又可以分为单模喇叭(光壁喇叭)天线、多模喇叭天线和平衡混合模喇叭(即波纹喇叭)天线。

喇叭天线是一种应用很广泛的微波天线。它具有结构简单、质量轻、易于制造、工作频带宽和功率容量大等优点。合理地选择喇叭的尺寸，包括喇叭口面尺寸和扩展长度等，可以取得良好的辐射特性、相当尖锐的主瓣、比较小的副瓣和很高的增益。

喇叭天线可以作为微波中继及卫星上的独立天线，也可以作为反射面天线及透镜天线的馈源，它还能用作收发共用的双工天线。在天线测量中，也被广泛地用作标准增益天线。

7.5.2　H 面扇形喇叭天线

1. 口面场分布

为了确定喇叭天线的辐射特性，必须了解喇叭口面上场的分布，即求解喇叭的内场。求解喇叭内电磁场时常采用近似的办法：认为喇叭为无限长，忽略外场对内场的影响，把喇叭的内场结构近似看作与标准波导内的场结构相同，只是因为喇叭是逐渐张开的，使波形略有变化。在扇形喇叭中，平面波变为柱面波；在角锥喇叭中，平面波则变成球面波。在平面状的喇叭口面上，场的振幅可以近似地认为与波导截面上的相似，但是口面上场相位偏移的影响则不能忽略。图 7.5.2 表示 H 面扇形喇叭的几何参数。

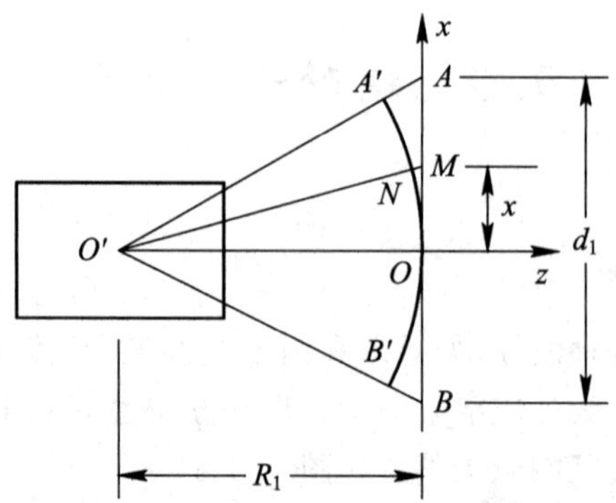

图 7.5.2　H 面扇形喇叭几何参数图

下面我们来计算口面场上的相位偏移。如图 7.5.2 所示，O' 到口面上 M 点的行程差比到口面中心点 O 的行程长 $\overline{MN}$ 的距离。设口面中心处 O 点的相位偏移为零，则口面上任一点 M 的相位偏移表示为

$$\varphi_x = -k\overline{MN} = -\frac{2\pi}{\lambda}\overline{MN} = -\frac{2\pi}{\lambda}\left(\sqrt{R_1^2 + x^2} - R_1\right) \tag{7.5.1}$$

一般地，$d_1 \ll R_1$，所以 $x \ll R_1$，因此有

$$\sqrt{R_1^2 + x^2} = R_1\sqrt{1 + \left(\frac{x}{R_1}\right)^2} \approx R_1 + \frac{1}{2}\frac{x^2}{R_1} - \frac{1}{8}\frac{x^4}{R_1^3} + \cdots \tag{7.5.2}$$

将式(7.5.2)代入式(7.5.1)，得到 φ_x 的无穷级数展开式为

$$\varphi_x = -\frac{2\pi}{\lambda}\left(\frac{1}{2}\frac{x^2}{R_1} - \frac{1}{8}\frac{x^4}{R_1^3} + \cdots\right) \tag{7.5.3}$$

由于 $|x/R_1| \ll 1$，因此沿口面上任一点 M 的相位偏移近似取第一项为

$$\varphi_x \approx -\frac{\pi}{\lambda}\frac{x^2}{R_1} \tag{7.5.4}$$

边缘 A 点的相位偏移最大为

$$\varphi_{x,\max} \approx -\frac{\pi}{\lambda}\frac{d_1^2}{4R_1} \tag{7.5.5}$$

与喇叭相连的矩形波导内通常传输主模 H_{10} 模，场的振幅沿宽边为余弦分布。因而，喇叭口面的电场分布为

$$E_y = E_0\cos\left(\frac{\pi x}{d_1}\right)e^{-j\frac{\pi}{\lambda}\frac{x^2}{R_1}} \tag{7.5.6}$$

2. 辐射场

将式(7.5.6)代入式(7.2.3)，即可计算 H 面扇形喇叭的辐射场。

在 H 面($\varphi=0$)，有

$$E_H = B_0E_0d_2\int_{-d_1/2}^{d_1/2}\cos\left(\frac{\pi x}{d_1}\right)e^{-j\frac{\pi x^2}{\lambda R_1} + jk\sin\theta_x}\,dx \tag{7.5.7}$$

式中，$B_0 = \frac{je^{-jkr}}{2\lambda r}(1+\cos\theta)$。

式(7.5.7)中的积分可以写为

$$\int_{-d_1/2}^{d_1/2}\cos\left(\frac{\pi x}{d_1}\right)\mathrm{e}^{-\mathrm{j}\frac{\pi x^2}{\lambda R_1}+\mathrm{j}k\sin\theta_x}\mathrm{d}x=\frac{1}{2}\int_0^{d_1/2}\left(\mathrm{e}^{\mathrm{j}\frac{\pi x}{d_1}}+\mathrm{e}^{-\mathrm{j}\frac{\pi x}{d_1}}\right)(\mathrm{e}^{\mathrm{j}k\sin\theta_x}+\mathrm{e}^{-\mathrm{j}k\sin\theta_x})\mathrm{e}^{-\mathrm{j}\frac{\pi x^2}{\lambda R_1}}\mathrm{d}x \tag{7.5.8}$$

将式(7.5.8)的括号解开，经过配平方，使之成为菲涅耳积分：

$$\int_0^{x_1}\mathrm{e}^{\pm\mathrm{j}\frac{\pi}{2}t^2}\mathrm{d}t=C(x_1)\pm\mathrm{j}S(x_1) \tag{7.5.9}$$

其中：

$$C(x_1)=\int_0^{x_1}\cos\left(\frac{\pi}{2}t^2\right)\mathrm{d}t \tag{7.5.10}$$

$$S(x_1)=\int_0^{x_1}\sin\left(\frac{\pi}{2}t^2\right)\mathrm{d}t \tag{7.5.11}$$

整理后得到

$$\begin{aligned}E_{\mathrm{H}}=B_0E_0d_2\{&M\{[C(\nu_1)-C(\nu_2)]-\mathrm{j}[S(\nu_1)-S(\nu_2)]\}+\\&N\{[C(\nu_3)-C(\nu_4)]-\mathrm{j}[S(\nu_3)-S(\nu_4)]\}\}\end{aligned} \tag{7.5.12}$$

式中：

$$M=\frac{1}{2}\sqrt{\frac{\lambda R_1}{2}}\mathrm{e}^{\mathrm{j}\frac{\pi}{4}\lambda R_1\left(\frac{1}{d_1}+\frac{2\sin\theta}{\lambda}\right)^2} \tag{7.5.13}$$

$$N=\frac{1}{2}\sqrt{\frac{\lambda R_1}{2}}\mathrm{e}^{\mathrm{j}\frac{\pi}{4}\lambda R_1\left(\frac{1}{d_1}-\frac{2\sin\theta}{\lambda}\right)^2} \tag{7.5.14}$$

$$\nu_1=\frac{1}{\sqrt{2}}\left[\sqrt{\lambda R_1}\left(\frac{1}{d_1}+\frac{2\sin\theta}{\lambda}\right)+\frac{d_1}{\sqrt{\lambda R_1}}\right] \tag{7.5.15}$$

$$\nu_2=\frac{1}{\sqrt{2}}\left[\sqrt{\lambda R_1}\left(\frac{1}{d_1}+\frac{2\sin\theta}{\lambda}\right)-\frac{d_1}{\sqrt{\lambda R_1}}\right] \tag{7.5.16}$$

$$\nu_3=\frac{1}{\sqrt{2}}\left[\sqrt{\lambda R_1}\left(\frac{1}{d_1}-\frac{2\sin\theta}{\lambda}\right)+\frac{d_1}{\sqrt{\lambda R_1}}\right] \tag{7.5.17}$$

$$\nu_4=\frac{1}{\sqrt{2}}\left[\sqrt{\lambda R_1}\left(\frac{1}{d_1}-\frac{2\sin\theta}{\lambda}\right)-\frac{d_1}{\sqrt{\lambda R_1}}\right] \tag{7.5.18}$$

在 E 面($\varphi=\pi/2$)，有

$$E_{\mathrm{E}}=B_0E_0\int_{-d_1/2}^{d_1/2}\cos\left(\frac{\pi x}{d_1}\right)\mathrm{e}^{-\mathrm{j}\frac{\pi x^2}{\lambda R_1}}\mathrm{d}x\int_{-d_1/2}^{d_1/2}\mathrm{e}^{\mathrm{j}k\sin\theta_y}\mathrm{d}x \tag{7.5.19}$$

式中：

$$\begin{aligned}\int_{-d_1/2}^{d_1/2}\cos\left(\frac{\pi x}{d_1}\right)\mathrm{e}^{-\mathrm{j}\frac{\pi x^2}{\lambda R_1}}\mathrm{d}x&=\frac{1}{2}\left[\int_{-d_1/2}^{d_1/2}\mathrm{e}^{\mathrm{j}\frac{\pi x}{d_1}-\mathrm{j}\frac{\pi x^2}{\lambda R_1}}\mathrm{d}x-\int_{-d_1/2}^{d_1/2}\mathrm{e}^{-\mathrm{j}\frac{\pi x}{d_1}-\mathrm{j}\frac{\pi x^2}{\lambda R_1}}\mathrm{d}x\right]\\&=\mathrm{e}^{\mathrm{j}\frac{\pi\lambda R_1}{4d_1^2}}\sqrt{\frac{\lambda R_1}{2}}\{[C(\nu_5)-C(\nu_6)]-\mathrm{j}[S(\nu_5)-S(\nu_6)]\}\end{aligned} \tag{7.5.20}$$

其中：

$$\nu_5=\frac{1}{\sqrt{2}}\left(\frac{\sqrt{\lambda R_1}}{d_1}+\frac{d_1}{\sqrt{\lambda R_1}}\right) \tag{7.5.21}$$

$$\nu_6=\frac{1}{\sqrt{2}}\left(\frac{\sqrt{\lambda R_1}}{d_1}-\frac{d_1}{\sqrt{\lambda R_1}}\right) \tag{7.5.22}$$

对于式(7.5.19)中的后一个积分，前面已经计算过。于是得到

$$E_E=B_0E_0d_2\sqrt{\frac{\lambda R_1}{2}}\mathrm{e}^{\mathrm{j}\frac{\pi\lambda R_1}{4d_1^2}}\{[C(\nu_5)-C(\nu_6)]-\mathrm{j}[S(\nu_5)-S(\nu_6)]\}\frac{\sin\left(\frac{kd_2}{2}\sin\theta\right)}{\frac{kd_2}{2}\sin\theta} \tag{7.5.23}$$

从式(7.5.23)可知，H 面扇形喇叭的 E 面方向图与同相辐射度均匀分布时相同。这是由于喇叭口径场幅度和相位分布沿 y 轴方向不变的缘故。在式(7.5.12)中，ν_1、ν_2、ν_3 和 ν_4 都是角度 θ 的函数，H 面方向图与喇叭长度和口径宽度有关。

7.5.3 E 面扇形喇叭天线

1. 口面场分布

与计算 H 面扇形喇叭天线口面场分布的原理相同，参考图 7.5.3，对于 E 面扇形喇叭，口面沿 y 轴向上任一点的相位偏移为

$$\varphi_y\approx-\frac{\pi}{\lambda}\frac{y^2}{R_2} \tag{7.5.24}$$

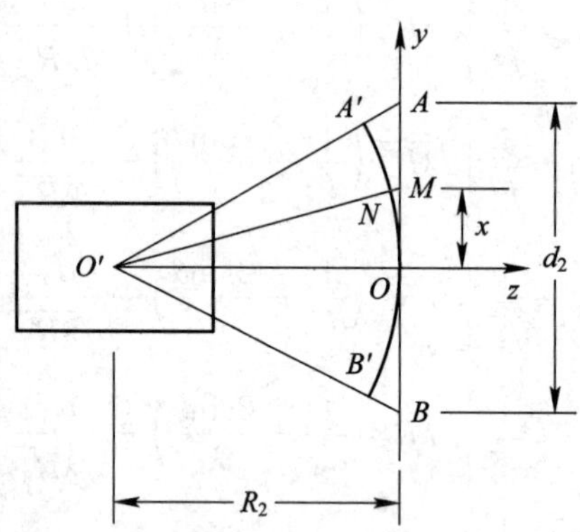

图 7.5.3 E 面扇形喇叭几何参数图

边缘上最大相位偏移点的相位偏移为

$$\varphi_{y,\max}\approx-\frac{\pi}{\lambda}\frac{d_2^2}{4R_2} \tag{7.5.25}$$

喇叭口面的电场分布为

$$E_y=E_0\cos\left(\frac{\pi x}{d_1}\right)\mathrm{e}^{-\mathrm{j}\frac{\pi}{\lambda}\frac{y^2}{R_2}} \tag{7.5.26}$$

2. 辐射场

在 H 面($\varphi=0$)，有

$$E_{\mathrm{H}}=\frac{\mathrm{j}\mathrm{e}^{\mathrm{j}kr}}{2\lambda r}E_0\left(\frac{\gamma}{k}+\cos\theta\right)\int_{-d_1/2}^{d_1/2}\cos\left(\frac{\pi x}{d_1}\right)\mathrm{e}^{\mathrm{j}k\sin\theta_x}\,\mathrm{d}x\int_{-d_2/2}^{d_2/2}\mathrm{e}^{-\mathrm{j}\frac{\pi y^2}{\lambda_g R_2}}\mathrm{d}y \tag{7.5.27}$$

计算式(7.5.27)与计算 H 面扇形喇叭辐射场类似，结果为

$$E_{\mathrm{H}}=\frac{\mathrm{j}\mathrm{e}^{-\mathrm{j}kr}}{\lambda r}E_0\left(\frac{\gamma}{k}+\cos\theta\right)\frac{d_1}{\pi}\sqrt{2\lambda_g R_2}\left[C(\nu_7)-\mathrm{j}S(\nu_7)\right]\frac{\cos\left(\dfrac{kd_1}{2}\sin\theta\right)}{1-\left(\dfrac{2d_1}{\lambda}\sin\theta\right)} \tag{7.5.28}$$

式中：

$$\nu_7=\frac{d_2}{\sqrt{2\lambda_g R_2}} \tag{7.5.29}$$

在 E 面($\varphi=\pi/2$)，有

$$\begin{aligned}E_{\mathrm{E}}&=\frac{\mathrm{j}\mathrm{e}^{-\mathrm{j}kr}}{2\lambda r}E_0\left(1+\frac{\gamma}{k}\cos\theta\right)\int_{-d_1/2}^{d_1/2}\cos\left(\frac{\pi x}{d_1}\right)\mathrm{d}x\int_{-d_1/2}^{d_1/2}\mathrm{e}^{\mathrm{j}k\sin\theta_y-\mathrm{j}\frac{\pi y^2}{\lambda_g R_2}}\mathrm{d}y\\&=\frac{\mathrm{j}\mathrm{e}^{-\mathrm{j}kr}}{\lambda r}E_0\left(1+\frac{\gamma}{k}\cos\theta\right)\frac{d_1}{\pi}\sqrt{\frac{\lambda_g R_2}{2}}\,\mathrm{e}^{\mathrm{j}\frac{\pi\lambda_g R_2}{\lambda^2}\sin^2\theta}\times\{[C(\nu_8)-C(\nu_9)]-\mathrm{j}[S(\nu_8)-S(\nu_9)]\}\end{aligned} \tag{7.5.30}$$

式中：

$$\nu_8=\frac{1}{\sqrt{2}}\left(\sqrt{\lambda_g R_2}\,\frac{2\sin\theta}{\lambda}+\frac{d_2}{\sqrt{\lambda_g R_2}}\right) \tag{7.5.31}$$

$$\nu_9=\frac{1}{\sqrt{2}}\left(\sqrt{\lambda_g R_2}\,\frac{2\sin\theta}{\lambda}-\frac{d_2}{\sqrt{\lambda_g R_2}}\right) \tag{7.5.32}$$

从式(7.5.28)可知，扇形喇叭的 H 面方向图与同相口径场幅度按余弦分布时相同。

7.5.4 角锥喇叭天线

角锥喇叭如图 7.5.4 所示，由两对壁面同时张开而成。由于它的壁面不是正交坐标系中任何坐标为定值的面，因此在理论研究上遇到了困难，难以从边界条件确定场的微分方程的积分常数。角锥喇叭由 H_{10} 模矩形波导馈电，其中的场结构通常采用 H 面和 E 面扇形喇叭内的场结构定性描述。角锥喇叭口径场的相位分布与扇形喇叭口径场的相位分布相同。

参看图 7.5.4，角锥喇叭口径场相位沿 x 轴和 y 轴都按平方律分布：

$$\varphi(x,y)=\frac{\pi}{\lambda}\left(\frac{x^2}{R_1}+\frac{y^2}{R_2}\right) \tag{7.5.33}$$

顶角处最大相位偏移点的相位偏移为

$$\varphi_{\max}\approx-\frac{\pi}{4\lambda}\left(\frac{d_1^2}{R_1}+\frac{d_2^2}{R_2}\right) \tag{7.5.34}$$

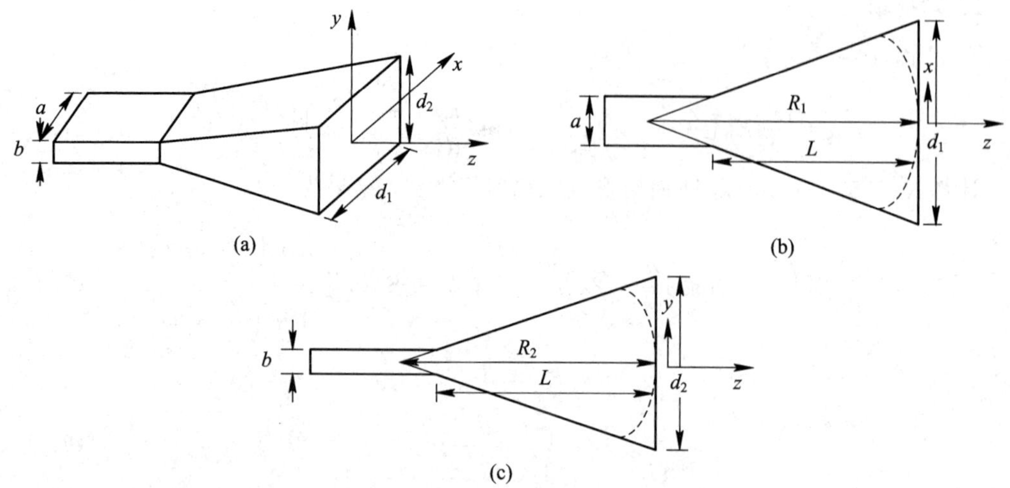

图 7.5.4 角锥喇叭

角锥喇叭口面上的电场分布为

$$E_y \approx E_0 \cos\left(\frac{\pi x}{d_1}\right) e^{-j\frac{\pi}{\lambda}\left(\frac{x^2}{R_1}+\frac{y^2}{R_2}\right)} \tag{7.5.35}$$

其中，R_1 和 R_2 是从口径中心到喇叭相应两对壁面交叉线的距离。对于尖顶角锥喇叭，有 $R_1=R_2$。

从式(7.5.35)可知，角锥喇叭传输的波接近于球面波，尤其是尖顶角锥喇叭，球面波的中心为 $R_1=R_2$ 的喇叭顶点。将式(7.5.35)代入辐射场公式，所有积分计算在前面都已遇到过。不难理解，角锥喇叭的 H 面方向图与 H 面扇形喇叭的 H 面方向图相同，而 E 面方向图与 E 面扇形喇叭的 E 面方向图相同。

7.5.5 方向系数和口面利用系数

由 7.3 节分析可知，均匀振幅的同相口面的方向系数 D、口面利用系数 ν 分别为

$$D=\frac{4\pi}{\lambda^2}A,\ \nu=1 \tag{7.5.36}$$

余弦振幅的同相口面的方向系数 D、口面利用系数 ν 分别为

$$D=0.81\frac{4\pi}{\lambda^2}A,\ \nu=0.81 \tag{7.5.37}$$

当喇叭口面上场的相位偏移不能忽略时，将角锥喇叭口面上场分布表达式(7.5.35)代入式(7.4.4)，可得到角锥喇叭的方向系数为

$$D=\frac{8\pi R_1 R_2}{d_1 d_2}\{[(C(u)-C(v)]^2+[S(u)-S(v)]^2\}\,[C^2(w)+S^2(w)] \tag{7.5.38}$$

式中，$C(x)$、$S(x)$为菲涅耳积分，有

$$C(x)=\int_0^x \cos\left(\frac{\pi t^2}{2}\right)\mathrm{d}t,\ S(x)=\int_0^x \sin\left(\frac{\pi t^2}{2}\right)\mathrm{d}t \tag{7.5.39}$$

且

$$u=\frac{1}{\sqrt{2}}\left(\frac{\sqrt{\lambda R_1}}{d_1}+\frac{d_1}{\sqrt{\lambda R_1}}\right) \tag{7.5.40}$$

$$v=\frac{1}{\sqrt{2}}\left(\frac{\sqrt{\lambda R_1}}{d_1}-\frac{d_1}{\sqrt{\lambda R_1}}\right) \tag{7.5.41}$$

$$w=\frac{1}{\sqrt{2}}\frac{d_2}{\sqrt{\lambda R_2}} \tag{7.5.42}$$

H 面扇形喇叭和 E 面扇形喇叭的方向系数分别为

$$\begin{cases} D_{\mathrm{H}}=\dfrac{4\pi d_2 R_1}{d_1\lambda}\{[(C(u)-C(v)]^2+[S(u)-S(v)]^2\} \\ D_{\mathrm{E}}=\dfrac{64 d_1 R_2}{\pi d_2\lambda}[C^2(w)+S^2(w)] \end{cases} \tag{7.5.43}$$

由式(7.5.38)和式(7.5.43)可以看出，当喇叭天线口面上振幅和相位分布都不均匀时，方向系数 D 的计算过程比较复杂。因此，工程上常利用绘制好的曲线来求其方向系数。H 面扇形喇叭和 E 面扇形喇叭的方向系数随尺寸的变化曲线如图 7.5.5(a)、(b)所示，由图可以求出喇叭长度 R_1 或 R_2 为不同值时 H 面或 E 面扇形喇叭天线的方向系数 D_{H}、D_{E} 与口径波长比 d_1/λ、d_2/λ 的关系。

角锥喇叭天线的方向系数可由上述曲线求得，即

$$D=\frac{\pi}{32}\left(\frac{\lambda}{d_2}D_{\mathrm{H}}\right)\left(\frac{\lambda}{d_1}D_{\mathrm{E}}\right) \tag{7.5.44}$$

分析图 7.5.5(a)、(b)所示的曲线，可以得到下列结论：

(1) 在给定 R/λ 时，方向系数 D 随着 d/λ 的增大而增大，当达到最大值后又逐渐减小。这是因为随着口面尺寸的增大，口面上按平方律变化的相位差也增大了。口面尺寸的增大使方向系数增大，而相位差的增大使方向系数减小，故出现了方向系数的最大值。

(2) 在给定 d/λ 时，方向系数 D 随着 R/λ 的增大而增大，最后仅能达到某一定值。这是因为随着 R/λ 的增大，口面上场的幅度越来越均匀，相位差越来越小，最后达到等幅同相场的值。

(3) 将图 7.5.5 中不同 R/λ 曲线的最大值连接在一起，可得到一曲线(如图 7.5.5 中虚线所示)，此曲线表示喇叭天线的最佳尺寸关系，其数量关系为

$$d_1=\sqrt{3\lambda R_1},\ d_2=\sqrt{2\lambda R_2} \tag{7.5.45}$$

在最佳尺寸关系条件下，E 面和 H 面扇形喇叭的方向系数均近似为

$$D=0.64\,\frac{4\pi A}{\lambda^2} \tag{7.5.46}$$

口面利用系数 $\nu=0.64$。此时，口面场的最大相位差为

$$\varphi_{\max}=\left(\frac{1}{2}\sim\frac{3}{4}\right)\pi \tag{7.5.47}$$

在最佳尺寸关系条件下，角锥喇叭天线的方向系数及口面利用系数分别为

$$D=0.51\,\frac{4\pi A}{\lambda^2},\ \nu=0.51 \tag{7.5.48}$$

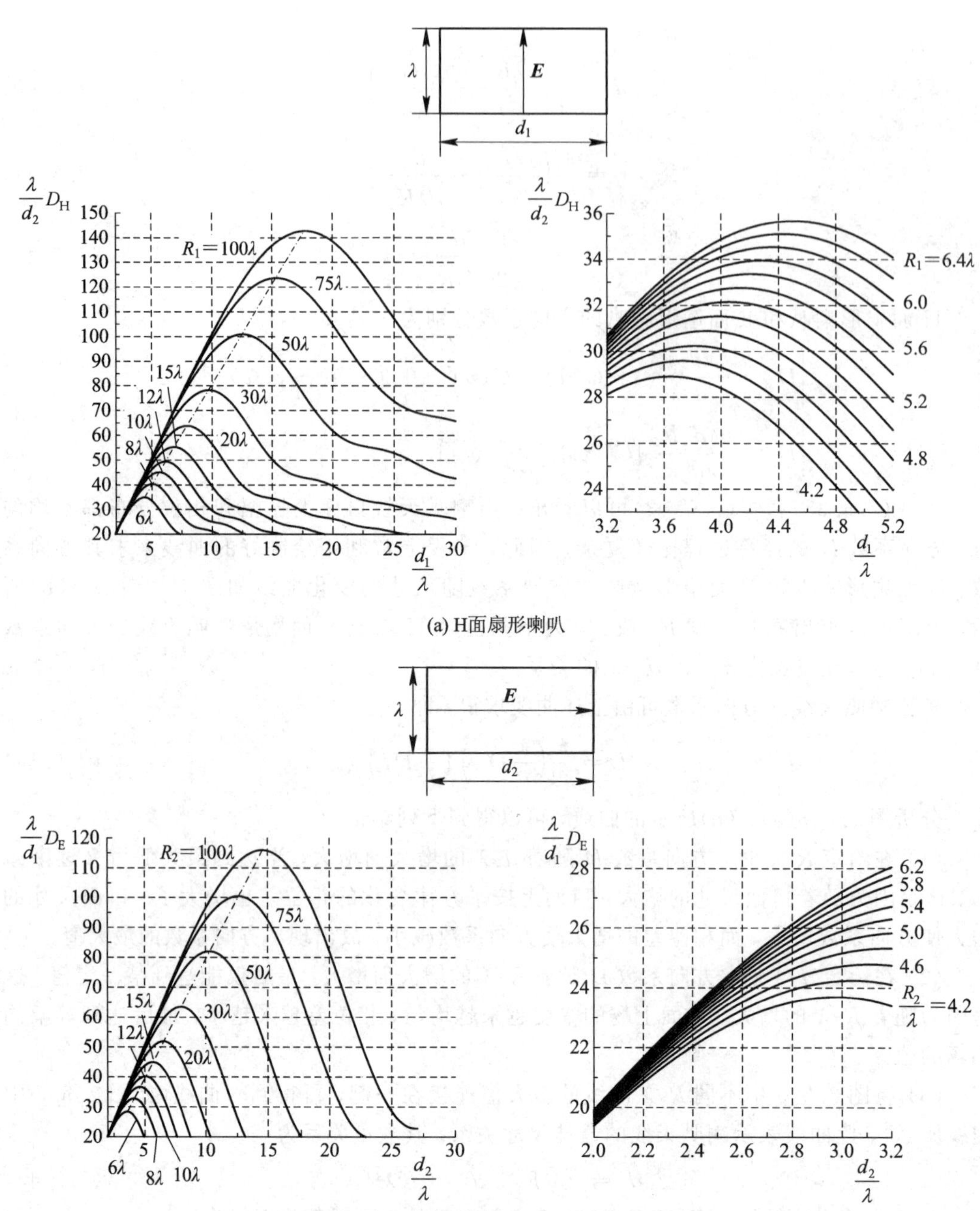

图 7.5.5　扇形喇叭的方向系数随尺寸的变化曲线

喇叭天线的效率很高，$\eta\approx1$。由 $G=\eta D$，可近似地认为它的增益系数和方向系数相等。

7.5.6　角锥喇叭天线的设计

喇叭天线的设计是根据给定的电气指标要求来确定喇叭天线的几何尺寸，包括口面尺

寸 d_1、d_2 和喇叭的长度 R_1、R_2 以及馈电波导的选择。喇叭天线可以独立地使用，特别是因为它的增益系数可以通过理论方法准确地计算得出，常被作为标准增益天线，此时，喇叭天线就可根据给定的增益要求来设计；喇叭天线更多地被用作组合天线中的辐射器，如抛物面天线中的初级辐射器，此时，就需要使喇叭天线具有要求的方向图和易于确定的相位中心。

1. 根据增益系数要求设计喇叭天线

根据增益系数要求设计喇叭天线时，设计步骤如下：

(1) 根据工作波长，选择馈电波导的尺寸。

(2) 根据要求的增益系数，确定喇叭天线的最佳尺寸。

已知最佳角锥喇叭的增益系数为

$$G \approx D = 0.51 \frac{4\pi}{\lambda^2} d_1 d_2 \tag{7.5.49}$$

由 H 面扇形喇叭和 E 面扇形喇叭的方向系数与尺寸的关系可知，D_H 及 D_E 的最大值发生在如下最佳尺寸关系时：

$$\begin{cases} d_1 = \sqrt{3\lambda R_1} \\ d_2 = \sqrt{2\lambda R_2} \end{cases} \tag{7.5.50}$$

考虑到喇叭与馈电波导的配合，如图 7.5.6 所示，喇叭的几何尺寸应满足如下条件：

$$\frac{R_1}{R_2} = \frac{1 - \dfrac{b}{d_2}}{1 - \dfrac{a}{d_1}} \tag{7.5.51}$$

式中，a、b 为波导的截面尺寸。

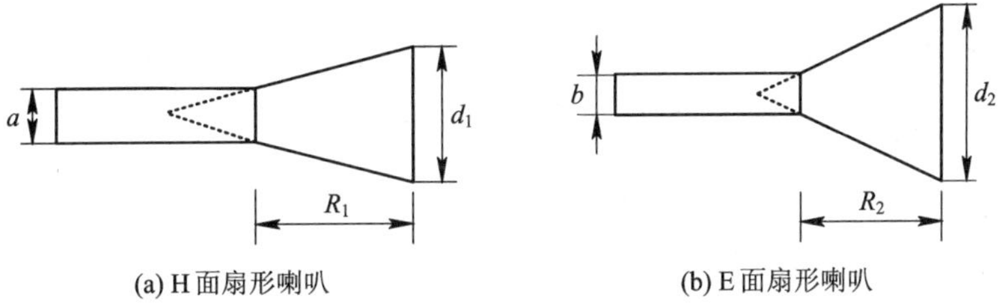

(a) H 面扇形喇叭　　(b) E 面扇形喇叭

图 7.5.6　喇叭天线的几何尺寸

由式(7.5.49)～式(7.5.51)，可联立解得 d_1、d_2 和 R_1、R_2 四个未知量。在求解方程组时，常采用尝试法，即首先取 $R_1 = R_2$，由此求得 d_1、d_2，然后再进行修正，直至完全符合上述方程的要求。

2. 根据方向图要求设计喇叭天线

根据方向图要求设计喇叭天线时，设计步骤如下：

前面已求得在不考虑口面场具有相位差的情况下，口面尺寸与主瓣半功率张角间的关系式。实际上，喇叭天线口面的相位分布具有不均匀性。此时可采用以下经验公式：

$$\begin{cases} 2\theta_{E0.5}=53\dfrac{\lambda}{d_2}(^\circ) \\ 2\theta_{H0.5}=80\dfrac{\lambda}{d_1}(^\circ) \end{cases} \tag{7.5.52}$$

在确定喇叭口面尺寸 d_1、d_2 后，可根据最佳关系条件式(7.5.50)确定喇叭的长度 R_1、R_2。与此同时，必须应用式(7.5.51)检验所设计的喇叭与波导之间的配合。当由这两个条件计算所得到的比值 R_1/R_2 互不一致且相差较大时，应根据对方向图要求的情况进行取舍。如果要求准确保证给定的主瓣半功率宽度 $2\theta_{E0.5}$、$2\theta_{H0.5}$，则应优先满足几何配合条件。此时，喇叭的各个尺寸可能不是最佳配合，其增益系数不能按最佳角锥喇叭的增益计算式(7.5.49)计算。在使用图 7.5.5(a)和 (b)时应注意，此时工作点不再对应于最佳情况的虚线位置；反之，如果对方向图主瓣半功率宽度的要求并不严格，则可以应用最佳条件来确定喇叭的长度。当计算结果与几何配合条件式(7.5.51)有矛盾时，可用修正口面尺寸的方法解决。

例如：设计一个角锥喇叭天线，工作波长 $\lambda=3.2$ cm，方向系数要求为 25 dB，与之相连的波导采用 BJ－100 标准波导，其尺寸为 $a=22.86$ mm，$b=10.16$ mm。

(1) 按最佳角锥喇叭设计，根据要求的方向系数，将 $D=25$ dB(即 $D=316$)代入式(7.5.49)可得

$$d_1d_2=\frac{\lambda^2G}{0.51\times4\pi}=\frac{3.2^2\times316}{0.51\times4\pi}\approx505\quad(\text{cm}^2)$$

(2)由最佳关系条件确定各尺寸。

第一次尝试，设 $R_1=R_2=R$，由式(7.5.50)可得$\dfrac{d_1}{d_2}=\sqrt{1.5}$。与 d_1d_2 乘积式联立解得

$$d_2=\sqrt{\frac{505}{\sqrt{1.5}}}=20.3\quad(\text{cm})$$

$$d_1=\sqrt{1.5}\,d_2=24.86\quad(\text{cm})$$

将第一次尝试结果代入式(7.5.51)检验：

$$\frac{R_1}{R_2}=\frac{1-\dfrac{1.016}{20.3}}{1-\dfrac{2.286}{24.86}}=1.048$$

可见，初始比值$\dfrac{R_1}{R_2}$取得过小。将新的比值代入式(7.5.50)可得$\dfrac{d_1}{d_2}=\sqrt{\dfrac{3\times1.048}{2}}=1.2538$，与 d_1d_2 乘积式联立解得

$$d_1=25.16\ (\text{cm}),\ d_2=20.07\ (\text{cm})$$

由式(7.5.50)可得

$$R_1=\frac{d_1^2}{3\lambda}=65.94\ (\text{cm})$$

$$R_2=\frac{d_2^2}{2\lambda}=62.94\ (\text{cm})$$

再次代入各式检验，可见均满足要求。

所设计的角锥喇叭天线的方向系数为 25.0 dB，增益为 24.9 dB，天线输入端口驻波比小于 1.5，辐射效率接近 100%，天线在该频率处的 H 面和 E 面增益方向图如图 7.5.7 所示。

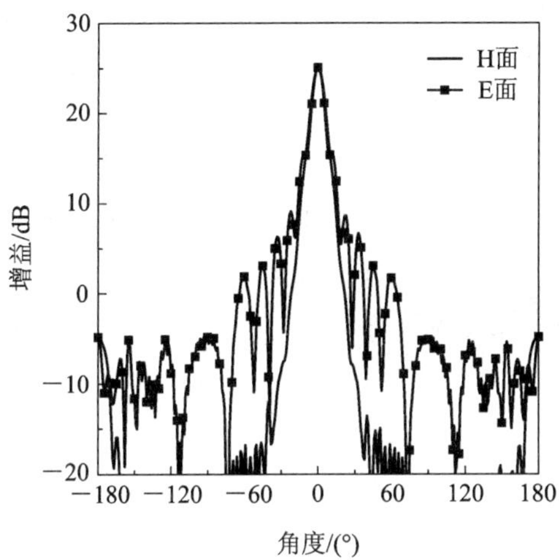

图 7.5.7　所设计的角锥喇叭天线的 H 面和 E 面增益方向图

7.6　圆锥喇叭天线

7.6.1　标准圆锥喇叭天线

标准圆锥喇叭由圆形波导终端逐渐张开形成，如图 7.6.1 所示。圆形波导通常是由矩形波导渐变过渡来的。矩形波导段传输 H_{10} 模，圆形波导和圆锥波导段则传输 H_{11} 模。圆锥喇叭的理论分析与矩形喇叭相似，但数学表达式复杂，本节不予讨论。

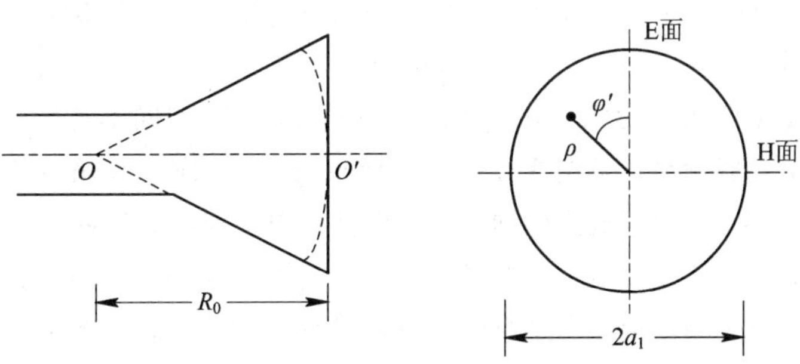

图 7.6.1　圆锥喇叭和所采用的坐标系

圆锥喇叭口径场的近似相位分布与角锥喇叭相似。分析时设喇叭内的等相位面是以 O 点为中心的球面。圆锥喇叭口径场的相位分布为

$$\varphi(\rho)=\frac{\pi\rho^2}{\lambda R_0} \tag{7.6.1}$$

式中，R_0 是圆锥喇叭长度。

圆锥喇叭口径场的幅度分布和圆形波导开口面的相同。圆锥喇叭口面与自由空间的匹配比圆形波导辐射器要好。

圆锥喇叭的辐射场可表示为

$$E=B_0E_0\int_0^{a_1}\int_0^{2\pi}\varepsilon(\rho,\varphi')\mathrm{e}^{-\mathrm{j}\frac{\pi\rho^2}{\lambda R_0}+\mathrm{j}k\sin\theta\cos(\varphi-\varphi')}\mathrm{d}\varphi'\rho\mathrm{d}\rho \tag{7.6.2}$$

式中，$\varepsilon(\rho,\varphi')$是圆锥喇叭口径场幅度分布函数，由于其函数过于复杂，这里不予详细介绍。

最优圆锥喇叭的半功率波瓣宽度为

$$\begin{cases}2\theta_{\mathrm{H0.5}}\approx 70\,\dfrac{\lambda}{2a_1}\\[2ex]2\theta_{\mathrm{E0.5}}\approx 60\,\dfrac{\lambda}{2a_1}\end{cases} \tag{7.6.3}$$

式中，$2a_1$ 为圆锥喇叭口径直径。

最优圆锥喇叭口径利用效率 $\eta_a\approx0.5$，增益为

$$G\approx0.5\left(\frac{2\pi a_1}{\lambda}\right)^2 \tag{7.6.4}$$

喇叭天线口径上的相位偏差可以采用某种特性结构进行校正，这样可增大喇叭张角以得到较窄的方向图。

7.6.2 波纹圆锥喇叭天线

1. 波纹喇叭的基本理论

波纹喇叭是喇叭内壁开有深约 $\lambda/4$ 槽的喇叭，这种喇叭加工稍难，径向尺寸大，但是其性能优异，副瓣极低，效率很高，辐射方向图理论上可以做到圆对称和无交叉极化。但是，由于喇叭尺寸有限，其口径均不可能与抛物面的焦面场完全匹配，加上其他各种实际因素的影响，实用的天线效率可达 0.7～0.8。

以普通的圆锥喇叭天线为例，由于其在终端开口处同外空间不连续，喇叭内 E 面的传导电流会绕过喇叭口径流到喇叭外壁上，因而导致较大的副瓣，使方向图很粗糙。但是 H 面因为边缘场强较小，传导电流是横向的，不会沿纵向绕到喇叭外壁上，因此 H 面边缘的绕射现象不严重，如图 7.6.2 所示。为了阻止电流向外壁流出，人们在喇叭内部加入了传统的 $\lambda/4$ 扼流槽，通过抑制喇叭内的这种有害的纵向电流来降低 E 面的边缘场强，结果使 E 面的方向图特性几乎和 H 面完全一样，最终使这两个面的方向图等化且降低了副瓣。

圆口波纹喇叭由于其性能优异，辐射方向图理论上可以做到轴对称和无交叉极化，因

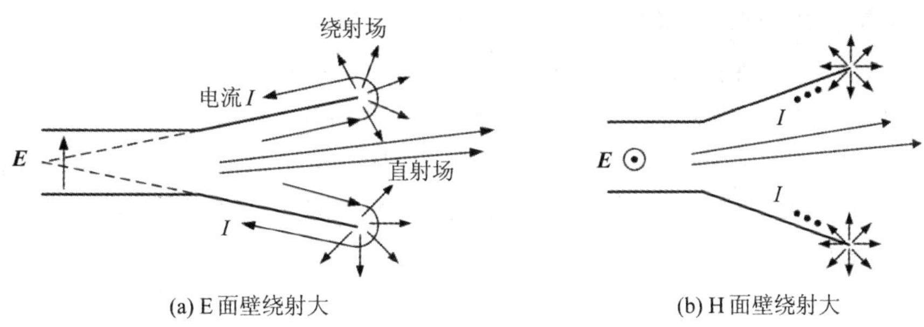

图 7.6.2　光壁喇叭的边缘绕射

此，用它作为圆口抛物面天线的馈源时，效率几乎可以达到 100％。

图 7.6.3 给出了各种形式的波纹圆锥喇叭纵截面图。图 7.6.3(a)所示为光壁圆锥喇叭的结构示意图，它具有喇叭口径边缘(主要是 E 面)绕射大、无法得到圆对称方向图、－10 dB 电平以外的场下降慢等缺点。

当波纹喇叭的张角在 20°之内时，通常称为小张角波纹圆锥喇叭，如图 7.6.3(b)所示，其槽可制成与喇叭轴线垂直，这样机械加工方便。小张角喇叭的波瓣宽度与喇叭的口径大小有直接关系，因为喇叭张角较小，口径面上的相位相差不大，所以小张角喇叭的相位中心一般靠近喇叭的口面。

图 7.6.3(c)所示为大张角波纹圆锥喇叭的结构示意图，它的张角一般为 20°到 50°之间，波纹槽通常加工成与喇叭内壁面垂直。对于给定的张角，由于口径面上相位差较大，因此存在最佳直径。

图 7.6.3(d)所示的轴向开槽波纹圆锥喇叭相比而言加工较容易。

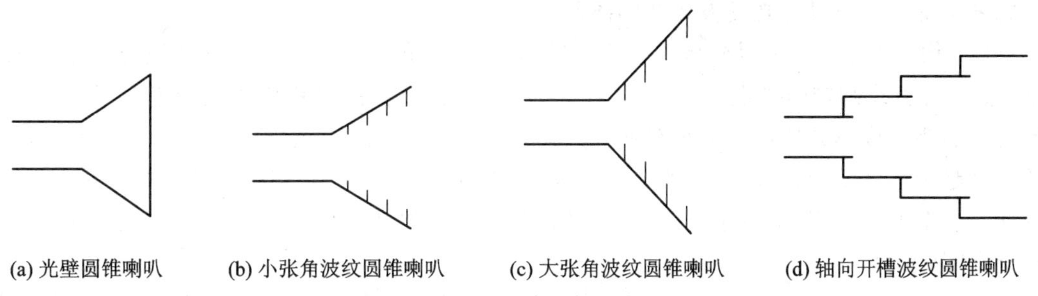

图 7.6.3　波纹圆锥喇叭纵截面图

波纹圆锥喇叭有如下一些优点：

(1) 喇叭口径边缘(主要是 E 面边缘)的绕射由于波纹槽的应用而得到良好的控制和消除，使得其副瓣和后瓣较小，且重合性比较好，即具有旋转对称的辐射方向图。

(2) 各辐射面的相位中心重合，使得整个喇叭有确定的相位中心。

(3) 能够得到具有圆对称性的方向图。

(4) 交叉极化电平低且波束效率较高。

(5) 工作频带较宽。

2. 波纹圆锥喇叭的主要结构

波纹喇叭的主要结构一般包括两种：四段结构和两段结构。两段结构的波纹圆锥喇叭实际上是四段结构的各种融合，主要包括模转换匹配段和喇叭辐射段，采用这种方案的最高和最低频率比小于1.75。下面主要介绍宽带波纹圆锥喇叭四段结构中每段的功能。

图7.6.4所示的四段结构一般由输入锥削段、模变换段、过渡段(包括变频段和变角段)和辐射段组成。

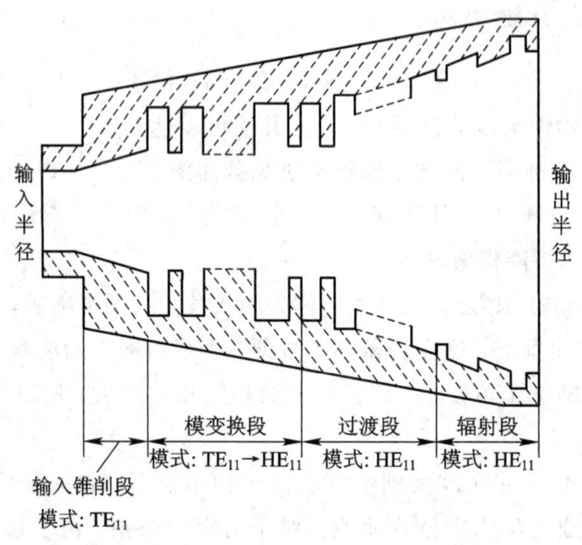

图7.6.4 波纹圆锥喇叭四段结构方案

(1) 输入锥削段：主要目的是将光壁圆波导的输出半径渐变到模变换段所需的半径，以此来实现模变换段与光壁波导之间的匹配。

(2) 模变换段：主要功能是把光壁圆波导中的 TE_{11} 模转换为波纹圆波导中的 HE_{11} 模，此段是波纹圆锥喇叭设计的关键段。它使模式在转换的过程中不会引起显著的失配，同时也不要造成非必要模的显著激励，尤其是对于高频端不要激励起 EH_{12} 模，低频端不要激励起慢波 TE_{11} 模。通过合理选择槽深、槽宽和张角来得到 EH_{12} 模和 HE_{11} 模的合适模比，这样可以使 EH_{12} 模产生的交叉极化与主模非平衡混合后产生的交叉极化相抵消，以提高喇叭的性能。

(3) 过渡段：主要用来实现模变换段与辐射段之间的张角变换、槽深变换以及槽距变换等。

(4) 辐射段：用来确定波纹圆锥喇叭的主模即 HE_{11} 模的主极化特性，实现馈源对反射面的边沿照射电平的条件。

第8章　反射面天线

反射面天线广泛应用于诸如卫星通信、微波通信、雷达和射电天文台等各种领域。在远距离通信和高分辨率雷达的应用中，都要求天线具有高增益，反射面天线成了使用最广泛的高增益天线，在微波波段其增益超过 30 dBi，而其他类型的天线很难达到这个增益。近年来，随着卫星通信技术的快速发展，对天线提出了诸如宽频带(或多频段)、低交叉极化、多波束、宽扫描角范围、双极化(或多极化)等一些新的要求，这也催生了很多适合于不同应用场景的反射面天线。反射面天线技术的发展大致可分为以下几个阶段。

(1) 初级阶段：这一阶段主要是解决雷达、通信的应用问题。由于在接收系统中使用常温参数，其本身的噪声温度很高，因此系统对天线的噪声温度考虑较少。在当时采用的天线多半是前馈抛物面天线和常规的未赋形的卡塞格伦天线或格里高利天线，其馈源大部分采用的是光壁喇叭，天线效率一般仅为 40%～55%。

(2) 发展阶段：相比初级阶段，在这一时期，接收系统使用了制冷装置，其本身噪声温度较低，这样对天线及其馈源所贡献的噪声温度就需引起重视，并且提出了以品质因数作为衡量天线性能的标准，这就要求天线及其馈源系统有低的噪声温度和高的天线效率，于是发展出了后馈式的卡塞格伦天线和格里高利天线。

(3) 频谱复用和低旁瓣技术阶段：这一阶段低噪声放大器(LNA)开始得到使用，必然要求天线和馈源的噪声温度进一步降低。在应用于卫星通信时，由于卫星的增多，必须减小相邻卫星之间的干扰，使反射面天线具有低旁瓣方向图的包络要求。

(4) 新型反射面天线发展阶段：由于频率和带宽不够用，故拓宽频带成为这一阶段的主要任务。现在反射面天线的工作频率已经达到太赫兹频段。

在各种反射面天线中，前馈式的旋转对称反射面天线是应用最为广泛的，它在面天线的发展史上起到了奠基作用。但是，这种天线也存在其固有的缺陷。首先，由于反射面的反射作用，必然导致馈源喇叭驻波特性的恶化；其次，馈源系统及其支撑结构的阻挡也会导致增益和波束效率的下降、旁瓣电平和交叉极化电平的升高。为了提高天线效率，满足通信系统所要求的高增益、低副瓣、低交叉极化等特性，提出了偏置反射面天线的设计。单偏置反射面天线既可以改善馈源的输入电压驻波比，又可以消除由于馈源遮挡造成的副瓣电平上升，表现出很大的优越性。但是由于采用偏置结构会对天线的对称性造成破坏，导致其在线极化工作时的交叉极化电平升高，满足不了高极化鉴别率的要求，因此，在要求高极化鉴别率时，可以将反射面天线设计成双偏置反射面天线，此外，还可以通过对双偏置反射面天线的赋形，来达到更高的电性能指标要求。所以，反射物面天线系统通常可分为单反射面天线系统和双反射面天线系统，双反射面又分为卡塞格伦型和格里高利型。

8.1 抛物面天线的基本特性

由抛物线绕其对称轴旋转而成的反射面天线称为抛物面天线。抛物面天线由于结构简单、造价较低及容易获得窄波束、高增益等辐射特性，在微波中继通信、卫星通信和射电天文等方面得到了广泛的应用。

常规抛物面天线主要由馈源和抛物反射面构成。馈源一般位于抛物面的焦点上，其辐射的电磁波经反射面反射，其空间场矢量叠加成合成场，该合成场的波束指向一个特定的方向，并在此方向具有很强的方向性。抛物面天线具有很多形式，常用的有柱面抛物面天线、旋转抛物面天线和部分抛物面天线，如图 8.1.1 所示。

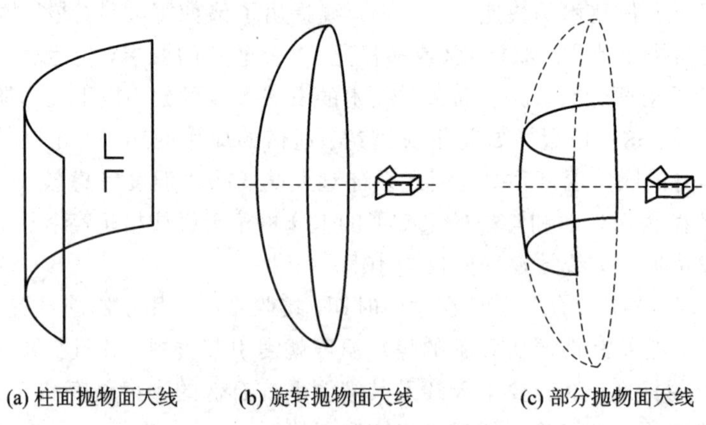

图 8.1.1 常用抛物面天线示意图

为了对抛物面天线进行分析，并求出天线在空间产生的电磁场，根据场等效原理可先求出馈源在抛物反射面的口面上所产生的电磁场分布情况。由于反射面的尺寸远大于波长，且抛物面在馈源的辐射远区，因此，可以利用几何光学的方法来求抛物面口面上的场。由几何光学原理可知，一束平行的射线入射到一个几何形状为抛物面的反射器上，它们会被汇聚到抛物面的焦点上。反之，如果将一个点源放在抛物面的焦点上，则由点源产生的射线经抛物面反射后会形成平行的射线，由此可求得抛物面口面上的场分布。

8.1.1 抛物线方程

以旋转抛物面为例，它是由抛物线绕其对称轴旋转而成的。选取如图 8.1.2 所示的直角坐标系，直角坐标系的原点取在焦点 F 处，下面对抛物面在 $y'Oz'$ 平面内的截线（抛物线）进行分析。

抛物线在直角坐标系内的方程为

$$y'^2 = 4f(f - z') \tag{8.1.1}$$

其中，f 为焦距。

在 $y'Oz'$ 面内建立坐标系 ρ - θ'，极坐标的原点同样取在焦点 F 处，F 到抛物面上任意点 P 的距离为 ρ，FP 与 z' 轴的夹角为 θ'，则极坐标下的抛物线方程为

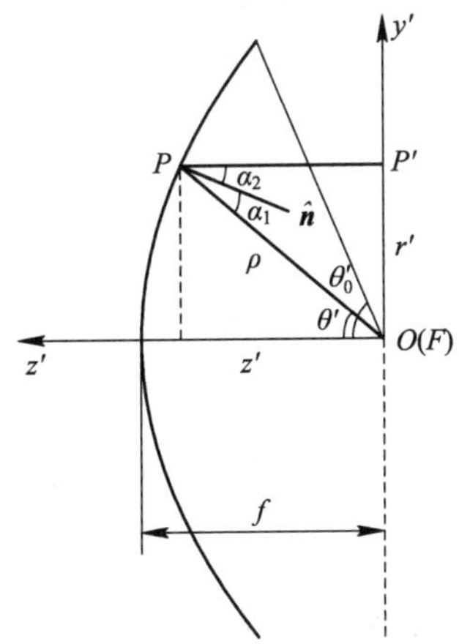

图 8.1.2　抛物面的几何关系坐标图

$$\rho=\frac{2f}{1+\cos\theta'}=f\sec^2\frac{\theta'}{2} \tag{8.1.2}$$

或

$$r'=\rho\sin\theta'=\frac{2f\sin\theta'}{1+\cos\theta'}=2f\tan\frac{\theta'}{2} \tag{8.1.3}$$

8.1.2　抛物面的几何特性和光学特性

1. 抛物面的几何特性

旋转抛物面的几何特性如下：

(1) 由焦点发出的射线经抛物面反射后反射线都平行于对称轴。根据抛物线的几何特性可知$\angle a_1=\angle a_2$，如图 8.1.2 中所示，证明如下。

抛物面的球坐标方程(8.1.2)可写为

$$f-\rho\cos^2\frac{\theta'}{2}=0 \tag{8.1.4}$$

求其梯度为

$$\nabla\left(f-\rho\cos^2\frac{\theta'}{2}\right)=-\hat{\boldsymbol{\rho}}\cos^2\frac{\theta'}{2}+\hat{\boldsymbol{\theta}}'\cos\frac{\theta'}{2}\sin\frac{\theta'}{2} \tag{8.1.5}$$

将式(8.1.5)归一化，即可得出抛物面的单位法线$\hat{\boldsymbol{n}}$为

$$\hat{\boldsymbol{n}}=-\hat{\boldsymbol{\rho}}\cos\frac{\theta'}{2}+\hat{\boldsymbol{\theta}}'\sin\frac{\theta'}{2} \tag{8.1.6}$$

$\hat{\boldsymbol{n}}$与FP(由焦点F到P点的连线)的夹角$\angle a_1$可由下式得出：

$$\cos a_1=-\hat{\boldsymbol{\rho}}\cdot\hat{\boldsymbol{n}}=\cos\frac{\theta'}{2} \tag{8.1.7}$$

$\hat{\boldsymbol{n}}$与PP'(过P点且平行于轴的直线)的夹角$\angle a_2$可由下式得出：

$$\cos a_2=-\hat{\boldsymbol{z}}'\cdot\hat{\boldsymbol{n}}=-(\hat{\boldsymbol{\rho}}\cos\theta'-\hat{\boldsymbol{\theta}}'\sin\theta')\cdot\left(-\hat{\boldsymbol{\rho}}\cos\frac{\theta'}{2}+\hat{\boldsymbol{\theta}}'\sin\frac{\theta'}{2}\right)=\cos\frac{\theta'}{2} \tag{8.1.8}$$

即$\angle a_1=\angle a_2$，二者均为$\theta'/2$。

(2) 由焦点发出的射线经抛物面反射后到达此平面的距离为一个常数，即

$$\overline{FP}+\overline{PP}'=\rho+\rho\cos\theta'=\rho(1+\cos\theta')=2f \tag{8.1.9}$$

2. 抛物面的光学特性

抛物面的光学特性如下：

(1) 由抛物面焦点 F 发出的射线经抛物面反射后，所有的反射线都与抛物面的对称轴平行。在焦点处的馈源辐射的球面波经抛物面反射后变成平行的电磁波束。相反，当平行的电磁波沿抛物面的对称轴入射到抛物面上时，被抛物面会聚于焦点。

(2) 由焦点处发出的球面波经抛物面反射后，在口径上形成平面波前，口径上的场处处同相。相反，当平面电磁波沿抛物面对称轴入射时，经抛物面反射后不仅会聚于焦点，而且相位相同。

由以上抛物面的性质可知，若将馈源的相位中心放在抛物面的焦点上，则其所辐射的场经抛物面反射后向 $-z'$ 方向传播，且在焦平面上由行程所引起的相位相同，即在 $-z'$ 方向的场同相叠加，可形成强的方向性。

8.1.3 焦径比

若抛物线以 z' 轴为旋转轴旋转半周，则形成抛物面，设此旋转而成的抛物面的口面直径为 D，定义 $\dfrac{f}{D}$ 为焦径比，可得

$$\frac{f}{D}=\frac{f}{2y'_{\max}}=\frac{f}{2\rho\sin\theta'_0}=\frac{f}{2f\sec^2\dfrac{\theta'_0}{2}\sin\theta'_0}=0.25\cot\frac{\theta'_0}{2} \tag{8.1.10}$$

式中，θ'_0 为抛物面的半张角，则 $2\theta'_0$ 为抛物面的张角。

在抛物面的边缘 $z'=f-L$ 处，有

$$x'^2+y'^2=\left(\frac{D}{2}\right)^2 \tag{8.1.11}$$

因此，可得到抛物面深度 L 的表达式为

$$L=\frac{D^2}{16f} \tag{8.1.12}$$

对于抛物面而言，口径 D 和焦径比 f/D 确定以后，抛物面的形状也就确定了，如图 8.1.3 所示。

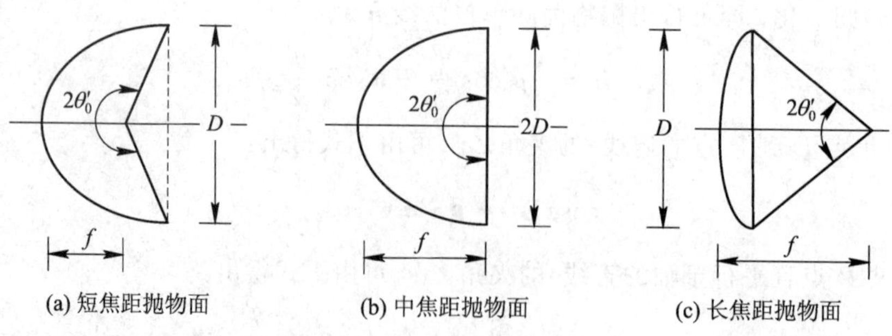

图 8.1.3 不同焦距的抛物面

根据焦径比 f/D 不同，抛物面天线可分为三类：

(1)当 $f/D<1/4$ 时，$f<L$，$\theta'_0>90°$，为短焦距抛物面天线；

(2)当 $f/D=1/4$ 时，$f=L$，$\theta'_0=90°$，为中焦距抛物面天线；

(3)当 $f/D>1/4$ 时，$f>L$，$\theta'_0<90°$，为长焦距抛物面天线。

8.1.4　口径场法

如上所述，口径场的相位是均匀的，口径场的幅度分布取决于馈源的辐射特性。首先假设馈源是位于焦点的各向同性点源，这样我们可单独分析反射面的作用。由于馈源辐射球面波，功率密度随 $1/\rho^2$ 衰减，经抛物面反射后变为平面波，平面波无扩散衰减，因而，在口径面上功率密度随 $1/\rho^2$ 变化，而场强随 $1/\rho$ 变化。反射面产生一种固有的幅度衰减，称为空间衰减。

若初级天线(馈源)不是各向同性的，其归一化方向图 $F_f(\theta',\varphi')$ 的作用采用图 8.1.2 的坐标系，则场强可表示为

$$E_a(\theta',\varphi')=E_0\frac{F_f(\theta',\varphi')}{\rho}\hat{\boldsymbol{u}}_r \tag{8.1.13}$$

式中，$\hat{\boldsymbol{u}}_r$ 是口径电场的单位矢量。平面极坐标(θ',φ')适于描述口径场，因而，θ' 和 ρ 必须用 r' 和 φ' 表示，由式(8.1.3)得

$$\theta'=2\arctan\frac{r'}{2f} \tag{8.1.14}$$

由式(8.1.2)和式(8.1.3)可以证明

$$\rho=\frac{4f^2+r'^2}{4f} \tag{8.1.15}$$

至此，已导出了口径场的幅度与相位分布，尚需确定方向 $\hat{\boldsymbol{u}}_r$，它是馈源的辐射场经抛物面反射后口径场 $\boldsymbol{E}_a$ 的单位矢量。对于大反射面，反射近似遵循斯涅尔反射定律，即反射角等于入射角，如图 8.1.2 中所示，这两个角均为 $\theta'/2$。假设 $\boldsymbol{E}_i$ 和 $\boldsymbol{E}_r$ 是反射器表面的入射和反射电场，总场 $\boldsymbol{E}_i+\boldsymbol{E}_r$ 的切向分量必须等于零以满足理想导体的边界条件。由于 $\boldsymbol{E}_i$ 和 $\boldsymbol{E}_r$ 相对于 $\hat{\boldsymbol{n}}$ 对称，法向分量加倍，因而

$$\boldsymbol{E}_i+\boldsymbol{E}_r=2(\hat{\boldsymbol{n}}\cdot\boldsymbol{E}_i)\hat{\boldsymbol{n}}$$

或

$$\boldsymbol{E}_r=2(\hat{\boldsymbol{n}}\cdot\boldsymbol{E}_i)\hat{\boldsymbol{n}}-\boldsymbol{E}_i \tag{8.1.16}$$

由于入射与反射波幅度相等，即 $|\boldsymbol{E}_i|=|\boldsymbol{E}_r|$，式(8.1.16)两边同除以 $|\boldsymbol{E}_r|$ 后得

$$\hat{\boldsymbol{u}}_r=2(\hat{\boldsymbol{n}}\cdot\hat{\boldsymbol{u}}_i)\hat{\boldsymbol{n}}-\hat{\boldsymbol{u}}_i \tag{8.1.17}$$

式中，$\hat{\boldsymbol{n}}_r=\boldsymbol{E}_r/|\boldsymbol{E}_r|$，$\hat{\boldsymbol{u}}_i=\boldsymbol{E}_i/|\boldsymbol{E}_i|$。

整个抛物面天线系统的辐射方向图称为次级方向图，可由口径场计算。我们采用等效磁流公式，由式(7.1.18)辐射积分

$$\boldsymbol{P}=E_0\int_0^{2\pi}\int_0^a\frac{F_f(\theta',\varphi)}{\rho}\hat{\boldsymbol{u}}_r e^{jkr'\sin\theta\cos(\varphi-\varphi')}r'\mathrm{d}r'\mathrm{d}\varphi' \tag{8.1.18}$$

辐射场则由式(7.1.28)得出。

上面介绍的计算辐射方向图的方法称为口径场法，也可采用镜面电流法计算辐射方向图。

8.2 抛物面天线的面电流法

抛物面天线的基本模型如图 8.2.1 所示。馈源辐射的电磁波投射到抛物面内表面，在其上感应出面电流，抛物面内表面的每一面元都成了辐射单元。由源电流 $\boldsymbol{J}(\boldsymbol{r}')$ 产生的远区电场为

$$\boldsymbol{E}(\boldsymbol{r}) = -\mathrm{j}\omega\mu\boldsymbol{A}(r) + \frac{1}{\mathrm{j}\omega\varepsilon}\nabla[\nabla\cdot\boldsymbol{A}(\boldsymbol{r})] \tag{8.2.1}$$

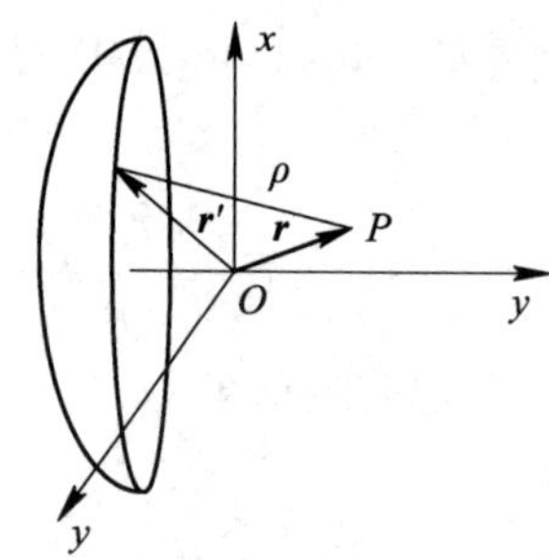

图 8.2.1 抛物面天线的基本模型

式中，$\boldsymbol{r}'$ 为源位置矢量，$\boldsymbol{r}$ 为观察点矢量，磁矢位为

$$\boldsymbol{A}(\boldsymbol{r}) = \iint_{S'} \boldsymbol{J}(\boldsymbol{r}) G\left(\frac{\boldsymbol{r}}{\boldsymbol{r}'}\right) \mathrm{d}S' \tag{8.2.2}$$

自由空间的格林函数为

$$G\left(\frac{\boldsymbol{r}}{\boldsymbol{r}'}\right) = \frac{\mathrm{e}^{-\mathrm{j}k|\boldsymbol{r}-\boldsymbol{r}'|}}{4\pi|\boldsymbol{r}-\boldsymbol{r}'|} \tag{8.2.3}$$

式(8.2.3)满足

$$(\nabla^2 + k^2) G\left(\frac{\boldsymbol{r}}{\boldsymbol{r}'}\right) = -\delta(\boldsymbol{r}-\boldsymbol{r}') \tag{8.2.4}$$

实际上，远区电场可由源电流来表示，即

$$\boldsymbol{E}(\boldsymbol{r}) = -\mathrm{j}k\eta\left(\bar{\bar{\boldsymbol{I}}} + \frac{1}{k^2}\nabla\nabla\right)\cdot\iint_{S'} \boldsymbol{J}(\boldsymbol{r}') G\left(\frac{\boldsymbol{r}}{\boldsymbol{r}'}\right) \mathrm{d}S' \tag{8.2.5}$$

其中，k 为自由空间波数，η 为自由空间波阻抗，$\bar{\bar{\boldsymbol{I}}}$ 为并矢。

通过远场近似，如图 8.2.2 所示，格林函数可写为

$$\frac{\mathrm{e}^{-\mathrm{j}k|\boldsymbol{r}-\boldsymbol{r}'|}}{4\pi|\boldsymbol{r}-\boldsymbol{r}'|} \approx \frac{\mathrm{e}^{-\mathrm{j}kr}}{4\pi r}\mathrm{e}^{\mathrm{j}k\boldsymbol{r}'\cdot\boldsymbol{r}'} \tag{8.2.6}$$

在球坐标中，观察点单位矢量为

$$\hat{\boldsymbol{r}} = \hat{\boldsymbol{x}}\sin\theta\cos\varphi + \hat{\boldsymbol{y}}\sin\theta\sin\varphi + \hat{\boldsymbol{z}}\cos\theta \tag{8.2.7}$$

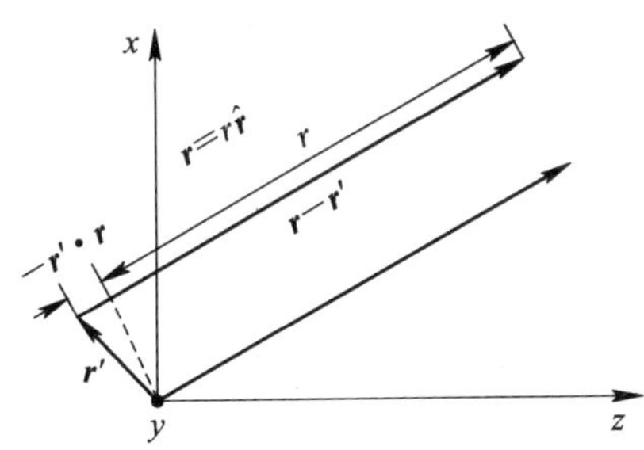

图 8.2.2　xOz 平面的远场近似

则式(8.2.5)变为

$$\boldsymbol{E}(\boldsymbol{r})=-\mathrm{j}k\eta\left(\bar{\bar{\boldsymbol{I}}}+\frac{1}{k^2}\nabla\nabla\right)\cdot\iint_{S'}\boldsymbol{J}(\boldsymbol{r}')\frac{\mathrm{e}^{-\mathrm{j}kr}}{4\pi r}\mathrm{e}^{\mathrm{j}k\boldsymbol{r}'\cdot\hat{\boldsymbol{r}}}\,\mathrm{d}S' \tag{8.2.8}$$

又通过矢量公式

$$\nabla\cdot(\varphi\boldsymbol{a})=\boldsymbol{a}\cdot\nabla\varphi \tag{8.2.9}$$

$$\nabla(fg)=f\,\nabla g+g\nabla f \tag{8.2.10}$$

则式(8.2.8)化简为

$$\boldsymbol{E}(\boldsymbol{r})=-\mathrm{j}k\eta\frac{\mathrm{e}^{-\mathrm{j}kr}}{4\pi r}(\bar{\bar{\boldsymbol{I}}}-\hat{\boldsymbol{r}}\,\hat{\boldsymbol{r}})\cdot\iint_{S'}\boldsymbol{J}(\boldsymbol{r}')\mathrm{e}^{\mathrm{j}k\boldsymbol{r}'\cdot\hat{\boldsymbol{r}}}\,\mathrm{d}S' \tag{8.2.11}$$

由式(8.2.11)可见，求出馈源所辐射的电磁场在反射面上激励的面电流密度分布，就可计算出抛物面辐射的电磁场。当抛物面尺寸远远大于工作波长时，馈源发出的电磁波在抛物曲面上任意一点激励起的电流可以看成是电磁波在与该点相切的导体平面上激励起的电流。反射面上的面电流密度矢量为

$$\boldsymbol{J}(\boldsymbol{r}')=2\hat{\boldsymbol{n}}\times\boldsymbol{H}^{\mathrm{inc}}(\boldsymbol{r}') \tag{8.2.12}$$

其中，$\hat{\boldsymbol{n}}$ 为抛物面的单位法线，$\boldsymbol{H}^{\mathrm{inc}}$ 为反射面的入射磁场，而且

$$\boldsymbol{H}^{\mathrm{inc}}=\frac{1}{\eta}\boldsymbol{\rho}\times\boldsymbol{E}^{\mathrm{inc}} \tag{8.2.13}$$

将式(8.2.13)代入式(8.2.12)得

$$\boldsymbol{J}(\boldsymbol{r}')=\frac{2}{\eta}\hat{\boldsymbol{n}}\times\boldsymbol{\rho}\times\boldsymbol{E}^{\mathrm{inc}} \tag{8.2.14}$$

将式(8.2.14)代入式(8.2.11)得

$$\boldsymbol{E}(\boldsymbol{r})=-\frac{\mathrm{j}}{\lambda}\frac{\mathrm{e}^{-\mathrm{j}kr}}{r}(\bar{\bar{\boldsymbol{I}}}-\hat{\boldsymbol{r}}\,\hat{\boldsymbol{r}})\cdot\iint_{S'}(\hat{\boldsymbol{n}}\times\boldsymbol{\rho}\times\boldsymbol{E}^{\mathrm{inc}})\mathrm{e}^{\mathrm{j}k\boldsymbol{r}'\cdot\hat{\boldsymbol{r}}}\,\mathrm{d}S' \tag{8.2.15}$$

如果抛物面的波阵面口径倾斜，则方向图主瓣最大值方向会偏离口径平面法线方向。若馈源沿垂直于抛物面轴线的方向移动，则称为馈源横向偏焦。馈源横向偏焦时，抛物面口径上同时出现线性相位偏差和立方律相位偏差。线性相位偏差使方向图主瓣向与馈源偏焦方向相反的一侧偏移，立方律相位偏差使方向图主瓣向另一侧偏移一个较小的角度，合成结果是使方向图主瓣向与偏焦方向相反的一侧偏移一个角度，同时方向图不再理想对称，在主瓣偏移的一侧副瓣电平降低，另一侧副瓣电平升高。如果横向偏焦不大，则抛物面口径场相位偏差接近于线性相位偏差，仅有主瓣最大值方向偏离轴向，方向图波瓣结构

变化很小，增益下降较少。在应用中，如果需要波瓣偏离抛物面轴向做上下或左右摆动，或使波瓣在小角度范围内扫描以达到跟踪目标的目的，就可利用馈源的横向偏焦特性。馈源沿抛物面轴向偏离焦点时，称为纵向偏焦。若馈源纵向偏焦，则会引起天线的波束宽度展宽，增益下降。

8.3 抛物面天线的电参数

抛物面天线的性能需要由许多电参数来描述，比较重要的电参数有效率、方向系数、增益、噪声温度、半功率波瓣宽度、第一副瓣电平等。半功率波瓣宽度和第一副瓣电平可以根据方向图计算。下面主要介绍一下其他几个电参数。

抛物面天线的效率 η 通常都小于 1。抛物面天线的效率降低的主要原因是，辐射器发出的功率有相当一部分不能被抛物面截获，而是从抛物面边缘越过，造成能量的泄漏损耗。因而，抛物面天线的增益系数 G 常表示为

$$G=\eta D=\frac{4\pi A}{\lambda^2}\eta\upsilon=g\frac{4\pi A}{\lambda^2} \tag{8.3.1}$$

式中，D 是辐射器最大辐射方向的方向系数；A 为抛物面的口面面积；$g=\eta\upsilon$ 称为增益因子，它既与辐射器的方向性有关，也与抛物面的形状(焦径比或半张角)有关。

通常，辐射器的归一化功率方向函数可近似表示为

$$F_1(\psi)=\begin{cases}\cos^i\psi & 0°\leqslant\psi\leqslant 90° \\ 0 & \psi>90°\end{cases} \tag{8.3.2}$$

式中，i 是方向函数指数，表示辐射器方向图的尖锐程度。

我们已经知道天线在最大辐射方向的辐射场强为

$$E_{\max}=\frac{\sqrt{60DP_r}}{\rho} \tag{8.3.3}$$

式中，P_r 为辐射器的辐射功率，ρ 为辐射器到抛物面的径向距离。把式(8.1.3)代入式(8.3.3)，可得天线口面 P 点的场的振幅为

$$E_P=\frac{\sqrt{60DP_r}}{2f}(1+\cos\psi)F_1(\psi) \tag{8.3.4}$$

天线的方向系数为 $D=2(2i+1)$，将 $F_1(\psi)$和 D 代入式(8.3.4)，得到抛物面口面场的一般表达式为

$$E_P=\frac{\sqrt{30(2i+1)P_r}}{f}(1+\cos\psi)\cos^i\psi \tag{8.3.5}$$

1. 效率

对发射天线来说，天线效率是用来衡量天线将导波能量或高频电流转换为无线电波的有效程度。抛物面天线的效率表示电磁波从馈源进入抛物面系统，再辐射到空间中去这一过程中的损耗程度。损耗越少，天线效率越高，其性能也越好。抛物面天线的效率主要包含截获效率、口径效率、透明效率、交叉极化效率、主面公差效率，这五个因子的乘积就是

抛物面天线的总效率的近似值。

(1) 截获效率，即馈源照射效率，指馈源辐射出的所有能量中，有多少被抛物面所截获。这是由于馈源照射抛物面时，有一部分能量会越过抛物面边缘而直接辐射到空间中去。若是单抛物面，则为主面截获效率；若是双抛物面，则为副面截获效率。

(2) 口径效率，即口径利用效率，是指不均匀分布的口径面积可以等效为多大的均匀分布的口径。口径效率由抛物面表面电流密度和口径场分布形式决定，与馈源形式和抛物面的形状有关。当馈源给定时，即馈源的方向图确定后，抛物面张角越小，照射在抛物面上形成的口径场分布越均匀，口径效率越大。计算与实践表明，抛物面会存在一个最优张角，当抛物面口径边缘场比口径中心场低大约 10～11 dB 时所对应的张角即为最优张角。

(3) 透明效率，是指抛物面所截获并反射的所有能量中，有多少没有遇到遮挡而到达口径面。

(4) 交叉极化效率，是指口径面所辐射的所有能量中，有多少是由主极化分量辐射的。口径场的交叉极化分量过大会造成一部分能量损失。

(5) 主面公差效率，是指因主面制造偏差引起的效率损失。对于有副面的双抛物面天线来说，若副面较小且加工精度较高，则副面的偏差可忽略不计。高增益天线的抛物面表面通常很大，制造时会产生不可避免的误差。

2. 方向系数

天线的方向系数是表示辐射电磁能量集束程度的一个参数。某一方向的方向系数定义为该方向的辐射强度与平均辐射强度之比。抛物面天线的方向系数由口径面积 A 和口径利用效率 η_a 确定，即

$$D=\frac{4\pi}{\lambda^2}A\eta_a \tag{8.3.6}$$

在抛物面天线理论中，一般所说的方向系数就是指均匀口径的最大方向系数，即

$$D=\frac{4\pi}{\lambda^2}A \tag{8.3.7}$$

对于口径半径为 R 的圆形口径，其方向系数可以表示为

$$D_{\mathrm{dB}}=20\lg\frac{2\pi R}{\lambda} \tag{8.3.8}$$

3. 增益

增益用来表征天线辐射能量集束程度和能量转换效率的总效益。增益以分贝形式表示为

$$G_{\mathrm{dB}}=20\lg\frac{2\pi R}{\lambda}+10\lg\eta_a \tag{8.3.9}$$

4. 噪声温度(T_a)

噪声温度是衡量弱信号接收能力的一个重要参数。噪声包括内部噪声和外部噪声。内部噪声包括天线的欧姆损耗、馈线损耗等。外部噪声主要来自宇宙的噪声和大自然、大气层的热噪声。在 C 波段，宇宙噪声很小，主要是大地和大气层的热噪声。在 Ku 波段，这些噪声也随着频率的增加而增大。此外，噪声温度还与天线的仰角、口径、精度、焦距/口径比等因素有关。仰角越小，信号穿过大气层的厚度越大，所以气象、大气噪声就越强，噪声

温度就越大。口径越大，波束越窄，噪声温度就越小。天线的增益与天线的噪声温度的比值，又叫作品质因数(G/T_a)。天线的品质因数越大，表明天线的增益越大，噪声温度越小，天线的性能就越优良。

8.4 馈源的设计

在抛物面天线的设计中，首先要确定天线的几何参数，例如反射面的口径 D、馈源高度 h、焦距 f、馈源尺寸、馈源阵尺寸等，这些可以根据所要求的增益、副瓣电平、正交极化电平来确定，再不断计算和调整来确定馈源的激励系数。在天线的几何参数中，反射面口径 D 和焦距口径比 f/D 是两个重要的参数。D 决定着天线的增益及单个波束的宽度，与焦点波束相比，波束偏离焦点时会使增益下降、波束展宽、副瓣电平增大、波束形状畸变。f/D 值影响着天线的扫描性能，f/D 值越大，天线的扫描性能越好，但同时整个天线的体积增大，口面张角变小，即意味着天线的方向图变窄，使馈源尺寸变大，增加了天线的体积以及质量。

馈源是抛物面天线的基本组成部分，它的电性能和机械结构对整个天线性能有很大影响。

8.4.1 理想馈源形式

如图 8.4.1 所示的前馈对称抛物面天线，假设馈源置于抛物面焦点处，其辐射方向图为 $e_f^2(\theta)$，在坐标系中有

$$\rho = \frac{2f}{1+\cos\theta} \tag{8.4.1}$$

$$r = \frac{2f\sin\theta}{1+\cos\theta} \tag{8.4.2}$$

$$\mathrm{d}r = f\sec^2\frac{\theta}{2}\mathrm{d}\theta \tag{8.4.3}$$

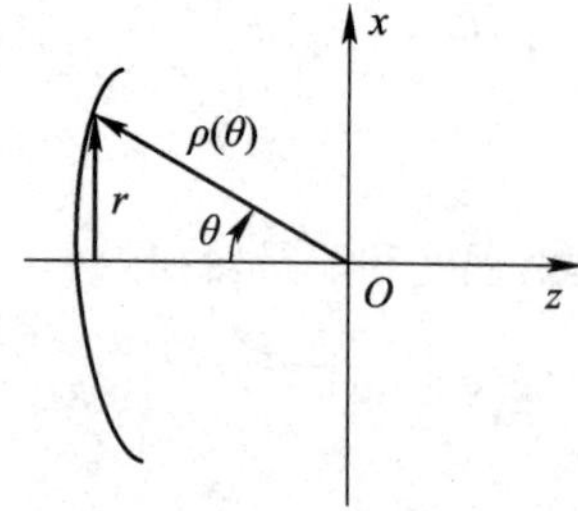

图 8.4.1 前馈对称抛物面天线

所以

$$r\,\mathrm{d}r\,\mathrm{d}\varphi = f^2\sec^4\frac{\theta}{2}\sin\theta\,\mathrm{d}\theta\,\mathrm{d}\varphi \tag{8.4.4}$$

式(8.4.4)可写为

$$\mathrm{d}a = f^2 \sec^4 \frac{\theta}{2} \sin\theta \mathrm{d}\Omega \tag{8.4.5}$$

式中，$\mathrm{d}a$ 为口径面积分单元，$\mathrm{d}\Omega$ 为立体角增量，f 为焦距。

由能量守恒定律得

$$e_{\mathrm{f}}^2(\theta)\mathrm{d}\Omega = e_{\mathrm{f}}^2(r)\mathrm{d}a \tag{8.4.6}$$

一般期望 $e_{\mathrm{f}}^2(r)=1$，因此在不计入常数项的情况下，有

$$e_{\mathrm{f}}^2(\theta) = \frac{\mathrm{d}a}{\mathrm{d}\Omega} = \sec^4 \frac{\theta}{2}$$

即

$$e_{\mathrm{f}}(\theta) = \sec^2 \frac{\theta}{2} \tag{8.4.7}$$

我们把这种函数方向图称为理想馈源方向图，如图 8.4.2 所示。这种理想的馈源方向图可均匀照射抛物面口径，没有能量溢出损失。在卡塞格伦天线中，双曲线副反射面产生的方向图可近似于这种理想馈源。典型馈源(如喇叭天线、螺旋天线)方向图如图 8.4.3 所示，很显然这种结构与理想馈源方向图不太相似。但是，如果使抛物面边缘角对应的锥削电平为－10～－15 dB，则其也能较好地平衡照射效率与溢出损失之间的关系，此时抛物面天线可产生较好的次级方向图。

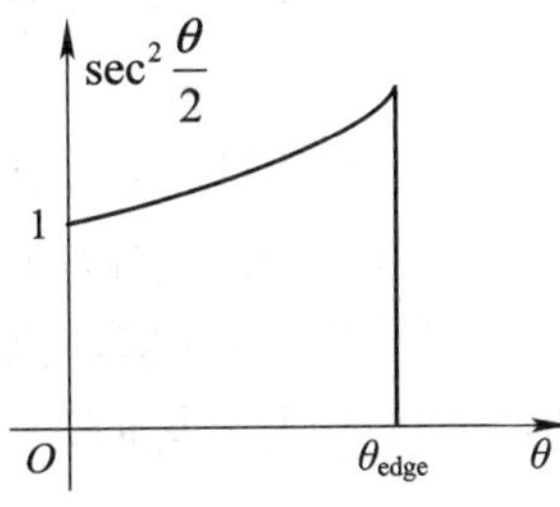

图 8.4.2　理想馈源方向图

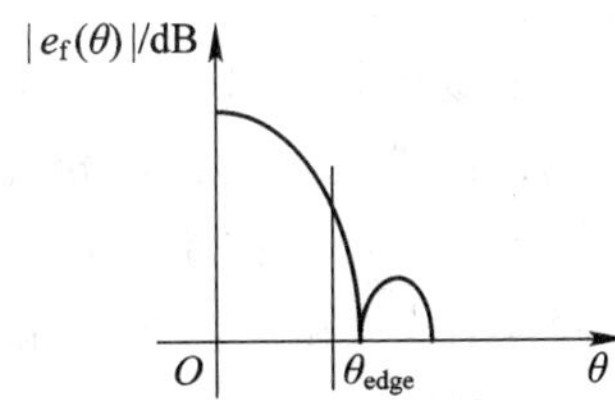

图 8.4.3　典型馈源方向图

8.4.2　对馈源的要求

为保证抛物面天线的性能，天线的馈源应满足如下一些基本要求：

(1) 抛物面截获馈源辐射的电磁能量应该尽可能多，在此前提下，应保证馈源对反射面均匀照射。在馈源的初级波瓣图中，它的旁瓣及后瓣应尽可能小，这是因为这些杂散的辐射不但降低了天线的增益，而且提高了抛物面天线的旁瓣电平。

(2) 馈源必须具有理想的辐射场相位，即馈源所辐射的场的等相位面必须是一个以相位中心为球心的球面。相位中心应与焦点重合，以使抛物面的口面上获得等相位的场分布。球面波的相位中心为球面等相位面的球心。对一些结构简单的馈源，它的辐射波可以看成是球面波。例如，理想的对称振子的辐射场，它的等相位面是一个球面，球面的中心就是振子的中心；喇叭辐射场的球面波中心不是在喇叭的口径面上，而是在喇叭口径面的后部。

(3) 馈源的结构不应该对抛物面上的辐射场有较大的影响，只允许它有较小的遮挡效应。

(4) 由于交叉极化场分量会使天线的增益降低，因此，馈源在抛物面天线的口径面上所产生的交叉极化场的分量必须很小。

(5) 在给定的工作频带内，要求馈源应与馈线有良好的匹配，一般低于−30 dB，以保证能在给定的发射功率下高效地工作。

(6) 馈源和天线的其他部分组合在一起，应该有足够的机械强度，以保证整个天线结构的坚固性。

馈源的形式很多，所有弱方向性的天线都可作为抛物面天线的馈源，例如振子型馈源、喇叭型馈源、波导口型馈源、对数周期型馈源、螺旋天线馈源等。在实际的应用中，馈源的选取取决于天线的工作频段和其他特殊要求。在 UHF 频段，大量使用偶极子作为馈源；在微波频段，多采用波导辐射器和小喇叭天线，也可采用半波偶极子、缝隙天线、螺旋天线等。

8.4.3 消除反射面场对馈源匹配影响的方法

馈源位于抛物面反射能量的传播路径上，有一部分能量被馈源所截获。截获的能量在馈源的传输线上形成反射波，从而影响馈源的匹配问题。以下为一些消除反射面场对馈源匹配影响的方法。

1. 补偿法

为了减小抛物面对馈源的影响，可在抛物面顶点与焦点之间安装一个辅助反射面，使辅助反射面在馈源处产生的场与抛物面在该处产生的场的相位差为 π。这个辅助反射面通常选为金属圆盘。改变圆盘的直径 d 和它到抛物面顶点的距离 t，就可以改变圆盘上感应电流在馈源处产生的场的幅度和相位。通过对 d 和 t 进行适当选择，可以使圆盘的再辐射场与抛物面反射到馈源处的场的幅度相等，相位差为 π，从而达到抵偿抛物面反射的影响。研究表明，为使圆盘与抛物面在馈源处的相位差为 π，应在距离抛物面顶点 $\lambda/4$ 奇数倍处安装金属圆盘。而且，若在抛物面顶点附近放置圆柱体、圆锥体或角锥体，也可以大大减小反射面对馈源的影响。

但是这种装置有其固有的缺点：由于抛物面中心部分变形，会使口径场相位分布畸变，从而对天线方向特性产生有害影响，使副瓣电平升高，增益稍有下降。

2. 极化扭转法

该方法的原理是如果设法使电磁波经抛物面反射后，电场极化方向旋转 90°，则反射波便不能进入馈源。可以在抛物面上安装宽度为 $\lambda/4$ 的一组平行金属薄片，这些薄片与 E 平面呈 45°夹角，金属薄片间距为 $\lambda/8\sim\lambda/10$。入射在抛物面上的电场矢量 $\boldsymbol{E}_i$，可以分解为平行于金属薄片的分量 $\boldsymbol{E}_{//}$ 和垂直于金属薄片的分量 $\boldsymbol{E}_{\perp}$。对于 $\boldsymbol{E}_{//}$ 分量而言，工作波长远大于薄片间距所决定的临界波长，因此 $\boldsymbol{E}_{//}$ 不能进入金属薄片间隙之内，将被金属薄片反射。$\boldsymbol{E}_{\perp}$ 分量则可以进入薄片间隙而达到抛物面上，由抛物面表面反射。这样，反射波中的 $\boldsymbol{E}_{\perp}$ 分量相比 $\boldsymbol{E}_{//}$ 分量多走了 $\lambda/2$ 路程，即 $\boldsymbol{E}_{\perp}$ 经反射后，方向变成了 180°。反射波的 $\boldsymbol{E}_{\perp}$ 与 $\boldsymbol{E}_{//}$ 合成，使整个反射场矢量 $\boldsymbol{E}_r$ 与入射场矢量 $\boldsymbol{E}_i$ 在空间呈 90°角，即反射波极化方向扭转了 90°，不被馈源接收从而不影响其匹配。上述方法是假设了入射波的传播方向与反射面垂直。实际上，从抛物面中心到边缘，入射波传播方向越来越偏离抛物面法线方向，因此 $\boldsymbol{E}_{\perp}$ 与 $\boldsymbol{E}_{//}$ 相位会发生变化，从而产生相位和极化畸变。

3. 偏置馈源法

除上述两种方法外，还可以采用偏置馈源的方法来消除抛物面与馈源之间的影响。反射面为旋转抛物面的一部分，使馈源位于抛物面反射波作用区域之外，可以消除反射波对馈源匹配的影响，这样也可以避免馈源对抛物面天线口径的遮挡。馈源仍放置于抛物面焦点上，但是它将旋转一个角度，使最大辐射方向对准反射面中心。通过适当选择反射面高度，可以保证在不对称平面内获得所需的方向图波瓣宽度。由于反射面在一个平面内结构不对称，故此平面内的方向图也是不对称的。采用这种方法的反射面天线称为偏置反射面天线，它也是实际应用中经常采用的方法。

8.5　单偏置反射面天线

最早出现并且应用最广泛的反射面天线是前馈式旋转对称抛物面天线，它在面天线发展史上起了奠基作用。但是它本身固有的缺陷已使它不能满足现代通信性能的指标要求，如高增益、低副瓣、低交叉极化等。而偏置结构的反射面天线消除了由于馈源及其支杆的遮挡而造成的副瓣电平上升的问题，同时又改善了馈源的输入电压驻波比，因而可以获得较好的电性能。

单偏置反射面是在抛物面反射天线上截取一块作为天线的反射面，而馈源的相位中心仍处于原正置型抛物面的焦点上，但馈源的最大接收指向必须指向偏置反射面中心，使馈源平面向上有个仰角。这种结构的天线称为单偏置反射面天线。这样可使馈源移出抛物面天线开口面，从而避免了馈源及支撑物遮挡，提高了天线接收效率。

由于单偏置反射面天线是在抛物反射面上截取一部分做成的，因此仍满足抛物线的几何特性。由抛物线的几何特性可知：对于单偏置反射面天线，从馈源发出的各条电磁波射线经抛物面反射后到达抛物面口径上的路程相等，等相位面仍为垂直于抛物面主轴的平面，抛物面的口径场为同相场，反射波仍为平行于抛物面主轴的平面波。

图 8.5.1 给出了单偏置反射面天线的剖面及正面几何结构示意图。其中，h 为截取高度，即单偏置抛物面的下边缘偏置高度；d 为单偏置抛物面在 xOy 平面的投影直径；f 为单偏置反射面的焦距。

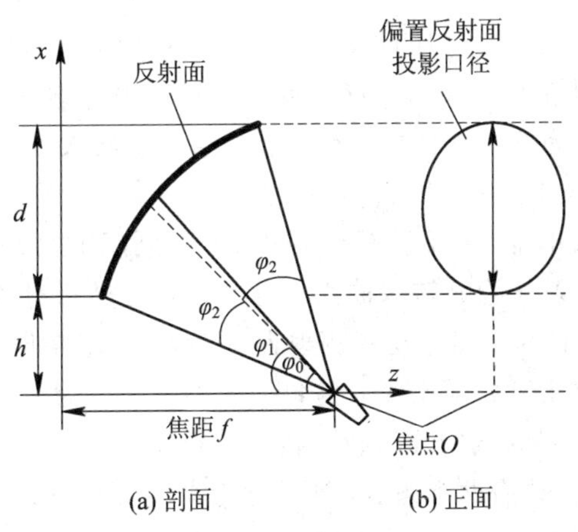

图 8.5.1　单偏置反射面几何结构示意图

单偏置反射面天线各参数的关系如下：

$$\varphi_0 = 2\arctan\left[\frac{h+\dfrac{d}{2}}{2f}\right] \tag{8.5.1}$$

$$\varphi_1 = \arctan\left[\frac{2f(d+2h)}{4f^2-h(d+h)}\right] \tag{8.5.2}$$

$$\varphi_2 = \arctan\left[\frac{2fd}{4f^2+h(d+h)}\right] \tag{8.5.3}$$

式中，φ_0 为馈源轴(指向反射面的中心)与 z 轴的夹角；φ_1 为抛物面上下边缘夹角的平分线与 z 轴的夹角；φ_2 为半张角，即上下边缘分别与角平分线的夹角。若用 f、φ_1、φ_2 表示 d 和 h，则有

$$d = \frac{4f\sin\varphi_2}{\cos\varphi_1+\cos\varphi_2} \tag{8.5.4}$$

$$h = 2f\tan\frac{\varphi_1-\varphi_2}{2} \tag{8.5.5}$$

如果馈源的波束轴与上下边缘角平分线重合，则势必会使偏置抛物面的上边缘照射锥削与下边缘照射锥削相差很大，这样会造成反射面投影口面内照射的严重不均匀，影响天线的增益。根据反射面天线的方程，可得抛物面焦点到抛物面上边缘点和下边缘点的光程比为

$$\tau = \frac{1+\cos(\varphi_1-\varphi_2)}{1+\cos(\varphi_1+\varphi_2)} \tag{8.5.6}$$

可通过适当地选择馈源照射角度，来补偿这种差值。在实际的仿真分析中发现，使馈源轴线对准反射面的中心放置，可以减少溢漏，从而得到最大增益。馈源的相位中心仍需放在原反射面的焦点上。

8.6 卡塞格伦反射面天线

在射电天文、空间通信以及精密跟踪等领域，抛物面天线由于尺寸大、造价高、增益因子受限以及馈线损耗大等缺点，应用受到了限制。在抛物面天线和卡塞格伦光学望远镜的基础上，利用两个反射镜面构成的双反射器天线可以很好地解决上述问题，而且设计灵活，具有比普通抛物面更为优越的性能。在众多的双反射器天线中，卡塞格伦天线(双反射器天线)是最常用、最典型的一种，如图 8.6.1 所示。

卡塞格伦天线由主反射器(主反射面)、副反射器(副反射面)和馈源三部分组成。主反射器为旋转抛物面；副反射器为旋转双曲面，也可以是旋转椭球面。当使用旋转椭球面作副反射器时，称之为格里高利天线。初级辐射器一般都采用喇叭。由于包含两个不同的反射面，故卡塞格伦天线的几何关系比普通抛物面天线复杂。为了说明它的工作原理，下面首先对双曲面的母线——双曲线的几何特性进行分析。

如图 8.6.2 所示，双曲线有两个焦点，通常称为实焦点 F_1 和虚焦点 F_2，两者间距为 $2c$，两曲线顶点间距为 $2a$。在直角坐标系中若两焦点关于 y 轴对称，分别位于 $F_1(0, 0, -c)$、$F_2(0, 0, c)$，则双曲线的方程为

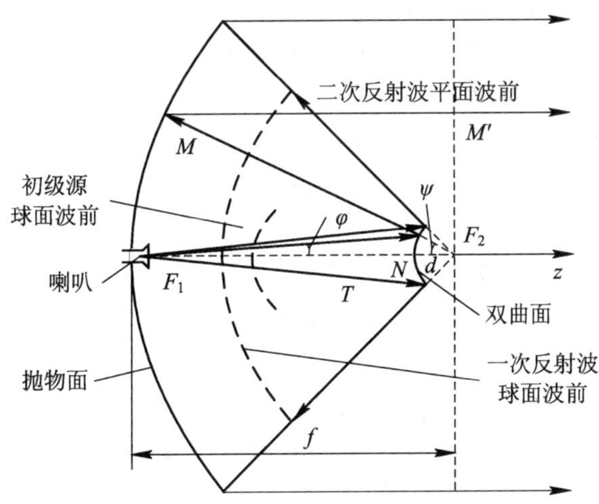

图 8.6.1　卡塞格伦天线

$$\frac{z^2}{a^2}-\frac{y^2}{c^2-a^2}=1 \tag{8.6.1}$$

双曲线的另一个参数是离心率 e，$e=\dfrac{c}{a}>1$。

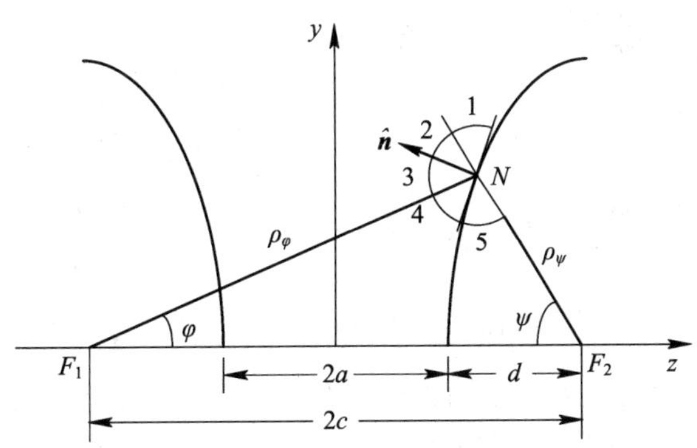

图 8.6.2　双曲线的几何关系

如图 8.6.2 所示，双曲线具有如下几何特性：

(1) 双曲线上任一点 N 到两个焦点的距离差等于一常数，即

$$\overline{NF_1}-\overline{NF_2}=2a \tag{8.6.2}$$

(2) 当射线从实焦点 F_1 投射到双曲线上任一点时，其反射线的反向延长线恰好通过虚焦点 F_2。由此可见，如果将馈源的相位中心放在实焦点 F_1 上，则经过双曲线反射后，反射线的方向就像从虚焦点 F_2 发出来的一样。根据双曲线和抛物线的性质，如果把辐射源的相位中心放在实焦点 F_1 上，并使双曲线的虚焦点 F_2 与抛物线反射面的焦点重合，则构成了双反射器天线。由于虚焦点与抛物面的焦点重合，故从辐射器发出的射线经双曲线反射后，这些射线就像从抛物面的焦点发出的，再经抛物面反射后形成平行的射线。

如图 8.6.1 所示，根据抛物面的性质有

$$\overline{F_2N}+\overline{NM}+\overline{MM'}=2f \tag{8.6.3}$$

同时，利用双曲线的几何性质有

$$\overline{F_1N}-\overline{F_2N}=2a \tag{8.6.4}$$

将式(8.6.3)和式(8.6.4)相加得到

$$\overline{F_1N}+\overline{NM}+\overline{MM'}=2(f+a)\quad（常数） \tag{8.6.5}$$

可见，从辐射器发出的射线到达口面上的行程是相同的，因此，卡塞格伦天线的口径场是同相分布的。

卡塞格伦天线常常用等效抛物面法来分析。等效抛物面法是将卡塞格伦天线等效为一次反射的普通抛物面天线，但保持：① 辐射器的口径不变；② 主反射器的口面面积与等效的普通抛物面天线的口面面积相同。只要两者在抛物面的口面上的场相同，则根据等效原理，这两个天线在空间所产生的场也相同，两天线具有相同的方向特性。这样就可以用普通抛物面的分析方法对卡塞格伦天线进行分析。在图 8.6.3 中，图(a)为卡塞格伦天线；图(b)画出了它的等效抛物面天线，如虚线所示。

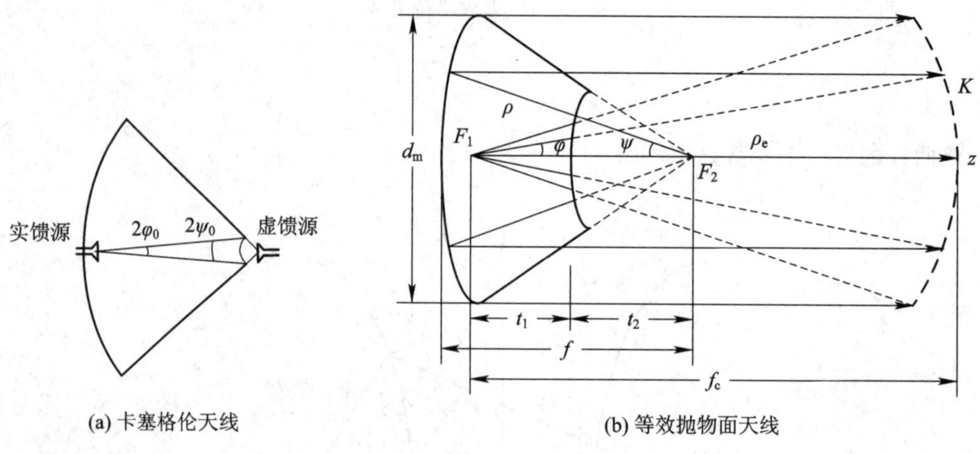

(a) 卡塞格伦天线　(b) 等效抛物面天线

图 8.6.3　等效抛物面法

可以证明，从实焦点 F_1 发出来的射线的延长线与此射线经过副反射器、主反射器两次反射后形成的平行线的交点 K 的轨迹是一个抛物面。若此抛物面的焦点与双曲线的实焦点 F_1 重合，则由焦点 F_1 处的辐射器发出的射线经此抛物面反射后，形成平行于 z 轴并沿 $-z$ 方向传播的射线。此射线与由辐射器发出的同一射线经卡塞格伦天线副反射器和主反射器反射后与平行于 z 轴的射线重合。可用射线管的概念证明辐射器在此等效抛物面口面上所产生的场分布与卡塞格伦天线主反射器口面上的场分布相同。如图 8.6.4 所示，沿 φ 方向张角为 $d\varphi$ 的射线管内投射到等效抛物面 $Q_1'Q_2'$ 区域的功率应和此射线管经副反射面和主反射面反射后投射到主反射面 Q_1Q_2 区域内的功率相同，而此射线管经等效抛物面和原来主反射面分别反射后又汇合成为同一射线管，即两射线管在各自的口径面上的截面相等，当 $d\varphi\to 0$ 时，通过卡塞格伦天线主反射面口径上任一点的功率通量密度和通过等效抛物面口面上对应点的功率通量密度相等，于是证实了卡塞格伦天线和等效抛物面天线的口面场分布是完全相同的。

由上面的分析可知，卡塞格伦天线与等效抛物面天线的口径尺寸、口面场的大小和分布均相等，且两者均为同相场，因此，两者具有同样的空间场分布和方向特性。

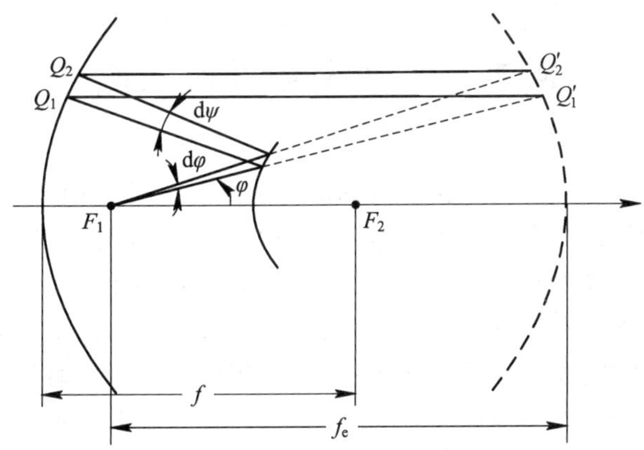

图 8.6.4　等效抛物面的口径场分布

由图 8.6.3(b)可知：

$$\rho\sin\psi=\rho_e\sin\varphi \tag{8.6.6}$$

将抛物线方程式(8.1.3)代入式(8.6.6)，并利用三角函数式

$$\tan\frac{\psi}{2}=\frac{\sin\psi}{1+\cos\psi}$$

可得

$$\rho_e=\frac{2f}{1+\cos\psi}\cdot\frac{\sin\psi}{1+\cos\varphi}=\frac{2f}{1+\cos\varphi}\cdot\frac{\tan\frac{\psi}{2}}{\tan\frac{\varphi}{2}}$$

令 $M=\dfrac{\tan\frac{\psi}{2}}{\tan\frac{\varphi}{2}}$，则有

$$\rho_e=\frac{2Mf}{1+\cos\varphi} \tag{8.6.7}$$

式(8.6.7)与式(8.1.3)有相似的形式，也是一个抛物线的方程。若令

$$f_e=Mf \tag{8.6.8}$$

则 f_e 就是图 8.6.4 中虚线所示等效抛物面的焦距。在典型的双反射器天线中，实际抛物面主反射器的半张角大于等效抛物面的半张角，也即 ψ 大于相应的 φ。因此，M 为大于 1 的数，称之为放大率。所以，等效抛物面的焦距 f_e 大于卡塞格伦天线主反射器的焦距。

从上面的分析可以看出，一个实际焦距比较短的双反射器天线可等效为一个具有较长焦距(为原有长度的 M 倍)的抛物面天线。加长焦距，使口面场分布更为均匀，有理由提高双反射器天线的口面利用率，增强方向系数。因此，同样口径的卡塞格伦天线比普通抛物面天线的方向性更强。而且，双反射器天线的辐射器被放置于作为主反射器的抛物面的顶点附近，即双曲线的实焦点处，与辐射器相连的馈线及收发设备位于主反射器的后方。这种结构有利于缩短馈线的长度，减小天线噪声，并便于安装调整。

8.7 双偏置反射面天线

单偏置反射面天线虽然避免了初级馈源对反射面天线的遮挡，改善了近轴旁瓣特性，同时也降低了初级馈源的电压输入驻波比，但是在线极化工作时会造成交叉极化电平过高。为了克服单偏置反射面的缺点，下面对双偏置反射面天线进行研究。

双偏置反射面天线是指副反射面对馈源偏置、主反射面对副反射面偏置，从而形成的双偏置结构的天线。双偏置反射面天线通过合理配置两反射面的偏置状态或修正主副面的形状克服和缓解了单偏置反射面的固有缺点，同时这种天线也能避免副面对主面的遮挡和馈源及其支杆对副面的遮挡，从而改善了次级辐射图的近轴旁瓣特性和馈源的输入电压驻波比特性。双偏置反射面天线最典型的代表是卡塞格伦型偏置双反射面天线和格里高利型偏置双反射面天线。两者的主反射面都是抛物面的一部分，卡塞格伦型反射面天线的副反射面是双曲面的一部分，格里高利型反射面天线的副反射面是切割旋转椭球面的一部分。

对于格里高利型双偏置反射面天线，由于其副面是椭球面的一部分，它比卡塞格伦型双偏置反射面天线容易实现紧凑的结构，而且如果设计得当，可以使初级馈源和副面之间有较大间隔，因而可以减小近场效应而易于实现远场条件。同时，这种天线的馈源喇叭对副面的照射分布在主面口面上可以基本重现，当馈源采用波纹喇叭时，对副面的照射分布基本上是高斯分布的，因此主面口面的场分布也基本是高斯分布的。下面主要对格里高利型双偏置反射面天线进行讨论。

格里高利型双偏置反射面天线的工作原理和一般抛物面天线的工作原理相似。抛物面天线利用了抛物面的反射特性，因此，由主焦馈源发射的球面波前经抛物面反射后，转变为抛物面口径上的平面波前，从而使抛物面天线具有锐波束、高增益的性能。

格里高利型双偏置反射面天线在结构上多了一个椭球副面。它的一个焦点 F_M 和抛物面共焦，另外一个焦点 F_S 一般在抛物面顶点附近，馈源的相位中心放在这个焦点上。参看图 8.7.1，自馈源 F_S 发出的球面电磁波，经副面反射后又重新变为实相位中心在 F_M 点的球面波。

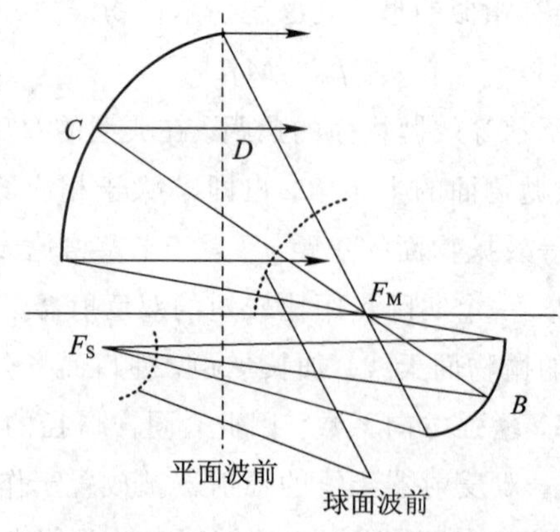

图 8.7.1　格里高利型双偏置反射面天线的工作原理

根据椭球面的几何特性可知，从椭球面的两个焦点到椭球面上任意一点的距离之和是一个常数，并且等于椭球的两个顶点间的距离 $2a$，即

$$\overline{F_S B}+\overline{F_M B}=2a$$

由抛物面的几何特性可知

$$\overline{F_M C}+\overline{CD}=c_1$$

将以上两式相加可得

$$\overline{F_S B}+\overline{BC}+\overline{CD}=2a+c_1=c_2$$

式中，c_1、c_2 都是常数。上面是对任意选取的一条射线进行分析的，对其他所有射线的分析与此相同。这说明从 F_S 点发出的入射线经椭球面和抛物面依次反射后，到达抛物面口径上各点的波程都相等。因而相位中心在 F_S 点的馈源所辐射的球面波前，必将在主面口径上变为平面波前，呈现同相场，使格里高利型双偏置反射面天线同样具有锐波束、高增益的性能。

格里高利型双偏置天线的几何参数如图 8.7.2 所示，D 为主反射面在波束方向上的投影直径，简称主面直径；V_S 为副反射面的投影直径，简称副面直径；f 为主面母抛物面的焦距；$2c$ 为副面母椭球面的焦距；F_M 为主面的焦点，也是副面的一个焦点，馈源的相位中心放在副面的另一个焦点 F_S 上；θ_e 为副面边缘对公共焦点的半张角；α 为馈源轴对副面轴的倾斜角；β 为副面母椭球面的对称轴与主面母抛物面的对称轴的夹角；d_0 为主面的偏置高度，即主面下边缘对主面母抛物面对称轴的距离；e 表示椭球面的离心率。这十个参数可以完整地描述一个典型的双偏置反射面系统。在后面的设计中还要涉及的两个参数是主面的下边缘与副面的上边缘之间的间距 d_c 和天线系统的纵向长度 L。

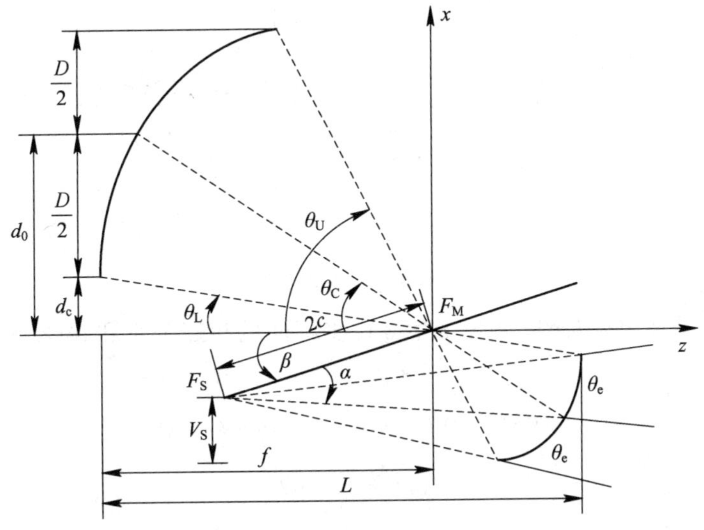

图 8.7.2　格里高利型双偏置反射面天线几何结构示意图

现在从几何光学的角度利用等效抛物面法对格里高利型双偏置反射面天线的参数之间的关系进行推导。首先，建立如图 8.7.3 所示的四个坐标系，即原点位于公共焦点的主面

坐标系 xyz 和副面坐标系 $x_S y_S z_S$、原点位于副面另一个焦点的馈源坐标系 $x_f y_f z_f$ 和参照坐标系 $x_\beta y_\beta z_\beta$。在图 8.7.2 和图 8.7.3 中，逆时针方向的角为正，顺时针反向的角为负。主抛物面的方程为

$$\rho_p = \frac{2f}{1+\cos\theta} \tag{8.7.1}$$

副面椭球面的方程为

$$\rho_f + \rho_s = \frac{2c}{e} \tag{8.7.2}$$

其中：

$$\rho_f = \frac{c}{e} \times \frac{e^2-1}{e\cos\theta_\beta - 1} \tag{8.7.3}$$

由式(8.7.2)可得

$$\tan\frac{\theta_\beta}{2} = \frac{1-e}{1+e}\left(\tan\frac{\theta_s}{2}\right) \tag{8.7.4}$$

根据几何光学的理论，到达投影口径面上一点 A 的电场为

$$E_A = E(\theta_f, \varphi_f)\frac{\rho_s}{\rho_f \rho_p} e^{-j[k(\rho_f+\rho_p+\rho_s+\rho_p\cos\theta)-\pi]} \tag{8.7.5}$$

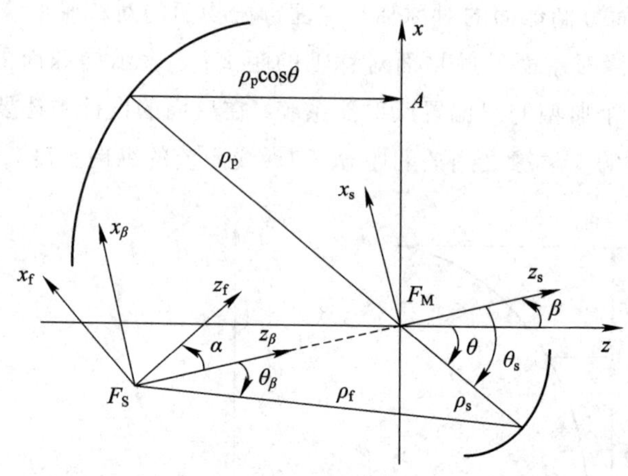

图 8.7.3　双偏置反射面天线的坐标系

其中，$E(\theta_f, \varphi_f)$是馈源方向图。由图 8.7.3 中坐标间的相互关系和式(8.7.1)、式(8.7.3)可得

$$\cos\theta = \cos\theta_s\cos\beta - \sin\theta_s\cos\varphi_s\sin\beta \tag{8.7.6}$$

$$\sin\theta_s = \frac{\rho_f}{\rho_s}\sin\theta_\beta \tag{8.7.7}$$

$$\cos\theta_s = \frac{\rho_f\cos\theta_\beta - 2c}{\rho_s} \tag{8.7.8}$$

$$\varphi_s = \varphi_\beta \tag{8.7.9}$$

则式(8.7.5)中的幅度项$\frac{\rho_s}{\rho_f\rho_p}$的精确表达式为

$$\frac{\rho_s}{\rho_f\rho_p}=\frac{1}{2f}\left[\frac{\rho_s}{\rho_f}-\sin\theta_\beta\cos\varphi_\beta\sin\beta+\left(\cos\theta_\beta-\frac{2c}{\rho_f}\right)\cos\beta\right] \tag{8.7.10}$$

由坐标系 $x_\beta y_\beta z_\beta$ 和 $x_f y_f z_f$ 之间的相互关系可知

$$\sin\theta_\beta\cos\varphi_\beta=\sin\theta_f\cos\varphi_f\cos\alpha+\cos\theta_f\sin\alpha \tag{8.7.11}$$

$$\cos\theta_\beta=-\sin\theta_f\cos\varphi_f\sin\alpha+\cos\theta_f\cos\alpha \tag{8.7.12}$$

把 ρ_s 的表达式代入式(8.7.10)得

$$\frac{\rho_s}{\rho_f\rho_p}=\frac{-1}{2f}\left[1-\frac{2c(1-e\cos\beta)}{e\rho_f}+\sin\theta_f\cos\varphi_f\sin(\alpha+\beta)-\cos\theta_f\cos(\alpha+\beta)\right] \tag{8.7.13}$$

从而

$$E_A(\theta_f,\varphi_f)=E(\theta_f,\varphi_f)\frac{1}{2f\dfrac{1-e^2}{(1+e^2)-2e\cos\beta}}\cdot[1+C_1\sin\theta_f\cos\varphi_f+C_2\cos\theta_f] \tag{8.7.14}$$

其中：

$$C_1=\frac{(e^2-1)\cos\alpha\sin\beta+[2e-(e^2+1)\cos\beta]\sin\alpha}{(e^2+1)-2e\cos\beta} \tag{8.7.15}$$

$$C_2=\frac{(e^2-1)\sin\alpha\sin\beta-[2e-(e^2+1)\cos\beta]\cos\alpha}{(e^2+1)-2e\cos\beta} \tag{8.7.16}$$

由于式(8.7.5)中的指数项在推导过程中是无关项，因此式(8.7.14)中略去了指数项。

假设双偏置反射面天线有一个如图 8.7.4 所示的等效抛物面，由于角 α 是任意选取的，现在选择一个角 α 使 z_f 轴与等效抛物面的轴重合，那么就有

$$E_A(\theta_f,\varphi_f)=\frac{E(\theta_f,\varphi_f)}{\rho_{eq}} \tag{8.7.17}$$

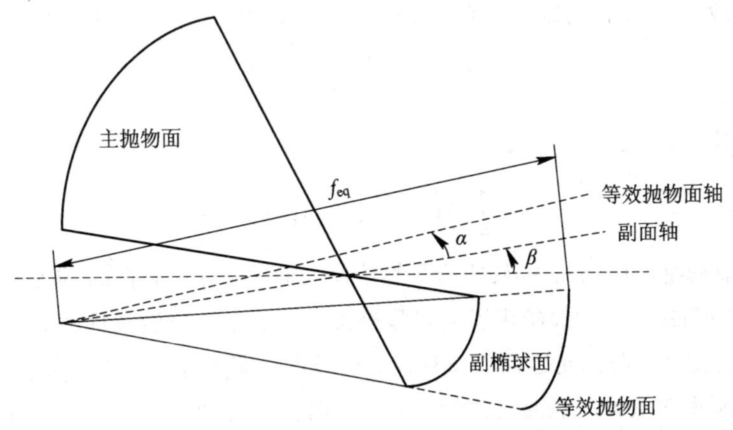

图 8.7.4　双偏置反射面天线的等效抛物面

其中：

$$\rho_{eq}=\frac{2f_{eq}}{1+\cos\theta_f} \tag{8.7.18}$$

$$f_{eq}=f\times\frac{1-e^2}{(1+e^2)-2e\cos\beta} \tag{8.7.19}$$

将式(8.7.17)和式(8.7.14)进行对比，可得 $C_1=0$，$C_2=1$，即

$$\frac{(e^2-1)\cos\alpha\sin\beta+[2e-(e^2+1)\cos\beta]\sin\alpha}{(e^2+1)-2e\cos\beta}=0 \tag{8.7.20}$$

$$\frac{(e^2-1)\sin\alpha\sin\beta-[2e-(e^2+1)\cos\beta]\cos\alpha}{(e^2+1)-2e\cos\beta}=1 \tag{8.7.21}$$

解式(8.7.20)和式(8.7.21)可得

$$\sin\alpha=\frac{(e^2-1)\sin\beta}{(e^2+1)-2e\cos\beta} \tag{8.7.22}$$

$$\cos\alpha=\frac{(e^2+1)\cos\beta-2e}{(e^2+1)-2e\cos\beta} \tag{8.7.23}$$

式(8.7.22)和式(8.7.23)可以等效表示为

$$\tan\alpha=\frac{(e^2-1)\sin\beta}{(e^2+1)\cos\beta-2e} \tag{8.7.24}$$

$$\tan\frac{\alpha}{2}=\frac{e+1}{e-1}\tan\frac{\beta}{2} \tag{8.7.25}$$

当双偏置反射面天线的设计参数按上述关系确定后，如果一个交叉极化为零的馈源沿着等效抛物面的轴照射副反射面，由几何光学可知，不会有交叉极化被激励，反射面天线的交叉极化为零。

因此，对于图 8.7.4 中的双偏置反射面天线结构，其零交叉极化条件为

$$\tan\alpha=\frac{|e^2-1|\sin\beta}{(e^2+1)\cos\beta-2e} \tag{8.7.26}$$

此时角 α 的选取使得 z_f 轴与副面的角平分线重合时，式(8.7.4)可以写为

$$\tan\frac{\alpha}{2}=\frac{e-1}{e+1}\left(\tan\frac{\beta-\theta_0}{2}\right) \tag{8.7.27}$$

将式(8.7.27)代入式(8.7.25)中，得

$$\tan\frac{\beta}{2}=\left(\frac{e-1}{e+1}\right)^2\tan\left(\frac{\beta-\theta_0}{2}\right) \tag{8.7.28}$$

此时，等效抛物面的轴与 z_f 轴重合，等效抛物面关于 z_f 轴对称，从而使得溢漏最小。

式(8.7.26)和式(8.7.28)给出了满足零交叉极化和最小溢漏条件的天线参数之间的关系。当反射面的设计参数满足这两个条件时，天线可以获得较好的电性能。

在格里高利型双偏置反射面天线的设计中，因为涉及的参数比较多，所以设计比较复杂。只要选取五个独立变量就可以设计出整个天线系统，这里选取 D、V_S、d_0、f 和 β 作为初始的独立变量，可推导出其他参数。主要结构参数可表述如下。

(1) 副反射面离心率 e：

由最小溢漏公式(8.7.28)推导出副反射面的离心率 e 为

$$e=\frac{1-\sqrt{\dfrac{\tan(\beta/2)}{\tan[(\beta-\theta_0)/2]}}}{1+\sqrt{\dfrac{\tan(\beta/2)}{\tan[(\beta-\theta_0)/2]}}} \tag{8.7.29}$$

(2) 馈源轴与副面轴的夹角 α：

由零交叉极化方程(8.7.26)可得

$$\alpha=2\arctan\left[\frac{e+1}{e-1}\tan\frac{\beta}{2}\right] \tag{8.7.30}$$

(3) 副面半焦距 c：

副面的半焦距 c 与副面在 xOy 面的投影高度 V_S 有关。V_S 等于副面上下边界 x 坐标值(分别为 x_{sU} 和 x_{sL})之差。在 xOz 平面副面的 x 坐标可以由下式求得

$$x_s=\rho_s\sin\theta=-\frac{c}{e}\frac{(e^2-1)\sin\theta}{e\cos(\theta-\beta)+1} \tag{8.7.31}$$

则 V_S 为

$$V_S=x_{sU}-x_{sL}=\frac{c}{e}\frac{(e^2-1)\sin\theta_U}{e\cos(\theta_U-\beta)+1}-\frac{c}{e}\frac{(e^2-1)\sin\theta_L}{e\cos(\theta_L-\beta)+1} \tag{8.7.32}$$

对上式进行整理就可以得到 c 的表达式为

$$c=\frac{-eV_S}{(e^2-1)\left[\dfrac{\sin\theta_L}{e\cos(\theta_L-\beta)+1}-\dfrac{\sin\theta_U}{e\cos(\theta_U-\beta)+1}\right]} \tag{8.7.33}$$

e 和 c 确定后，就可以计算出副反射面的最小曲率半径 R_{min}，即

$$R_{min}=\frac{c\,|e^2-1|}{e} \tag{8.7.34}$$

为了确保天线远场分析的准确性，一般选取 R_{min} 和副反射面的高度和宽度都大于 5λ。

(4) 计算主面下边缘和副面上边缘之间的间距 d_c：

$$d_c=x_{mL}-x_{sU}=d_0-\frac{D}{2}+\frac{c}{e}\frac{(e^2-1)\sin\theta_L}{e\cos(\theta_L-\beta)+1} \tag{8.7.35}$$

(5) 天线系统的纵向长度 L：

在 xOz 平面，主反射面和副反射面的 z 坐标分别为

$$z_m=\rho_m\cos\theta=\frac{2F\cos\theta}{1+\cos\theta} \tag{8.7.36}$$

$$z_s=-\rho_s\cos\theta=\frac{c}{e}\frac{(e^2-1)\cos\theta}{e\cos(\theta-\beta)+1} \tag{8.7.37}$$

则天线的纵向长度为主反射面下边缘点的 z 坐标和副反射面上边缘点的 z 坐标之差，即

$$L=\frac{2F\cos\theta_L}{1+\cos\theta_L}-\frac{c}{e}\frac{(e^2-1)\cos\theta_L}{e\cos(\theta_L-\beta)+1} \tag{8.7.38}$$

当主面的上边缘点和副面的下边缘点没有越过副面的上边缘点及公共焦点位于主面的

前面时，式(8.7.38)才成立，即

$$z_{mU}, z_{sL} < z_{sU}, z_{mU} < -2c\cos\beta \tag{8.7.39}$$

其中，z_{mU} 是主面上边缘点的 z 坐标，而 z_{sU} 和 z_{sL} 分别是副面上、下边缘点的 z 坐标。

(6) 最后，计算副面的边缘与公共焦点夹角的半张角 θ_e：

当 $\theta_\beta=\alpha+\theta_e$ 时，有 $\theta_S=\theta_U+\beta$，则

$$\tan\frac{\alpha+\theta_e}{2}=\frac{1-e}{1+e}\tan\frac{\theta_U-\beta}{2} \tag{8.7.40}$$

整理得

$$\theta_e=-\left\{2\arctan\left[\frac{1-e}{1+e}\tan\frac{\theta_U-\beta}{2}\right]-\alpha\right\} \tag{8.7.41}$$

参 考 文 献

[1] STUTZMAN W L，THIELE G A. Antenna theory and design. New York：Wiley，1981.
[2] BALANIS C A. Antenna theory-analysis and design. New York：Wiley，1982.
[3] ELLIOTT R S. Antenna theory and design. New Jersey：John Wiley&Sonc，1981.
[4] KRAUS D J，MARHEFKA R J. 天线. 章文勋，译. 北京：电子工业出版社，2005.
[5] STUTZMAN W L，THIELE G A. 天线理论与设计. 朱守正，安同一，译. 北京：人民邮电出版社，2006.
[6] 王朴中，石长生. 天线原理. 北京：清华大学出版社，1992.
[7] 龚书喜，刘英，傅光. 微波技术与天线. 北京：高等教育出版社，2014.
[8] 路宏敏，赵永久，朱满座. 电磁场与电磁波基础. 北京：科学出版社，2012.
[9] 李莉. 天线与电波传播. 北京：科学出版社，2009.
[10] 魏文元，宫德明，陈必森. 天线原理. 北京：国防工业出版社，1985.
[11] 康行健. 天线原理与设计. 北京：北京理工大学出版社，1993.
[12] 钟顺时. 天线理论与技术. 北京：电子工业出版社，2015.
[13] 王元坤，李玉权. 线天线的宽频带技术. 西安：西安电子科技大学出版社，1995.
[14] 匡磊. 天线手册. 北京：人民邮电出版社，2011.
[15] 王建，郑一农，何子远. 阵列天线理论与工程应用. 北京：电子工业出版社，2015.
[16] 郑会利，陈瑾. 天线工程设计基础. 西安：西安电子科技大学出版社，2018.

参考文献